U0563174

21 世纪普通高等教育系列教材

理 论 力 学

（中、少学时）

徐文涛　苗同臣　张建伟　编

机 械 工 业 出 版 社

本书内容包括理论力学基础概念、物体的受力分析和受力图、静力平衡理论、点的运动和刚体的平面运动、动力学基本定理，以及静力学及动力学专题与应用等。每章都给出了“小结与学习指导”，包括本章重点和难点、内容学习指导等内容。

本书对理论力学的基本概念和基本原理叙述简洁，以工程应用为主，重点突出，条理清晰，浅显易懂，可作为高等院校工科各专业中、少学时（48～64）理论力学课程的教材，也可作为从事力学分析和设计的相关工程技术人员的参考书。

图书在版编目（CIP）数据

理论力学 ：中、少学时 / 徐文涛，苗同臣，张建伟编. -- 北京：机械工业出版社，2025. 7. --（21 世纪普通高等教育系列教材）. -- ISBN 978-7-111-77864-6

Ⅰ. O31

中国国家版本馆 CIP 数据核字第 2025BQ7313 号

机械工业出版社（北京市百万庄大街 22 号　邮政编码 100037）
策划编辑：张金奎　　责任编辑：张金奎　李　乐
责任校对：韩佳欣　张　薇　　封面设计：王　旭
责任印制：邓　博
北京中科印刷有限公司印刷
2025 年 7 月第 1 版第 1 次印刷
184mm×260mm · 13.75 印张 · 334 千字
标准书号：ISBN 978-7-111-77864-6
定价：39.90 元

电话服务
客服电话：010-88361066
010-88379833
010-68326294

网络服务
机　工　官　网：www. cmpbook. com
机　工　官　博：weibo. com/cmp1952
金　书　网：www. golden-book. com
机工教育服务网：www. cmpedu. com

前　言

理论力学是高等学校大部分工科类专业的重要专业基础课。近年来，随着高等教育改革的不断深入，各高校对理论力学课程的教学内容和学时进行了不同程度的压缩。为适应中、少学时理论力学课程的教学需要，编者在多年教学探索与实践的基础上，参考多种教材和相关资料，编写了本书。

本书内容包括理论力学基础概念、物体的受力分析和受力图、静力平衡理论、点的运动和刚体的平面运动、动力学基本定理，以及静力学及动力学专题与应用等。在保证现行教学体系相对稳定的前提下，本书突出内容的整体性和连贯性，强化基础知识和工程实例内容，以培养学生分析和解决工程实际问题的能力。

为便于不同专业、不同基础的学生对理论力学知识的学习和掌握，在编写过程中，力求做到抽象问题形象化、复杂问题简单化，使本书成为人人都能看得懂、学得会的理论力学教材。本书具有以下特点：

（1）对理论力学的基本概念和基本原理叙述，以工程应用为主，重点突出、条理清晰、阐述简洁、浅显易懂。

（2）课程中的某些公式推导尽可能不用或少用高深的数学知识。

（3）针对各章的例题，对于需要分析讨论的内容专门给出“分析”过程，求解过程与对学生的作业要求一致（上述分析过程在作业中一般无须给出），便于学生理解概念、掌握做题方法步骤。

（4）将动力学内容整合为一章，便于动力学问题的综合分析，以及动力学定理的综合应用与比较。

（5）为保证教材内容的系统性和完整性，以及不同专业的需求，对部分中、少学时非重点内容也做了简单介绍，读者可根据需要做出取舍。如第五章的静力学专题和第十章的动力学专题中的部分内容。

（6）每章均给出了“小结与学习指导”，包括本章重点和难点、内容学习指导等，部分章还包括知识内容拓展、定理证明及问题讨论等。

本书得到了郑州大学教材出版基金资助。参加本书编写的有郑州大学教授徐文涛、苗同臣、张建伟，全书由苗同臣统审定稿。

在本书编写过程中，许多兄弟院校的教师提出了宝贵的建议和指导意见，在此一并致谢。

由于编者水平有限，书中难免存在不妥之处，恳请读者批评指正。

编　者

目 录

绪　论

力学作为自然科学体系中的核心基础学科之一，始终与工程技术发展保持着共生共进的关系。这门源于人类生产实践与工程探索的学科，又通过理论突破和技术创新不断反哺工程实践。

在远古时代，人类就制造和使用了杠杆、滑轮、辘轳、风车和水车，并在制造和使用这些工具的过程中积累了大量的力学经验，逐渐形成了初步的力学知识。

18 世纪至 20 世纪初，随着西方工业革命的兴起，以及力学知识的积累、应用和完善，逐步形成和发展了蒸汽机、内燃机、铁路、桥梁、船舶、兵器等大型工业，推动了近代科学技术和社会的进步。

20 世纪以来，诸多高新技术成果层出不穷，如高层建筑、大型桥梁、海洋石油钻井平台、航空航天器、机器人、高速列车以及大型水利工程等，这些都是在力学理论指导下得以实现。

1. 理论力学的研究对象和内容

理论力学是研究宏观物体机械运动一般规律的科学。它是大部分工程技术学科的基础，也称经典力学，其理论基础是牛顿运动定律。

机械运动是指物体在空间的位置随时间的变化。它是人们生活和生产实践中最常见、最基本、最简单的运动。其研究对象是点、刚体或刚体系。

刚体即受力后不变形的物体，是一种理想化的模型。

平衡是指物体相对于惯性参考系保持静止或做惯性运动。对质点，平衡是指相对于惯性参考系保持静止或做匀速直线运动；对刚体，平衡是指相对于惯性参考系保持静止或做匀速直线平移或做匀速转动。由此可知，物体平衡时的移动加速度和转动加速度均为零。

平衡是物体机械运动的一种特殊状态。在一般民用工程中，常把固连于地球上的参考系作为惯性参考系。

理论力学的内容通常分为三部分：

静力学——研究物体的受力分析、力系的简化及受力物体的平衡规律等。

运动学——从几何角度研究物体的运动，如运动的轨迹、速度和加速度等，而不考虑引起物体运动的原因。

动力学——研究物体的运动状态变化与受力之间的关系。

2. 理论力学的研究方法

研究科学的过程，就是认识客观世界的过程，任何正确的科学研究方法，一定要符合辩证唯物主义的认识论。理论力学必须遵循这个认识规律进行研究和发展，其研究方法可简单归纳为理论、实验和计算三种。

理论分析方法

以公理和定律为基础，应用逻辑推理和数学推演，建立质点、质点系和刚体运动的各种基本定理和基本方程。

对于实际系统，根据实际情况和力学分析的需要，抓住主要因素，忽略次要因素，将其抽象为质点、质点系或刚体组成的**力学模型**，再对力学模型进行准确的受力分析及几何、运动分析，然后应用力学基本定理和基本方程建立力学模型的具体力学方程，这样就将实际系统转化成一个数学描述，所以也称为**数学模型**；最后应用各种数学工具寻求数学模型的解答，并对得到的解答进行分析，揭示物理意义和各种物理量的变化规律。对于复杂系统，还需要将解答与实验或实际观察结果进行比较，确定解答的准确度和适用范围。

实验方法

观察和实验是理论力学发展的基础。通过观察生活和生产实践中的各种现象，进行多次的科学实验，经过分析、综合和归纳，总结出力学的基本规律。人们为了认识客观规律，除了在生活和生产实践中进行观察和分析外，还必须进行科学实验，人为地创造一些条件，从复杂的自然现象中，突出影响事物发展的主要因素，测定出各个因素间的关系，因此，科学实验也是形成理论的重要基础。从近代力学的研究和发展来看，实验更是重要的研究方法之一。

计算方法

计算技术对力学的应用和发展有着巨大的作用。当今计算机技术的日益发展，促进了力学计算的现代化，使复杂的力学问题逐步得到解决。

计算和实验两种方法，在理论力学范围内，主要用于复杂系统方程的求解、实际系统的实验验证、复杂环节力学特性的实验研究。本书基本上不涉及这方面的内容。

事实上，理论、实验和计算三种方法是互相交叉、共同发展、综合分析使用的。将理论力学的理论用于实践，在解释世界、改造世界中不断得到验证和发展。实践是检验真理的唯一标准，从实践中得到的理论，必须再用到实践中去接受实践的检验。只有当理论正确地反映了客观实际时，才能认为这个理论是正确的。同时，通过实践进一步补充和发展理论，如此循环往复，在原来的基础上得到提高。

综上所述，理论力学的研究方法可简单概括为：运用科学抽象的方法，对于工程实际中的问题加以综合分析，再通过实验与严密的数学推理，得到适用于工程问题的理论公式，以指导实践，并为实践所检验。即从实践到理论，再由理论回到实践，通过实践进一步补充和发展理论，然后再回到实践，循环往复，逐步发展。

第 1 章

静力学概念与基础

静力学是研究物体在力系作用下平衡规律的科学。主要内容包括：物体的受力分析、力系的简化、力系的平衡条件及其应用。

1.1 力和力的投影

1.1.1 力的概念

力是物体间的相互机械作用，这种作用使物体的运动状态发生改变，或使物体产生变形。前者称为力的运动效应或外效应，后者称为力的变形效应或内效应。

实践证明，力对物体的作用效应取决于力的大小、方向和作用点这三个要素。力的大小反映了物体间相互机械作用的强度，它可以通过力的外效应或内效应的大小来度量；力的方向包含力的作用线在空间的方位和指向，作用点是力在物体上的作用位置。

在国际单位制中，力的单位是 N（牛）或 kN（千牛）。

既然力具有大小、方向和作用点三个要素，那么力就是一个定位矢量。本书中力需要用矢量表示的时候，均用黑体表示，如“$\boldsymbol{F}$”，而手写的时候必须用字母加箭头的形式，如“$\vec{F}$”。

图 1-1 所表示的是沿 AB 方向作用在物体上 A 点的力矢量 $\boldsymbol{F}$，矢量的长度和指向代表力的大小和方向。

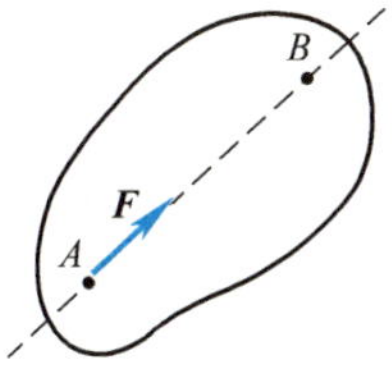

图 1-1

作用在物体上的一群力称为力系。如果物体在一个力系的作用下保持平衡状态，则该力系称为平衡力系。若两力系分别作用于同一物体且效应相同，则这两力系称为等效力系。若力系与一个力等效，则此力就称为该力系的合力，组成该力系的各个力则为该合力的分力。

物体受力都是分布作用在一定区域上的，称为分布力。在物体一定面积上分布作用的力称为面分布力，面分布力的单位是 N/m^2。除了面分布力，还有分布作用在一条线上的线分布力和分布作用在物体体积内的体分布力，单位分别是 N/m 和 N/m^3。例如：细钢丝的重力是线分布力，薄纸张的重力是面分布力，一般三维物体的重力是体分布力。当力作用的区域很小以至于可以忽略其大小时，就可以近似地看成作用在一个点上，这就是我们经常分析和讨论的集中力。（后面提到的力，若不做特别说明，均指集中力。）

1.1.2 力的投影

力用矢量表示，在直角坐标轴上的投影方法与数学矢量的投影方法相同。

1. 平面力的投影

在平面内力为平面矢量，如图 1-2 所示，设力 $\boldsymbol{F}$ 与 x 轴的夹角为 θ，则力 $\boldsymbol{F}$ 在正交坐标轴 x、y 上的投影为

$$F_x = F\cos\theta,\ F_y = F\sin\theta \tag{1-1}$$

设 x、y 轴方向的单位矢量为 $\boldsymbol{i}$ 和 $\boldsymbol{j}$，则

$$\boxed{\boldsymbol{F} = F_x\boldsymbol{i} + F_y\boldsymbol{j}} \tag{1-2}$$

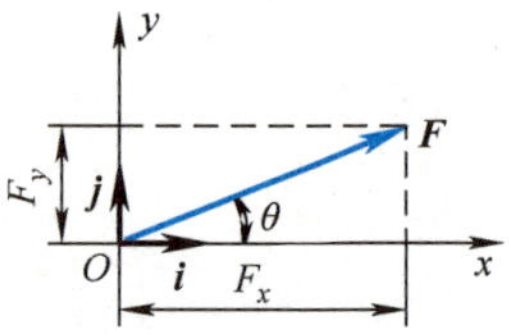

图 1-2

2. 空间力的投影

若已知空间力 $\boldsymbol{F}$ 与正交坐标系 $Oxyz$ 三坐标轴间的夹角，如图 1-3a 所示，则可直接投影得到

$$F_x = F\cos\alpha,\ F_y = F\cos\beta,\ F_z = F\cos\gamma \tag{1-3}$$

通常情况下，力 $\boldsymbol{F}$ 与三坐标轴间只能确定一个夹角，则可用**间接投影法**或称**二次投影法**。例如，已知力 $\boldsymbol{F}$ 与 Oz 轴的夹角 γ，如图 1-3b 所示，可把力 $\boldsymbol{F}$ 先投影到坐标平面 xOy 上，得到 $F_{xy} = F\sin\gamma$，再把 $\boldsymbol{F}_{xy}$ 投影到 x、y 轴上。若 φ 为 $\boldsymbol{F}_{xy}$ 与 x 轴的夹角，也就是力 $\boldsymbol{F}$ 与 z 轴所确定的平面与坐标面 xOz 的夹角。则力 $\boldsymbol{F}$ 在三个坐标轴上的投影为

$$F_x = F\sin\gamma\cos\varphi,\ F_y = F\sin\gamma\sin\varphi,\ F_z = F\cos\gamma \tag{1-4}$$

式（1-4）不能作为公式来套用，因为作用在物体上的力与哪个坐标轴的夹角已知是不确定的。

空间力矢量 $\boldsymbol{F}$ 可用投影表示为

$$\boxed{\boldsymbol{F} = F_x\boldsymbol{i} + F_y\boldsymbol{j} + F_z\boldsymbol{k}} \tag{1-5}$$

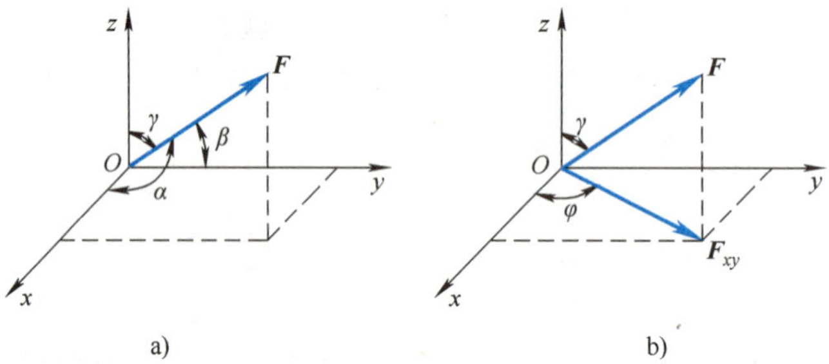

图 1-3

力矢量的投影是代数量，投影方向与坐标轴正向相同时为正，反之为负。对于正交坐标轴，力沿坐标轴方向的分力和力在同一轴上的投影数值相等。

例 1-1 空间力 $\boldsymbol{F}$ 作用的方位用图 1-4 所示的边长为 a、b、c 的正立方体表示。求力 $\boldsymbol{F}$ 在 x、y、z 轴上的投影。

分析：力 $\boldsymbol{F}$ 与 y 轴的夹角已知，可直接计算在 y 轴上的投影，而 x 和 z 方向的投影需要用间接投影法计算。

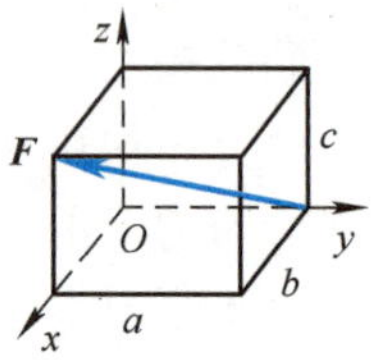

图 1-4

解：

$$F_y = -F\frac{a}{\sqrt{a^2+b^2+c^2}}$$

$$F_{xz} = F\frac{\sqrt{b^2+c^2}}{\sqrt{a^2+b^2+c^2}}$$

$$F_x = F_{xz}\frac{b}{\sqrt{b^2+c^2}} = F\frac{b}{\sqrt{a^2+b^2+c^2}}$$

$$F_z = F_{xz}\frac{c}{\sqrt{b^2+c^2}} = F\frac{c}{\sqrt{a^2+b^2+c^2}}$$

1.2 力对点的矩和力对轴的矩

我们知道，力使物体产生运动和变形两种效应。运动效应包括移动和转动，力对物体产生的移动效应可用力矢量来度量，而转动效应可用力矩来度量。

1.2.1 平面内力对点的矩

如图1-5所示，设有力 $\boldsymbol{F}$，其对平面内一点 O 的转动效应，显然与力的大小、方向和作用点（或作用线）三个要素都有关，因此定义力对点的矩为

$$\boxed{M_O(\boldsymbol{F}) = \pm Fh} \tag{1-6}$$

这里，O 称为矩心，力 $\boldsymbol{F}$ 到 O 点的垂直距离 h 称为力臂。

通常规定，力使物体绕矩心做逆时针方向转动时，力矩取正号。

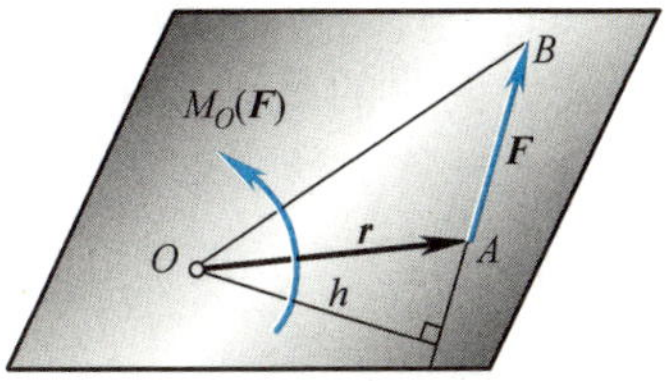

图 1-5

1.2.2 空间力对点的矩

在空间，力对点的转动效应无法用代数量描述，如图1-6所示的空间力 $\boldsymbol{F}$ 对矩心 O 的矩，用空间矢量定义为

$$\boxed{\boldsymbol{M}_O(\boldsymbol{F}) = \boldsymbol{r}\times\boldsymbol{F} = \begin{vmatrix} \boldsymbol{i} & \boldsymbol{j} & \boldsymbol{k} \\ x & y & z \\ F_x & F_y & F_z \end{vmatrix}} \tag{1-7}$$

式中，$\boldsymbol{r}$ 为力 $\boldsymbol{F}$ 的作用点 A 相对矩心 O 的位置矢径；x、y、z 为作用点 A 的位置坐标；F_x、F_y、F_z为力 $\boldsymbol{F}$ 的投影。

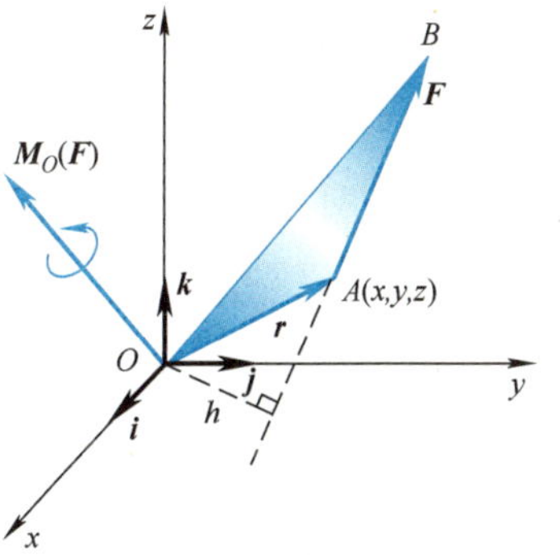

图 1-6

力矩矢量的模 $|\boldsymbol{M}_O(\boldsymbol{F})| = |\boldsymbol{r}\times\boldsymbol{F}|$ 就是力矩的大小，与式（1-6）给出的结果一样。力矩矢量的方位与力矩作用面的法线方向相同，即垂直于 OAB 所在的平面，矢量的指向与数学中矢量叉乘后的方向相同，即用右手定则确定，如图1-6所示。

需要特别说明的是，力矩的矩心是任意选取的点，不一定是支点、转轴或转动中心。

1.2.3 力对轴的矩

力对轴的矩是衡量力使物体绕某轴线转动效应大小的度量。由于物体绕轴线的转动只有两个方向，因此力对轴的矩可用代数量表示。现以图1-7a中空间力 $\boldsymbol{F}$ 对 z 轴的矩为例说明力对轴的矩的计算方法。

过力 $\boldsymbol{F}$ 的作用点 A 作垂直于 z 轴的辅助面 xy，与 z 轴的交点为 O。将力 $\boldsymbol{F}$ 分解为平行于

z 轴的力 $\boldsymbol{F}_z$ 和垂直于 z 轴的力 $\boldsymbol{F}_{xy}$，显然 $\boldsymbol{F}_z$ 不会使物体产生绕 z 轴的转动效应，只有 xy 面内的力 $\boldsymbol{F}_{xy}$ 对 z 轴有矩，由于点 O、A 与力 $\boldsymbol{F}_{xy}$ 均在 xOy 面内，则力 $\boldsymbol{F}_{xy}$ 对 O 点的矩就是力 $\boldsymbol{F}$ 对 z 轴的矩 $M_z(\boldsymbol{F})$，即

$$M_z(\boldsymbol{F}) = M_z(\boldsymbol{F}_{xy}) = M_O(\boldsymbol{F}_{xy}) = \pm F_{xy}h \tag{1-8}$$

于是，力对轴的矩可表述为：力对轴的矩是代数量，大小等于该力在垂直于该轴的平面内的投影对此平面与轴的交点的矩。正负号按右手螺旋法则来确定，四指指向力矩的转向，拇指指向与轴正向一致为正，反之为负，如图 1-7b 所示。

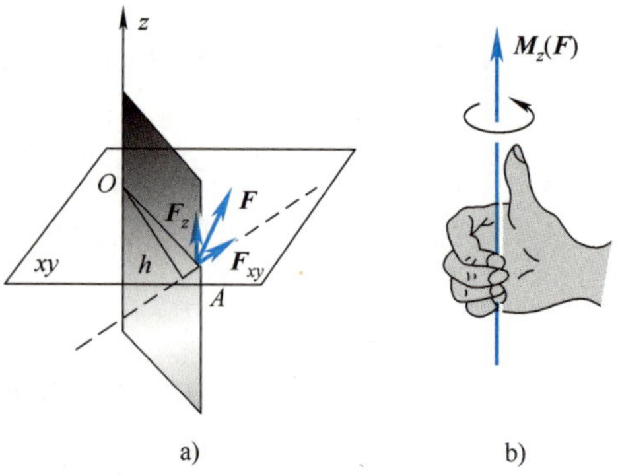

图 1-7

式（1-8）表明，力对轴的矩的计算变成了平面内力对点的矩。显然，力与轴相交（$h=0$）或力与轴平行（$F_{xy}=0$）时力对轴的矩为零。

需要说明的是，式（1-8）只是力对轴的矩的定义或计算方法，不是完全意义上的公式，因为实际需要计算力矩的轴可以是任意轴，不一定是 z 轴。

1.2.4 空间力对点的矩与力对轴的矩的关系

将式（1-7）展开后与式（1-8）比较，可得到空间力对点的矩与力对通过该点的轴的矩的关系

$$\left.\begin{aligned}[\boldsymbol{M}_O(\boldsymbol{F})]_x &= M_x(\boldsymbol{F})\\ [\boldsymbol{M}_O(\boldsymbol{F})]_y &= M_y(\boldsymbol{F})\\ [\boldsymbol{M}_O(\boldsymbol{F})]_z &= M_z(\boldsymbol{F})\end{aligned}\right\} \tag{1-9}$$

由此可将力对点 O 的矩矢表示为

$$\boxed{\boldsymbol{M}_O(\boldsymbol{F}) = M_x(\boldsymbol{F})\boldsymbol{i} + M_y(\boldsymbol{F})\boldsymbol{j} + M_z(\boldsymbol{F})\boldsymbol{k}} \tag{1-10}$$

1.2.5 合力矩定理

实际结构受力一般都是比较复杂的，直接利用定义计算力矩有时候很不方便，通常是先将力在特殊方向（如坐标轴方向）进行分解，然后利用合力矩定理计算。**合力矩定理**可以简单叙述为：如果力系有合力，则合力的矩等于各分力矩之和。如平面力对点矩的合力矩定理可表示为

$$\boxed{M_O(\boldsymbol{F}_\mathrm{R}) = \sum M_O(\boldsymbol{F}_i)} \tag{1-11}$$

空间力对点的矩和力对轴的矩的合力矩定理与式（1-11）类似。

力矩的单位是 N·m（牛·米）或 kN·m（千牛·米）。

例 1-2 图 1-8 所示三铰拱位于铅垂面内，力 $\boldsymbol{F}$ 与水平方向夹角为 θ，求力 $\boldsymbol{F}$ 对 A、B、C 三点的矩。

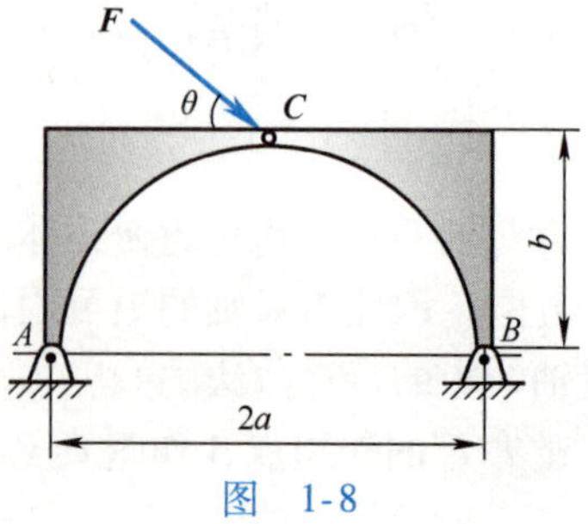

图 1-8

分析：本题力 $\boldsymbol{F}$ 对 A、B 两点求矩时力臂不易计算，适合用合力矩定理计算。

解：力 $\boldsymbol{F}$ 通过 C 点，所以 $M_C(\boldsymbol{F})=0$。

将力 $\boldsymbol{F}$ 分解为水平和铅垂方向两个分力

$$F_x=F\cos\theta,\ F_y=F\sin\theta$$

利用合力矩定理

$$\begin{aligned}M_A(\boldsymbol{F})&=M_A(\boldsymbol{F}_x)+M_A(\boldsymbol{F}_y)\\&=-F\cos\theta b-F\sin\theta a\end{aligned}$$

同理

$$M_B(\boldsymbol{F})=-F\cos\theta b+F\sin\theta a$$

例 1-3　求图 1-4 中的力 $\boldsymbol{F}$ 对 x、y、z 轴的矩及对坐标原点 O 的矩。

分析：本题力 $\boldsymbol{F}$ 对轴的矩适合用合力矩定理，即分别计算力 $\boldsymbol{F}$ 在三个坐标轴方向的分力产生的矩，然后叠加；而力 $\boldsymbol{F}$ 对 O 点的矩可以用公式（1-7）计算，也可以用力对点的矩与力对轴的矩的关系式（1-10）计算。下面求解中利用了例 1-1 的结果。

解：利用合力矩定理。各分力的计算见例 1-1。

力 $\boldsymbol{F}$ 与 y 轴相交，所以 $M_y(\boldsymbol{F})=0$。

$$M_x(\boldsymbol{F})=M_x(\boldsymbol{F}_x)+M_x(\boldsymbol{F}_y)+M_x(\boldsymbol{F}_z)=M_x(\boldsymbol{F}_z)=F_za=\frac{Fca}{\sqrt{a^2+b^2+c^2}}$$

$$M_z(\boldsymbol{F})=M_z(\boldsymbol{F}_x)+M_z(\boldsymbol{F}_y)+M_z(\boldsymbol{F}_z)=M_z(\boldsymbol{F}_x)=-F_xa=-\frac{Fab}{\sqrt{a^2+b^2+c^2}}$$

利用式（1-10）得到力对 O 点的矩

$$\boldsymbol{M}_O(\boldsymbol{F})=M_x(\boldsymbol{F})\boldsymbol{i}+M_y(\boldsymbol{F})\boldsymbol{j}+M_z(\boldsymbol{F})\boldsymbol{k}=\frac{Fca}{\sqrt{a^2+b^2+c^2}}\boldsymbol{i}-\frac{Fab}{\sqrt{a^2+b^2+c^2}}\boldsymbol{k}$$

利用式（1-7）求力对 O 点的矩

$$\begin{aligned}\boldsymbol{M}_O(\boldsymbol{F})&=\begin{vmatrix}\boldsymbol{i}&\boldsymbol{j}&\boldsymbol{k}\\x&y&z\\F_x&F_y&F_z\end{vmatrix}=\begin{vmatrix}\boldsymbol{i}&\boldsymbol{j}&\boldsymbol{k}\\0&a&0\\F_x&F_y&F_z\end{vmatrix}\\&=F_za\boldsymbol{i}-F_xa\boldsymbol{k}=\frac{Fca}{\sqrt{a^2+b^2+c^2}}\boldsymbol{i}-\frac{Fab}{\sqrt{a^2+b^2+c^2}}\boldsymbol{k}\end{aligned}$$

1.3　力偶和力螺旋

1.3.1　力偶

1. 力偶的定义

力偶是大小相等、方向相反、作用线互相平行的两个力组成的特殊力系。如图 1-9 所示，记作（$\boldsymbol{F}$, $\boldsymbol{F}'$），力偶中两力所在的平面称为力偶的作用面，两力作用线间的垂直距离 d 称为力偶臂。在生活中这样的例子很多，如两手指拧水龙头、驾驶员转动方向盘时的力 $\boldsymbol{F}$ 和 $\boldsymbol{F}'$等，都属于力偶，如图 1-10 所示。

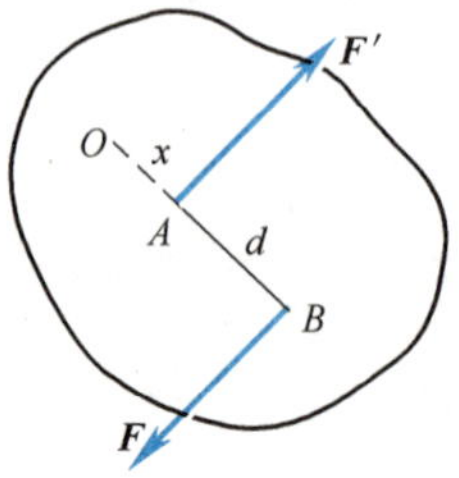

图 1-9

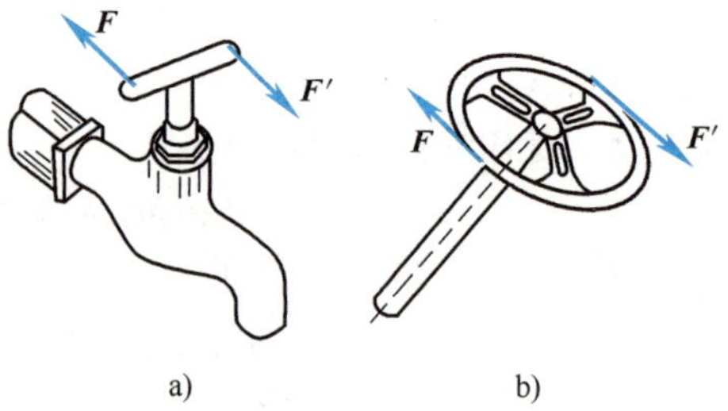

图 1-10

2. 力偶矩

力偶使物体产生转动效应，效应的大小可用力偶中的两个力对其作用面内任意点的矩的代数和来度量。如图 1-9 所示，在力偶平面内任取一点 O 为矩心，则力偶的两个力对于 O 点之矩的和为 $-F(d+x)+F'x=-Fd$。因此我们将力偶中的力与力偶臂的乘积 Fd 作为力偶使物体产生的转动效应的度量，称之为**力偶矩**，即

$$M=\pm Fd \tag{1-12}$$

显然，力偶矩与矩心位置无关。平面力偶矩是一个代数量，通常规定：力偶使物体逆时针方向转动时力偶矩取正号，反之取负号。图 1-9 所示的力偶是负的力偶矩。

力偶矩的单位与力矩相同，即 N · m 或 kN · m。

3. 力偶的性质

力偶中的两个力不会平衡，即力偶不和零等效；力偶没有合力，不能用一个力来代替，也不能与一个力平衡；组成力偶的两个力在任何坐标轴上的投影之和等于零；组成力偶的两个力对任意点之矩之和等于力偶矩。

4. 力偶的等效定理

由于力偶使物体产生的转动效应完全取决于力偶矩，所以只要两个力偶的力偶矩相等，则两力偶就彼此等效。

由此可以得出推论：作用在刚体上的平面力偶可以在其作用面内任意移转；在保持力偶矩的大小和转向不变的条件下，可以任意改变力偶中力和力偶臂的大小，而不影响它对刚体的作用效应。如图 1-11 所示的三个力偶均等效。

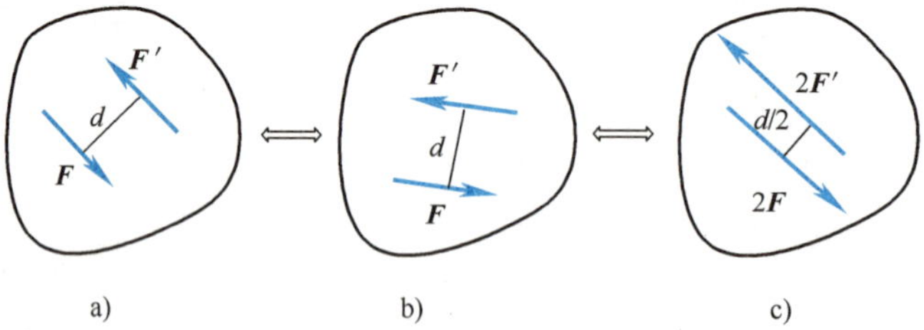

图 1-11

平面力偶的表示方法：可以使用完整的包含力、力偶臂及转向的方法，如图 1-12a 所示，也可以使用力偶矩加转向的方法，如图 1-12b 所示，还可以用力偶矩加转向箭头的方法，如图 1-12c 所示。

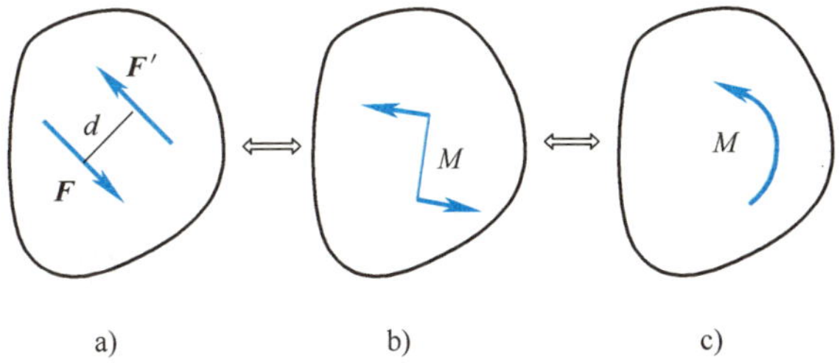

图　1-12

5. 空间力偶矩矢

如果力偶作用到空间物体上，则力偶的作用面可以是空间任意平面，力偶的作用效应无法像平面力偶矩那样简单地用代数量来表示，而是用**力偶矩矢**来表示。

如图 1-13 所示，力偶矩矢 $\boldsymbol{M}$ 垂直于力偶的作用面，指向用右手螺旋法则确定：四指指向力偶旋转方向，拇指的指向为力偶矩矢方向。

空间物体上的力偶，除了平面力偶中给出的基本性质以外，在保持力偶矩的大小和转向不变的条件下，力偶的作用面还可以在刚体内任意平移。

由此可知，力偶矩矢是自由矢量。即在刚体上，只要保持力偶矩矢不变，可以把力偶矩矢画在同一刚体的任何位置。

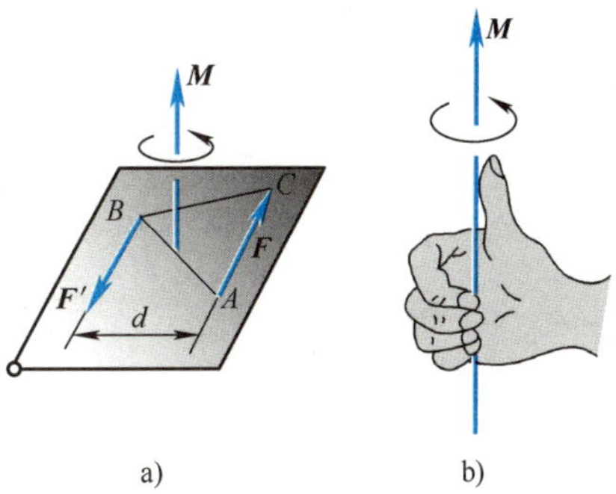

图　1-13

1.3.2　力螺旋

力螺旋是由一个力和一个作用面垂直于该力的力偶组成的特殊力系。如图 1-14a、b 所示。例如，螺丝刀对螺钉的作用，如图 1-14c 所示，以及钻床上钻头对工件的作用等，这些都是力螺旋由向前的推力和旋转的力偶共同作用的效应。

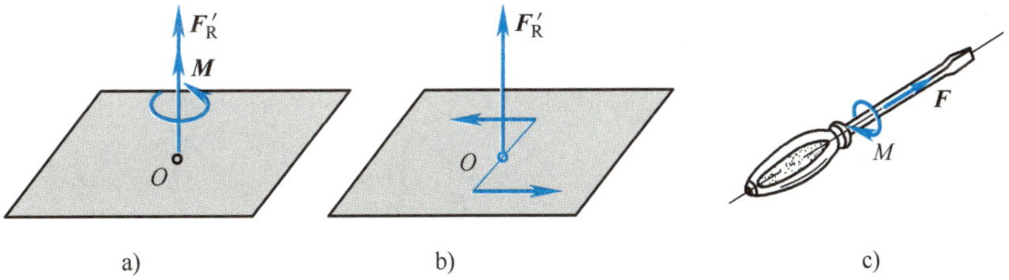

图　1-14

力、力偶和力螺旋是力学的三个基本要素，它们两两之间互相不能等效、不能平衡。

1.4　静力学基本定理

静力学基本定理是研究静力学的基础。公理是人们在生活和生产实践中长期积累的经验总结，又经过实践反复检验，被确认是符合客观实际的最普遍、最一般的规律。

公理1　二力平衡公理

作用在同一刚体上的两个力使刚体平衡的必要和充分条件是：这两个力大小相等、方向相反，并且作用在同一直线上。如图1-15所示，作用于刚体上A、B两点的两个力

$$\boldsymbol{F}_A = -\boldsymbol{F}_B$$

这个公理表明了作用在刚体上的最简单力系平衡时所必须满足的条件。需要强调的是，此公理只适用于刚体。

公理2　力的平行四边形法则

作用于物体某一点的两个力可以合成为一个合力，合力也作用于同一点上，合力的大小和方向由这两个力为边所构成的平行四边形的对角线来确定。如图1-16所示，在物体的A点作用有两个力$\boldsymbol{F}_1$和$\boldsymbol{F}_2$，则它们的合力$\boldsymbol{F}_\mathrm{R}$等于两个力$\boldsymbol{F}_1$和$\boldsymbol{F}_2$的几何和（矢量和），即

$$\boxed{\boldsymbol{F}_\mathrm{R} = \boldsymbol{F}_1 + \boldsymbol{F}_2}$$

此公理是复杂力系简化的基础。

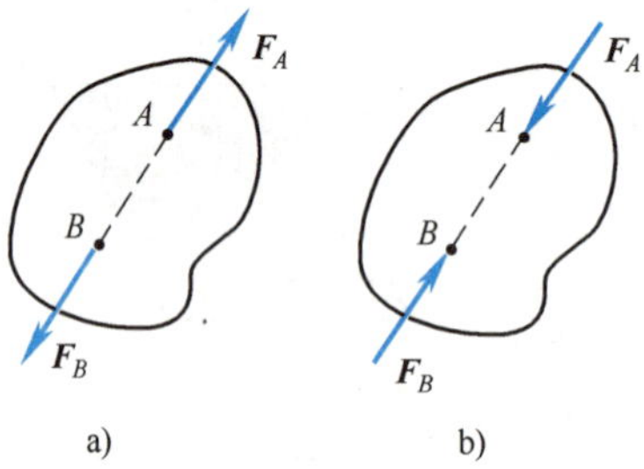

图　1-15

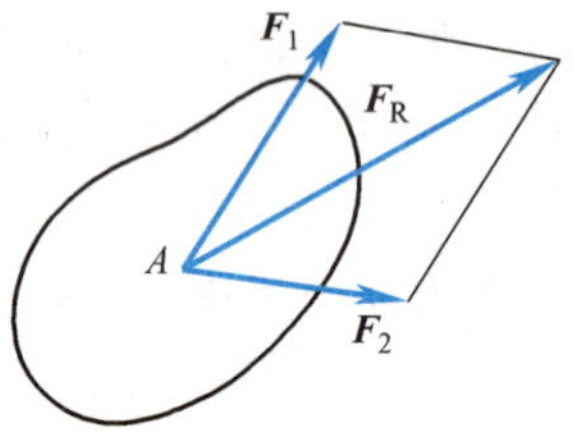

图　1-16

公理3　加减平衡力系公理

在已知力系上加上或减去任意的平衡力系，并不改变原力系对刚体的作用效应。

该公理是力系简化和等效替换的重要理论依据。根据此公理可以得出**力的可传性**推论：作用于刚体上某点的力，可以沿其作用线移至刚体内任意一点，而不改变该力对于刚体的作用。例如，图1-17c与图1-17a等效。

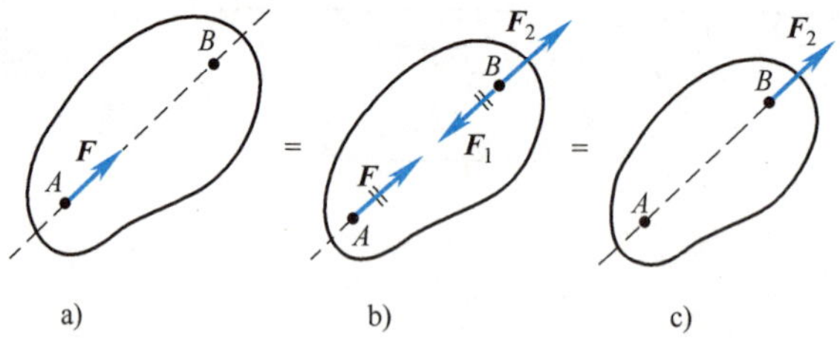

图　1-17

此推论很容易得到证明：利用加减平衡力系公理在图1-17a所示刚体上的B点加上一对平衡力，使其满足$\boldsymbol{F} = \boldsymbol{F}_2 = -\boldsymbol{F}_1$，如图1-17b所示；再利用加减平衡力系公理去掉$\boldsymbol{F}$和$\boldsymbol{F}_1$组成的平衡力，得到图1-17c。即力$\boldsymbol{F}$从作用点$A$沿其作用线滑移到了点$B$。

由此可见，作用于刚体上的力是滑动矢量，即力沿其作用线可以滑动到刚体上的任意点。这样，作用于刚体上的力的三要素可变为：力的大小、方向和作用线。

公理 4　作用与反作用定律

两物体之间的作用力和反作用力总是大小相等、方向相反，沿同一作用线分别作用在这两个物体上。若用 $\boldsymbol{F}$ 表示作用力，$\boldsymbol{F}'$ 表示反作用力，则

$$\boldsymbol{F} = -\boldsymbol{F}'$$

作用力与反作用力是互相依存、同时出现、共同消失的，它们分别作用在互相作用的两个不同物体上。这与同一刚体上作用有两个力的平衡条件不同，不能把作用力和反作用力视为一组平衡力。

公理 5　刚化原理

如果变形体在某力系作用下处于平衡，则将此变形体变为刚体，其平衡状态保持不变。

这个公理提供了把变形体看作刚体模型的条件，反之则不一定成立（即逆定理不成立）。例如，绳索在等值、反向、共线的两个拉力作用下处于平衡，如将此绳索刚化为刚性杆，平衡状态不变；而刚性杆在等值、反向、共线的两个压力作用下处于平衡，若将其换成绳索则不能平衡。

此原理是研究变形体平衡问题的基础。

定理 1　三力平衡汇交定理

如果物体在三个不平行的力作用下平衡，则这三个力的作用线必在同一平面内，且汇交于同一点。

注意：此定理只是三力平衡的必要条件而不是充分条件，即逆定理不成立。此定理的证明，有兴趣的读者可参阅文献［5］。

定理 2　力的平移定理

作用在刚体上 A 点的力 $\boldsymbol{F}$ 可以平行移动到任一点 B，但必须同时附加一个力偶，其力偶矩等于原来的力 $\boldsymbol{F}$ 对新作用点 B 的矩。

证明：设力 $\boldsymbol{F}$ 作用于刚体上的 A 点，如图 1-18a 所示。在刚体上任取一点 B，在 B 点加上一对与 $\boldsymbol{F}$ 平行的平衡力 $\boldsymbol{F}'$ 和 $\boldsymbol{F}''$，使其满足 $F = F' = F''$，如图 1-18b 所示。根据加减平衡力系公理知，图 1-18b 与图 1-18a 的力系等效，而力系（$\boldsymbol{F}, \boldsymbol{F}''$）组成力偶，其矩用 M 表示，称为附加力偶，表示为图 1-18c 所示的形式。显然附加力偶的矩

$$M = Fd = M_B(\boldsymbol{F})$$

定理得证。此定理是力系简化的基础。

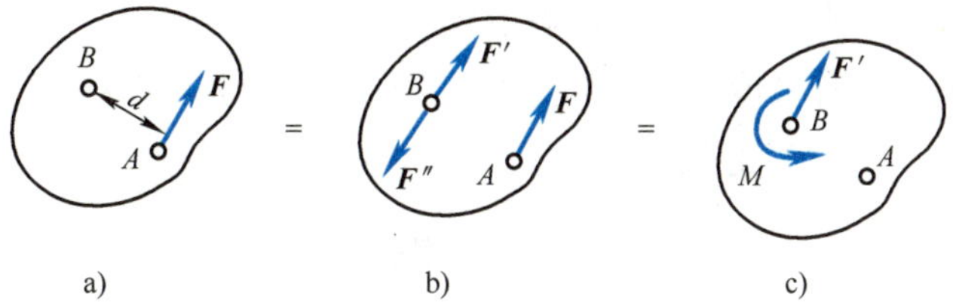

图　1-18

1.5 小结与学习指导

1. 重点与难点

重点：平衡的概念；力的投影，平面力对点的矩，力对轴的矩，合力矩定理的应用，力偶及其性质，静力学基本公理和定理。

难点：空间力的投影，力对轴的矩。

2. 关于集中力和集中力偶

集中力只是一种理想的受力模型，任何物体受力都不可能真正作用在一个点上，而是作用在一定的区域上，当作用区域很小的时候理想化为集中力。

同样，集中力偶也是一种理想的受力模型。我们知道力偶有大小、转向和作用面三个要素，即力偶是由作用在力偶作用面内的两个反向平行力组成的，因此力偶不可能作用在某一点。那么，构件上的集中力偶又是怎么产生的呢？实际的“集中力偶”通常属于如图 1-19 所示的三种情况之一。一是在构件某点两侧很小的区域内受到相反的分布力作用，分布力的合力组成力偶，如图 1-19a 所示；二是在构件某点一侧凸出部分受到集中力或分布力作用，这些力对该点产生力偶（力矩），如图 1-19b 所示；三是在构件某点两侧凸出部分受到相反的集中力或分布力作用，这些力组成力偶，如图 1-19c 所示。最终表示为作用于一点的集中力偶。

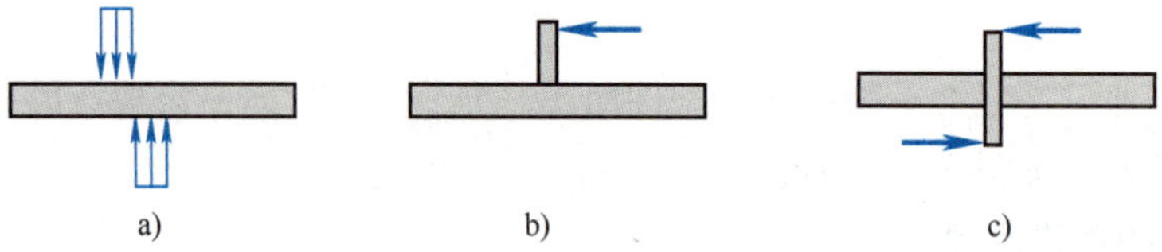

图 1-19

3. 关于静力学基本定理

力学中的某些公理，如二力平衡公理、加减平衡力系公理和力的可传性等只适用于刚体，对变形体不成立，而平行四边形法则和作用与反作用定律对刚体和变形体都成立。

需要特别说明的是：一般教材均把三力平衡汇交定理作为加减平衡力系公理的推论，只适用于刚体。实际上三力平衡汇交定理对变形体也是成立的，即如果变形体在三个力作用下平衡，则这三个力一定在一个平面内，且汇交于同一点。

三力平衡汇交定理和刚化原理的逆定理不成立。

尽管对刚体来说力具有可传性，但不要将力在刚体上沿其作用线随意滑动，以便更清楚地表示力在刚体上的作用位置及作用效应。

习 题

1-1 如题 1-1 图所示，用手拔钉子拔不动，为什么用羊角锤就容易拔起？力加在锤把上的什么方向最省力？

（知识点：力对点的矩。）

1-2　由力偶理论知道，一个力不能和力偶平衡，但为什么题 1-2 图 a 所示的螺旋压榨机上力偶似乎可以用被压榨物体的反力 $\boldsymbol{F}_N$ 来平衡？为什么题 1-2 图 b 所示轮子上的力偶 M 似乎和物体上的力 $\boldsymbol{P}$ 相平衡呢？

（知识点：力偶的性质。分析压榨机和轮子的受力。）

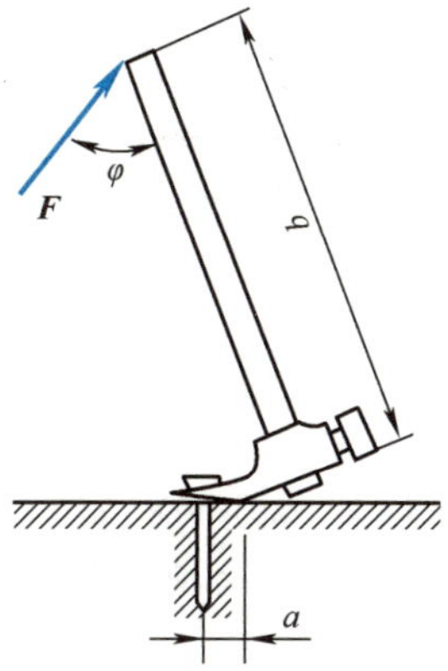

题 1-1 图

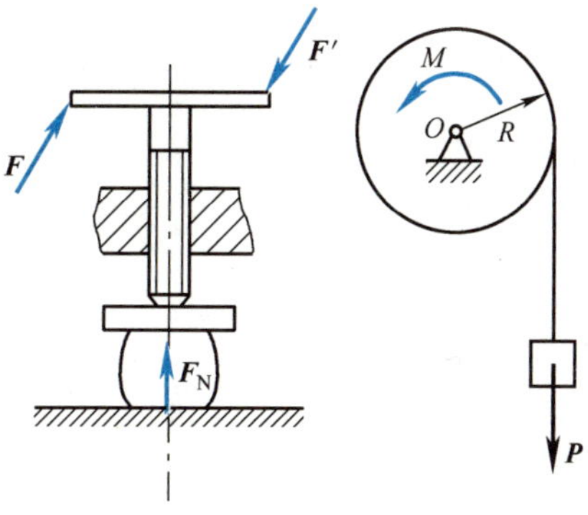

a)　b)

题 1-2 图

1-3　题 1-3 图 a、b 所示的力 $\boldsymbol{F}$ 和力偶（$\boldsymbol{F}',\boldsymbol{F}''$）对轮的作用有何不同？设轮的半径均为 r，且 $F'=F/2$。

（知识点：力矩和力偶矩的计算。）

1-4　如题 1-4 图所示，力 $\boldsymbol{F}$ 作用在平面刚架上。试计算力 $\boldsymbol{F}$ 对点 A 和 B 的力矩。

（答案：$M_A=-Fb\cos\theta$，$M_B=-Fb\cos\theta+Fa\sin\theta$）

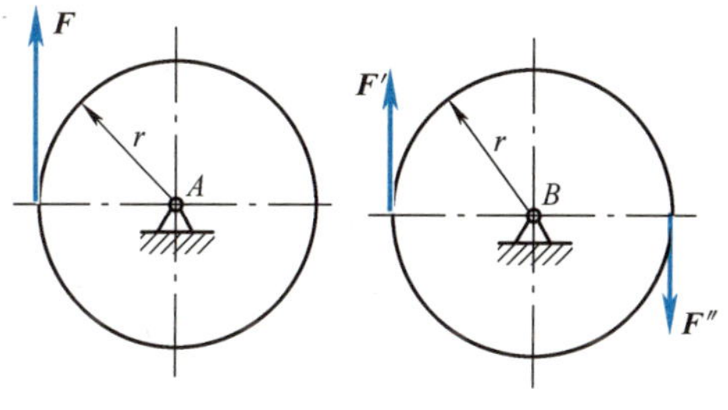

a)　b)

题 1-3 图

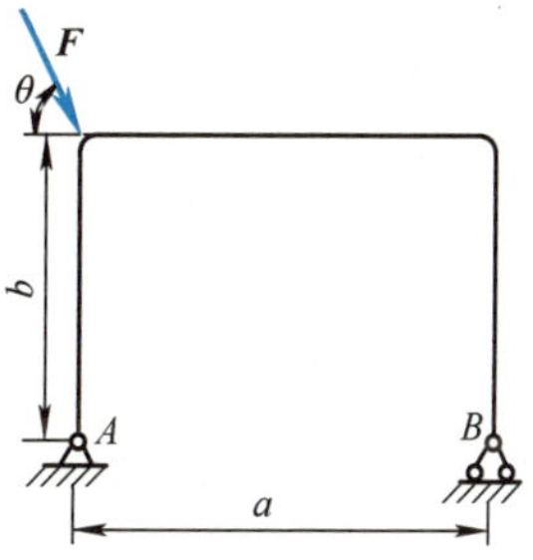

题 1-4 图

1-5　力 $\boldsymbol{F}$ 作用在平面支架上，尺寸如题 1-5 图所示。求力 $\boldsymbol{F}$ 对 O 点的矩。

（答案：$M_O(\boldsymbol{F})=F[(l_1-l_3)\cos\alpha-l_2\sin\alpha]$）

1-6　求题 1-6 图所示力 $\boldsymbol{F}$ 对直角杆固定铰链支座 O 点的矩。

（答案：$M_O(\boldsymbol{F})=F\sin\beta\sqrt{l^2+b^2}$）

1-7　题 1-7 图所示一轮在轮轴 B 处受一切向力 $\boldsymbol{F}$，已知 F、R、r 和 a。求此力对接触点 A 的矩。

（分析：由于本题力臂不好求，所以不宜利用定义或合力矩定理直接对 A 点求矩。可以先把力平移到 O 点，根据力的平移定理，需要附加的矩 $M_O=Fr$，再对 A 点求矩

$$M_A(\boldsymbol{F})=M_O-F\cos\beta R=F(r-R\cos\beta)$$

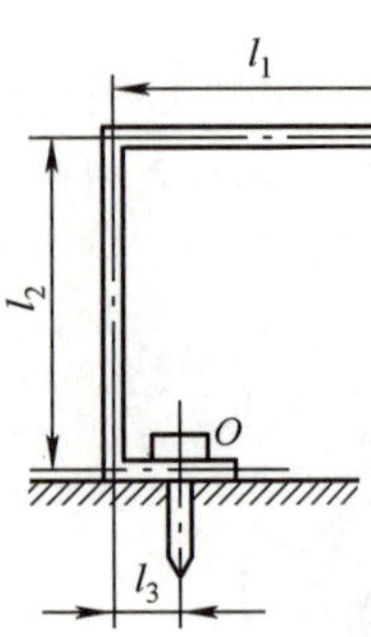

题 1-5 图

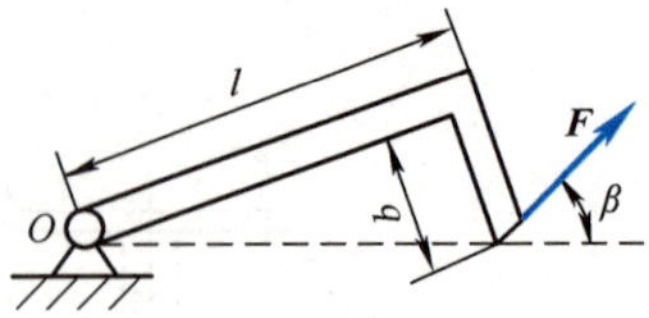

题 1-6 图

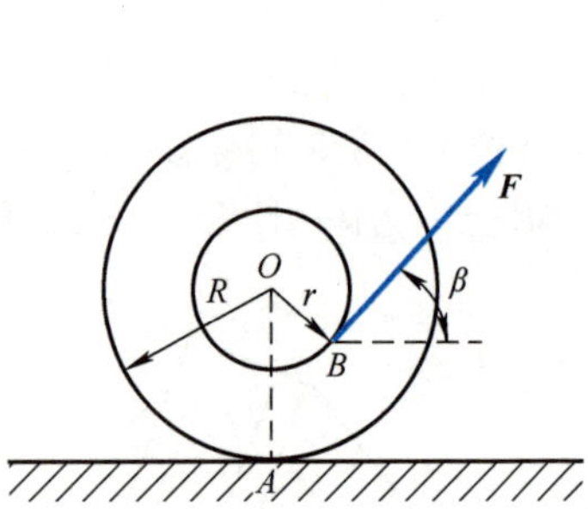

题 1-7 图

1-8　题 1-8 图示的正立方体边长 $a=20\text{cm}$，力 $\boldsymbol{F}$ 的大小为 AB 的长度（以 cm 计）乘以 10N。求力 $\boldsymbol{F}$ 在 x、y、z 轴上的投影和对 x、y、z 轴的矩。

（答案：$F_x=-200\text{N}$，$F_y=200\text{N}$，$F_z=200\text{N}$，$M_x=0$，$M_y=-40\text{N}\cdot\text{m}$，$M_z=40\text{N}\cdot\text{m}$）

1-9　题 1-9 图中的力 $\boldsymbol{F}$ 的大小为 70N，作用于点 $A(-1,3,2)$，$\boldsymbol{F}$ 与 x、y、z 轴夹角的方向余弦分别为 3/7、6/7 和 2/7。求力 $\boldsymbol{F}$ 对 x、y、z 轴的矩。

（答案：$M_x=-60\text{N}\cdot\text{m}$，$M_y=80\text{N}\cdot\text{m}$，$M_z=-150\text{N}\cdot\text{m}$）

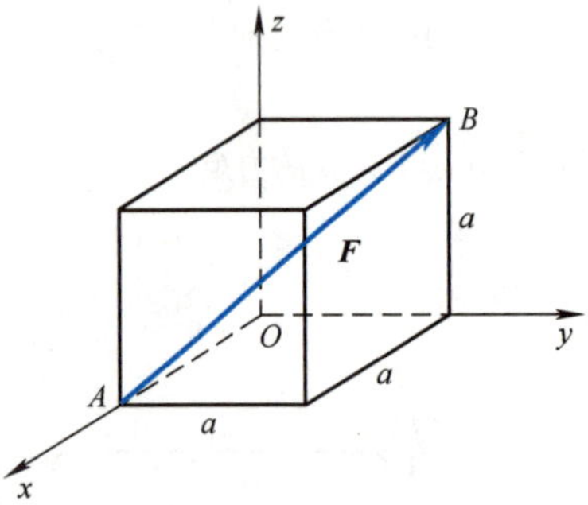

题 1-8 图

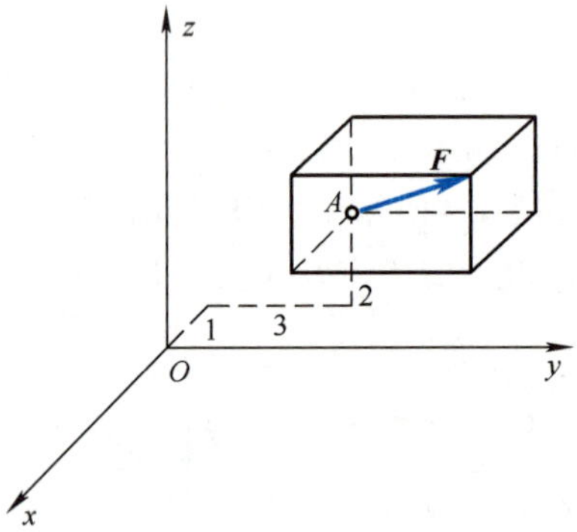

题 1-9 图

1-10　手柄 $ABCE$ 位于水平面 xAy 内，在 D 处作用一力 $\boldsymbol{F}$，它在垂直于 y 轴的平面内，偏离铅垂线的角度为 θ，如题 1-10 图所示。$CD=a$，杆 BC 平行于 x 轴，杆 CE 平行于 y 轴，$AB=BC=l$，求力 $\boldsymbol{F}$ 对 x、y、z 轴的矩。

（答案：$M_x(\boldsymbol{F})=-F(l+a)\cos\theta$，$M_y(\boldsymbol{F})=-Fl\cos\theta$，$M_z(\boldsymbol{F})=-F(l+a)\sin\theta$）

1-11　大小为 1000N 的力 $\boldsymbol{F}$ 作用在空间折杆上，折杆的尺寸以及力 $\boldsymbol{F}$ 的方位如题 1-11 图所示，求其对 z 轴的力矩 M_z。

（答案：$-101.4\text{N}\cdot\text{m}$）

1-12　作用于管扳子手柄上的两个力构成一力偶，如题 1-12 图所示，求其力偶矩矢量。

（解答：根据力偶的性质，力偶矩矢为自由矢量，与矩心无关，即对任意点求矩结果都一样。为计算方便，对 O_1 点求矩，并利用力对轴的矩与力对点的矩的关系得

$$\begin{aligned}\boldsymbol{M}=\boldsymbol{M}_{O_1}&=M_x\boldsymbol{i}+M_y\boldsymbol{j}+M_z\boldsymbol{k}\\&=(-150\times0.5\boldsymbol{i}+150\times0.15\boldsymbol{j}+0\boldsymbol{k})\text{N}\cdot\text{m}\\&=(-75\boldsymbol{i}+22.5\boldsymbol{j})\text{N}\cdot\text{m}\end{aligned}$$

$$M=\sqrt{75^2+22.5^2}=78.3\text{N}\cdot\text{m}）$$

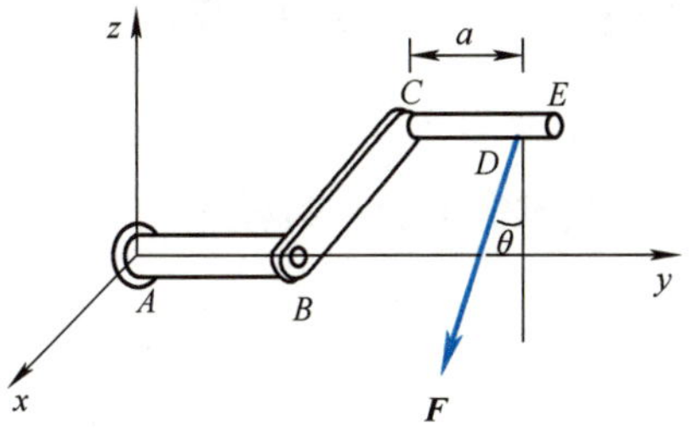

题 1-10 图

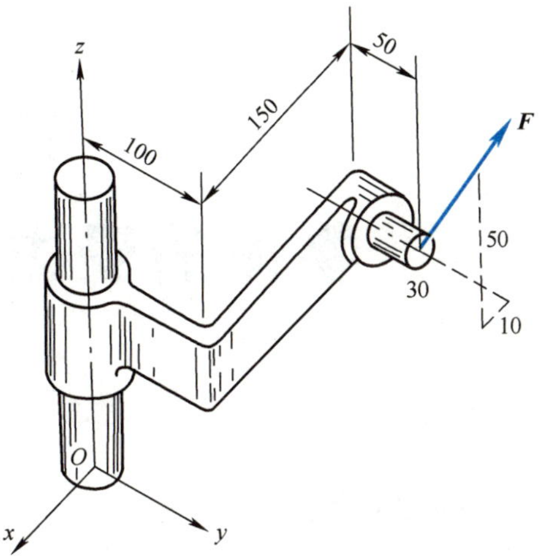

题 1-11 图

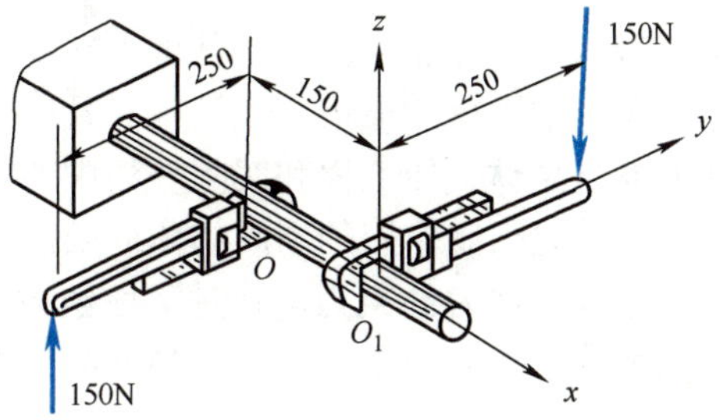

题 1-12 图

第2章

物体的受力分析与受力图

物体的受力分析是解决力学问题的重要环节，是最基础的力学内容之一。

2.1 约束与约束力

2.1.1 约束的概念

在力学中，通常把物体分为自由体和非自由体。凡可以在空间做任意自由运动即位移不受限制的物体称为**自由体**，如在空中飞行的飞机、火箭等。凡因受到周围物体的阻碍、限制而不能做自由运动的物体称为**非自由体**，如工程和实际生活中的大多数物体。

对非自由体的某些位移或运动起限制作用的周围物体或限制条件称为**约束**。约束对物体的作用实质上就是力的作用，这种力称为**约束力**，有时又称**约束反力**。**约束力的方向**与该约束所能够阻碍的位移、运动或运动趋势方向相反。这是判断约束力的方向和作用线位置的基本准则。例如，书放在课桌上，桌面对书构成了约束，它阻碍了书沿铅直方向向下的运动。

除约束力外，物体上受到的其他力，如重力、风力、工件受到的切削力等，它们是促使物体运动的力，称为**主动力**。

本章只介绍限制位移的约束，而限制运动的约束将在“10.2 虚位移原理”一节中讲述。

2.1.2 几种简单的约束与约束力

下面各种约束的分析与讨论只针对该约束，不涉及其他力和内容，也不涉及平衡问题。

1. 柔性体约束

工程中的胶带、钢丝绳、链条等柔性物体都属于这一类约束。由于柔性体只能承受拉力，因此忽略柔性体的自重时，其对物体产生的约束力：沿柔性体轴线方向背离被约束物体。通常用$\boldsymbol{F}_T$表示这类约束力。

图2-1a表示的是用两根绳索悬吊的重物所受的约束力；图2-1b表示的是皮带施加于带轮的约束力，方向沿轮缘的切线方向。

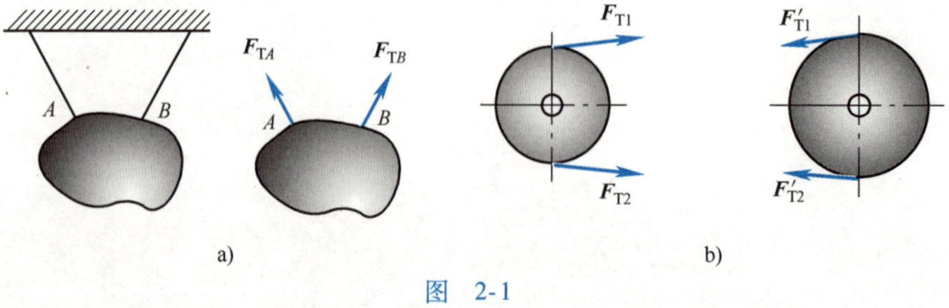

图 2-1

2. 光滑接触面约束

当两物体互相接触时，若接触面间的摩擦可以忽略不计，则为**光滑接触面约束**。物体可以沿接触面切向或离开接触面方向运动，但不能沿接触面公法线朝向接触面运动。所以这类约束的约束力：沿接触面的公法线方向指向被约束体，作用在接触点处。这种约束力又称为**法向约束力**，常用 $\boldsymbol{F}_N$ 表示。

图 2-2a 表示的是放在固定面上的球或圆盘受到的约束力；图 2-2b 表示的是不计摩擦的齿轮啮合力，两齿互为约束，图中表示的是右边齿对左边齿的约束力，方向沿公法线。

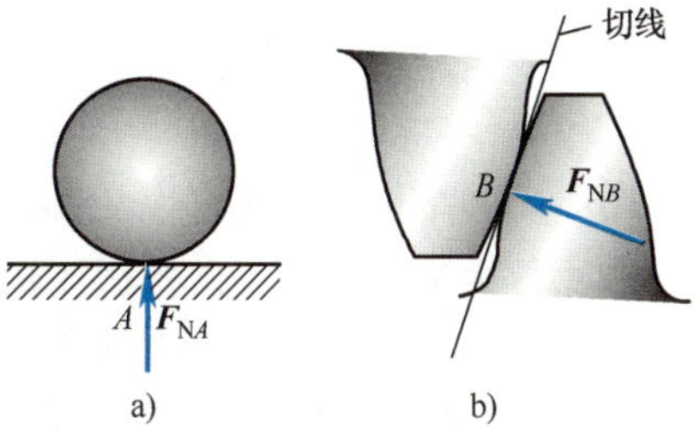

图　2-2

3. 光滑圆柱形铰链约束

这类约束包括圆柱形铰链、固定铰链支座、向心轴承和活动铰链支座等。

（1）圆柱形铰链和固定铰链支座

两个带有圆孔（常称为销钉孔）的构件（或零件），用圆柱销钉穿入圆孔将它们连接起来，如果销钉和圆孔是光滑的，那么销钉只能阻碍两构件在垂直于销钉轴线的平面内的相对移动，而不能阻碍两构件绕销钉轴线的相对转动，这种约束就是**光滑圆柱形铰链**，简称**铰链**。如图 2-3 中构件Ⅰ和Ⅱ在 C 点用销钉 C 穿入销钉孔的连接就是典型的圆柱形铰链。

如果用销钉将构件与不动的基础或地面连接起来，这时的约束称为**固定铰链支座**，如图 2-3中的销钉 B 穿入构件Ⅱ和支座的销钉孔 B 的连接就是固定铰链支座约束。图 2-4 所示是实际桥梁结构中的固定铰链支座。

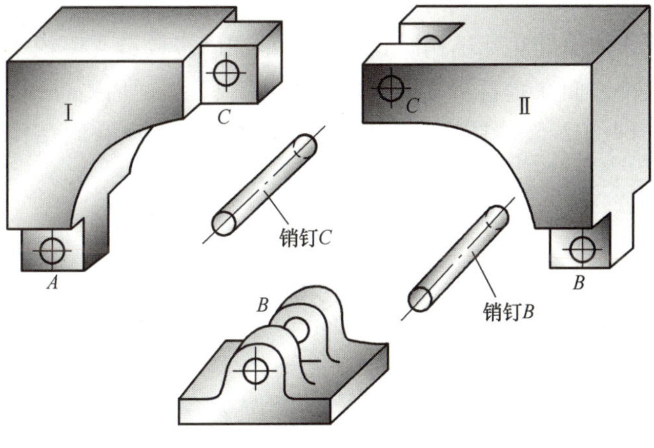

图　2-3

图　2-4

销钉与构件之间实际上是以两个光滑圆柱面相接触的，因此这种约束的约束力和光滑接触面约束一样，沿公法线方向，即通过接触点的直径方向。但因接触点位置一般不能预先确定，所以约束力的方向也不能确定。通常把这种约束力用两个正交的垂直于销钉轴线且通过圆孔中心的分力来表示，如图 2-5a 所示，两分力的指向可任意假定，由后面章节的平衡方程计算结果的正负号来判定假设指向的正确性。图 2-5b、c 分别为圆柱形铰链和固定铰链支座的简化模型和约束力。

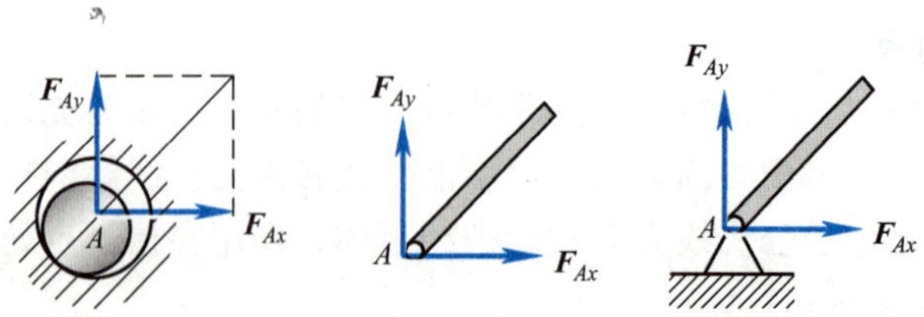

a)　b)　c)

图 2-5

图 2-3 的结构组合起来以后的简化模型如图 2-6 所示。其中 C 点是圆柱形铰链，A 和 B 点为固定铰链支座。图 2-7 给出了图 2-3 中构件Ⅰ和Ⅱ的受力情况。这里将Ⅱ构件在 C 点的销钉孔和销钉一起作为分析的对象，和Ⅰ构件上 C 点的销钉孔互为约束，约束力 $\boldsymbol{F}_{Cx}$、$\boldsymbol{F}_{Cy}$ 和 $\boldsymbol{F}'_{Cx}$、$\boldsymbol{F}'_{Cy}$ 是作用力与反作用力的关系。而 A 和 B 点受到的是固定铰链支座的约束力，$\boldsymbol{P}_1$ 和 $\boldsymbol{P}_2$ 为构件Ⅰ和Ⅱ的重力。

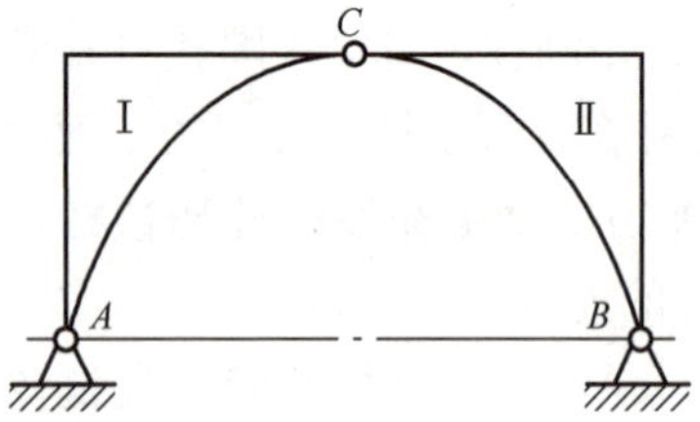

图 2-6

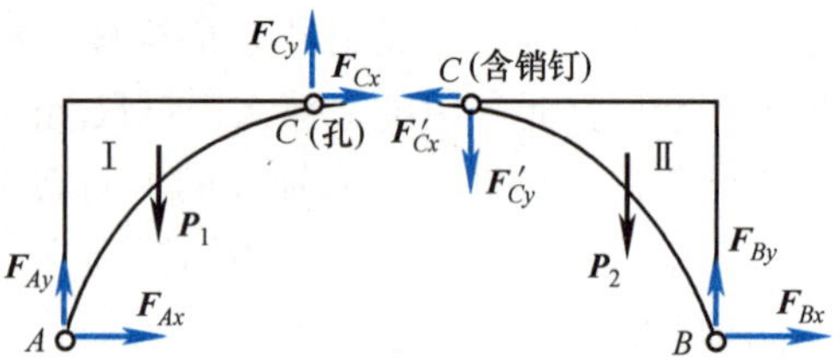

图 2-7

（2）向心轴承（径向轴承）

图 2-8a、b 分别是**向心轴承**和**滚珠轴承**的实际结构。这两种轴承和固定铰链支座约束的作用类似，轴在轴承套内可以自由旋转，而在垂直于轴线方向不能相对移动。所以简化模型和约束力与固定铰链支座完全相同，即图 2-5c。图 2-8c、d 分别是这种轴承在空间结构中的简化模型和受力情况。

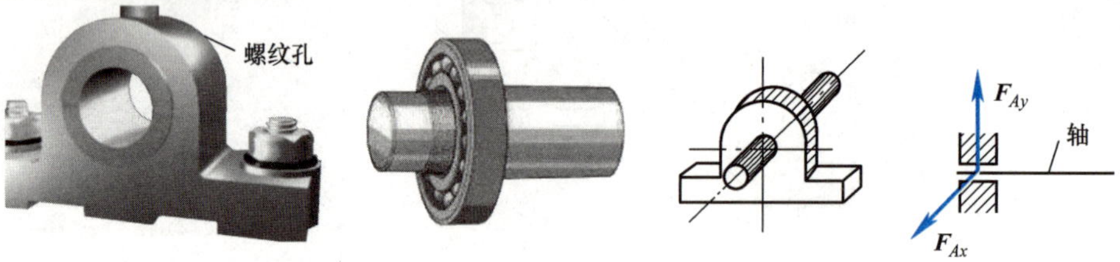

a)　b)　c)　d)

图 2-8

（3）活动铰链支座

在桥梁等工程结构上经常采用**活动铰链支座**，又称**辊轴支座**，如图 2-9a 所示。这种支座中有几个圆柱形滚子，可沿支撑面滚动。显然，这种滚动支座的约束性质与光滑接触面类似，其约束力垂直于支撑面指向被约束体。滚动铰链支座的结构简图可以画成图 2-9b 所示的两种形式，其约束力和光滑接触面一样，用 $\boldsymbol{F}_{\mathrm{N}}$ 表示，如图 2-9c 所示。

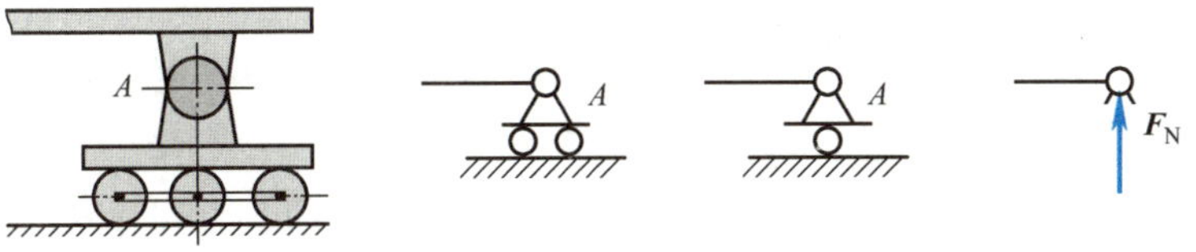

图　2-9

4. 球铰链和球支座

球铰链是通过球体和球壳将两个构件连接在一起的约束，它使构件可绕球心任意转动，但不能有任何方向的位移。如果球壳与地面或基础连接，通常称为**球支座**。这种约束，在理想状态下仍然和光滑接触面约束一样，其约束力沿公法线方向指向被约束体，即为通过接触点与球心的一个空间法向约束力，但接触点的位置一般不能预先确定，所以通常用三个正交分力来表示。图 2-10a、b 所示为球铰链的简化模型和受力简图。

可以发现，球铰链的简化模型（图 2-10b）和固定铰链支座的简化模型（图 2-5c）类似，所以要注意，在平面结构中为两个正交约束力，在空间结构中为三个正交约束力。

5. 推力轴承

图 2-11a、b 所示为推力轴承的内部结构及其零部件示意图。与径向轴承相比较，推力轴承除了能限制轴的径向位移以外，还能限制轴向位移。因此它比径向轴承多一个沿轴向的约束力。图 2-11c 所示为推力轴承的简化模型和受力简图。

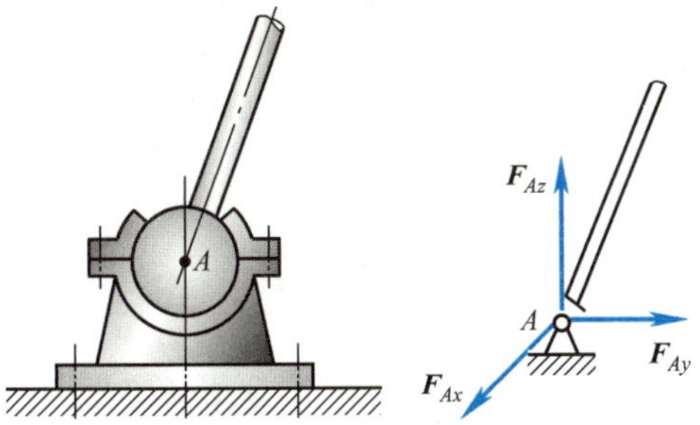

图　2-10

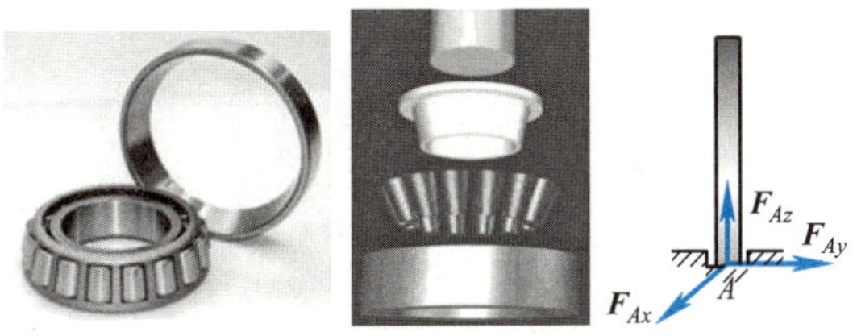

图　2-11

6. 二力构件与连杆约束

在两个力作用下平衡的构件称为**二力构件**或**二力杆**。根据二力平衡公理，二力构件的受力一定是沿受力点连线方向等值、反向、共线的一对力。二力杆不是严格意义上的约束，但通常被当作约束处理。

如果二力杆的尺寸较小且两端用铰链连接，则称此二力杆为连杆。

需要注意的是：二力杆的两个受力点上可以分别受到多个力作用，只要多个力的合力满足二力平衡条件，即为二力杆。

2.1.3　复杂约束及其约束力

上面列举了一些简单的理想化的约束，而实际工程结构中的约束通常是比较复杂的，对其进行简化时，要考虑主要因素，忽略次要因素，得出合理的力学模型。

物体受到的每个约束，其约束力分量的数量最多只有 6 个，确定约束力数量和特性的基本方法是：将被约束物体在空间的总位移分解为沿 x、y、z 三正交轴的移动和绕此三轴的转动，哪种位移被约束所阻碍，就施加相应的约束力。阻碍移动时施加约束力，阻碍转动时施加约束力偶。

前面介绍过的简单约束的约束力也可以用这种方法确定，例如球支座或球铰链，限制任何方向的移动，施加三个约束力，不限制任何方向的转动，不施加约束力偶。表 2-1 给出了工程中几种常见的约束类型及其约束力（说明：假设表 2-1 图中正交坐标轴 x、y 为水平方向，z 为铅垂方向，字母 A 表示约束在结构中的位置）。

表 2-1　工程中几种常见的约束类型及其约束力

约束名称	约束模型简图	约束力	说　明
铁轨	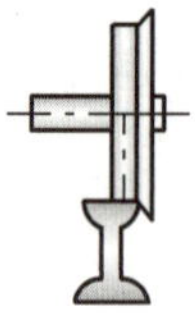	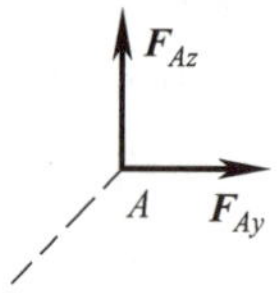	铁轨只限制车轮上下方向和左右侧向的位移
蝶形铰链	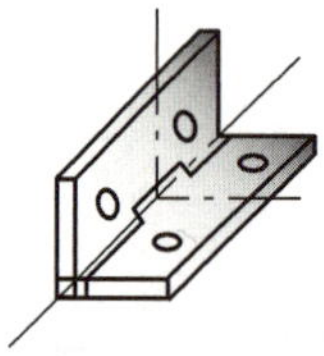	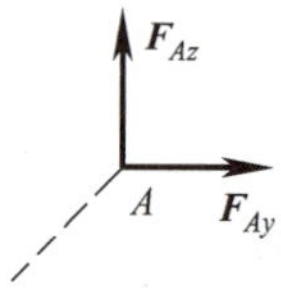	即我们平时所说的合页。它的主要作用是只限制与转轴垂直方向的位移。但从结构来看，还不能绕 y 和 z 轴转动，即还应该施加绕 y 和 z 轴的约束力偶，但这种铰链设计的目的只是使被连接的构件绕轴线自由转动，其他方向不能转动，否则就会破坏此铰链
平面固定端	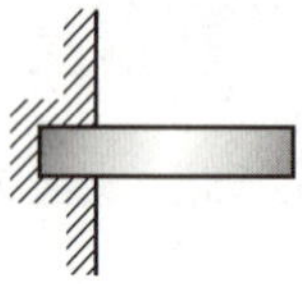	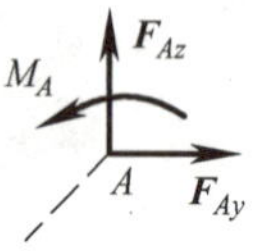	简化为平面内完全固定的约束，在平面内不能有任何移动和转动位移
导向轴承	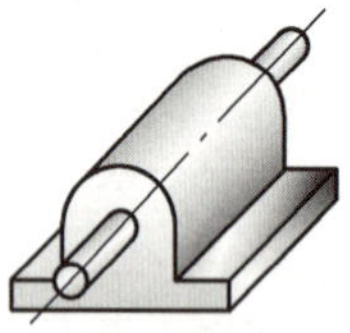	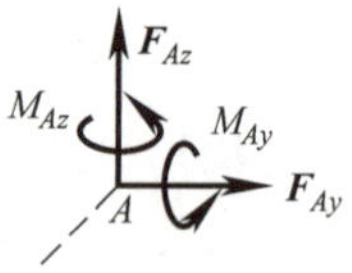	只有沿轴向的位移和绕轴向的转动不受约束，其他方向均受约束。注意和径向轴承的区别
带销子的夹板	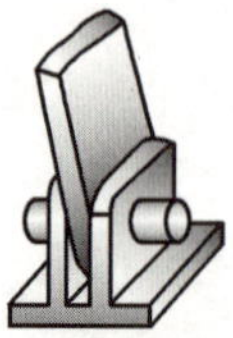	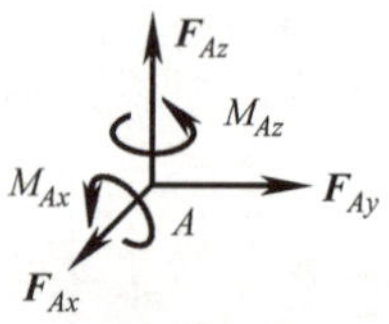	只有绕轴向的转动不受约束。注意和圆柱形铰链的区别

（续）

约束名称	约束模型简图	约束力	说 明
导轨		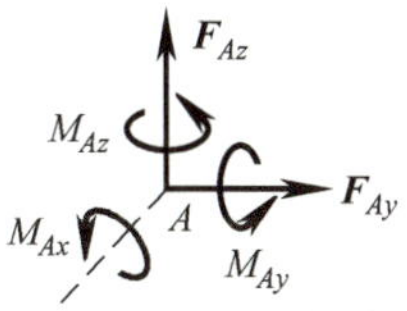	只有沿轴向的位移不受约束
万向接头	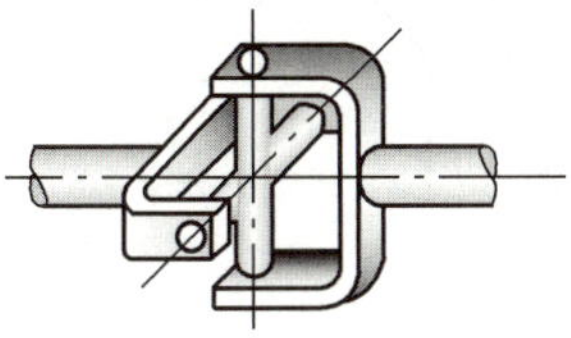	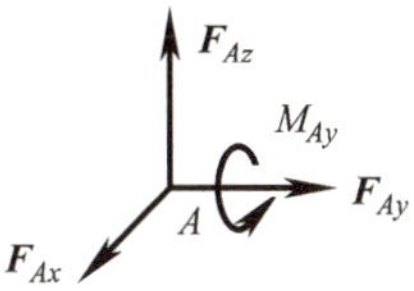	是机械传动轴连接的关键部件，既要沿轴向传递扭矩，又要保证能够自由转向，因此绕轴向的转动被约束，其他方向自由转动
空间固定端	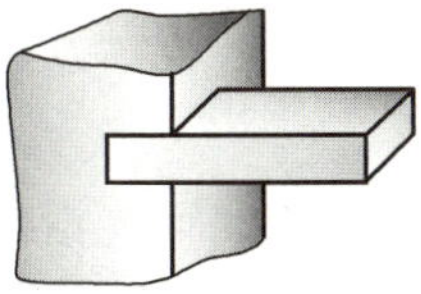	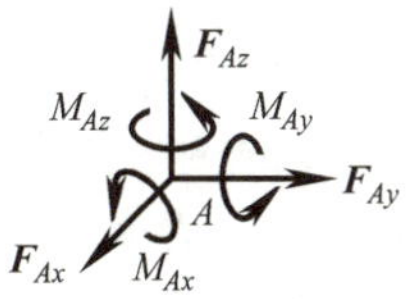	限制了任何方向的移动和转动

2.2 物体的受力分析与受力图

工程中分析和解决力学问题时，通常将需要研究的物体称为**受力体**或**研究对象**，对其受力的多少、每个力的作用位置和方向等进行分析的过程称为**受力分析**。

为了清晰地表示物体的受力情况，需要把与研究对象相连的周围约束全部解除，并把研究对象单独分离出来，这个过程称为取**分离体**。将作用于分离体上所有的主动力和约束力画在简图上，这种图形称为**受力图**。

分离体法画受力图的步骤可简单总结为：选择研究对象→取分离体→画受力图。下面举例说明。

例 2-1 不计重量的圆盘放在光滑水平面上，受拉力 $\boldsymbol{F}$ 作用，如图 2-12a 所示。画出其受力图。

分析：圆盘只有水平面产生的光滑接触面约束。

解：研究圆盘，解除约束取分离体。画出受力图如图 2-12b 所示。

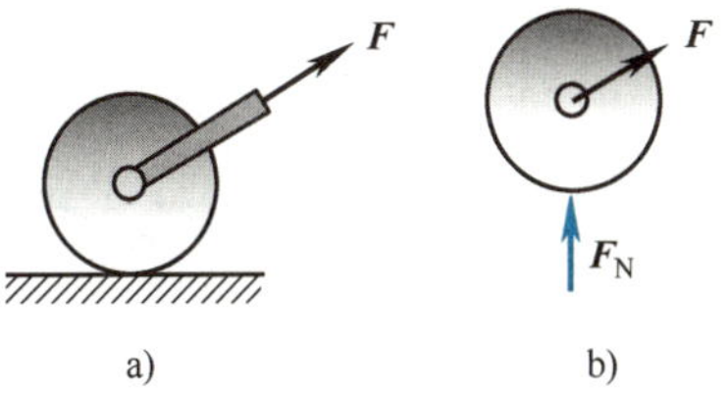

图 2-12

讨论：（1）圆盘只受到两个力作用，不共线，不满足二力平衡条件，不会平衡。

（2）画受力图时，只需考虑约束的特性，物体是否平衡无须考虑。因此本题的圆盘是否平衡不影响约束力的画法。

例 2-2 重量为 P 的均质直杆放在光滑的 V 型槽内，如图 2-13a 所示，画出杆平衡时的受力图。

分析：杆只受到 A、B 两点的光滑接触面约束，与作用于 C 点的重力 $\boldsymbol{P}$ 应该汇交于同一点（三力平衡汇交定理）。

解：研究杆 AB，解除约束取分离体。画出受力图如图 2-13b 所示。

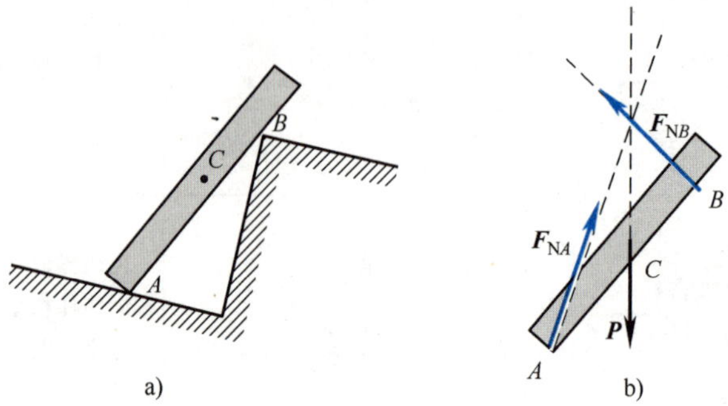

图 2-13

例 2-3 重量为 P 的均质直杆 AB 由不计重量的斜杆 CD 支撑，A、C、D 均为光滑铰链连接，如图 2-14a 所示。试画出结构平衡时两杆的受力图。

分析：（1）CD 杆自重不计，只受到 C、D 两点的光滑铰链约束，而光滑铰链的约束力为一个法向力（只是一般情况下方向不确定，画成互相垂直的两个力），因此 CD 为二力杆，受力沿 CD 连线方向。

（2）C 点的销钉重量忽略不计，只受到 AB 杆和 CD 杆上销钉孔的力，所以销钉为二力构件。再根据作用与反作用定律知，此销钉施加于 AB 杆和 CD 杆上销钉孔的力等值、反向、共线。因此，这种情况下 AB 杆和 CD 杆上 C 点的受力，无论销钉孔内是否包含销钉，受力图都是一样的。

（3）支座 A 连接的 AB 杆不是二力杆，A 点画成互相垂直的两个力。

解：（1）先研究杆 CD，解除约束取分离体。画出受力图如图 2-14b 所示。

（2）研究杆 AB，解除约束取分离体。画出受力图如图 2-14c 所示。

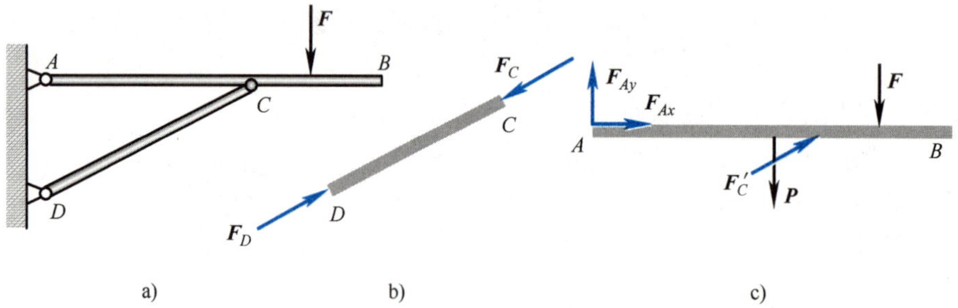

图 2-14

例 2-4 画出图 2-15a 所示简易支架的受力图。假设 AC 和 BC 杆重量忽略不计。

分析：（1）AC 和 BC 杆重量忽略不计，则均为二力杆。

（2）二力杆的受力图一般无须单独画出，包括例 2-3 中的 CD 杆的受力图一样无须画出。

（3）既然二力杆的受力图无须画出，本题只能研究销钉 C。这样，在结构中一般作为约束的销钉在本题中变成了研究对象。

解：研究销钉 C，受力如图 2-15b 所示。

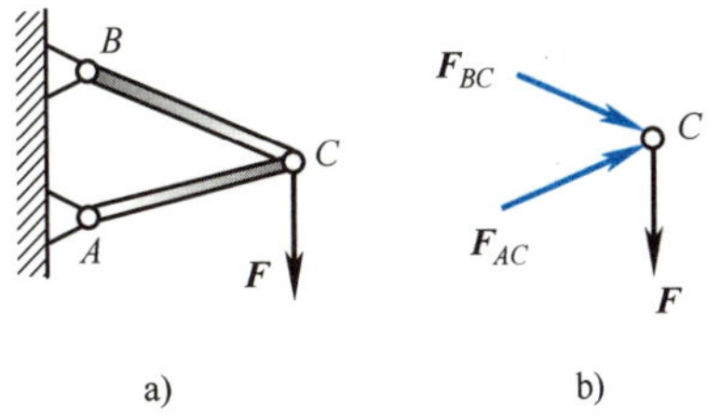

图 2-15

例 2-5 画出图 2-16a 所示连续梁整体及各分段梁的受力图。

分析：（1）B 点的销钉只连接 AB 和 BC 段梁，且重量忽略不计，则为二力构件。因此，AB 和 BC 梁上 B 点的受力，无论销钉孔内是否包含销钉，受力图都是一样的。

（2）分布荷载一般情况下只能按照原来的作用形式画出，不能画成合力的形式。

（3）B 点约束在 AB 和 BC 段梁上产生的约束力必须画出作用力与反作用力的形式，且标识符号要一致。

解：（1）研究整体，受力如图 2-16c 所示。

（2）研究 AB 和 BC，受力如图 2-16b、d 所示。

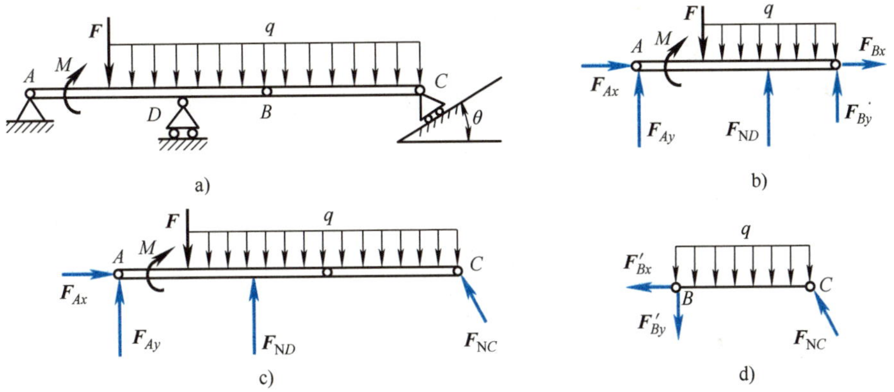

图 2-16

例 2-6 画出图 2-17a 所示结构各构件的受力图。已知 A、B、D、E、H 各点均为光滑铰链连接，CE 杆的一部分受到集度为 q 的分布荷载作用，AH 杆上固连的销钉 D 可以在 CE 杆上的光滑滑道内滑动，不计各部件的自重。

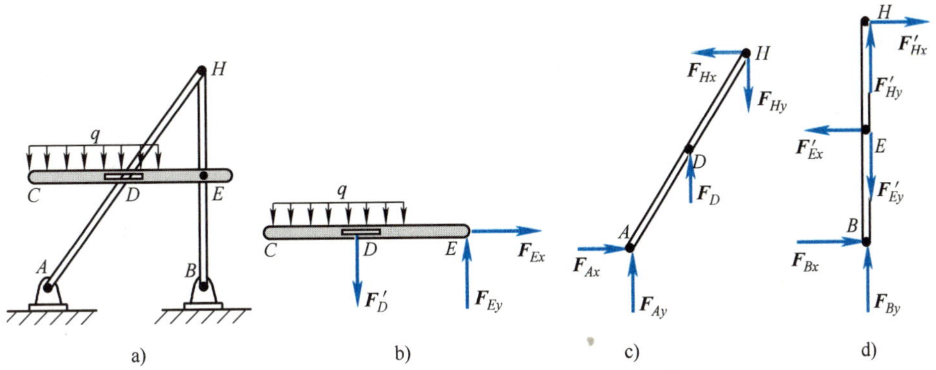

图 2-17

分析：（1）*D* 点为光滑接触面约束。但接触面方位不易确定，指向可以假设。这是比较特殊的光滑接触面约束情况。

（2）*D*、*E*、*H* 铰链连接的各构件受力要画成作用力与反作用力的形式。

解：分别研究杆 *CE*、*AH*、*BH*，解除约束取分离体。画出受力图如图 2-17b、c、d 所示。

例 2-7　画出图 2-18a 所示结构整体的受力图。图中 *A*、*B*、*C* 点均为光滑铰链，不计各部件的自重。

分析：因不计自重，则三个杆均为二力杆。*A* 点的销钉因连接基础和两个构件，所以此销钉不是二力构件，研究对象中是否包含销钉，受力情况不一样。

解：研究整体，*A* 点包含销钉时，受到固定支座销钉孔的约束力，如图 2-18b 所示；*A* 点不包含销钉时，受到两个二力构件销钉孔的约束力，如图 2-18c 所示。

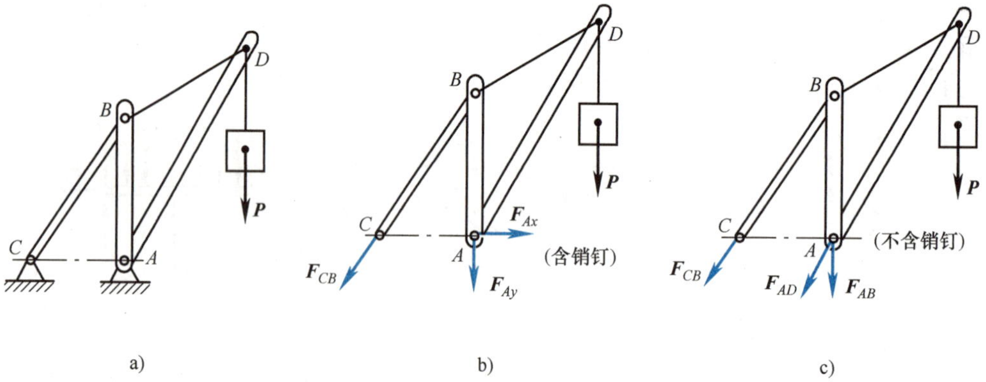

图　2-18

例 2-8　画出图 2-19a 所示结构各部分的受力图。图中各处的铰链均为光滑，不计各部件的自重。

分析：*C* 点的销钉因连接两个构件的同时还受到主动力 $\boldsymbol{F}$ 作用，所以此销钉不是二力构件，研究对象中是否包含销钉，受力情况不一样。

解：各部分受力图如图 2-19b、c、d、e 所示。图 2-19b 和 d 中 *C* 点不包含销钉，图 2-19c、e 中 *C* 点包含销钉。

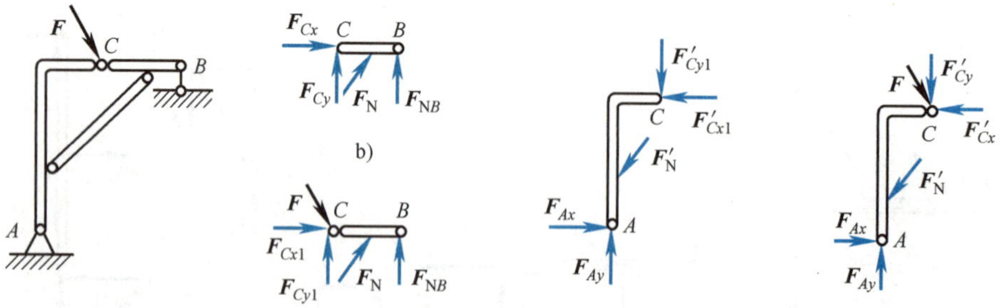

图　2-19

例 2-9　画出图 2-20a 所示结构各部分的受力图。图中各处的铰链均为光滑，不计各部件的自重。

分析：(1) C 点的销钉因连接两个构件的同时还受到主动力 $\boldsymbol{F}_1$ 作用，所以此销钉不是二力构件，研究对象中是否包含销钉，受力情况不一样。

(2) DE 杆受到主动力偶作用，D 点为光滑接触，E 点受力可以按照力偶的特性画成与 D 点受力等值、反向组成力偶，也可以画成互相垂直的两个分力。

解：ED 受力如图 2-20b 所示，$\boldsymbol{F}_D$ 与 $\boldsymbol{F}_E$ 组成力偶；AC 和 BC 受力图如图 2-20c、d 所示，C 点均不含销钉。

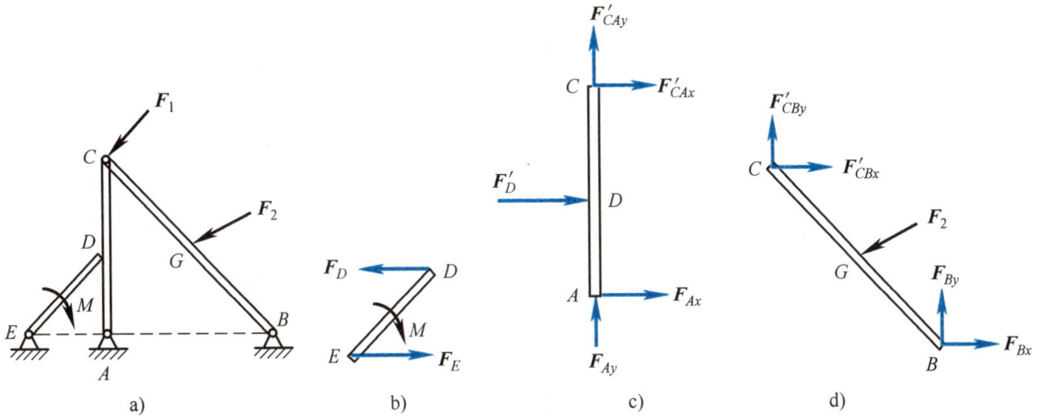

图 2-20

2.3　小结与学习指导

1. 重点与难点

约束的概念及常见约束力的画法，二力杆约束，分离体法画受力图。

2. 画受力图需要注意的问题

(1) 研究对象可以是单个物体，也可以是几个物体组成的系统。受力图必须画在分离体（研究对象）上，不能画在原图上。

(2) 受力图上的集中力已经标明了作用点和指向，所以可以表示为矢量，也可以表示为标量。

(3) 受力图上的所有力都必须标出力的字母符号，不能只画力。

(4) 受力图上的所有力必须有施加力的物体，否则该力不存在。

(5) 力（集中力）不要随意分解，分力和合力不能同时画在受力图上，只能画一种。

(6) 分布力，特别是主动分布力必须按照原始作用形式画出，不要用其他形式代替。

(7) 未解除的约束，约束力不能画。

(8) 同一结构不同受力图上的作用力与反作用力必须画成“等值、反向、共线”的形式，力的标识符号要一致。

(9) 任何约束力都按照约束特性画，一般情况下无须考虑外力、平衡和其他因素，更不可凭想象去画。

（10）受力图上的集中力一般不要利用力的可传性随意滑动，要画在其作用点上；力偶在物体上也不要随意搬动。

3. 关于二力构件和三力平衡汇交定理

（1）对于物体系统的受力分析，首先找出所有的二力构件，二力构件受力必须是沿受力点连线方向的等值、反向、共线的一对力。

（2）画受力图的目的是方便分析、求解结构系统的平衡问题或动力学问题，而单独二力杆的受力图对上述问题的求解没有任何帮助，因此无须单独画出二力构件的受力图。

（3）研究对象上解除的约束中是否包含二力构件，不影响所画受力图的总效果。

（4）**特别说明**：构件只要只在两点受力，无论是否平衡，都是二力构件。这在动力学中非常重要。显然考虑重力的构件不可能是二力构件（重力是分布力，不是作用在某点）。

（5）如果构件只受三个力作用且平衡，则满足三力平衡汇交定理，需画成三力平衡汇交的形式，如例 2-2；而有时候也可以不画成三力平衡汇交的形式，如例 2-8。

4. 关于滑块或销钉在光滑滑槽（道）内滑动

这种情况与光滑接触面约束一样，但滑块或销钉与滑槽在哪一侧接触不易判断，因此约束力方向垂直于接触面，而指向可以假设，如例 2-6。

5. 关于铰链（销钉）约束

当铰链（销钉）只连接两个构件且铰链上不受力时，销钉相当于二力构件，研究对象上是否包含销钉，受力图是一样的，如例 2-3、例 2-5、例 2-6。

当销钉连接三个以上构件或连接两个构件但销钉上受力时，此时销钉不是二力构件，研究对象上是否包含销钉，受力图不一样，如例 2-7 ~ 例 2-9。

习　题

2-1　如题 2-1 图所示，*AB* 杆自重不计，在 5 个力作用下处于平衡，则作用于 *B* 点的 4 个力的合力 $\boldsymbol{F}_B$ 大小和方向如何？

（知识点：二力平衡公理或二力杆约束。）

2-2　如题 2-2 图所示，刚体 *A*、*B* 自重不计，在光滑斜面上接触，$F_1=F_2$，问 *A*、*B* 能否平衡？

（知识点：二力平衡公理及光滑接触面约束。）

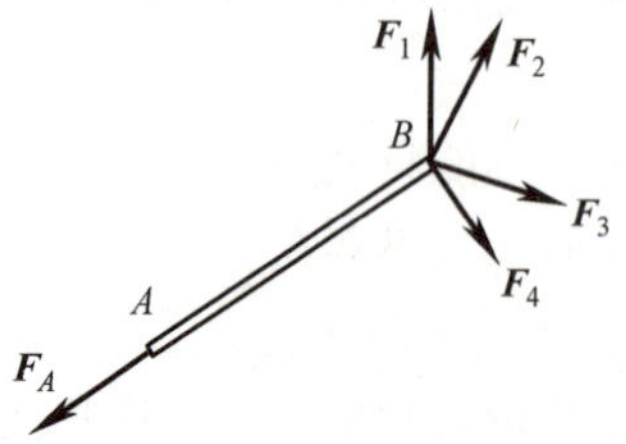

题 2-1 图

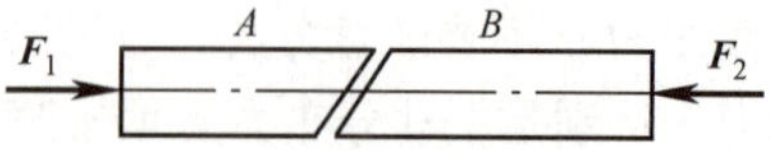

题 2-2 图

2-3　画出题 2-3 图中各物体的受力图。未画重力的物体的重量均不计，所有铰链和接触面均为光滑。

2-4　画出题 2-4 图中各物体的受力图。未画重力的物体的重量均不计，所有铰链和接触面均为光滑。

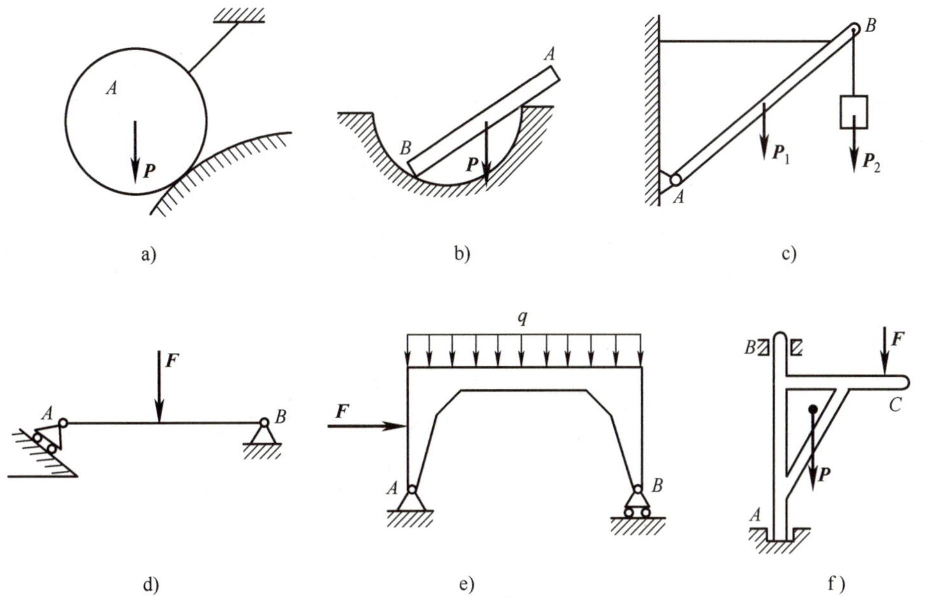

题 2-3 图

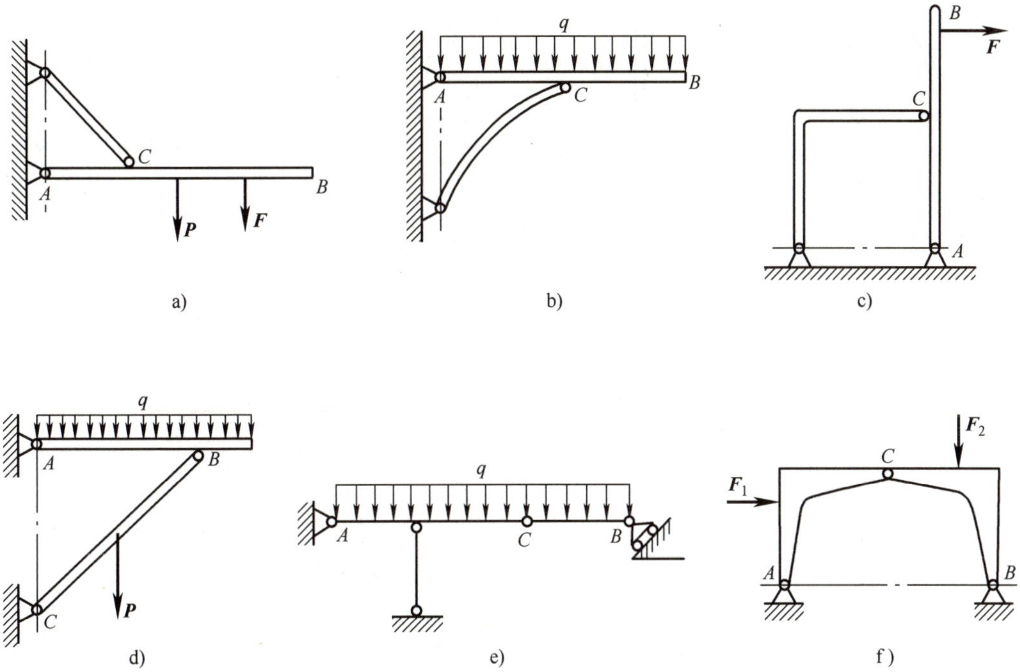

题 2-4 图

2-5　画出题 2-5 图中各物体的受力图。未画重力的物体的重量均不计，所有铰链和接触面均为光滑。

2-6　画出题 2-6 图中各物体的受力图。未画重力的物体的重量均不计，所有铰链和接触面均为光滑。

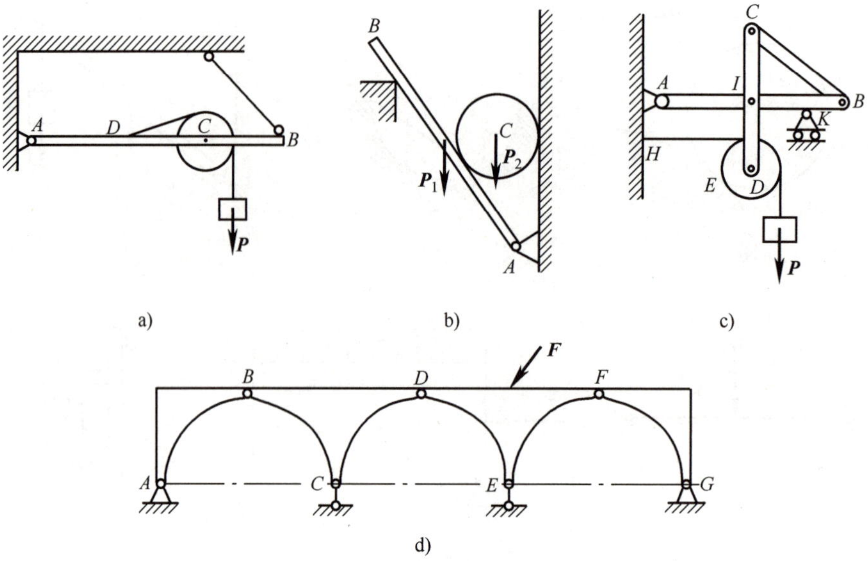
A
D
C
B
P
a)
B
C
P1
P2
A
b)
C
A
I
B
K
H
E
D
P
c)
F
B
D
F
A
C
E
G
d)

题 2-5 图

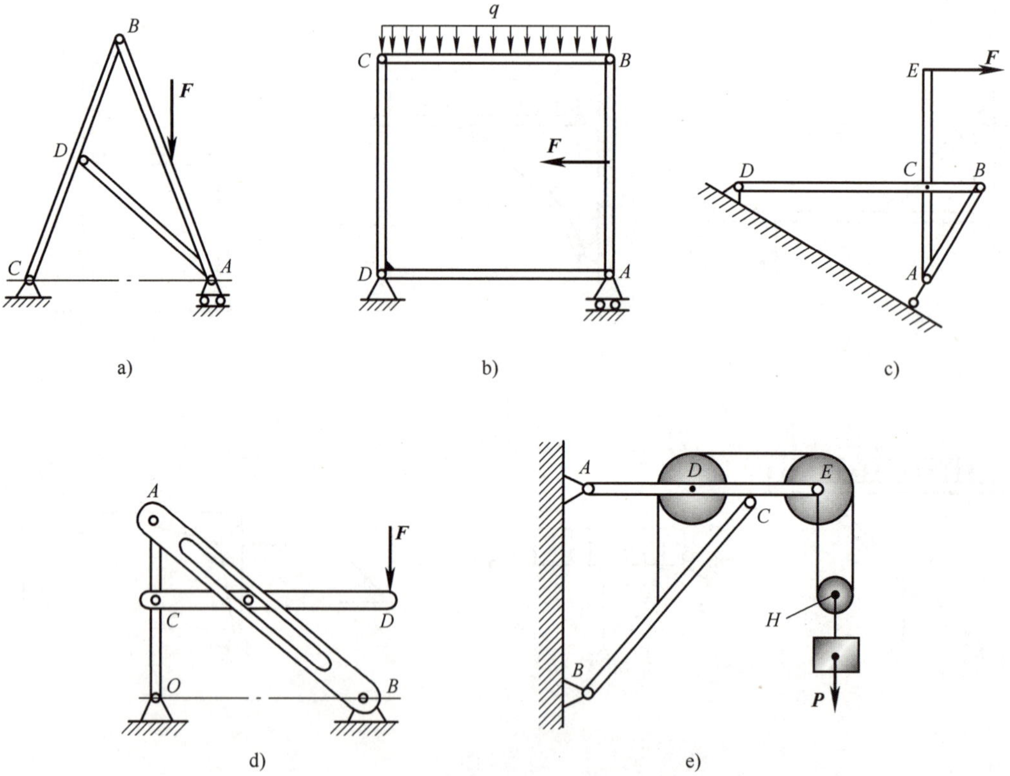
B
F
D
C
A
a)
q
C
B
F
D
A
b)
E
F
D
C
B
A
c)
A
F
C
D
O
B
d)
A
D
E
C
H
B
P
e)

题 2-6 图

第 3 章

平面力系的平衡

本章开始研究力系的简化和平衡问题。所谓力系的简化，就是通过等效处理，将一个给定的复杂力系变成一个便于平衡分析的简单力系。

当力系中的各力都处于同一平面内时，称该力系为平面力系。

3.1 平面力系的简化

3.1.1 平面汇交力系的简化

平面汇交力系是指作用在物体上的各力的作用线都在同一平面内，而且汇交于同一点。

设刚体上作用有汇交于同一点 O 的 n 个力 $\boldsymbol{F}_1,\boldsymbol{F}_2,\cdots,\boldsymbol{F}_n$，如图 3-1a 所示。根据刚体上力的可传性，将各个力滑移至汇交点 O，如图 3-1b 所示。以 4 个力 $\boldsymbol{F}_1$、$\boldsymbol{F}_2$、$\boldsymbol{F}_i$和 $\boldsymbol{F}_n$为例，合成过程如图 3-1c 所示。根据力的平行四边形法则，先合成 $\boldsymbol{F}_1$、$\boldsymbol{F}_2$，得到 $\boldsymbol{F}_{12}=\boldsymbol{F}_1+\boldsymbol{F}_2$，再合成 $\boldsymbol{F}_{12}$、$\boldsymbol{F}_i$，得到 $\boldsymbol{F}_{1i}=\boldsymbol{F}_{12}+\boldsymbol{F}_i=\boldsymbol{F}_1+\boldsymbol{F}_2+\boldsymbol{F}_i$，最后合成 $\boldsymbol{F}_{1i}$、$\boldsymbol{F}_n$，得到

$$\boldsymbol{F}_R=\boldsymbol{F}_{1i}+\boldsymbol{F}_n=\boldsymbol{F}_1+\boldsymbol{F}_2+\boldsymbol{F}_i+\boldsymbol{F}_n$$

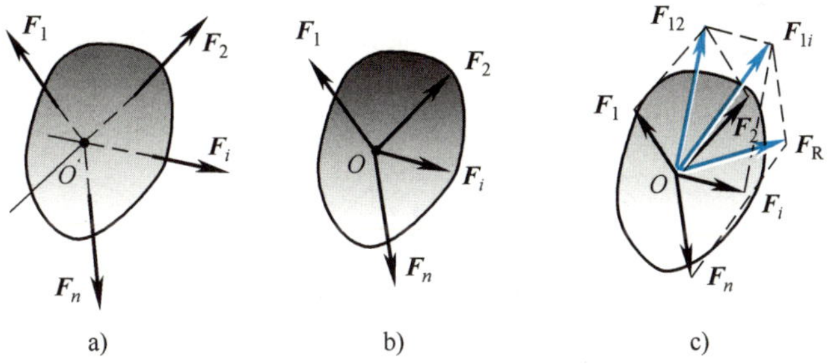

图 3-1

由此可知，平面汇交力系合成的过程就是各力矢量相加的过程，合成顺序不影响合成结果。

综上所述：平面汇交力系合成的结果是一个合力，合力的作用线通过力系的汇交点，合力矢量等于原力系中各力的矢量和，即

$$\boldsymbol{F}_R=\boldsymbol{F}_1+\boldsymbol{F}_2+\cdots+\boldsymbol{F}_n=\sum_{i=1}^{n}\boldsymbol{F}_i=\sum\boldsymbol{F}_i \tag{3-1}$$

将各力投影到直角坐标轴 x、y 上得到

$$F_R=\sum F_i=\sum(F_{ix}i+F_{iy}j)=(\sum F_{ix})i+(\sum F_{iy})j=F_{Rx}i+F_{Ry}j \tag{3-2}$$

由此可以得到合力的投影

$$F_{Rx}=\sum F_{ix},\ F_{Ry}=\sum F_{iy} \tag{3-3}$$

式（3-3）称为**合力投影定理**，即：合力矢量在某轴上的投影等于各分力矢量在同一轴上投影的代数和。

合力矢量的大小和方向余弦可表示为

$$\left.\begin{aligned}&F_R=\sqrt{F_{Rx}^2+F_{Ry}^2}=\sqrt{(\sum F_x)^2+(\sum F_y)^2}\\&\cos<F_R,i>=\frac{F_{Rx}}{F_R}=\frac{\sum F_x}{F_R},\ \cos<F_R,j>=\frac{F_{Ry}}{F_R}=\frac{\sum F_y}{F_R}\end{aligned}\right\} \tag{3-4}$$

为书写方便，式（3-4）中省略了分力的下标 i。

3.1.2 平面力偶系的简化

平面力偶系是指作用在物体上的所有力的作用线都在同一平面内，且两两组成力偶。

设由 n 个力偶 $M_1,M_2,\cdots,M_n$组成的平面力偶系如图 3-2a 所示。以三个力偶 M_1、M_i、M_n为例，利用力偶的等效特性，在保持力偶矩不变的前提下，将各个力偶都变成与之等效的力偶臂均为 d 的新力偶(F_1,F'_1)、(F_i,F'_i)、(F_n,F'_n)，如图 3-2b 所示，即

$$M_1=F_1d,\ M_i=F_id,\ M_n=-F_nd$$

将图 3-2b 中组成各个力偶的力合成（代数求和）得到图 3-2c，即

$$F_R=F'_R=F_1+F_i-F_n$$

则

$$M=F_Rd=(\sum F_i)d=\sum(F_id)=\sum M_i$$

由此可知：平面力偶系的合成结果为合力偶，大小为各分力偶矩的代数和，即

$$M=\sum M_i \tag{3-5}$$

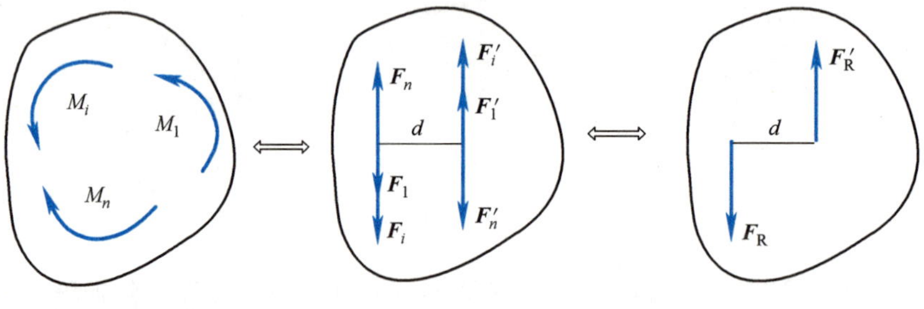

a) b) c)

图 3-2

3.1.3 平面任意力系的简化

当物体所受各力的作用线在同一平面内任意分布时，称为**平面任意力系**。

设刚体上由 n 个力 $F_1,F_2,\cdots,F_n$组成的平面任意力系如图 3-3a 所示。将力系向所在平

面内任一点 O 进行简化，O 称为**简化中心**。根据力的平移定理将各力平移到 O 点，得到汇交于 O 的力 $\boldsymbol{F}'_1,\boldsymbol{F}'_2,\cdots,\boldsymbol{F}'_n$组成的平面汇交力系，以及相应的附加力偶 $M_1,M_2,\cdots,M_n$ 组成的平面力偶系，如图 3-3b 所示。这些附加力偶矩的大小为

$$M_i=M_O(\boldsymbol{F}_i)\quad(i=1,2,\cdots,n)$$

前面已经知道，平面汇交力系 $\boldsymbol{F}'_1,\boldsymbol{F}'_2,\cdots,\boldsymbol{F}'_n$可以合成为作用于 O 点的一个力 $\boldsymbol{F}'_{\mathrm{R}}$，即

$$\boldsymbol{F}'_{\mathrm{R}}=\boldsymbol{F}'_1+\boldsymbol{F}'_2+\cdots+\boldsymbol{F}'_n=\sum\boldsymbol{F}'_i=\sum\boldsymbol{F}_i \tag{3-6}$$

附加力偶系 $M_1,M_2,\cdots,M_n$ 可以合成为一个力偶 M_O，即

$$M_O=M_1+M_2+\cdots+M_n=\sum M_O(\boldsymbol{F}_i) \tag{3-7}$$

$\boldsymbol{F}'_{\mathrm{R}}$称为该力系的**主矢**。显然，主矢与简化中心的位置无关。M_O称为该力系对于简化中心的**主矩**。由于取不同的点作为简化中心，各力的矩不同，所以一般情况下主矩与简化中心的位置有关。这样原力系就简化成了图 3-3c 所示的主矢 $\boldsymbol{F}'_{\mathrm{R}}$和主矩 M_O。

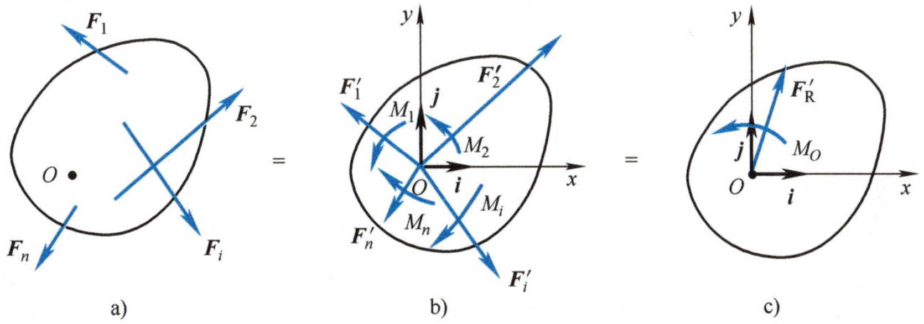

图　3-3

主矢的计算和前面平面汇交力系的合力计算方法相同，即

$$\boldsymbol{F}'_{\mathrm{R}}=\sum\boldsymbol{F}_i=\left(\sum F_x\right)\boldsymbol{i}+\left(\sum F_y\right)\boldsymbol{j}=F'_{\mathrm{R}x}\boldsymbol{i}+F'_{\mathrm{R}y}\boldsymbol{j} \tag{3-8}$$

主矢的大小和方向余弦为

$$\left.\begin{aligned}&F'_{\mathrm{R}}=\sqrt{F'^2_{\mathrm{R}x}+F'^2_{\mathrm{R}y}}=\sqrt{\left(\sum F_x\right)^2+\left(\sum F_y\right)^2}\\&\cos<\boldsymbol{F}'_{\mathrm{R}},\boldsymbol{i}>=\frac{F'_{\mathrm{R}x}}{F'_{\mathrm{R}}}=\frac{\sum F_x}{F'_{\mathrm{R}}},\ \cos<\boldsymbol{F}'_{\mathrm{R}},\boldsymbol{j}>=\frac{F'_{\mathrm{R}y}}{F'_{\mathrm{R}}}=\frac{\sum F_y}{F'_{\mathrm{R}}}\end{aligned}\right\} \tag{3-9}$$

主矩的计算直接利用式（3-7）即可。

下面对主矢和主矩进一步分析，讨论平面任意力系简化的最后结果。

（1）$\boldsymbol{F}'_{\mathrm{R}}=\boldsymbol{0}$，$M_O\neq0$。由于主矢与简化中心无关，则原力系向任何点简化都只有主矩，所以原力系的简化结果为合力偶，合力偶的矩等于主矩。事实上，此时的力系就是平面力偶系，简化结果与简化中心无关。

（2）$\boldsymbol{F}'_{\mathrm{R}}\neq\boldsymbol{0}$，$M_O=0$。原力系和一个力（主矢）等效，所以简化结果为合力，合力矢量等于主矢，作用点在简化中心。

（3）$\boldsymbol{F}'_{\mathrm{R}}\neq\boldsymbol{0}$，$M_O\neq0$，如图 3-4a 所示。此时可进一步简化，将主矩 M_O表示为两个力的形式，如图 3-4b 所示，使其满足 $M_O=F_{\mathrm{R}}d$、$F_{\mathrm{R}}=F'_{\mathrm{R}}=F''_{\mathrm{R}}$，根据加减平衡力系公理，去掉 O 点的平衡力（$\boldsymbol{F}'_{\mathrm{R}}$，$\boldsymbol{F}''_{\mathrm{R}}$）后，就变成了图 3-4c 所示的作用于 O'点的一个力 $\boldsymbol{F}_{\mathrm{R}}$。所以原力系和一个力等效，最终简化结果为合力，合力矢量 $\boldsymbol{F}_{\mathrm{R}}$等于主矢，作用点在距原简化中心 O

距离为 d 的点 O'。距离 $d=\dfrac{M_O}{F_{\mathrm{R}}}$，具体方位判定：若主矩为逆时针转向，合力 $\boldsymbol{F}_{\mathrm{R}}$的作用点 O' 在主矢正向的右侧。

从图 3-4c 知，平面任意力系的合力对简化中心 O 的矩为 $M_O(\boldsymbol{F}_{\mathrm{R}})=F_{\mathrm{R}}d=M_O$，而图 3-4a中的主矩 M_O由式（3-7）给出，即 $M_O=\sum M_O(\boldsymbol{F}_i)$，由此得

$$M_O(\boldsymbol{F}_{\mathrm{R}})=\sum M_O(\boldsymbol{F}_i)$$

这就是平面力合力矩定理式（1-11）的证明。

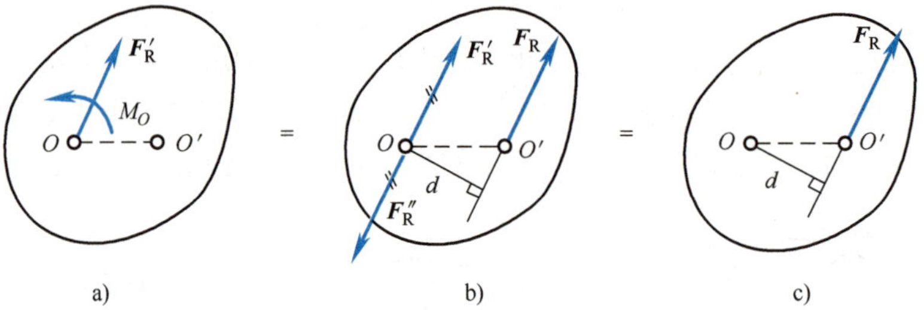

图 3-4

（4）若主矢和主矩都等于零，就是力系平衡的情况，后面专门讨论。

在第二章表 2-1 中给出了平面固定端约束及其约束力，工程和生活中的固定端约束很多，例如，输电线的电杆、固定在刀架上的车刀、建筑物中的阳台等所受的约束都属于平面固定端约束。固定端约束在插入端内部产生的约束力分布比较复杂，其简化模型如图 3-5a 所示。利用平面力系简化理论知，这些分布的约束力可以简化为主矢 $\boldsymbol{F}_A$ 和主矩 M_A，如图 3-5b所示，将主矢进一步用两个正交分力 $\boldsymbol{F}_{Ax}$、$\boldsymbol{F}_{Ay}$表示，如图 3-5c 所示。因此，平面固定端的约束力为两个正交分力和一个约束力偶，如图 3-5d 所示。与表 2-1 的结果一致。

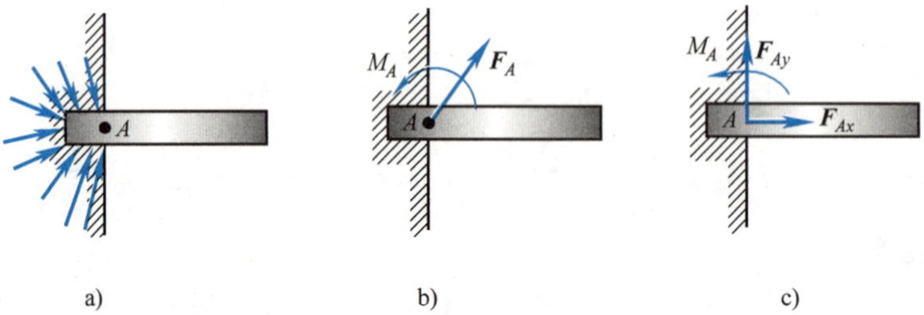

图 3-5

例 3-1 三角形分布荷载如图 3-6 所示，最大荷载集度为 q，分布长度为 l，方向与水平 x 轴夹角为 α。求其合力及作用线位置。

分析：分布荷载可以看作平行力系，是平面汇交力系的特例，平面汇交力系有合力，所以平行力系（分布荷载）一定有合力，并且求合力的矢量求和公式（3-1）变成了代数求和，连续分布的平行力系（分布荷载）合力的求和又可以通过积分得到。

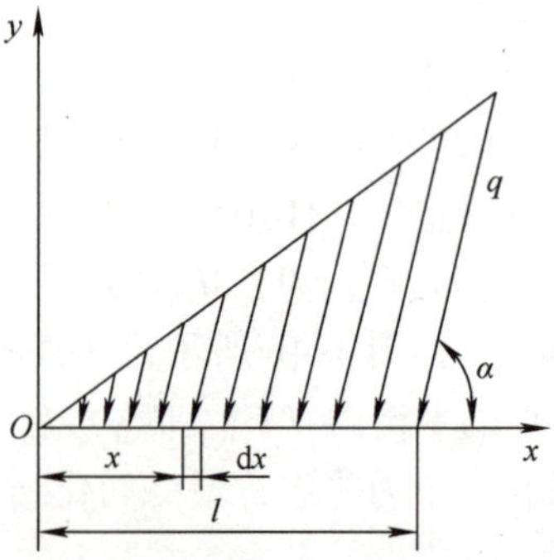

图 3-6

解：在坐标 x 处取 dx 微段，其分布集度 $q_x = \frac{qx}{l}$，积分得分布荷载的合力

$$F_{\mathrm{R}} = \int_0^l q_x \mathrm{d}x = \int_0^l \frac{qx}{l}\mathrm{d}x = \frac{ql}{2}$$

合力方向与分布荷载的方向相同。

设合力通过 x 轴的坐标为 x_C，利用合力矩定理，对 O 点求矩

$$M_O = F_{\mathrm{R}} x_C \sin\alpha = \int_0^l \frac{qx}{l} x \mathrm{d}x \sin\alpha$$

得 $x_C = \frac{l}{3}$。

3.2　平面力系的平衡方程

前面已经讨论，平面任意力系平衡的必要和充分条件是：力系的主矢和主矩都等于零。利用式（3-8）和式（3-7），将平衡条件 $\boldsymbol{F}_{\mathrm{R}} = \boldsymbol{0}$、$M_O = 0$ 表示为解析形式，得到平面任意力系的平衡方程

$$\boxed{\sum F_x = 0,\ \sum F_y = 0,\ \sum M_O(\boldsymbol{F}_i) = 0} \tag{3-10}$$

平面任意力系有三个独立的平衡方程，因此可以求解三个未知量。

需要指出的是，平衡方程中的投影轴和矩心的选取是完全任意的。另外，平衡方程除了基本形式（3-10）外，还可以写成另外两种形式，即二力矩式和三力矩式，分别为

$$\boxed{\sum F_x = 0,\quad \sum M_A(\boldsymbol{F}_i) = 0,\quad \sum M_B(\boldsymbol{F}_i) = 0} \tag{3-11}$$

$$\boxed{\sum M_A(\boldsymbol{F}_i) = 0,\quad \sum M_B(\boldsymbol{F}_i) = 0,\quad \sum M_C(\boldsymbol{F}_i) = 0} \tag{3-12}$$

其中：二力矩式（3-11）的两个矩心 A、B 的连线不能与投影轴 x 轴垂直；三力矩式（3-12）的三个矩心 A、B、C 不能在同一直线上。读者可以根据力系简化理论和平衡条件自行论证。为方便起见，经常将力矩方程写成简化形式，如 $\sum M_O(\boldsymbol{F}_i) = 0$ 写为 $\sum M_O = 0$。

求解平衡问题的步骤：

（1）选择研究对象。这是解决复杂的静力平衡问题的关键，研究对象的选择是否合适，直接关系到平衡问题的未知量能否求解，以及求解过程的繁简程度。

（2）对选取的研究对象取分离体画出受力图。

（3）根据受力图，选择合适的平衡方程，求出未知量。

通过平面任意力系的平衡方程，可以推出特殊力系的平衡方程。

3.2.1　平面汇交力系的平衡方程

由于力系的所有力都汇交于一点，选汇交点为矩心，则方程（3-10）的力矩方程自然满足，所以平面汇交力系的平衡方程为

$$\boxed{\sum F_x = 0,\quad \sum F_y = 0} \tag{3-13}$$

只有两个独立方程，可求解两个未知量。

3.2.2 平面力偶系的平衡方程

由于力系全部由力偶组成，根据力偶的性质，方程（3-10）的两个投影方程自然满足，所以平面力偶系的平衡方程为

$$\boxed{\sum M_i = 0} \tag{3-14}$$

只能求解一个未知量。

3.2.3 平面平行力系的平衡方程

所谓**平面平行力系**，就是各力的作用线都在同一平面内且互相平行的力系。

设刚体上由 n 个力 $\boldsymbol{F}_1, \boldsymbol{F}_2, \cdots, \boldsymbol{F}_n$ 组成的平面平行力系，如图3-7所示。假设各力与 x 轴的夹角为 θ，代入方程（3-10）得

$$\sum F_x = \sum F_i \cos\theta = 0$$
$$\sum F_y = \sum F_i \sin\theta = 0$$
$$\sum M_O(\boldsymbol{F}_i) = 0$$

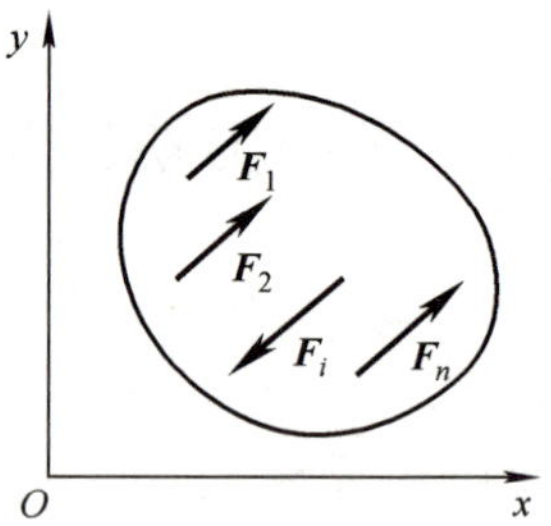

图 3-7

则前两个投影方程只有一个独立，所以平面平行力系只有两个独立的平衡方程，只能求出两个未知量。

例 3-2 电动机重 $P=5000\text{N}$，放在水平梁 AC 的中央，如图 3-8a 所示。梁的 A 端以铰链固定，另一端以撑杆 BC 支持，撑杆与水平梁的交角为 30°。如忽略梁和撑杆的重量，求撑杆 BC 的内力及铰支座 A 处的约束力。

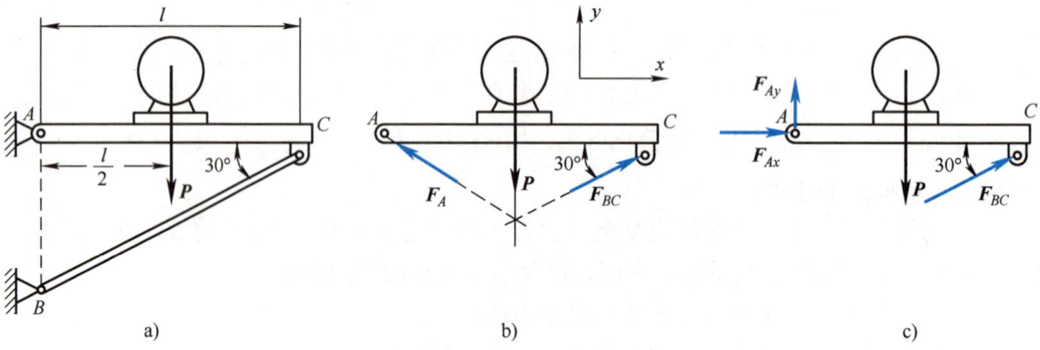

图 3-8

分析：忽略梁和撑杆的重量，则撑杆为二力杆。梁受到电动机重力、撑杆约束力和 A 处固定铰链支座的约束力。梁受三个力作用而平衡，满足三力平衡汇交定理，构成平面汇交力系。也可以不用三力平衡汇交定理，将 A 端的约束力画成互相垂直的两个力，按照平面任意力系求解。

解法 1：研究梁 AC 及电动机，按照平面汇交力系，受力如图 3-8b 所示，列平衡方程

$$\sum F_x = 0, \ F_{BC}\cos30° - F_A\cos30° = 0$$

$$\sum F_y = 0, \ -P + F_A\sin30° + F_{BC}\sin30° = 0$$

代入数据解得

$$F_A = F_{BC} = 5000\text{N}$$

计算结果为正值，表示图中假设的约束力方向与实际方向相同。

解法 2：研究梁 AC 及电动机，按照平面任意力系，受力如图 3-8c 所示，列平衡方程

$$\sum M_A = 0, \ -P\frac{l}{2} + F_{BC}l\sin30° = 0$$

$$\sum F_x = 0, \ F_{Ax} + F_{BC}\cos30° = 0$$

$$\sum F_y = 0, \ -P + F_{Ay} + F_{BC}\sin30° = 0$$

代入数据解得

$$F_{BC} = 5000\text{N}, \ F_{Ax} = -4330\text{N}, \ F_{Ay} = 2500\text{N}$$

例 3-3 在图 3-9a 所示结构中，各构件的自重略去不计，在构件 BC 上作用一矩为 M 的力偶，各尺寸如图所示。求支座 A 的约束力。

分析：(1) 构件 BC 上受到主动力偶作用，而约束只有 B、C 两处，且 B 点的约束力方向已知，根据力偶的性质，B、C 两处的约束力一定组成力偶，与已知力偶矩 M 平衡，因此 BC 的受力图为图 3-9b。

(2) 构件 ACD 有三处约束，而 C 点和 D 点约束力的方向已知，根据三力平衡汇交定理，这三点的约束力一定汇交于同一点，由此得到受力图为图 3-9c。

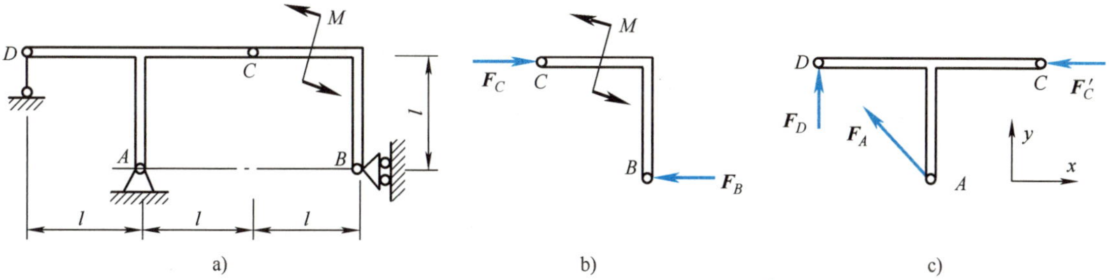

图 3-9

解：先研究构件 BC，受力如图 3-9b 所示，属于平面力偶系。列平衡方程

$$\sum M = 0, \ M - F_C l = 0$$

解得

$$F_C = \frac{M}{l}$$

再研究构件 ACD，所有受力汇交于 D 点，如图 3-9c 所示，属于平面汇交力系。列平衡方程

$$\sum F_x = 0, \ -F'_C - F_A\cos45° = 0$$

将 $F'_C = F_C$ 代入求得

$$F_A = -\frac{F'_C}{\cos45°} = -\frac{\sqrt{2}M}{l}$$

负号表示 A 点实际受力与图示假设的 F_A 方向相反。

注：本题也可以不按照力偶系和汇交力系求解，而按照平面任意力系求解，这时 C 和 A 点均为互相垂直的两个约束力。解法 1：先研究 BC，对 C 点求矩，求出 B 点受力，再研究整体。解法 2：先研究 BC，求出 C 和 B 点受力，再研究 ACD。

例 3-4 如图 3-10a 所示，起重机的铅直支柱 AB 由点 B 的推力轴承和点 A 的径向轴承支承。起重机上有荷载 $\boldsymbol{P}_1$ 和 $\boldsymbol{P}_2$ 作用，它们与支柱的距离分别为 a 和 b。如 A、B 两点间的距离为 c，求在轴承 A 和 B 两处的约束力。

分析：推力轴承和径向轴承为空间约束，推力轴承的约束力为互相垂直的三个力，径向轴承的约束力为与轴垂直的互相垂直的两个力，由于本题结构和受力均在铅垂面内，因此 A、B 两点在垂直于纸面方向均不受力。

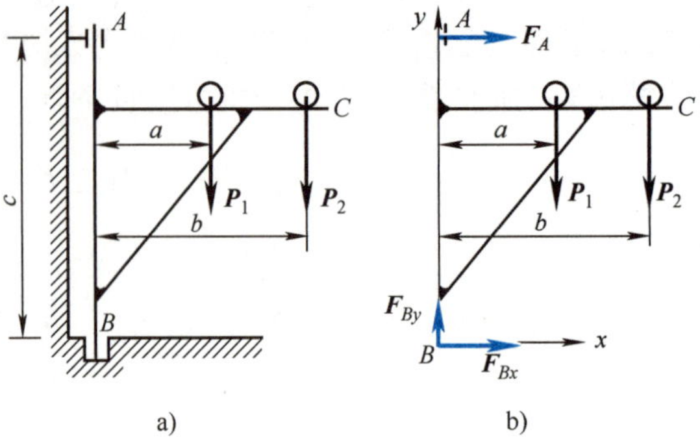

图 3-10

解：研究整体，受力如图 3-10b 所示，为平面任意力系。列平衡方程

$$\sum F_x = 0,\ F_{Bx} + F_A = 0$$

$$\sum F_y = 0,\ F_{By} - P_1 - P_2 = 0$$

$$\sum M_B = 0,\ -F_A c - P_1 a - P_2 b = 0$$

解得

$$F_A = -\frac{1}{c}(aP_1 + bP_2),\ F_{Bx} = \frac{1}{c}(aP_1 + bP_2),\ F_{By} = P_1 + P_2$$

例 3-5 图 3-11 所示为简化后的起重机受力模型，由 A、B 两处支承于地面。已知起重机自重 $G = 500\text{kN}$，最大起吊荷载 $P_{max} = 210\text{kN}$，各种尺寸为：轨距 $b = 3\text{m}$，$e = 1.5\text{m}$，$l = 10\text{m}$，$a = 6\text{m}$。试设计平衡重 W，使起重机能正常工作，且轨道约束力不小于 50kN。

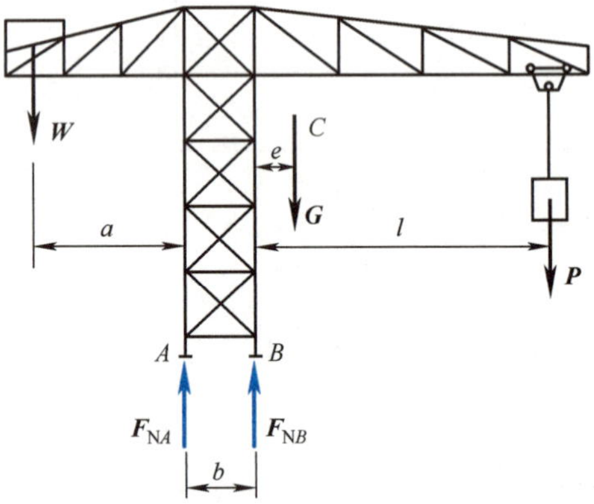

图 3-11

分析：（1）A、B 两处支承和地面之间不是光滑接触面约束，但由于起重机只受到铅垂方向的主动荷载作用，侧向不受力，所以 A、B 两处只有向上的约束力。

（2）本题属于静力学中特殊的一类平衡问题——**（不）翻倒问题**。这类问题的特征是未知力的数目多于独立平衡方程的数目，求解过程中必须增加不翻倒的补充条件或补充方程。起重机只在铅垂方向受力，属于平面平行力系，只有两个独立平衡方程，而未知量有三个，所以必须增加不翻倒条件，根据题意，起重机正常工作时不向左和右翻倒，并且保证 A、B 两处有不小于 50kN 的支撑力。

解：起重机受力如图3-11所示。

空载时，起重机有向左翻倒的趋势，而B点约束力不能小于50kN。列平衡方程

$$\sum M_A = 0,\ Wa + F_{NB}b - G(b+e) = 0$$

补充条件$F_{NB} \geqslant 50\text{kN}$，联立解得$W \leqslant 350\text{kN}$。

满载时，起重机有向右翻倒的趋势，A点约束力不能小于50kN。列平衡方程

$$\sum M_B = 0,\ W(a+b) - F_{NA}b - Ge - Pl = 0$$

补充条件$F_{NA} \geqslant 50\text{kN}$，联立解得$W \geqslant 333.33\text{kN}$。

所以，使起重机能正常工作，且轨道约束力不小于50kN的配重应满足

$$333.33\text{kN} \leqslant W \leqslant 350\text{kN}$$

3.3　物体系统的平衡

工程中的实际结构，大部分都属于由若干构件通过约束连接而成的物体系统的平衡问题。这时，组成系统的每一个构件都处于平衡状态，既可选系统整体为研究对象，也可选局部或单个构件为研究对象，既可以求解系统所受的外部约束力，也可以求解构件之间相互作用的内部约束力。

从前面的讨论中知道，每一种力系平衡方程的数目都是一定的，能求解的未知量的数目也是一定的，如果所研究的问题未知量的数目等于对应的平衡方程数目时，则未知量就可全部由平衡方程求得，这类问题称为**静定问题**。而工程中的实际结构，有时为了提高结构的承载能力和坚固性，常常增加多余的约束，这样就使得这些结构的未知约束力的数目多于平衡方程的数目，这类问题称为**超静定问题**，又称**静不定问题**。对于超静定问题，仅靠平衡方程不能解出全部未知量，因此超出了刚体静力学的范围。

一般情况下，对于系统中的每一个受到平面任意力系作用的物体，可以写出三个平衡方程，若物体系由n个物体组成，则可写出$3n$个独立的平衡方程，因而理论上就可以求解最多$3n$个未知量。

求解物体系的平衡问题时，研究对象的选择和平衡方程形式的选择都比较灵活，为避免过多地求解联立方程，应使每一个平衡方程中的未知量尽可能少。

例3-6　如图3-12a所示的连续梁中，左端A为固定端，右端C为支承于45°斜面的活动铰链支座。已知$F=10\text{kN}$，$q=10\text{kN/m}$，$M=20\text{kN/m}$。不计梁的自重，求固定端A处的约束力。

分析：A端为固定端约束，必须画成互相垂直的两个力和一个约束力偶；已知的分布荷载必须按照原有的作用形式画出，不能简化为合力形式。

解：先研究BC，受力如图3-12b所示，列平衡方程

$$\sum M_B = 0,\ -M - \frac{1}{2} \times \frac{q}{2} \times 3\text{m} \times 1\text{m} + F_C\cos45^\circ \times 7\text{m} = 0$$

求得

$$F_C = 5.56\text{kN}$$

再研究整体，受力如图3-12c所示，列平衡方程

$$\sum F_x = 0,\ F_{Ax} - F_C\cos45° = 0$$

$$\sum F_y = 0,\ F_{Ay} - F - \frac{1}{2}q \times 6\text{m} + F_C\sin45° = 0$$

$$\sum M_A = 0,\ M_A - M - F \times 2\text{m} - \frac{1}{2}q \times 6\text{m} \times (4+2)\text{m} + F_C\sin45° \times 14\text{m} = 0$$

联立解得

$$F_{Ax} = 3.93\text{kN},\ F_{Ay} = 36.07\text{kN},\ M_A = 165.00\text{kN} \cdot \text{m}$$

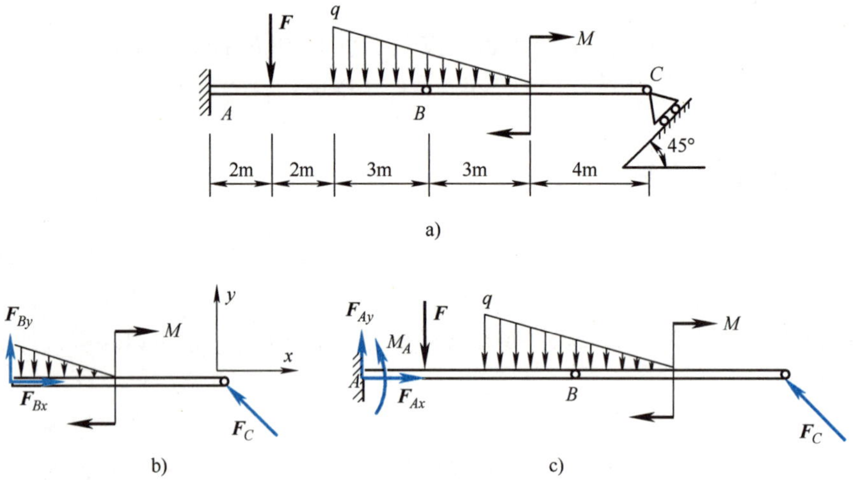

图 3-12

例 3-7 图 3-13a 所示为曲轴冲床简图，由轮 I 、连杆 AB 和冲头 B 组成。已知：$OA = R$，$AB = l$，忽略摩擦和自重，当 OA 在水平位置、冲压力为 $\boldsymbol{F}$ 时系统处于平衡状态。求：作用在轮 I 上的力偶矩 M 的大小、轴承 O 处的约束力、连杆 AB 受的力及冲头给导轨的侧压力。

分析：(1) AB 为二力杆，冲头 B 受到冲压力 $\boldsymbol{F}$、导轨约束力 $\boldsymbol{F}_{\text{N}}$ 和二力杆 AB 的作用力 $\boldsymbol{F}_{AB}$，如图 3-13b 所示，为平面汇交力系。

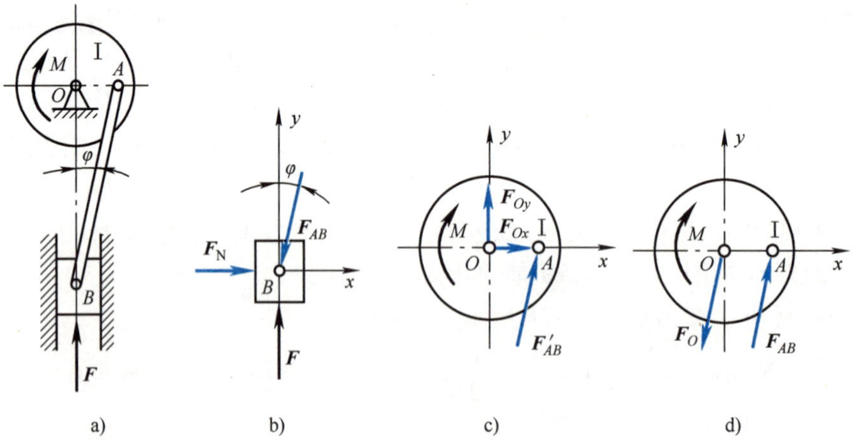

图 3-13

（2）轮Ⅰ受到力偶矩 M、二力杆 AB 的作用力 $\boldsymbol{F}'_{AB}$和固定铰链支座 O 的约束力，O 的约束力可以画成互相垂直的两个力，如图 3-13c 所示，按照平面任意力系求解；O 的约束力也可以画成与 $\boldsymbol{F}'_{AB}$等值、反向的力，与力偶矩 M 组成平面力偶系，如图 3-13d 所示。

解：（1）先研究冲头，受力如图 3-13b 所示，列出平面汇交力系的平衡方程

$$\sum F_x = 0,\ F_{\mathrm{N}} - F_{AB}\sin\varphi = 0$$

$$\sum F_y = 0,\ F - F_{AB}\cos\varphi = 0$$

联立解得

$$F_{\mathrm{N}} = F\tan\varphi = F\frac{R}{\sqrt{l^2 - R^2}},\ F_{AB} = \frac{F}{\cos\varphi} = F\frac{l}{\sqrt{l^2 - R^2}}$$

冲头对导轨的侧压力的大小和所求的 $\boldsymbol{F}_{\mathrm{N}}$大小相等、方向相反，作用于导轨左侧。

（2）再研究轮Ⅰ，若按照平面任意力系解，受力如图 3-13c 所示，列出平衡方程

$$\sum F_x = 0,\ F_{Ox} + F'_{AB}\sin\varphi = 0$$

$$\sum F_y = 0,\ F_{Oy} + F'_{AB}\cos\varphi = 0$$

$$\sum M_O = 0,\ F'_{AB}\cos\varphi R - M = 0$$

联立解得

$$F_{Ox} = -F\frac{R}{\sqrt{l^2 - R^2}},\ F_{Oy} = -F,\ M = FR$$

O 点的约束力所求结果为负值，表示实际受力与图中假设受力方向相反。

若轮Ⅰ按照平面力偶系解，受力如图 3-13d 所示，列出平面力偶系的平衡方程

$$\sum M = 0,\ F'_{AB}\cos\varphi R - M = 0$$

求出 $M = FR$，而 O 点的约束力与 $\boldsymbol{F}'_{AB}$大小相等、方向相反，组成力偶。

例 3-8　如图 3-14a 所示，无底的均质圆柱形空筒放在光滑的水平面上，内放两个重量为 P、半径为 r 的均质球，圆筒的半径为 R。若不计各接触面的摩擦，不计筒壁厚度，求圆筒不致翻倒的最小重量 $W_{\min}$。

分析：本题是力学中的翻倒问题。

（1）整体结构属于空间力系的平衡问题，但具有铅垂对称面，将所有力向此对称面内简化，就得到了图 3-14a 所示的平面力系问题。

（2）圆筒受到的地面约束力为铅垂向上的分布力，分布规律未知，可用合力 $\boldsymbol{F}_{\mathrm{N}}$代替，如图 3-14c 所示，合力作用线的位置 x 随圆筒重量 W 的变化而变化。

（3）若取整体为研究对象，则为平面平行力系，除重力外，地面约束力铅垂向上，未知量有圆筒重量 W、地面在 E 点对 A 球体的约束力、地面对圆筒的约束力 $\boldsymbol{F}_{\mathrm{N}}$的大小和作用线位置 x，四个未知量两个方程，即使再增加一个不翻倒条件，方程数目仍然不够，所以必须取分离体。

（4）若圆筒有底，则不会翻倒。

解法 1：先研究两个重球 A 和 B，受力如图 3-14b 所示。列平衡方程

$$\sum M_A = 0,\ -P(2R - 2r) + F_D \cdot 2\sqrt{r^2 - (R - r)^2} = 0$$

$$\sum F_x = 0,\ F_C - F_D = 0$$

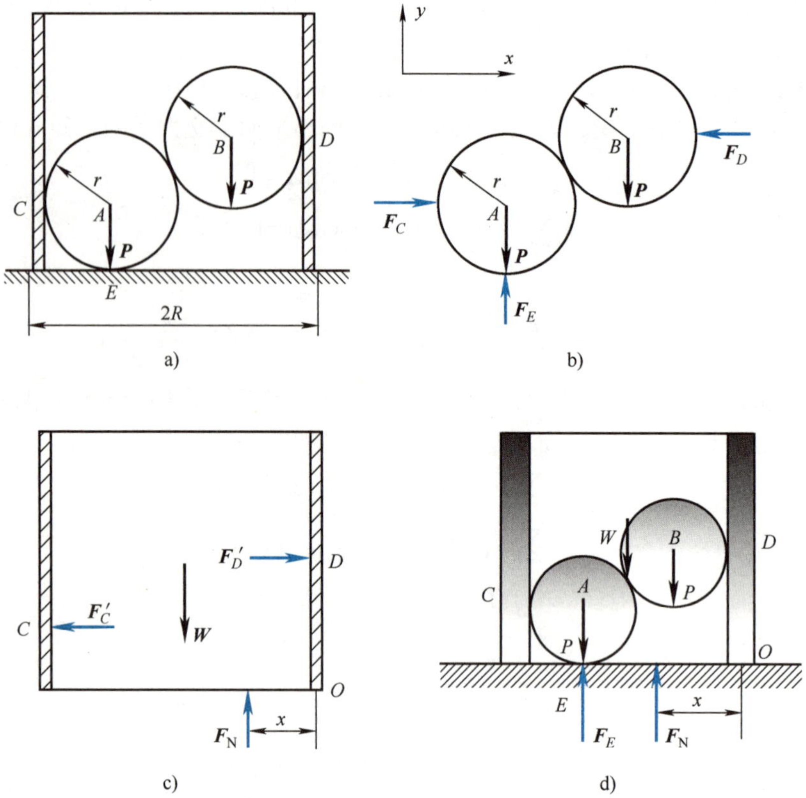

图 3-14

解得

$$F_C = F_D = \frac{P(R-r)}{\sqrt{r^2-(R-r)^2}}$$

再研究圆筒，受力如图 3-14c 所示，由于 $\boldsymbol{F}'_C$和 $\boldsymbol{F}'_D$组成一顺时针力偶，圆筒只可能绕 O 点向右翻倒，地面对圆筒约束力的合力 $\boldsymbol{F}_N$作用线位置如图所设。列平衡方程

$$\sum M_O = 0, WR + F'_C r - F'_D(r + 2\sqrt{r^2-(R-r)^2}) - F_N x = 0$$

不翻倒的条件为 $F_N x \geqslant 0$，解得

$$W \geqslant 2P\frac{R-r}{R}$$

解法 2：先研究两个重球 A 和 B，受力如图 3-14b 所示。列平衡方程

$$\sum F_y = 0,\ F_E - 2P = 0$$

求得

$$F_E = 2P$$

再研究整体，受力如图 3-14d 所示，列平衡方程

$$\sum M_O = 0,\ P(2R-r) + Pr + WR - F_{NE}(2R-r) - F_N x = 0$$

不翻倒的条件为 $F_N x \geqslant 0$，解得

$$W \geqslant 2P\frac{R-r}{R}$$

显然解法 2 更简单。

例 3-9　如图 3-15a 所示构架，由直杆 BC、CD 及直角弯杆 AB 组成，各杆自重不计，荷载分布及尺寸如图所示。销钉 B 穿透 AB 及 BC 两构件，在销钉 B 上作用一集中荷载 $\boldsymbol{F}$。已知 q、a、M，且 $M=qa^2$。求固定端 A 的约束力及销钉 B 对 BC 杆、AB 杆的作用力。

分析：本题结构比较复杂，需要取多次研究对象才能求出结果；由于销钉 B 上作用一集中载荷 $\boldsymbol{F}$，所以它所连接的构件 BC 和 AB 的受力图 3-15c、e 在 B 点是否包含销钉，受力是不一样的（图中均未包含销钉）。

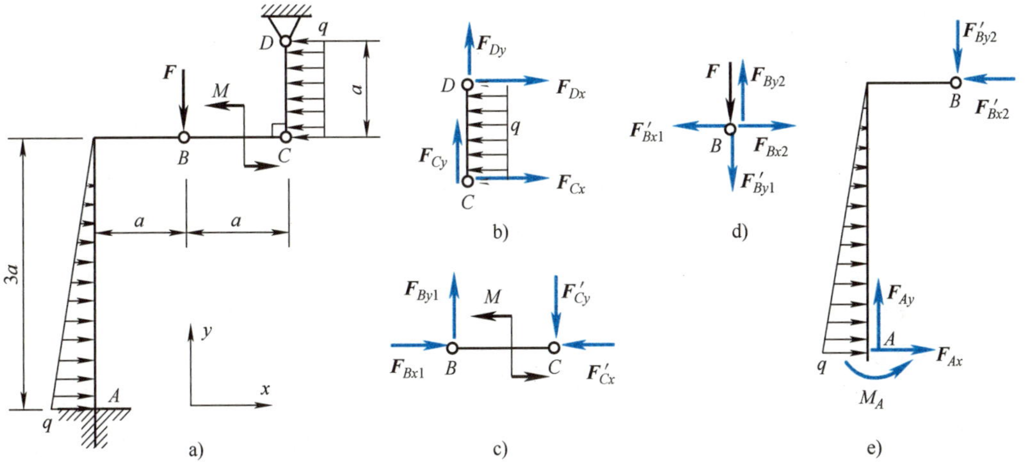

图　3-15

解：(1) 先研究 CD，受力如图 3-15b 所示，列平衡方程

$$\sum M_D=0,\ F_{Cx}a-qa\cdot\frac{a}{2}=0$$

解得
$$F_{Cx}=\frac{1}{2}qa$$

(2) 再研究 BC（B 点不包含销钉），受力如图 3-15c 所示，列平衡方程

$$\sum F_x=0,\ F_{Bx1}-F'_{Cx}=0$$
$$\sum M_C=0,\ M-F_{By1}a=0$$

得销钉 B 对 BC 杆的作用力

$$F_{Bx1}=\frac{1}{2}qa,\ F_{By1}=qa$$

(3) 再研究销钉 B，受力如图 3-15d 所示，列平衡方程

$$\sum F_y=0,\ F_{By2}-F-F'_{By1}=0$$
$$\sum F_x=0,\ F_{Bx2}-F'_{Bx1}=0$$

得销钉 B 对 AB 杆的作用力

$$F_{By2}=F+qa,\ F_{Bx2}=\frac{1}{2}qa$$

（4）再研究 AB（B 点不包含销钉），受力如图 3-15e 所示，列平衡方程

$$\sum F_y = 0,\ F_{Ay} - F'_{By2} = 0$$

$$\sum F_x = 0,\ F_{Ax} - F'_{Bx2} + \frac{1}{2} \cdot q \cdot 3a = 0$$

$$\sum M_A = 0,\ M_A - F'_{By2} \cdot a + F'_{Bx2} \cdot 3a - \frac{1}{2} \cdot q \cdot 3a \cdot a = 0$$

得固定端 A 的约束力

$$F_{Ax} = -qa,\ F_{Ay} = F + qa,\ M_A = (F + qa)a$$

3.4 小结与学习指导

1. 重点与难点

重点：平面任意力系的平衡。

难点：力系的简化和主矢、主矩概念的理解；平面任意力系物体系统的平衡。

2. 关于主矢、主矩、合力与合力偶

合力与原力系等效，合力偶与原力偶系等效，主矢和主矩的共同作用效果与原力系等效；主矢不是合力，与简化中心无关，主矩不是合力偶，与简化中心有关。

3. 求解平衡问题的注意事项

（1）严格按照步骤做题（取研究对象→分离体法画受力图→列平衡方程→求出结果）。

（2）对于比较复杂的结构，选择研究对象时，应尽可能少拆分，因为每解除一个约束，就会出现与此约束相应的约束力，拆分越多，出现的多余未知量越多。

（3）对于分布荷载，在受力图上必须按照原有的作用方式画出，不要用合力代替。但写投影方程或力矩方程时，可用合力直接计算。如例 3-6、例 3-9。

（4）物体系统的平衡问题中，不同部件的受力图上如果有作用力与反作用力，必须画成等值、反向、共线的形式；求出的结果，作用力与反作用力代数值相等，不能加负号。如例 3-7 中 $F_{AB} = F'_{AB} = F\dfrac{l}{\sqrt{l^2 - R^2}}$。

（5）若求解平衡方程所得到的约束力或力偶结果为负值，表示该力或力偶的实际方向与受力图上所画的力或力偶的方向相反。这时不能在受力图上做修改，直接表示为负值即可。

4. 本章可解决的工程结构平衡问题

本章的平衡理论不但可以解决平面力系的平衡问题，还可以解决某些特殊的空间力系平衡问题：一类是结构具有对称面（称为纵向对称面），而且结构所受的所有力均对称于此纵向对称面。对这类结构，可以将所有力简化到纵向对称面内，这样原来的空间受力结构就简化成了纵向对称面内的平面力系。如图 3-16b 就是图 3-16a 所示的推土机简化到纵向对称面的受力图；还有一类是近似无限长结构，沿河坝体是这类结构最典型的例子，可以认为其受力沿纵向均匀分布。这种结构可以取单位长度的横截面作为研究对象，图 3-17a 所示为一段堤坝的简化模型，图 3-17b 所示是堤坝横截面的受力图。

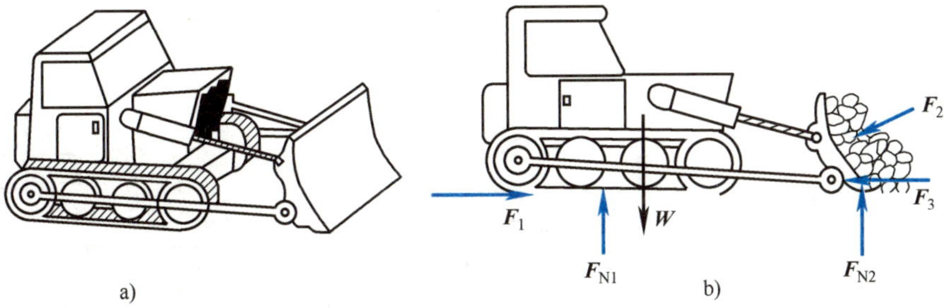

图　3-16

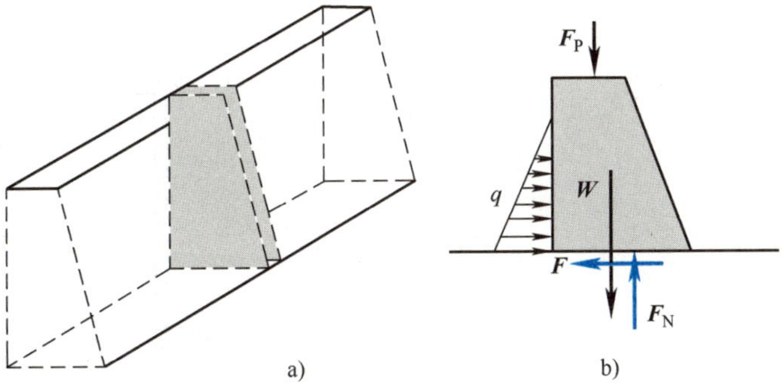

图　3-17

习　　题

3-1　如题 3-1 图所示，物体重 $P = 20\text{kN}$，用绳子挂在支架的滑轮 B 上，绳子的另一端接在绞车 D 上，轮和各杆自重不计，摩擦不计，求系统平衡时水平杆 AB 和杆 BC 受力。

（答案：$F_{AB} = 54.64\text{kN}$（拉），$F_{BC} = -74.64\text{kN}$（压））

3-2　题 3-2 图所示支架由不计自重的刚性水平杆 AB 和斜杆 CD 组成，B 处悬挂的重物重 $W = 2\text{kN}$。求 A、D 处的约束力。

（答案：$F_A = 3.16\text{kN}$，$F_{CD} = 4.24\text{kN}$（拉））

3-3　圆截面工件放在 V 形铁内，如题 3-3 图所示。若已知压板施加到工件上的铅垂夹紧力 $F = 400\text{N}$，不计工件自重，求工件对 V 形铁的压力。

（答案：$F_A = 346.4\text{N}$，$F_B = 200\text{N}$）

3-4　题 3-4 图所示为弯管机的夹紧机构的示意图。已知：压力缸直径 $D = 120\text{mm}$，压强 $p = 6\text{MPa}$。设各杆重量和各处摩擦不计，试求在 $\alpha = 15°$ 位置时夹紧机构对工件所能产生的夹紧力 F。

（答案：$F = 126.7\text{kN}$）

3-5　结构尺寸和受力如题 3-5 图所示，各杆的重量不计。求 A 和 C 处的约束力。

（答案：$F_A = F_C = 1.354M/a$）

3-6　如题 3-6 图所示，铰链四杆机构 $OABO_1$ 在图示位置平衡。已知：$OA = 0.4\text{m}$，$OB = 0.6\text{m}$，作用在 OA 上的力偶的力偶矩 $M_1 = 1\text{N}\cdot\text{m}$。各杆的重量不计。试求力偶矩 M_2 的大小和杆 AB 所受的力。

（答案：$M_2 = 3\text{N}\cdot\text{m}$，$F_{AB} = 5\text{N}$）

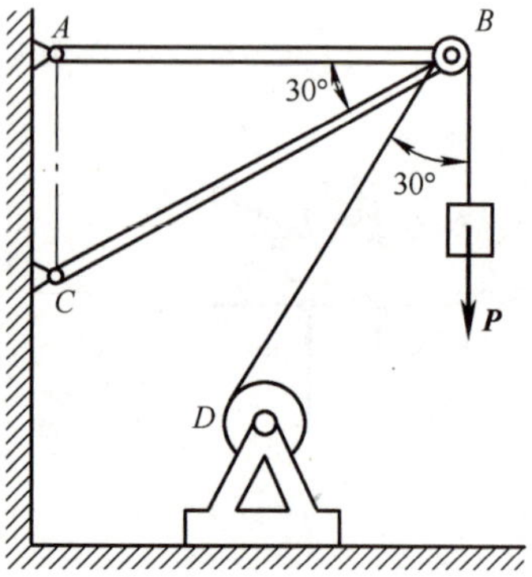

题 3-1 图

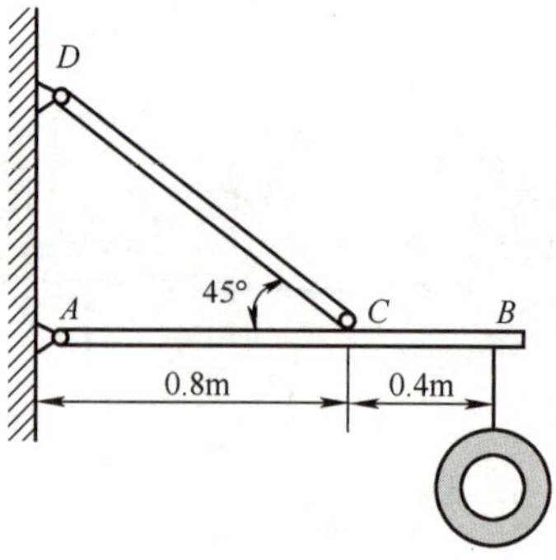

题 3-2 图

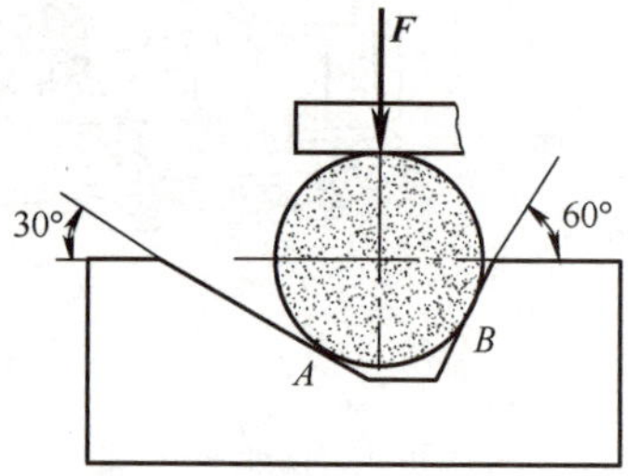

题 3-3 图

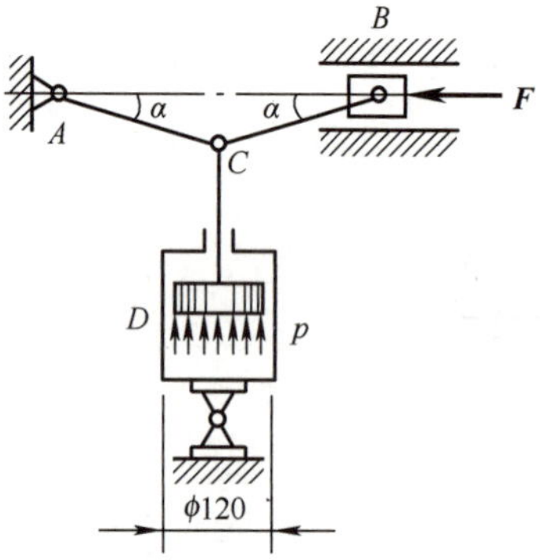

题 3-4 图

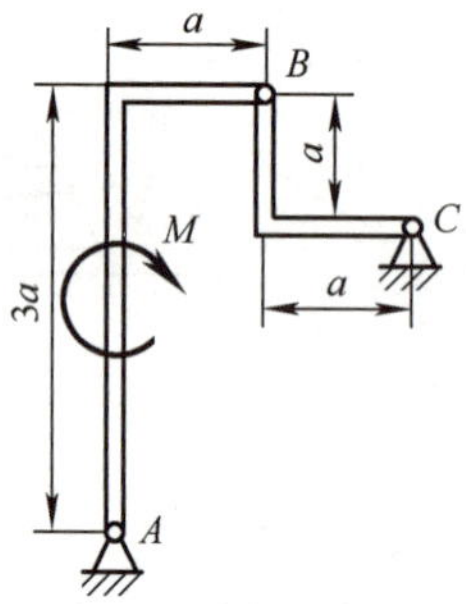

题 3-5 图

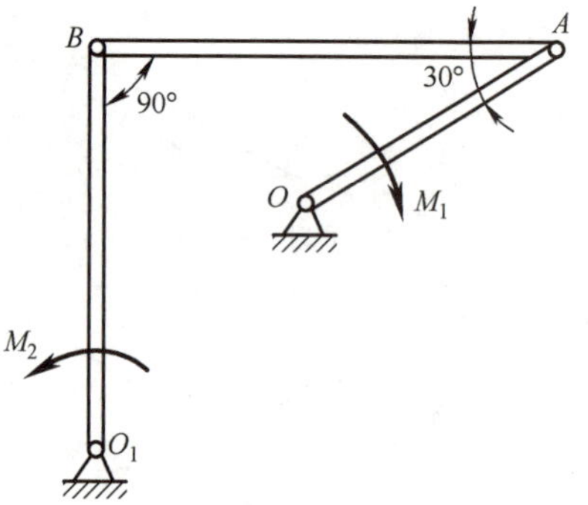

题 3-6 图

3-7　如题 3-7 图所示，直角弯杆 $ABCD$ 与直杆 DE 及 EC 铰接，作用在 DE 杆上力偶的力偶矩 $M=40\text{kN}\cdot\text{m}$，不计各杆件自重，不考虑摩擦，尺寸如图所示。求支座 A、B 处的约束力及 EC 杆受力。

（答案：$F_A=F_B=11.55\text{kN}$，$F_{EC}=14.14\text{kN}$）

3-8　如题 3-8 图所示，两齿轮的半径分别为 r_1、r_2，作用于轮 Ⅰ 上的主动力偶的力偶矩为 M_1，齿轮的啮合角为 θ，不计两齿轮的重量。求使两轮维持匀速转动时齿 Ⅱ 的阻力偶的矩 M_2 及轴承 O_1、O_2 的约束力大小和方向。（注：啮合角为齿轮啮合线与圆周切线方向的夹角，即啮合力与切线方向的夹角。）

（答案：$M_2=M_1\dfrac{r_1}{r_2}$，$F_{\mathrm{N}}=\dfrac{M_1}{r_1\cos\theta}$，$F_{\mathrm{N}}$ 与啮合点的切线夹角为 θ）

3-9　如题 3-9 图所示刚架中，已知 $q=3\text{kN/m}$，$F=6\sqrt{2}\text{kN}$，$M=10\text{kN}\cdot\text{m}$，不计刚架自重。求固定端 A 处的约束力。

（答案：$F_{Ax}=0$，$F_{Ay}=6\text{kN}$，$M_A=12\text{kN}\cdot\text{m}$）

3-10　如题 3-10 图所示水平梁中，已知 $q=20\text{kN/m}$，$F=10\text{kN}$，$F_D=20\text{kN}$，$a=10\text{m}$。求支座 A 和 B 的约束力。

（答案：$F_{Ax}=10\text{kN}$，$F_{Ay}=246.34\text{kN}$，$F_B=-29.019\text{kN}$）

3-11　如题 3-11 图所示，汽车停在长 20m 的水平桥上，前轮压力为 10kN，后轮压力为 20kN。汽车前后两轮间的距离等于 2.5m。试问汽车后轮到支座 A 的距离 x 为多大时，方能使支座 A 与 B 所受的压力相等？

（答案：9.17m）

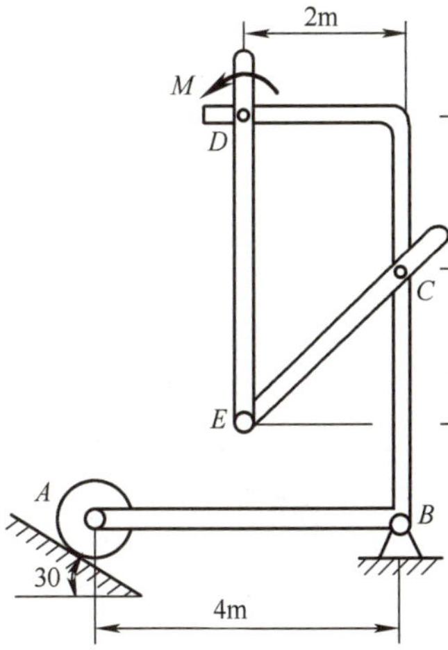

题 3-7 图

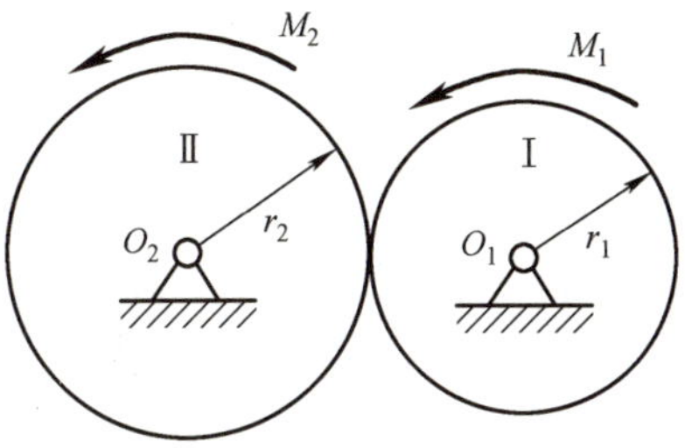

题 3-8 图

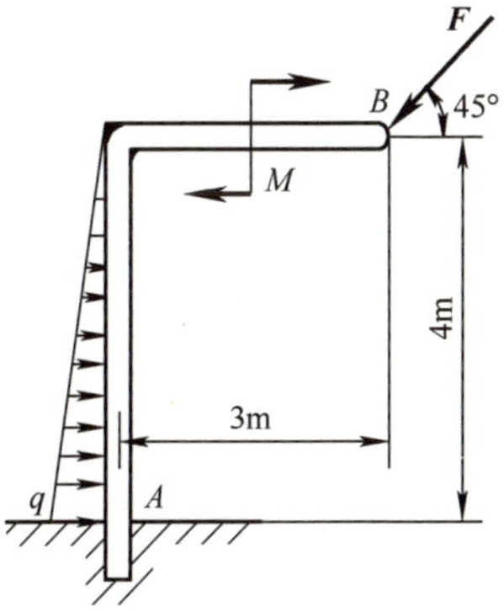

题 3-9 图

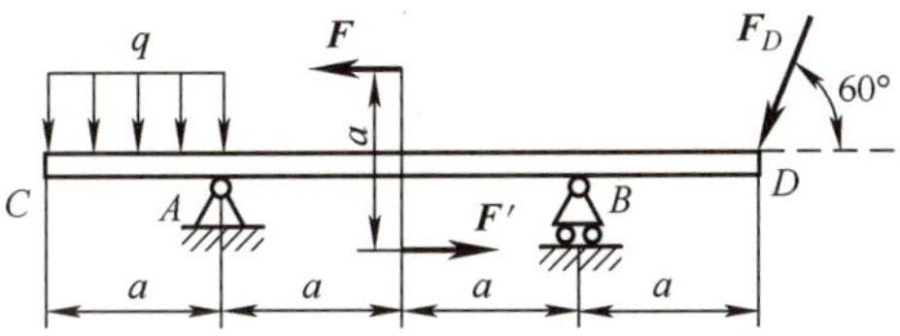

题 3-10 图

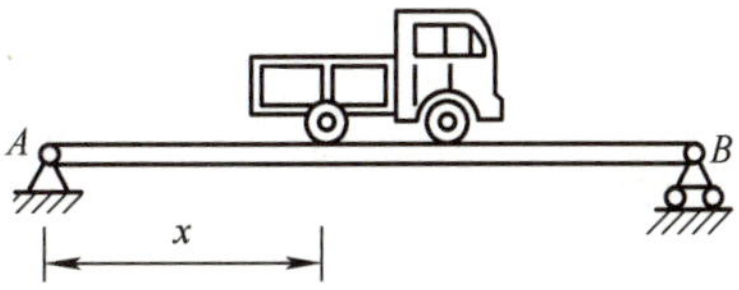

题 3-11 图

3-12　如题 3-12 图所示，起重机不计平衡锤的重为 $P=500\text{kN}$，其重心在离右轨 1.5m 处。起重机的起重量为 $P_1=250\text{kN}$，突臂伸出离右轨 10m。跑车本身重量略去不计，欲使跑车满载或空载时起重机均不致翻倒，求平衡锤的最小重量 P_2 以及平衡锤到左轨的最大距离 x。

（答案：$P_{2\min}=333.3\text{kN}$，$x_{\max}=6.75\text{m}$）

3-13　如题 3-13 图所示，物体 P 重 1200N，由细绳跨过滑轮 E 而水平系于墙上，不计杆和滑轮的重量，求支承 A 和 B 处的约束力，以及杆 BC 的内力 F_{BC}。

（答案：$F_{Ax}=1200\text{N}$，$F_{Ay}=150\text{N}$，$F_{NB}=1050\text{N}$，$F_{BC}=-1500\text{N}$）

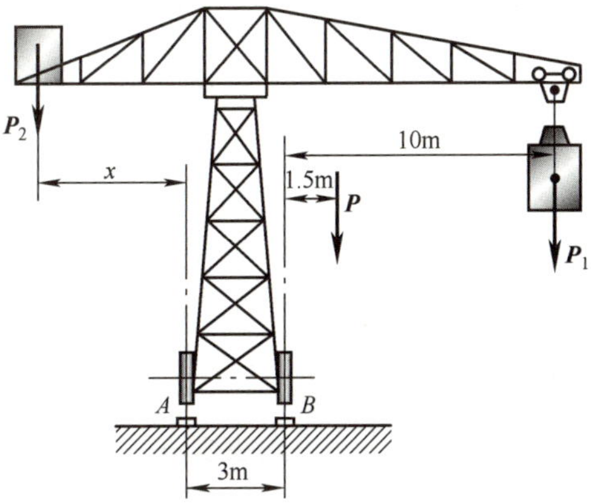

题 3-12 图

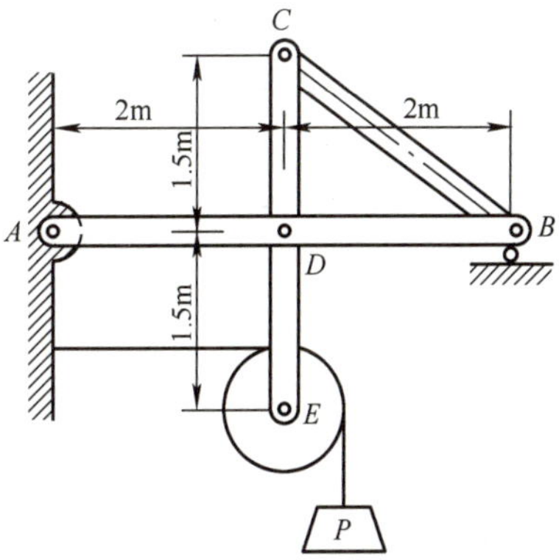

题 3-13 图

3-14　如题 3-14 图所示，结构由直角弯杆 EBD 及直杆 AB 组成，不计各杆自重，已知 $q=10\text{kN/m}$，

$F=50\text{kN}$，$M=6\text{kN}\cdot\text{m}$，各尺寸如图所示。求固定端 A 处及支座 C 的约束力。

（答案：$F_{Ax}=40\text{kN}$，$F_{Ay}=113.3\text{kN}$，$M_A=575.8\text{kN}\cdot\text{m}$，$F_C=44\text{kN}$）

3-15　如题 3-15 图所示组合梁，不计自重。已知：$F=500\text{kN}$，$\theta=60°$，$q=200\text{kN/m}$，$M=100\text{kN}\cdot\text{m}$，$a=2\text{m}$。试求 A、B 处的约束力。

（答案：$F_{Ax}=-250\text{kN}$，$F_{Ay}=-83\text{kN}$，$M_A=66\text{kN}\cdot\text{m}$（逆时针），$F_B=916\text{kN}$）

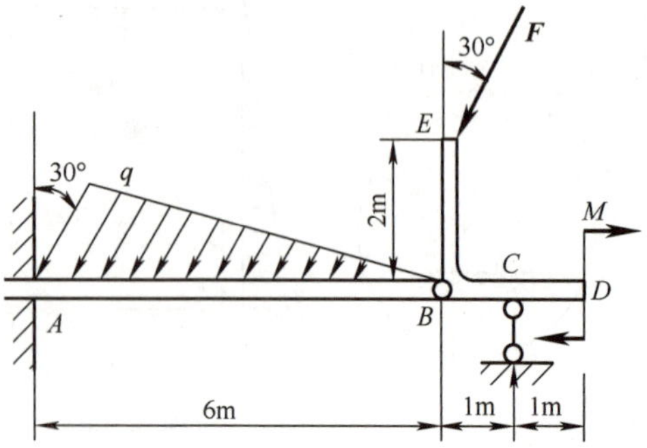

题 3-14 图

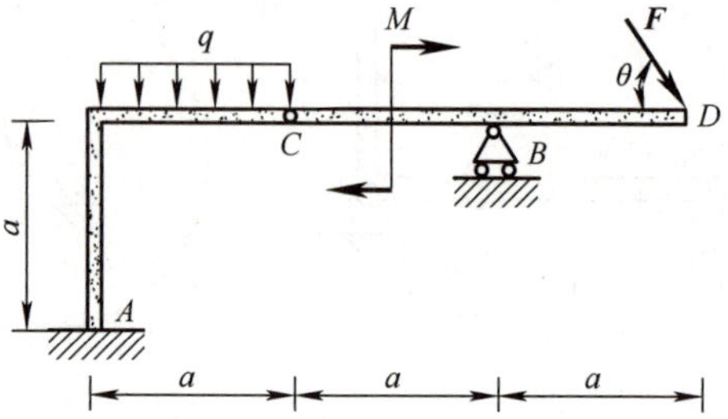

题 3-15 图

3-16　求题 3-16 图中 1、2、3 杆所受的力。

（答案：$F_1=M/d$（拉），$F_2=0$，$F_3=M/d$（压））

3-17　求题 3-17 图所示机构平衡时力偶 M 和力 F 的关系。

（答案：$M=Fd$）

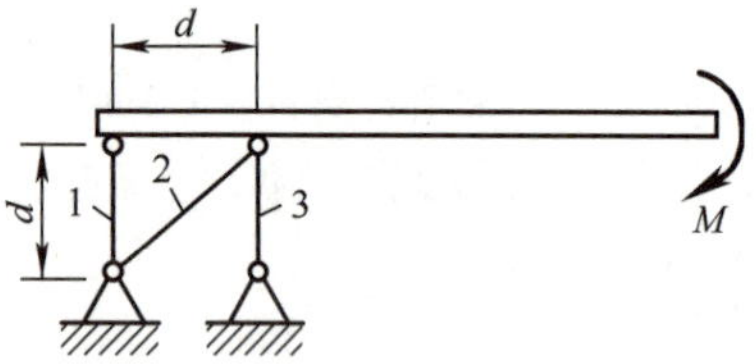

题 3-16 图

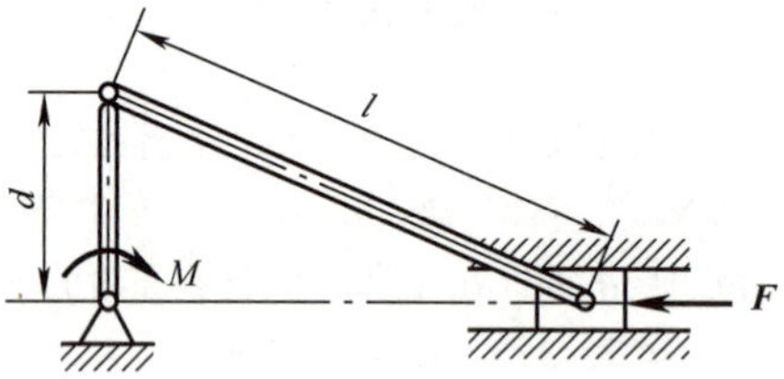

题 3-17 图

3-18　求题 3-18 图中支座 A 和 C 的约束力。

（答案：$F_A=F_C=\dfrac{M}{d}$）

3-19　求题 3-19 图中支座 A 和 C 的约束力。

（答案：$F_{Ax}=0$，$F_{Ay}=\dfrac{7}{4}ql-\dfrac{M}{2l}$，$M_A=3ql^2-M$，$F_C=\dfrac{M}{2l}+\dfrac{ql}{4}$）

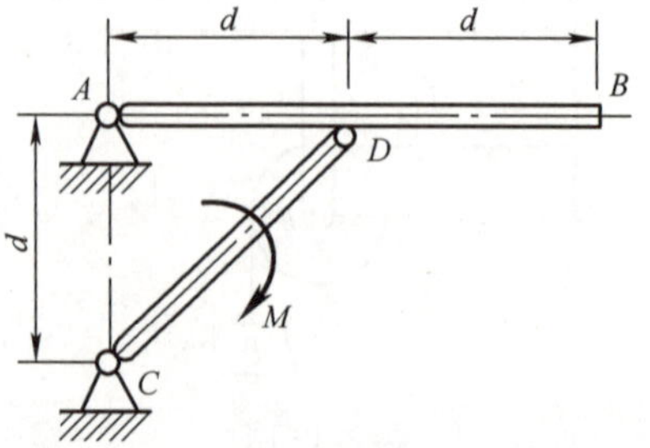

题 3-18 图

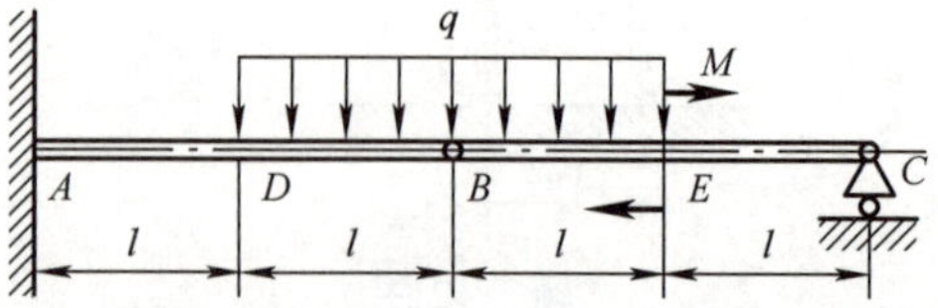

题 3-19 图

3-20　求题 3-20 图中支座 A、B 和 D 的约束力。已知 $q = F/a$。

（答案：$F_{Ax} = 0$，$F_{Ay} = 0$，$F_B = F_D = \frac{3}{2}F$）

3-21　求题 3-21 图所示多跨梁的支座反力。

（答案：$F_A = 0$，$F_B = 0$，$F_C = 0.5F$，$F_D = 0.5F$，$F_E = 0.667F + 1.5qa$，$F_F = -0.167F + 1.5qa$）

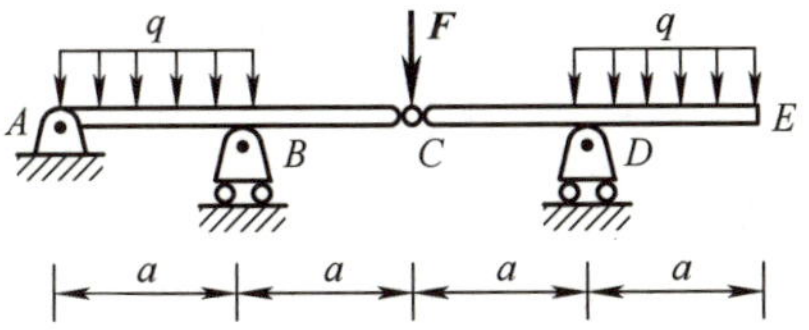

题 3-20 图

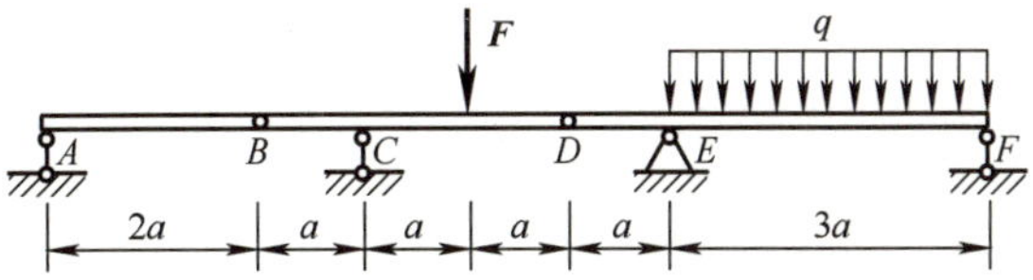

题 3-21 图

3-22　在题 3-22 图所示结构中，B、D 点为光滑接触，A、C、E 为铰链，求 AC 杆内力。

（答案：$F_{CA} = -F$）

3-23　平面构架的尺寸及支座如题 3-23 图所示，三角形分布荷载的最大集度 $q_0 = 2\text{kN/m}$，$M = 10\text{kN}\cdot\text{m}$，$F = 2\text{kN}$，各杆自重不计。求铰支座 D 处的销钉对杆 CD 的作用力。

（答案：$F_{Dx} = 1.5\text{kN}$，$F_{Dy} = 3\text{kN}$）

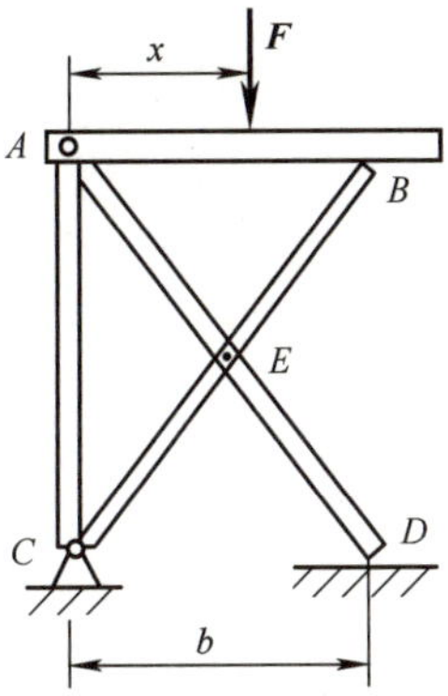

题 3-22 图

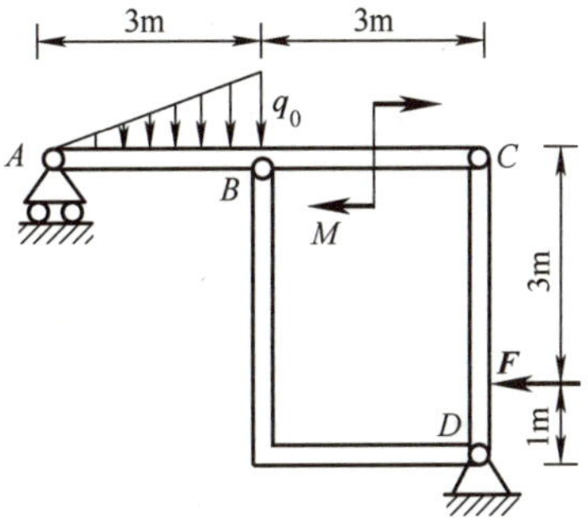

题 3-23 图

3-24　一拱架支承及荷载如题 3-24 图所示，$F_P = 20\text{kN}$，$F = 10\text{kN}$，自重不计，求支座 A、B、C 的约束力。

（答案：$F_A = 70.7\text{kN}$，$F_B = -60\text{kN}$，$F_C = 67.08\text{kN}$）

3-25　构架 BAC 由杆 AB、AC 和 DF 组成，杆 DF 上的销子 E 可在杆 AB 光滑槽内滑动，构架尺寸和荷载如题 3-25 图所示，已知 $M = 2400\text{N}\cdot\text{m}$，$F = 200\text{N}$，不计各构件自重，试求固定铰支座 C 的约束力。

（答案：$F_{Cx} = 741.67\text{N}$，$F_{Cy} = 600\text{N}$）

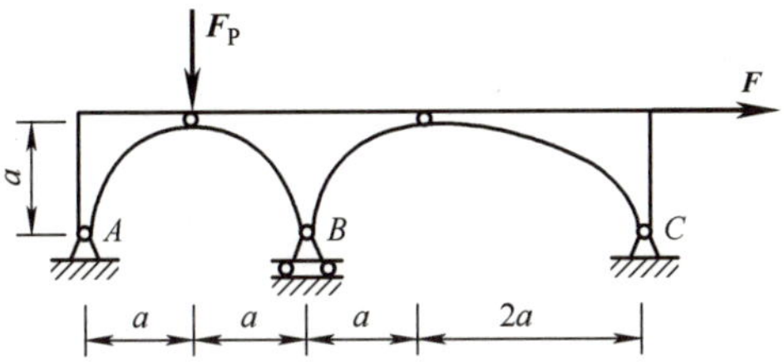

题 3-24 图

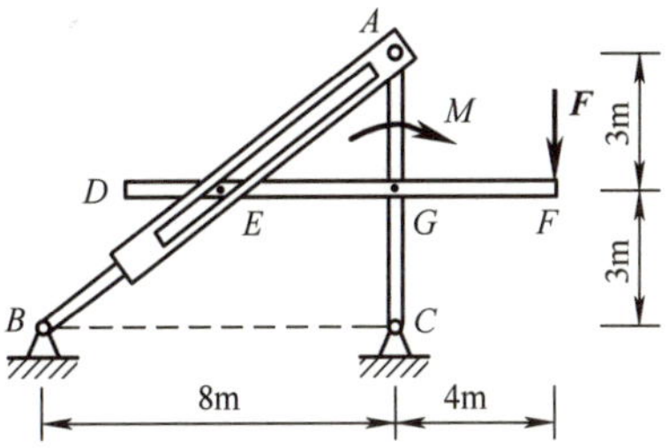

题 3-25 图

3-26 如题 3-26 图所示结构由直杆 CD、BC 和曲杆 AB 组成，杆重不计，且 $M=12\text{kN}\cdot\text{m}$，$F=13\text{kN}$，$q=10\text{kN/m}$。试求固定铰支座 D 及固定端 A 处的约束力。

（答案：$F_{Dx}=1.125\text{kN}$，$F_{Dy}=2.5\text{kN}$，$F_{Ax}=25.875\text{kN}$，$F_{Ay}=2.5\text{kN}$，$M_A=40.125\text{kN}\cdot\text{m}$）

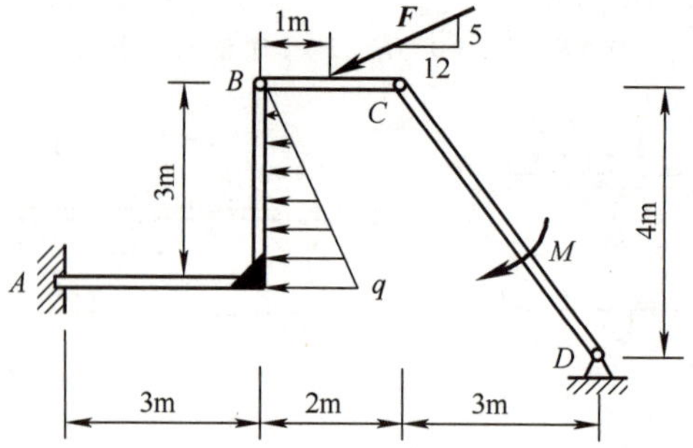

题 3-26 图

第 4 章

空间力系的平衡

空间力系是各力的作用线在空间任意分布的力系。

4.1 空间力系的简化

空间力系的简化方法和原理与平面力系一样，将平面力系的简化结果扩展到空间即可。设刚体上作用有 n 个力 $\boldsymbol{F}_1,\boldsymbol{F}_2,\cdots,\boldsymbol{F}_n$ 组成的空间任意力系，根据力的平移定理将各力平移到简化中心 O，得到作用于 O 点的空间汇交力系 $\boldsymbol{F}'_1,\boldsymbol{F}'_2,\cdots,\boldsymbol{F}'_n$，以及相应的附加空间力偶 $\boldsymbol{M}_1,\boldsymbol{M}_2,\cdots,\boldsymbol{M}_n$ 组成的空间力偶系，附加力偶矩矢为

$$\boldsymbol{M}_i=\boldsymbol{M}_O(\boldsymbol{F}_i)\quad(i=1,2,\cdots,n)$$

和平面力系一样，空间汇交力系 $\boldsymbol{F}'_1,\boldsymbol{F}'_2,\cdots,\boldsymbol{F}'_n$ 可以合成为作用于 O 点的主矢 $\boldsymbol{F}'_{\mathrm{R}}$，等于各力的矢量和，即

$$\boldsymbol{F}'_{\mathrm{R}}=\sum\boldsymbol{F}'_i=\sum\boldsymbol{F}_i \tag{4-1}$$

可写成投影形式

$$\boldsymbol{F}'_{\mathrm{R}}=(\sum F_x)\boldsymbol{i}+(\sum F_y)\boldsymbol{j}+(\sum F_z)\boldsymbol{k}=F'_{\mathrm{R}x}\boldsymbol{i}+F'_{\mathrm{R}y}\boldsymbol{j}+F'_{\mathrm{R}z}\boldsymbol{k} \tag{4-2}$$

附加空间力偶系可以合成为主矩 $\boldsymbol{M}_O$，等于各附加力偶矩矢的和

$$\boldsymbol{M}_O=\sum\boldsymbol{M}_i=\sum\boldsymbol{M}_O(\boldsymbol{F}_i) \tag{4-3}$$

由空间力对点的矩与力对轴的矩的关系式（1-9）和式（1-10）可知，主矩也可以表示为各力对轴的矩的求和形式，即

$$\boldsymbol{M}_O=\sum M_x(\boldsymbol{F}_i)\boldsymbol{i}+\sum M_y(\boldsymbol{F}_i)\boldsymbol{j}+\sum M_z(\boldsymbol{F}_i)\boldsymbol{k} \tag{4-4}$$

这样和平面力系一样，原力系就简化成了主矢 $\boldsymbol{F}'_{\mathrm{R}}$ 和主矩 $\boldsymbol{M}_O$。

下面根据主矢和主矩的结果，进一步分析讨论空间任意力系简化的最后结果。

（1）$\boldsymbol{F}'_{\mathrm{R}}=\boldsymbol{0}$、$\boldsymbol{M}_O\neq\boldsymbol{0}$。由于主矢与简化中心无关，则原力系向任何点简化都只有主矩，所以原力系的简化结果为合力偶，合力偶矩矢等于主矩。事实上，此时的力系就是空间力偶系，简化结果与简化中心无关。

（2）$\boldsymbol{F}'_{\mathrm{R}}\neq\boldsymbol{0}$、$\boldsymbol{M}_O=\boldsymbol{0}$。原力系和一个力（主矢）等效，简化结果为合力，合力矢量等于主矢，作用点在简化中心。

（3）$\boldsymbol{F}'_{\mathrm{R}}\neq\boldsymbol{0}$、$\boldsymbol{M}_O\neq\boldsymbol{0}$、$\boldsymbol{F}'\perp\boldsymbol{M}_O$，如图 4-1a 所示。此时可进一步简化，将主矩 $\boldsymbol{M}_O$ 表示为两个力的形式，如图 4-1b 所示，使其满足 $M_O=F_{\mathrm{R}}d$ 和 $F_{\mathrm{R}}=F'_{\mathrm{R}}=F''_{\mathrm{R}}$，根据加减平衡力系公理，去掉 O 点的平衡力（$\boldsymbol{F}'_{\mathrm{R}}$，$\boldsymbol{F}''_{\mathrm{R}}$）后，就变成了图 4-1c 所示的作用于 O' 点的一个力

$\boldsymbol{F}_R$。所以原力系和一个力等效，最终简化结果为合力，合力矢量等于主矢，作用点在距原简化中心 O 为 d 的作用点 O'，距离 $d=\dfrac{|\boldsymbol{M}_O|}{F_R}$。

（4）$\boldsymbol{F}'_R\neq\boldsymbol{0}$、$\boldsymbol{M}_O\neq\boldsymbol{0}$，且主矢和主矩不互相垂直，如图 4-2a 所示。此时 $\boldsymbol{M}_O$ 可分解为与主矢平行和垂直的两个分量 $\boldsymbol{M}'_O$ 和 $\boldsymbol{M}''_O$（图 4-2b），而 $\boldsymbol{F}'_R$ 和 $\boldsymbol{M}''_O$ 可用作用于 O' 点的一个力 $\boldsymbol{F}_R$ 来代替，这样简化结果为图 4-2c 所示的力偶矩矢 $\boldsymbol{M}'_O$ 和一个力 $\boldsymbol{F}_R$ 的共同作用，这就是前面介绍的力螺旋的情况。力螺旋的轴心与简化中心的距离为 $d=\dfrac{|\boldsymbol{M}''_O|}{F_R}$。

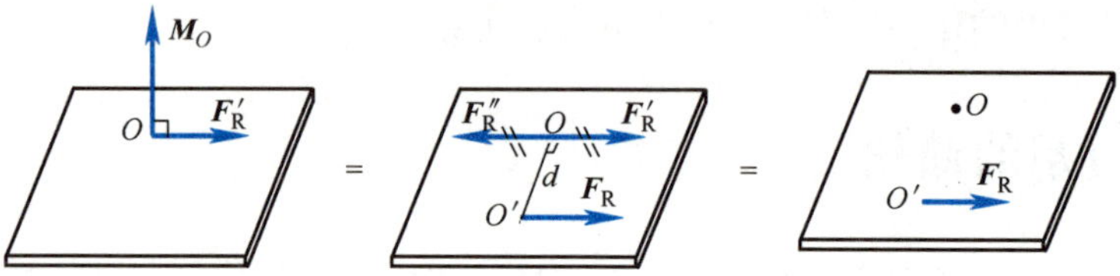

a)　　b)　　c)

图 4-1

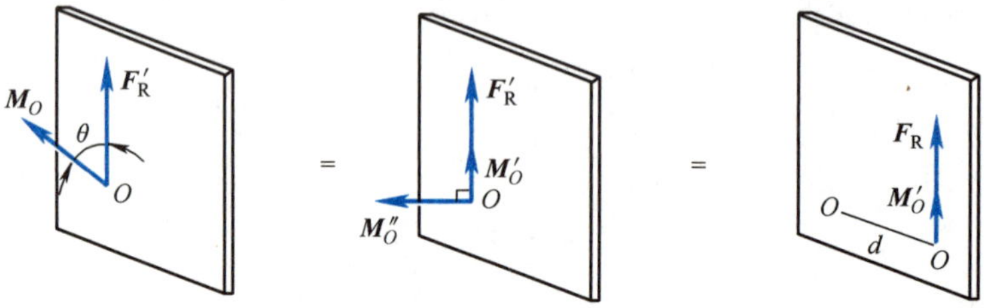

a)　　b)　　c)

图 4-2

（5）$\boldsymbol{F}'_R=\boldsymbol{0}$、$\boldsymbol{M}_O=\boldsymbol{0}$，力系平衡。

4.2 空间力系的平衡方程

空间力系平衡的充要条件是力系的主矢和主矩都等于零，即 $\boldsymbol{F}'_R=\boldsymbol{0}$、$\boldsymbol{M}_O=\boldsymbol{0}$。利用式（4-2）和式（4-4）即得到空间任意力系的平衡方程

$$\left.\begin{array}{l}\sum F_x=0,\ \sum F_y=0,\ \sum F_z=0\\ \sum M_x(\boldsymbol{F})=0,\ \sum M_y(\boldsymbol{F})=0,\ \sum M_z(\boldsymbol{F})=0\end{array}\right\}\tag{4-5}$$

空间任意力系有六个独立的平衡方程，因此可求解六个未知量。和平面力系类似，可以将平衡方程（4-5）中三个投影方程中的一个、两个或三个变成对轴的力矩方程，就是所谓的四矩式、五矩式和六矩式平衡方程。需要说明的是，平衡方程中的投影轴和求矩的轴都是可以任意选取的，不一定就是常用的正交 x、y、z 轴。

通过空间任意力系的平衡方程，可以推出其他特殊力系的平衡方程，如平面力系、空间汇交力系、空间力偶系、空间平行力系等。

4.2.1　空间汇交力系的平衡方程

由于力系的所有力都汇交于一点，选汇交点为矩心，则方程（4-5）中的力矩方程自然满足，所以空间汇交力系的平衡方程为

$$\sum F_x = 0,\ \sum F_y = 0,\ \sum F_z = 0 \tag{4-6}$$

有三个独立方程，可求解三个未知量。可以将平衡方程（4-6）变成对轴的力矩方程。

4.2.2　空间力偶系的平衡方程

由于力系全部由力偶组成，根据力偶的性质，方程（4-5）中的三个投影方程自然满足，所以空间力偶系的平衡方程为

$$\sum M_x(\boldsymbol{F}) = 0,\ \sum M_y(\boldsymbol{F}) = 0,\ \sum M_z(\boldsymbol{F}) = 0 \tag{4-7}$$

可以求解三个未知量。

4.2.3　空间平行力系

将方程（4-5）中的其中两个投影轴选作与力的方向垂直，则这两个投影方程自然满足，另外选与力平行的轴为一个力矩方程的轴，则此力矩方程也自然满足，所以平行力系只有三个独立方程，可以求解三个未知量。平衡方程的形式一般写成一个投影方程两个力矩方程，如假设力与 z 轴平行，则平衡方程可写为

$$\sum F_z = 0,\ \sum M_x(\boldsymbol{F}) = 0,\ \sum M_y(\boldsymbol{F}) = 0 \tag{4-8}$$

例 4-1　在图 4-3a 所示简易支架中，已知：力 F 在铅垂面 CDE 内，$AB \perp DE \perp CE$，$AE = BE$，求三杆内力。

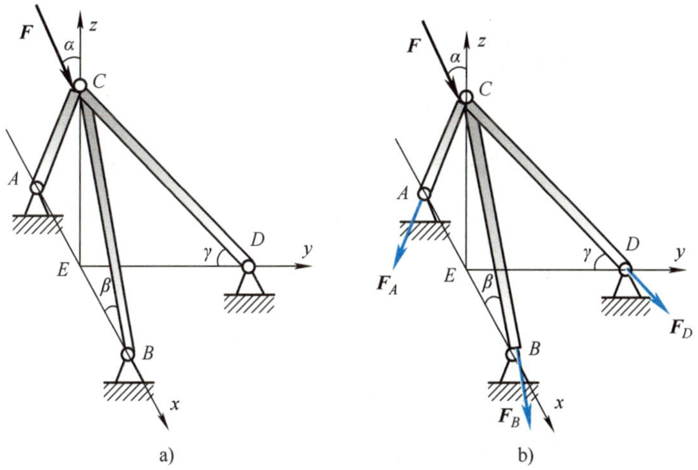

图　4-3

分析：各杆均为二力杆，汇交于 C 点，则为空间汇交力系。研究对象取球铰链 C 或整体均可，但取整体更方便观察和利用空间几何关系。

解：研究整体，各杆均假设为拉力，受力和坐标系如图 4-3b 所示，列平衡方程

$$\sum F_y = 0,\ F\sin\alpha + F_D\cos\gamma = 0$$

$$\sum F_x = 0,\ F_B\cos\beta - F_A\cos\beta = 0$$

$$\sum F_z = 0,\ -F\cos\alpha - F_B\sin\beta - F_A\sin\beta - F_D\sin\gamma = 0$$

解得

$$F_A = F_B = \frac{-F(\sin\alpha\tan\gamma - \cos\alpha)}{2\sin\beta},\ F_D = \frac{-F\sin\alpha}{\cos\gamma}$$

例 4-2 在图 4-4a 所示的简易起重机示意图中，已知：$AB = BC = AD = AE$；点 A、B、D 和 E 等均为球铰链连接，如$\triangle ABC$ 的投影为 AF 线，AF 与 y 轴的夹角为 α。求铅直支柱和各斜杆的内力。

分析：各杆均为二力杆，均假设为拉力。C 点只有三个力作用，一定是平面汇交力系（三力平衡汇交定理）；B 点为空间汇交力系。

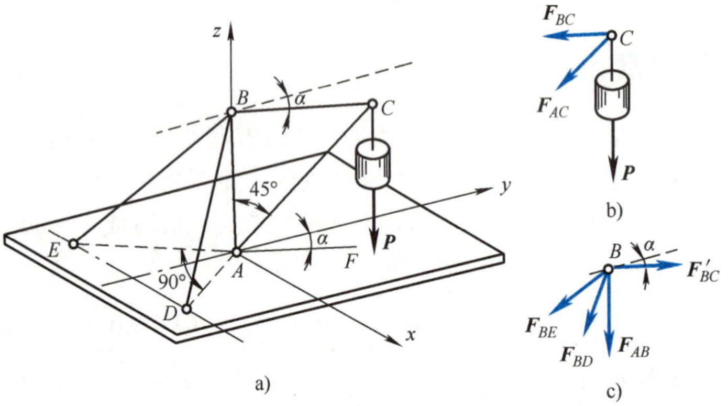

图 4-4

解：先研究 C 铰链，受力如图 4-4b 所示，列 z 方向和 BC 方向的投影方程

$$\sum F_z = 0,\ -F_{AC}\cos45° - P = 0$$

$$\sum F_{BC} = 0,\ -F_{BC} - F_{AC}\sin45° = 0$$

解得

$$F_{AC} = -1.414P,\ F_{BC} = P$$

再研究 B 铰链，受力如图 4-4c 所示，列平衡方程

$$\sum F_x = 0,\ F'_{BC}\sin\alpha + F_{BD}\cos45°\sin45° - F_{BE}\cos45°\sin45° = 0$$

$$\sum F_y = 0,\ F'_{BC}\cos\alpha - F_{BD}\cos45°\cos45° - F_{BE}\cos45°\cos45° = 0$$

$$\sum F_z = 0,\ -F_{AB} - F_{BD}\sin45° - F_{BE}\sin45° = 0$$

联立解得

$$F_{BD} = P(\cos\alpha - \sin\alpha),\ F_{BE} = P(\cos\alpha + \sin\alpha),\ F_{AB} = -1.414P\cos\alpha$$

例 4-3 图 4-5 所示三棱柱的横截面为等腰直角三角形，三个侧面上各作用一个力偶。已知 $M_1 = 100\text{N}\cdot\text{m}$，求平衡时的 M_2 和 M_3。

分析：本题为空间力偶系，必须将力偶表示为力偶矩矢才方便投影。

解：建立图 4-5 所示正交坐标系，将力偶用矩矢表示，则三个力偶矩矢均与 z 轴垂直，列平衡方程

$$\sum M_x = 0,\quad -M_2 + M_3\cos 45° = 0$$

$$\sum M_y = 0,\quad -M_1 + M_3\sin 45° = 0$$

联立解得

$$M_2 = M_1 = 100\text{N}\cdot\text{m},\quad M_3 = \sqrt{2}M_1 = 100\sqrt{2}\text{N}\cdot\text{m}$$

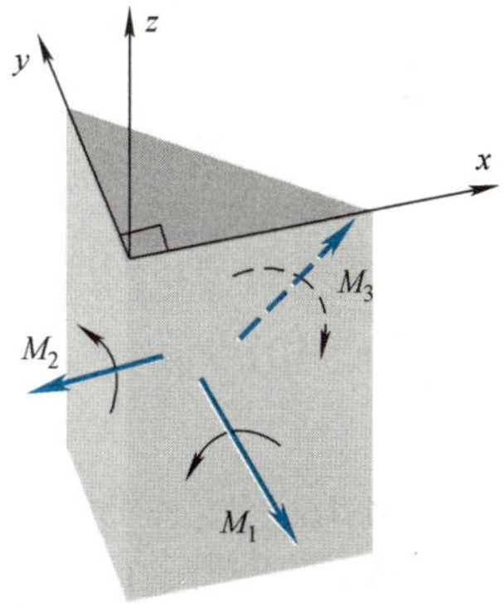

图　4-5

例 4-4　起重机装在三轮小车 ABC 上。已知起重机的尺寸为 $AD = DB = 1\text{m}$，$CD = 1.5\text{m}$，$CM = 1\text{m}$，$KL = 4\text{m}$。机身连同平衡锤共重 $P_1 = 100\text{kN}$，作用在 G 点，G 点在平面 $LMNF$ 之内，到机身轴线 MN 的距离 $GH = 0.5\text{m}$，如图 4-6 所示。若所举重物 $P_2 = 30\text{kN}$，求当起重机的平面 LMN 平行于 AB 时车轮对轨道的压力。

分析：起重机受到地面向上的约束力，和重力组成空间平行力系。为避免解联立方程，平衡方程最好选择对轴的力矩方程。

解：研究起重机，受力如图所示。列平衡方程

$$\sum M_{AB} = 0,\ (P_1 + P_2) \times DM - F_C \times CD = 0$$

$$\sum M_{CD} = 0,\ P_1 \times GH - P_2 \times KL + F_B \times BD - F_A \times AD = 0$$

$$\sum F_{MN} = 0,\ F_A + F_B + F_C - (P_1 + P_2) = 0$$

将题目中相应数据代入解得

$$F_A = 8.33\text{kN},\ F_B = 78.33\text{kN},\ F_C = 43.33\text{kN}$$

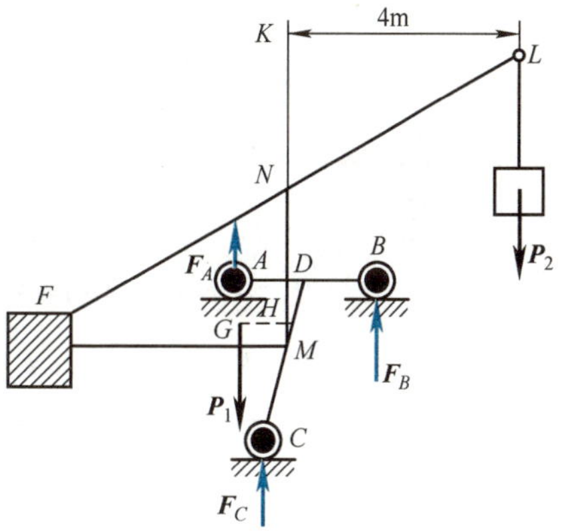

图　4-6

例 4-5　图 4-7 所示水平轴放在轴承 A 和 B 上，在轴上 C 处装有轮子，其半径为 200mm，在此轮上用细绳挂一重锤 $P_2 = 250\text{N}$。在轴上 D 处装有杆 DE，此杆垂直地固接在轴 AB 上，杆端套重锤 $P_1 = 1000\text{N}$。轴的尺寸如图所示。在平衡时杆 DE 与铅直线成 30°角，不计轴及轮的重量，求重锤 P_1 的重心 E 到轴 AB 的距离 l，以及轴承 A 和 B 的约束力。

分析：根据轴承的约束特征，A 和 B 处的约束力垂直于轴线 AB，这样整体受力图上的所有力均与 AB 轴垂直，则在 AB 方向的投影方程恒等于零，所以只有 5 个独立平衡方程。注意平衡方程的前后顺序，尽可能避免解联立方程。

解：研究整体，建立坐标系及受力如图 4-7 所示，列平衡方程

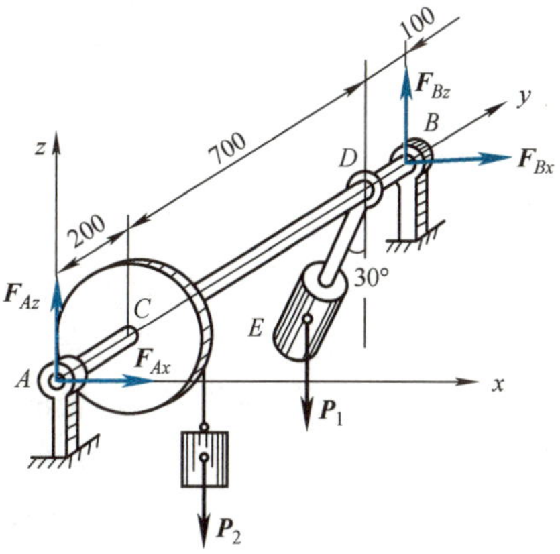

图　4-7

$$\sum M_y = 0,\ P_2 \times 0.2\text{m} - P_1 \times l\sin 30° = 0$$

$$\sum M_x = 0,\ -P_2 \times 0.2\text{m} - P_1 \times 0.9\text{m} + F_{Bz} \times 1\text{m} = 0$$

$$\sum F_z = 0,\ F_{Az} + F_{Bz} - P_2 - P_1 = 0$$

$$\sum M_z = 0,\ F_{Bx} = 0$$

$$\sum F_x = 0,\ F_{Ax} + F_{Bx} = 0$$

解得

$$l = 0.1\text{m},\ F_{Bz} = 950\text{N},\ F_{Az} = 300\text{N},\ F_{Bx} = 0,\ F_{Ax} = 0$$

例 4-6 如图 4-8 所示，与水平地面铰接的六根杆支承一水平板，在板角处受铅垂力 $\boldsymbol{F}$ 作用。不计板杆自重，求各杆内力。

分析：各杆均为二力杆，假设为拉力；因板距地面的高度未知，本题需要合理选择平衡方程的形式和顺序，避免力的投影和求矩等的复杂计算，以及避免解联立方程。

解：研究板。设各杆受拉力，建立坐标系如图所示，列平衡方程

$$\sum F_y = 0,\ F_6 = 0$$

$$\sum M_z = 0,\ F_4 = 0$$

$$\sum F_x = 0,\ F_2 = 0$$

$$\sum M_x = 0,\ -F \times 1000\text{mm} - F_5 \times 1000\text{mm} = 0$$

$$\sum M_y = 0,\ F_5 \times 500\text{mm} + F_3 \times 500\text{mm} = 0$$

$$\sum F_z = 0,\ -F - F_5 - F_3 - F_1 = 0$$

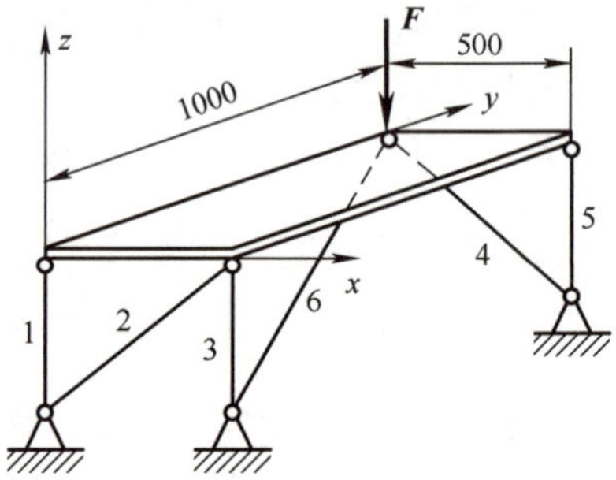

图 4-8

解得

$$F_1 = F_5 = -F,\ F_3 = F$$

4.3 小结与学习指导

学习本章时注意和平面力系进行比较，以帮助概念的理解和掌握。

（1）力的表示：平面矢量→空间矢量。

（2）力偶的表示：代数量→空间矢量。

（3）力对点的矩：代数量→空间矢量。

（4）增加力对轴的矩的概念。

（5）正确理解和利用力对轴的矩和力对点的矩的关系。

空间力系平衡问题的求解方法步骤与平面力系一样，但由于空间结构比较复杂，画图比较麻烦，所以需注意以下几个问题：

（1）画图要规则、整齐，以便清楚地显示各构件和受力之间的空间几何关系。

（2）为避免求解较多的联立方程，应习惯选择对轴的力矩平衡方程形式。

（3）注意掌握各种空间约束的特性、简化模型及受力图的画法。

习　题

4-1　三脚架的三杆用球铰 D 相连接，并用球铰支座 A、B、C 支承，如题 4-1 图所示。设三脚架的 D 点作用有 1kN 的水平力，各杆的重量略去不计，试求各杆所受的力。

（答案：$F_{AD}=2.04\text{kN}$（拉），$F_{BD}=0.861\text{kN}$（压），$F_{CD}=1.27\text{kN}$（压））

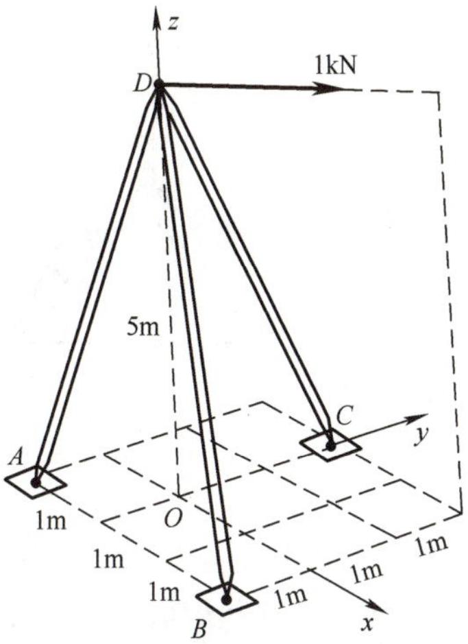

题 4-1 图

4-2　用撑杆 AB 和链条 AC、AD 支承重量 $W=0.42\text{kN}$ 的重物，如题 4-2 图所示。已知 $AB=145\text{cm}$，$AC=80\text{cm}$，$AD=60\text{cm}$，矩形 $CADE$ 位于水平面内，铅垂平面 V_1 和 V_2 相互垂直，各点都是球铰链连接。试求杆 AB 和链条 AC、AD 的内力。

（答案：$F_{AB}=0.58\text{kN}$（压），$F_{AC}=0.32\text{kN}$（拉），$F_{AD}=0.24\text{kN}$（压））

4-3　如题 4-3 图所示，空间桁架由六杆 1、2、3、4、5、6 支撑于水平地面。在节点 A 上作用一力 $\boldsymbol{F}$，此力在矩形 $ABDC$ 平面内，且与铅直线成 45°角。$\triangle EAK \cong \triangle FBM$。等腰 $\triangle EAK$、$\triangle FBM$ 和 $\triangle NDB$ 在顶点 A、B 和 D 处均为直角，又 $EC=CK=FD=DM$。若 $F=10\text{kN}$，求各杆的内力。

（答案：$F_1=F_2=-5\text{kN}$，$F_3=-7.07\text{kN}$，$F_4=F_5=5\text{kN}$，$F_6=-10\text{kN}$）

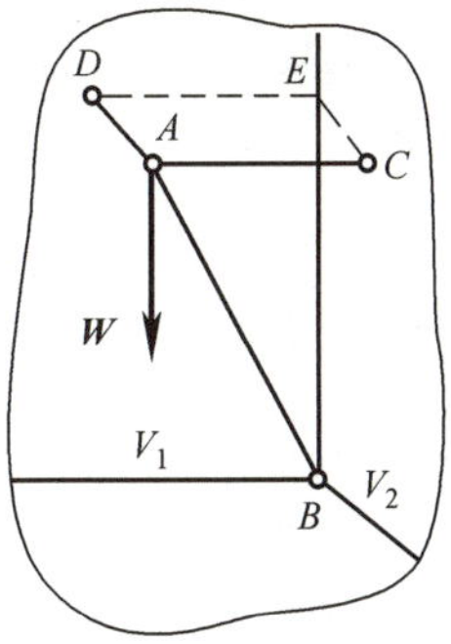

题 4-2 图

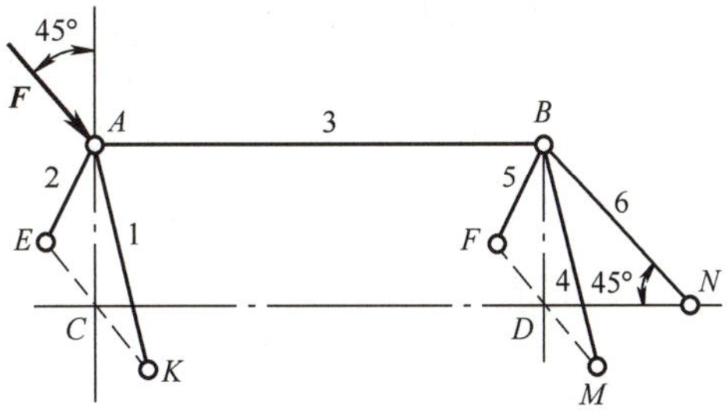

题 4-3 图

4-4　如题 4-4 图所示，三脚圆桌的半径为 $r=500\text{mm}$，重为 $P=600\text{N}$。圆桌的三脚 A、B 和 C 形成一等边三角形。若在中线 CD 上距圆心为 a 的点 M 处作用铅直力 $F=1500\text{N}$，求使圆桌不致翻倒的最大距离 a。

（答案：350mm）

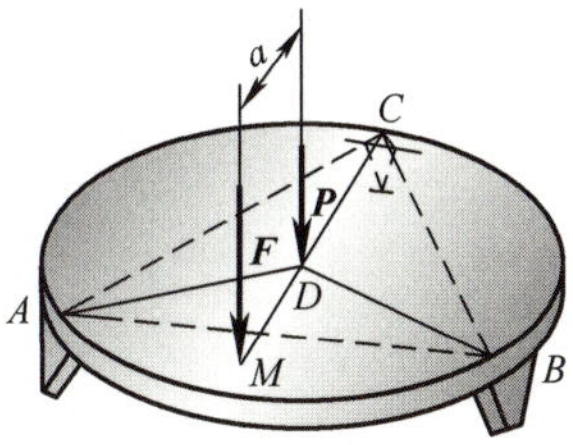

题 4-4 图

4-5　题 4-5 图所示长方形薄板 $ABCD$ 重 $P=200\text{N}$，用球铰链 A 和蝶形铰链 B 固定在墙上，并用绳子 CE 维持在水平位置。求绳子的拉力和 A、B 处的约束力。

（答案：$F_{Ax}=86.6\text{N}$，$F_{Ay}=150\text{N}$，$F_{Az}=100\text{N}$，$F_{Bx}=0$，$F_{Bz}=0$，$F_{CE}=200\text{N}$）

4-6　如题 4-6 图所示，车厢的搁板 $ABCD$ 可绕轴 AB 转动，杆 ED 将其支承在水平位置上。杆 ED 用铰链 E 连接在竖直墙面 BAE 上。搁板连同其上重物重 $P=800\text{N}$，且作用在矩形 $ABCD$ 的对角线交点上。已知尺寸 $AB=150\text{cm}$，$AD=60\text{cm}$，$AK=BH=25\text{cm}$，$ED=75\text{cm}$，杆 ED 的重量不计，求杆 ED 的内力，以及蝶

形铰链 K 和 H 的约束力。

（答案：$F_{DE}=666.7\text{N}$，$F_{Kx}=-666.7\text{N}$，$F_{Kz}=-100\text{N}$，$F_{Hx}=133.3\text{N}$，$F_{Hz}=500\text{N}$）

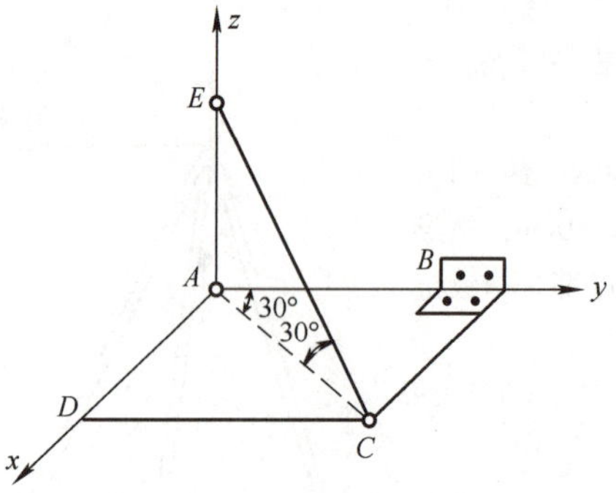

题4-5图

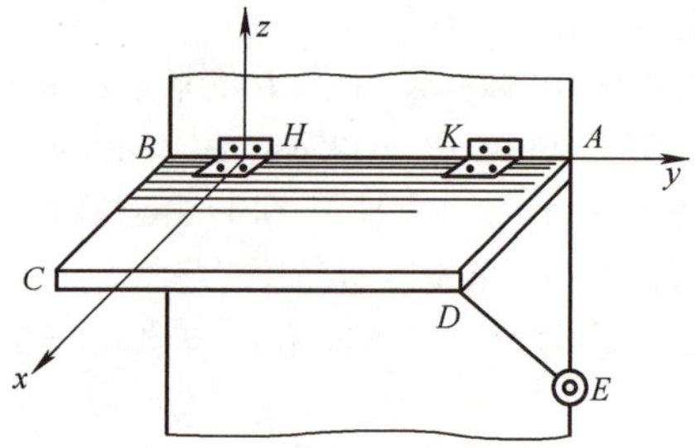

题4-6图

4-7 无重曲杆 $ABCD$ 有两个直角，且平面 ABC 与平面 BCD 垂直。D 为球形支座，A 为径向轴承，如题4-7图所示。三个力偶的作用面分别垂直于杆的轴线，已知 M_2、M_3，求平衡时 M_1 和支座反力。

（答案：$F_{Ay}=-F_{Dy}=\dfrac{M_3}{a}$，$F_{Az}=-F_{Dz}=\dfrac{M_2}{a}$，$F_{Dx}=0$，$M_1=\dfrac{M_2 b}{a}+\dfrac{M_3 c}{a}$）

4-8 使水涡轮转动的力偶矩为 $M_z=1200\text{N}\cdot\text{m}$，在锥齿轮 B 处受到的力分解为周向力 F_t，轴向力 F_a 和径向力 F_r，其比例为 $F_t:F_a:F_r=1:0.32:0.17$，已知轴、轮总重为 $P=12\text{kN}$，其作用线沿轴 Cz，锥齿轮的平均半径 $OB=0.6\text{m}$，其余尺寸如题4-8图所示。求推力轴承 C 和轴承 A 的约束力。

（答案：$F_{Ax}=2667\text{N}$，$F_{Ay}=-325.3\text{N}$，$F_{Cx}=-666.7\text{N}$，$F_{Cy}=-14.7\text{N}$，$F_{Cz}=12640\text{N}$）

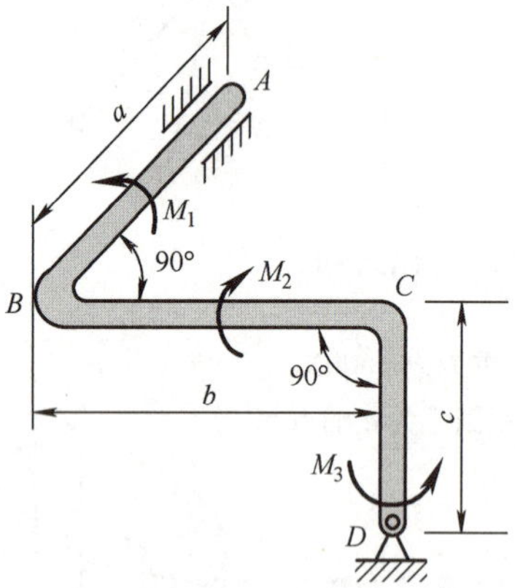

题4-7图

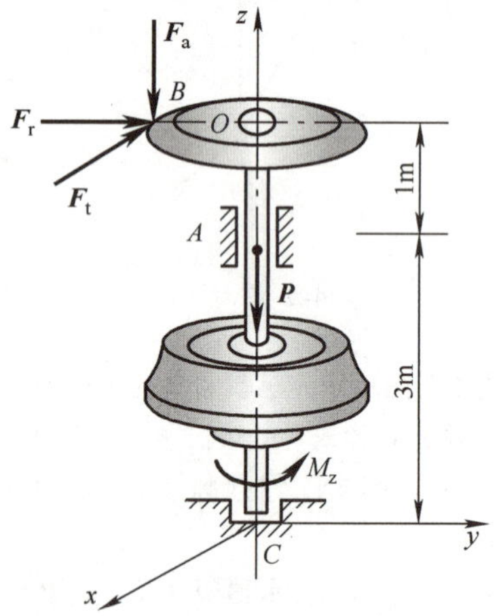

题4-8图

4-9 如题4-9图所示，10m长的柱子上作用一8.4kN的力，A 处用球形铰链与地面连接，B 处用绳 BD 和 BE 连接在水平地面上。略去柱子自重，求绳子拉力和 A 处支座反力。

（答案：$F_{BD}=F_{BE}=11\text{kN}$，$F_{Ax}=0$，$F_{Ay}=3.6\text{kN}$（←），$F_{Az}=14\text{kN}$（↑））

4-10 齿轮传动轴受力及尺寸如题4-10图所示，求力 F 及轴承 A、B 的约束力。

（答案：$F_{Ay}=-47.6\text{N}$，$F_{Az}=-68.7\text{N}$，$F_{By}=-19.1\text{N}$，$F_{Bz}=-207\text{N}$，$F=70.9\text{N}$）

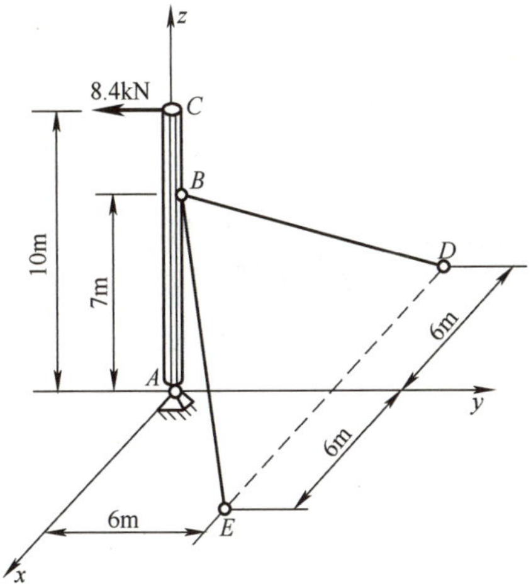
z
8.4kN
C
B
D
10m
7m
6m
A
y
6m
6m
E
x

题 4-9 图

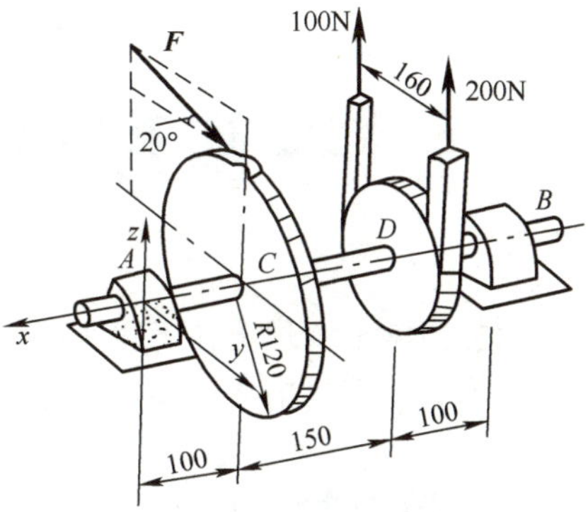
100N
F
160
200N
20°
B
z
D
A
C
x
R120
y
100
150
100

题 4-10 图

第 5 章

平衡理论专题与应用

本章讨论静力学平衡理论在工程实际中的几个应用专题，包括考虑摩擦时的平衡问题、物体的重心与形心、简单桁架结构的内力计算以及悬索的内力计算等。

5.1　考虑摩擦时物体的平衡问题

摩擦是一种极其复杂的物理－力学现象，普遍存在于各种机械运动和日常生活中。人行走、车行驶、机器运转等无一不存在摩擦。但是前面所讨论的平衡问题均未考虑摩擦，即假设物体之间的接触是完全光滑的，这是对实际问题的一种理想化。然而在工程实际中，摩擦对物体的平衡与运动有着重要的影响。例如：机床的卡盘靠摩擦带动夹紧的工件、制动器靠摩擦刹车等，都是依靠摩擦力来进行工作的；另一方面由于摩擦的存在给各种机械带来多余的阻力，从而消耗能量、降低效率。我们研究摩擦，就是要充分利用有利的一面，而减少其不利的一面。

5.1.1　滑动摩擦

两个相互接触的物体，当它们之间产生相对滑动或具有相对滑动趋势时，在接触面之间产生一种阻碍彼此相对滑动的效应，这种效应就是**滑动摩擦**，而这种阻碍相对滑动的阻力称为**滑动摩擦力**。滑动摩擦力作用在接触面上，方向与摩擦所阻碍的相对滑动或滑动趋势方向相反。

为便于理解，以重量为 P 的物体在水平面上的受力情况为例。沿水平方向对物体施加拉力 $\boldsymbol{F}$，则物体受力如图 5-1 所示，其中 $\boldsymbol{F}_N$为法向约束力，$\boldsymbol{F}_s$为摩擦力。

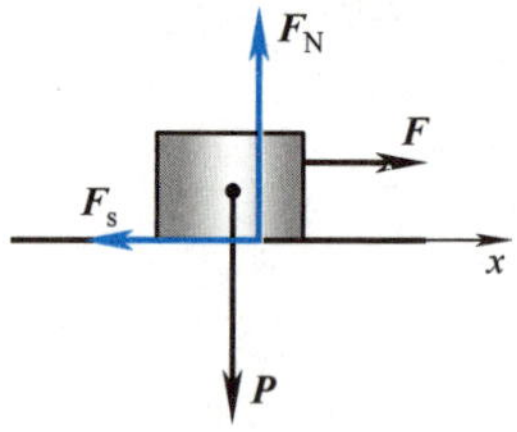

图　5-1

当拉力 $\boldsymbol{F}$ 较小时，物体处于静止平衡状态，这时阻止物体滑动的力 $\boldsymbol{F}_s$称为**静滑动摩擦力**，简称**静摩擦力**。大小可根据平衡方程 $\sum F_x = 0$ 求得 $F_s = F$。这种情况下的摩擦力和一般的约束力具有相同的性质，因此个别情况下，静摩擦力方向不易确定时，可以假设，再根据平衡方程计算结果的正负号判定实际摩擦力的方向。

如果逐渐增大拉力 $\boldsymbol{F}$ 达到一定数值时，物体处于平衡和滑动的临界状态，这时的摩擦力达到最大值称为**最大静摩擦力**，以 F_{max} 表示。

实验证明：最大静摩擦力的大小与接触面之间的正压力（即法向约束力）成正比。即

$$\boxed{F_{max}=f_s F_N} \tag{5-1}$$

式中，比例常数f_s称为**静摩擦因数**，f_s的大小与接触物体的材料、接触面的粗糙程度等情况有关，其值通过实验测得，可在机械工程手册中查到。表 5-1 列出了部分常用材料的摩擦因数。式（5-1）称为**静摩擦定律**，又称**库仑摩擦定律**。

表 5-1　部分常用材料的摩擦因数

材料名称	静摩擦因数		动摩擦因数	
	无润滑	有润滑	无润滑	有润滑
钢 - 钢	0.15	0.1 ~ 0.2	0.15	0.05 ~ 0.1
钢 - 软钢			0.2	0.1 ~ 0.2
钢 - 铸铁	0.3		0.18	0.05 ~ 0.15
钢 - 青铜	0.15	0.1 ~ 0.15	0.15	0.1 ~ 0.15
软钢 - 铸铁	0.2		0.18	0.05 ~ 0.15
软钢 - 青铜	0.2		0.18	0.07 ~ 0.15
铸铁 - 铸铁		0.18	0.15	0.07 ~ 0.12
铸铁 - 青铜			0.15 ~ 0.2	0.07 ~ 0.15
青铜 - 青铜		0.1	0.2	0.07 ~ 0.1
皮革 - 铸铁	0.3 ~ 0.5	0.15	0.6	0.15
橡皮 - 铸铁			0.8	0.5
木材 - 木材	0.4 ~ 0.6	0.1	0.2 ~ 0.5	0.07 ~ 0.15

由上述分析可知，静摩擦力随着主动力的不同而改变，它的大小由平衡方程确定，介于零和最大值之间，即

$$\boxed{0\leqslant F_s\leqslant F_{max}=f_s F_N} \tag{5-2}$$

达到临界状态后，若继续加大拉力 $\boldsymbol{F}$，物体将发生相对滑动。此时的摩擦力称为**动摩擦力**，用 $\boldsymbol{F}_d$表示，其大小由**动摩擦定律**给出，即

$$\boxed{F_d=fF_N} \tag{5-3}$$

即动静摩擦力的大小与接触面之间的正压力（即法向约束力）成正比。式中，f 称为**动摩擦因数**。

一般情况下，动摩擦因数小于静摩擦因数，但当接触面之间相对滑动速度不大时，二者相差不大，在一般工程中，精确度要求不高时可近似认为动摩擦因数与静摩擦因数相等。图 5-2 所示为动摩擦因数随速度变化的示意图。

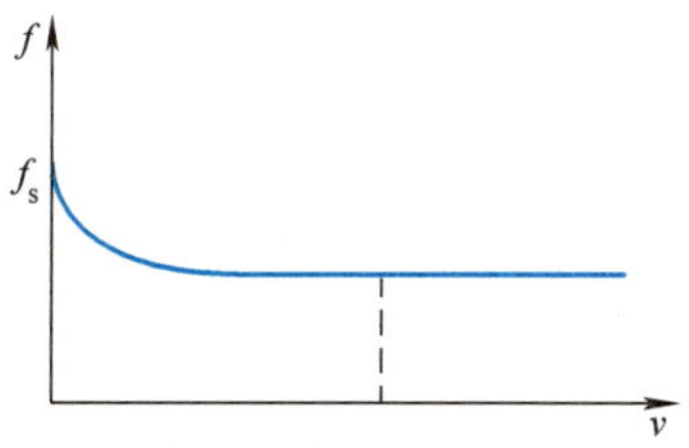

图　5-2

5.1.2　摩擦角与自锁现象

将互相接触的物体表面的法向约束力 $\boldsymbol{F}_N$和摩擦力 $\boldsymbol{F}_s$合成，得到的合力称为**全约束力**，即 $\boldsymbol{F}_{RA}=\boldsymbol{F}_N+\boldsymbol{F}_s$。以水平面上的物块为例，设全约束力 $\boldsymbol{F}_{RA}$的作用线与接触面的公法线的夹角为 φ，如图 5-3a 所示。当物块处于平衡的临界状态时，静摩擦力达到最大值，夹角 φ 也达到最大值 φ_f，φ_f 称为**摩擦角**。由图 5-3b 可得

$$\tan\varphi_f = \frac{F_{max}}{F_N} = f_s \qquad (5\text{-}4)$$

即：摩擦角的正切等于静摩擦因数。可见，摩擦角与摩擦因数一样，都是表示材料的表面性质的量。

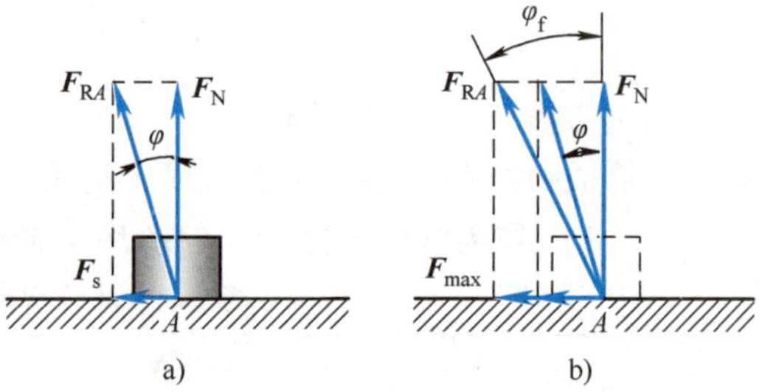

图 5-3

物体平衡时，静摩擦力可在零与最大值 F_{max}之间变化，所以夹角 φ 也在零与最大值（摩擦角）φ_f 之间变化，即

$$0 \leqslant \varphi \leqslant \varphi_f \qquad (5\text{-}5)$$

即全约束力的方向必在摩擦角之内。由此可知：如果作用于物体的全部主动力的合力 $\boldsymbol{F}_R$ 的作用线在摩擦角 φ_f 之内，则无论这个力 $\boldsymbol{F}_R$多么大，物块必保持静止。这种现象称为**自锁现象**。因为在这种情况下，主动力的合力 $\boldsymbol{F}_R$与法线间的夹角 θ 小于 φ_f，因此，$\boldsymbol{F}_R$ 和全约束力 $\boldsymbol{F}_{RA}$必能满足二力平衡条件，且 $\theta = \varphi < \varphi_f$，如图 5-4a 所示。工程实际中常应用自锁条件设计一些机构或夹具，如千斤顶、压榨机、圆锥销等，使它们始终保持在平衡状态下工作；如果全部主动力的合力 $\boldsymbol{F}_R$的作用线在摩擦角 φ_f 之外，则无论这个力多么小，物体一定会滑动。因为在这种情况下，$\theta > \varphi_f$，而接触面的全约束力 $\boldsymbol{F}_{RA}$与法线的夹角 $\varphi \leqslant \varphi_f$，因此 $\boldsymbol{F}_{RA}$和主动力的合力 $\boldsymbol{F}_R$不能满足二力平衡条件，如图 5-4b 所示。应用这个道理，可以设法避免机构发生“卡死”（自锁）现象。

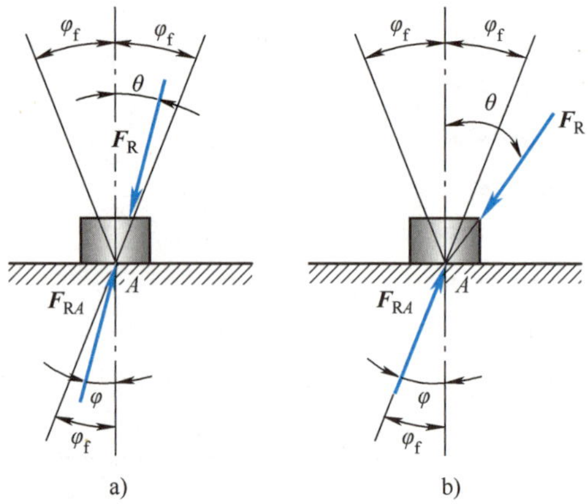

图 5-4

下面给出两个摩擦角与自锁的应用实例。

实例 1　摩擦因数的测定

如图 5-5 所示。把要测定的两种材料分别做成斜面和物块，把物块放在斜面上，并逐渐从零开始增大斜面的倾角 θ，直到物块刚开始下滑时为止。物块刚刚下滑时的 θ 角就是要测定的摩擦角 φ_f。由式（5-4）求得摩擦因数，即 $f_s = \tan\varphi_f = \tan\theta$。

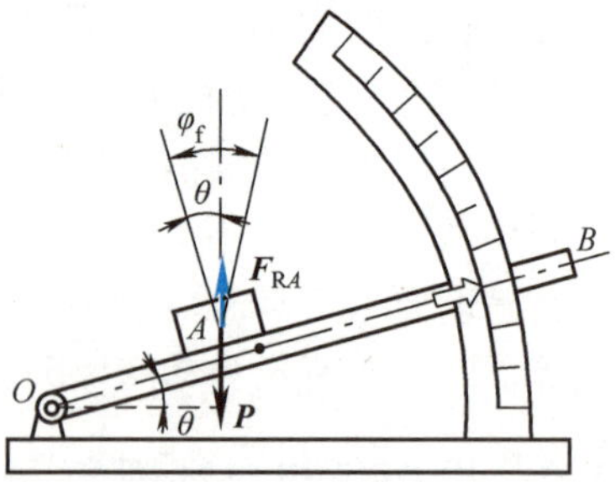

图 5-5

实例 2　螺纹的自锁

图 5-6a 所示的方牙螺纹，可以看成为绕在一圆柱体上的斜面，如图 5-6b 所示，螺纹升角 θ 就是斜面的倾角，如图 5-6c 所示。螺母相当于斜面上的滑块 A，加于螺母的轴向荷载 $\boldsymbol{P}$，相当于物块 A 的重力。要使螺纹自锁，必须使螺纹的升角 θ 小于或等于摩擦角 φ_f。因此螺纹的自锁条件是 $\theta \leqslant \varphi_f$。

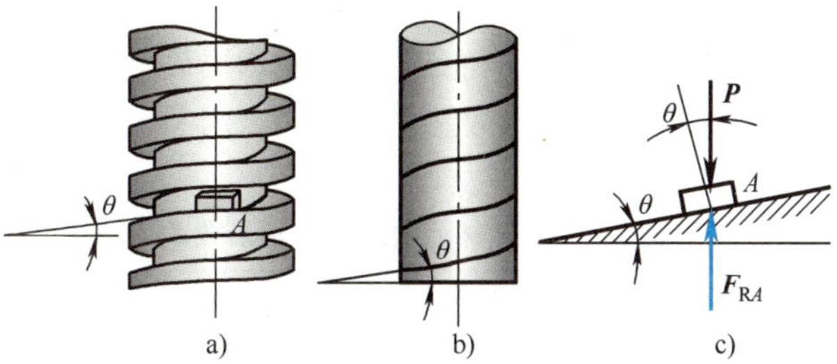

图　5-6

5.1.3　滚动摩阻的概念

设在粗糙的水平面上有一滚子，重量为 P，半径为 r，在其中心 O 上作用一水平力 $\boldsymbol{F}$，画出滚子的受力图如图 5-7a 所示。凭经验知道，当力 $\boldsymbol{F}$ 不大时，滚子将保持静止，而图 5-7a的力矩方程不可能平衡，与实际不符。问题出在哪呢？这是因为滚子和滚动平面实际上并不是刚体，它们在力的作用下都会发生变形，因此有一个接触区域，滚子在此区域上受分布约束力的作用，如图 5-7b 所示。利用平面力系简化理论，这些分布约束力向点 A 简化，得到一个力 $\boldsymbol{F}_R$和一个力偶，力偶的矩表示为 M_f，如图 5-7c 所示。这个力 $\boldsymbol{F}_R$可分解为摩擦力 $\boldsymbol{F}_s$和法向约束力 $\boldsymbol{F}_N$，这个矩为 M_f的力偶称为**滚动摩阻力偶**（简称**滚阻力偶**），它与力偶（$\boldsymbol{F}$，$\boldsymbol{F}_s$）平衡，它的转向与滚动的趋向相反，如图 5-7d 所示。

与静滑动摩擦力相似，**滚动摩阻力偶矩** M_f随着主动力的增加而增大，当力 $\boldsymbol{F}$ 增加到某个值时，滚子处于将滚未滚的临界平衡状态，这时，滚动摩阻力偶矩达到最大值，称为**最大滚动摩阻力偶矩**，用 M_{max}表示。若力 $\boldsymbol{F}$ 继续增大，轮子就会滚动，在滚动过程中，滚动摩阻力偶矩近似等于 M_{max}。

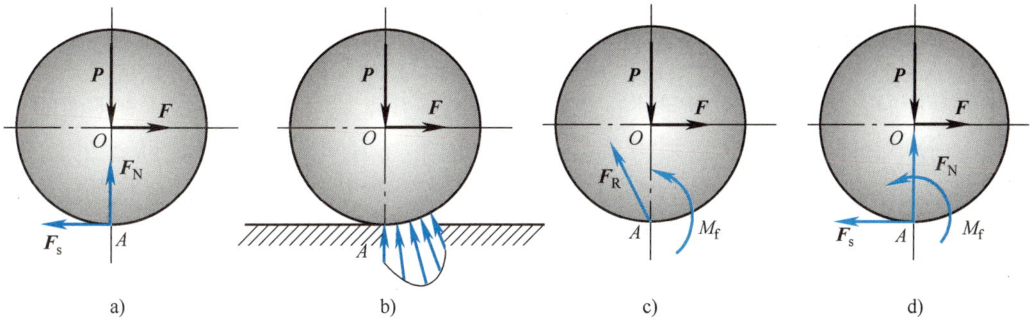

图　5-7

由此可知，滚动摩阻力偶矩 M_f的大小介于零与最大值之间，即

$$0 \leqslant M_f \leqslant M_{max} \tag{5-6}$$

实验表明：最大滚动摩阻力偶矩 M_{max}与滚子半径无关，而与支承面的正压力（法向约束力）$\boldsymbol{F}_N$的大小成正比，即

$$M_{max} = \delta F_N \tag{5-7}$$

这就是**滚动摩阻定律**，其中 δ 是比例常数，称为**滚动摩阻系数**，简称**滚阻系数**。由

式（5-7）知，滚动摩阻系数具有长度的量纲，单位一般用 mm。

滚动摩阻系数由实验测定，它与滚子和支承面的材料的硬度和湿度等有关，与滚子的半径无关。表 5-2 是几种材料的滚动摩阻系数。由于滚动摩阻系数较小，因此，在大多数情况下滚动摩阻可以忽略不计。

表 5-2 几种材料的滚动摩阻系数 δ

材料名称	δ/mm	材料名称	δ/mm
铸铁与铸铁	0.5	软钢与钢	0.5
钢质车轮与钢轨	0.05	有滚珠轴承的料车与钢轨	0.09
木与钢	0.3～0.4	无滚珠轴承的料车与钢轨	0.21
木与木	0.5～0.8	钢质车轮与木面	1.5～2.5
软木与软木	1.5	轮胎与路面	2～10
淬火钢珠与钢	0.01		

为了更加深入地理解滚动摩阻的特性，下面讨论：为什么一般情况下使滚子滚动比使滚子滑动要省力。

参考图 5-7d 所示滚子的受力图，设滚子半径为 R。可以分别计算出使滚子滚动或滑动所需要的水平拉力 F。

由对 A 点的力矩平衡方程 $\sum M_A=0$ 和水平方向的投影方程，可以求得使滚子滚动的力和使滚子滑动所需要的力分别为

$$F_{滚}=\frac{M_{max}}{R}=\frac{\delta F_N}{R}=\frac{\delta}{R}P,\quad F_{滑}=F_{max}=f_sF_N=f_sP$$

一般情况下$\frac{\delta}{R}\ll f_s$，因而使滚子滚动比滑动省力得多。

5.1.4 考虑摩擦时物体的平衡问题

考虑摩擦时，求解物体平衡问题的方法和步骤与前几章基本相同，但需注意下面的几个问题：①分析物体受力时，必须考虑接触面间摩擦力 $\boldsymbol{F}_s$；②通过静止状态的摩擦定律（5-2）或滑动状态的摩擦定律（5-3）增加补充方程；③由于物体平衡时摩擦力有一定的范围，所以有摩擦时平衡问题的解亦有一定的范围，而不是一个确定的值；④摩擦力一般要给出真实方向，特别是使用摩擦定律时，摩擦力必须是真实方向；⑤摩擦问题的求解可以使用解析法，即平衡方程的形式，也可以使用几何法，即利用摩擦角和自锁条件。

工程中有不少问题只需要分析平衡的临界状态，这时静摩擦力等于其最大值，补充方程只取等号，即式（5-1）。有时为了计算方便，也先在临界状态下计算，求得结果后再分析、讨论其解的范围。

例 5-1 如图 5-8a 所示，物体重为 $P=980\text{N}$，放在倾角为 $\theta=30°$ 的斜面上，摩擦因数 $f=0.2$，沿斜面方向施加力 $F=588\text{N}$。求摩擦力，判断物块是否平衡。

分析：（1）由经验知道，当 F 太大时，物块向上滑动；当 F 太小时，物块向下滑动。而物块向不同的方向滑动时，摩擦力的方向也不同。

（2）物块是否滑动，状态未知，如果滑动，则物块不平衡，不能使用平衡方程，而滑

动的摩擦力用动摩擦定律计算；如果静止，则根据平衡方程计算摩擦力。

（3）当摩擦状态未知时，必须假设平衡才能使用平衡方程。

解：假设物块平衡，且有向下滑动的趋势，则物块受力如图 5-8b 所示。建立图示坐标系，列平衡方程

$$\sum F_x = 0,\ F + F_s - P\sin\theta = 0$$

$$\sum F_y = 0,\ F_N - P\cos\theta = 0$$

解得

$$F_s = -98\text{N},\ F_N = 848.7\text{N}$$

摩擦力为负值，表示与假设的方向相反，即物块有向上滑动的趋势。

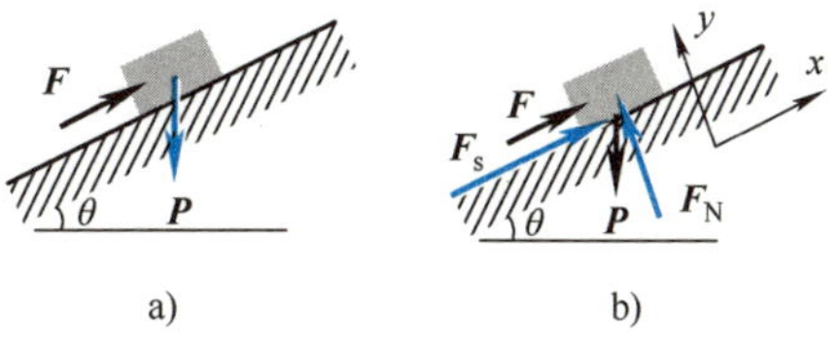

图 5-8

物块是否平衡，法向约束力 F_N 不变（垂直于斜面方向平衡），则最大静摩擦力

$$F_{max} = fF_N = 0.2 \times 848.7\text{N} = 169.7\text{N}$$

通过平衡方程计算的摩擦力 98N 小于最大静摩擦力，则物块平衡。

例 5-2 如图 5-9a 所示的凸轮机构。已知推杆（不计自重）与滑道之间的摩擦因数为 f_s，滑道宽度为 b，设凸轮与推杆接触处的摩擦忽略不计。求机构不致被卡住的 a。

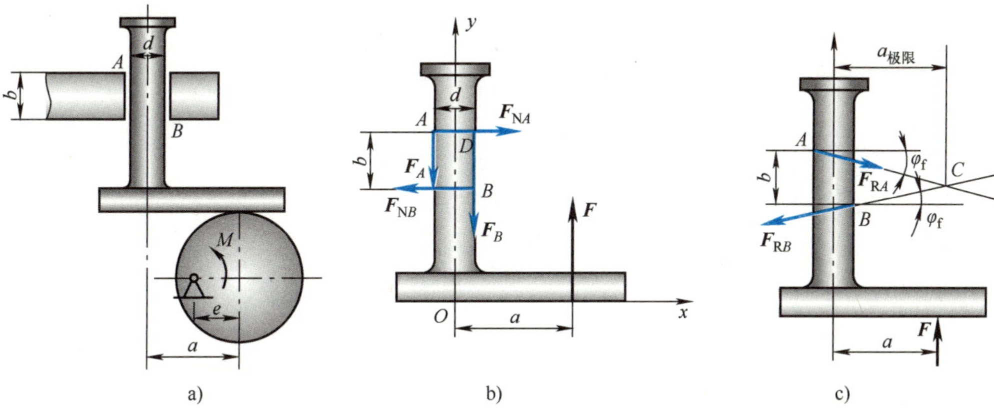

图 5-9

分析：（1）研究对象只能是推杆，不能是凸轮。

（2）推杆与滑道之间只有两点 A 和 B 接触，摩擦力向下，且同时达到最大静摩擦力。

（3）机构有两处摩擦时，摩擦定律不适合用不等式，即只能取临界状态求解，这时解出的结果 a 是最大值还是最小值，不容易判断。可以取极端状态，若 $a = 0$，则一定不会被卡住，所以 a 越小越不容易被卡住，求得的极限值是最大值。

（4）推杆所受的主动力只有凸轮施加的力 $\boldsymbol{F}$，根据自锁的概念，推杆是否自锁应当与力 $\boldsymbol{F}$ 无关。

（5）此类问题用摩擦角和自锁的概念求解非常方便。

解：（1）用解析法求解。

研究推杆，取平衡的临界状态，受力如图 5-9b 所示。列平衡方程

$$\sum F_x = 0,\ F_{NA} - F_{NB} = 0$$

$$\sum F_y = 0,\ -F_A - F_B + F = 0$$

$$\sum M_D = 0,\ Fa - F_{NB}b - F_B \frac{d}{2} + F_A \frac{d}{2} = 0$$

补充方程

$$F_A = f_s F_{NA},\ F_B = f_s F_{NB}$$

联立解得

$$a_{极限} = \frac{b}{2f_s}$$

分析得知，a 越小越不容易被卡住，所以当 $a \leqslant \frac{b}{2f_s}$时，推杆不被卡住。

（2）用摩擦角求解。

研究推杆，取平衡的临界状态。画出 A 和 B 两处的全约束力 $\boldsymbol{F}_{RA}$和 $\boldsymbol{F}_{RB}$，如图 5-9c 所示。则推杆在三个力 $\boldsymbol{F}$、$\boldsymbol{F}_{RA}$和 $\boldsymbol{F}_{RB}$作用下平衡，三力一定汇交于一点。由图 5-9c 中的几何关系得

$$b = \left(a_{极限} + \frac{d}{2}\right)\tan\varphi_f + \left(a_{极限} - \frac{d}{2}\right)\tan\varphi_f$$

解得

$$a_{极限} = \frac{b}{2\tan\varphi_f} = \frac{b}{2f_s}$$

分析得知，a 越小越不容易被卡住，所以当 $a \leqslant \frac{b}{2f_s}$时，推杆不被卡住。

例 5-3 如图 5-10 所示，一圆盘（不计自重）位于铅垂板和倾角为 θ 的斜面之间，各处的摩擦因数都相同。求自锁时的摩擦因数。

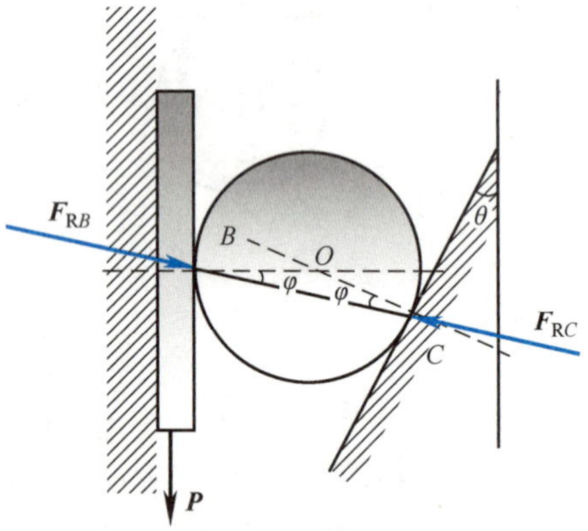

图 5-10

分析：圆盘只在两点 B 和 C 受力，平衡时满足二力平衡条件。

解：研究圆盘，平衡时 B 和 C 两点受到的全约束力满足二力平衡条件，如图 5-10 所示。根据图中的几何关系有

$$\varphi = \frac{\theta}{2}$$

根据自身条件 $\varphi \leqslant \varphi_f$，有

$$\tan\varphi = \tan\frac{\theta}{2} \leqslant \tan\varphi_f = f_s$$

即当 $f_s \geqslant \tan\frac{\theta}{2}$时自锁。

注：本题可以放在水平面内，则圆盘是否考虑自重与自锁条件无关。

由上面两个例子可以看出，对于有两处摩擦的结构，在平衡的临界状态，利用摩擦角和自锁的概念求解非常方便。由此画出的受力图，必须用全约束力代替法向约束力和摩擦力的

共同作用，并把全约束力和法向的夹角用摩擦角标注。这时结构总的受力必须只有两个，满足二力平衡条件，或只受三个力作用，满足三力平衡汇交定理。

例 5-4　如图 5-11a 所示。物块 A 重 $P_A=500\text{N}$，均质轮 B 重 $P_B=1000\text{N}$，物块 A 与水平面间的摩擦因数 $f_A=0.5$，轮 B 与地面间的静滑动摩擦因数 $f_B=0.2$，不考虑滚动摩阻，求系统平衡时重量 P 的最大值。

分析：系统有两处摩擦时，一般不会两处同时达到最大静摩擦力，即不会同时滑动，求解时要分别使用摩擦定律，求出两处分别滑动时的结果后再进行比较。

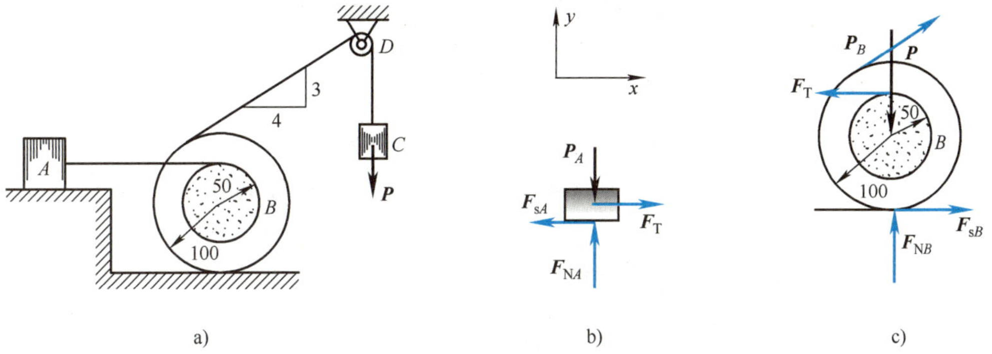

图　5-11

解：研究轮 A，受力如图 5-11b 所示，列平衡方程

$$\sum F_x=0,\ F_{\text{T}}-F_{sA}=0$$

$$\sum F_y=0,\ F_{\text{N}A}-P_A=0$$

研究轮 B，受力如图 5-11c 所示，列平衡方程

$$\sum F_x=0,\ \ -F_{\text{T}}+F_{sB}+P\frac{4}{5}=0$$

$$\sum F_y=0,\ F_{\text{N}B}-P_B+P\frac{3}{5}=0$$

$$\sum M_O=0,\ 50F_{\text{T}}+100F_{sB}-100P=0$$

假设 A 先滑动，则在 A 处应用摩擦定律 $F_{sA}\leqslant f_A F_{\text{N}A}$，联立解得 $P\leqslant 208.3\text{N}$；再假设 B 先滑动，则在 B 处应用摩擦定律 $F_{sB}\leqslant f_{\text{B}}F_{\text{N}B}$，联立解得 $P\leqslant 384.6\text{N}$；所以系统平衡时

$$P\leqslant 208.3\text{N}$$

例 5-5　半径为 R 的滑轮 B 上作用有力偶，轮上绕有细绳拉住半径为 R、重量为 P 的圆柱 C，如图 5-12a 所示。斜面倾角为 θ，圆柱与斜面间的滚动摩阻系数为 δ。求：

（1）保持圆柱静止时，力偶矩 M_B 的最大值与最小值。

（2）圆柱匀速纯滚动时，静滑动摩擦因数的最小值。

分析：（1）圆柱 C 有向上和向下滚动两种趋势。

（2）圆柱匀速纯滚动时，系统平衡。滚动摩阻力偶达到最大值。

解：（1）先研究圆柱 C。设有向下滚动的趋势，受力如图 5-12b 所示。列平衡方程

$$\sum M_A=0,\ P\sin\theta R-F_{\text{T1}}R-M_{\text{f}}=0 \tag{a}$$

$$\sum F_y=0,\ -P\cos\theta+F_N=0 \tag{b}$$

静止时 $M_f \leqslant M_{max}=\delta F_N$，联立解得

$$F_{T1} \geqslant P\left(\sin\theta-\frac{\delta}{R}\cos\theta\right)$$

设圆柱有向上滚动的趋势，受力如图 5-12c 所示。同理求得

$$F_{T2} \geqslant P\left(\sin\theta+\frac{\delta}{R}\cos\theta\right)$$

再取滑轮 B 为研究对象，受力如图 5-12d 所示。列平衡方程

$$\sum M_B=0,\ F'_T R-M_B=0$$

得 $M_B=F'_T R$，将绳子拉力 F_{T1} 和 F_{T2} 代入，即得到系统平衡时 M_B 的范围为

$$P(R\sin\theta-\delta\cos\theta) \leqslant M_B \leqslant P(R\sin\theta+\delta\cos\theta)$$

（2）圆柱 C 匀速纯滚动时，滚动摩阻力偶达到最大值，系统平衡。

对受力图 5-12b，列平衡方程

$$\sum F_x=0,\ \ -P\sin\theta+F_{T1}+F_s=0$$

纯滚动时

$$M_f=M_{max}=\delta F_N \quad 及 \quad F_s \leqslant F_N f_s$$

与平衡方程（a）和（b），联立解得

$$f_s \geqslant \frac{\delta}{R}$$

上述过程也可以利用受力图 5-12c 进行求解，结果完全相同。

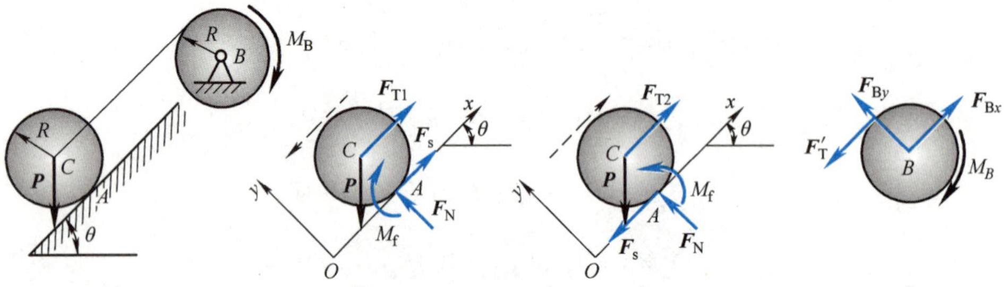

图 5-12

例 5-6 如图 5-13a 所示，A 物块重 $P=10$N，与水平面间的静摩擦因数 $f_s=0.1$。在平行于 xOz 的平面内作用拉力 $F_1=1$N，在平行于 yOz 的平面内以力 $\boldsymbol{F}_2$ 拉物块，夹角 $\alpha=30°$。求能拉动物块的力 $\boldsymbol{F}_2$ 的最小值。

分析：本题属于空间力系的摩擦平衡问题。摩擦力方向未知。

解：研究物块，受力如图 5-13b 所示，设滑动方向（即摩擦力的反方向）与 $-x$ 轴的夹角为 θ。列平衡方程

$$\sum F_x=0,\ \ -F_s\cos\theta+F_1\cos\alpha=0$$

$$\sum F_y=0,\ \ -F_s\sin\theta+F_2\cos\alpha=0$$

$$\sum F_z=0,\ F_N-P+F_2\sin\alpha+F_1\sin\alpha=0$$

不滑动的条件 $F_s \leqslant f_s F_N$，联立解得 $F_2 \leqslant 0.39\text{N}$，所以拉动物块的力为

$$F_2 \geqslant 0.39\text{N}$$

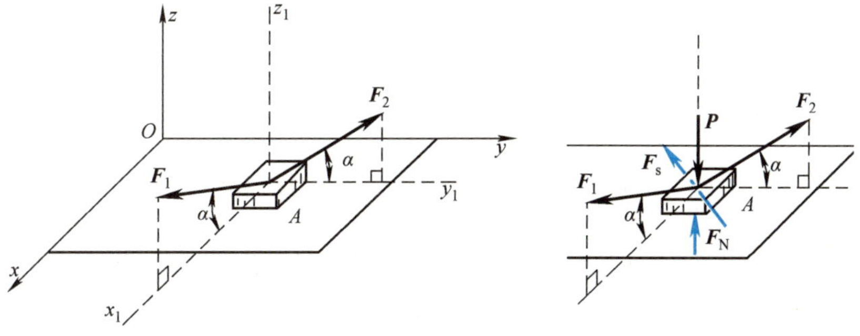

图　5-13

5.2　物体的重心

5.2.1　平行力系中心

设在刚体上作用有平行力系 $\boldsymbol{F}_1, \boldsymbol{F}_2, \cdots, \boldsymbol{F}_n$，各力作用点的矢径如图 5-14 所示。其合力为

$$\boldsymbol{F}_R = \sum \boldsymbol{F}_i$$

假设合力的作用点在 C，由合力矩定理，对 O 点求矩得

$$\boldsymbol{r}_C \times \boldsymbol{F}_R = \sum \boldsymbol{r}_i \times \boldsymbol{F}_i$$

设力方向的单位矢量为 $\boldsymbol{F}^0$，则

$$\boldsymbol{r}_C \times F_R \boldsymbol{F}^0 = \sum \boldsymbol{r}_i \times F_i \boldsymbol{F}^0$$

则点 C 的矢径为

$$\boldsymbol{r}_C = \frac{\sum F_i \boldsymbol{r}_i}{\sum F_i} = \frac{\sum F_i \boldsymbol{r}_i}{F_R} \tag{5-8}$$

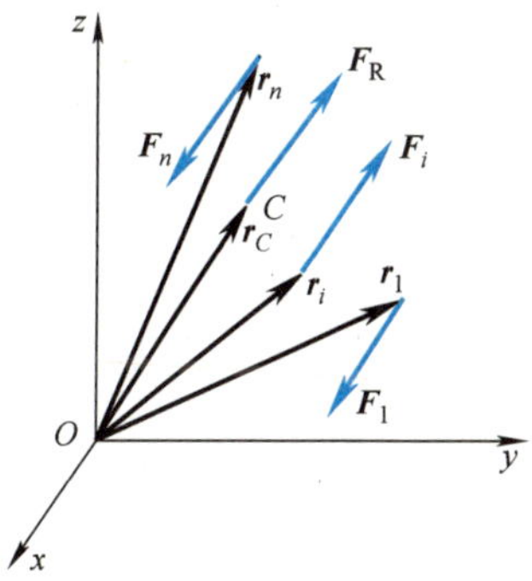

图　5-14

由此可知，平行力系合力作用点的位置仅与各平行力的大小和作用点的位置有关，而与各平行力的方向无关。将合力的作用点位置称为**平行力系的中心**。

将式（5-8）中各力的矢径投影到正交坐标轴上，得到平行力系中心 C 的投影形式

$$x_C = \frac{\sum F_i x_i}{F_R},\quad y_C = \frac{\sum F_i y_i}{F_R},\quad z_C = \frac{\sum F_i z_i}{F_R} \tag{5-9}$$

5.2.2　重心

重心即重力合力作用点位置。地球表面物体的重力可以看作特殊的平行力系，则可以利

用前面的平行力系中心公式求重心。

设物体重量为 P，由若干部分组成，其第 i 部分重量为 P_i，重心为 (x_i, y_i, z_i)，则由式（5-8）、式（5-9）可得物体的重心为

$$\left.\begin{aligned} \boldsymbol{r}_C &= \frac{\sum P_i \boldsymbol{r}_i}{\sum P_i} = \frac{\sum P_i \boldsymbol{r}_i}{P} \\ x_C &= \frac{\sum P_i x_i}{P},\quad y_C = \frac{\sum P_i y_i}{P},\quad z_C = \frac{\sum P_i z_i}{P} \end{aligned}\right\} \tag{5-10}$$

如果物体是均质的，设 γ 为物体的容重，V 为物体的体积，则由式（5-10）得

$$x_C = \frac{\sum P_i x_i}{\sum P_i} = \frac{\sum x_i \gamma V_i}{\sum \gamma V_i} = \frac{\sum x_i V_i}{V}$$

对均质连续物体又可以表示为

$$x_C = \frac{\sum P_i x_i}{\sum P_i} = \frac{\int x\gamma \mathrm{d}V}{\int \gamma \mathrm{d}V} = \frac{\int x \mathrm{d}V}{V}$$

同理可求出 y_C 和 z_C。因此，均质连续物体的重心可以表示为

$$x_C = \frac{\sum x_i V_i}{V} = \frac{\int x \mathrm{d}V}{V},\quad y_C = \frac{\sum y_i V_i}{V} = \frac{\int y \mathrm{d}V}{V},\quad z_C = \frac{\sum z_i V_i}{V} = \frac{\int z \mathrm{d}V}{V} \tag{5-11}$$

式（5-11）所表示的重心只与物体的形状有关，称为**形心**，即几何中心。利用式（5-11）可得到均质连续板状物体和杆状物体的形心分别为

$$x_C = \frac{\int x \mathrm{d}A}{A} = \frac{\sum x_i A_i}{A},\quad y_C = \frac{\int y \mathrm{d}A}{A} = \frac{\sum y_i A_i}{A},\quad z_C = \frac{\int z \mathrm{d}A}{A} = \frac{\sum z_i A_i}{A} \tag{5-12}$$

$$x_C = \frac{\int x \mathrm{d}l}{l} = \frac{\sum l_i x_i}{l},\quad y_C = \frac{\int y \mathrm{d}l}{l} = \frac{\sum l_i y_i}{l},\quad z_C = \frac{\int z \mathrm{d}l}{l} = \frac{\sum l_i z_i}{l} \tag{5-13}$$

式（5-12）和式（5-13）中的 A 和 l 分别为板状物体的面积和杆状物体的长度。

5.2.3 确定物体重心和形心的方法

1. 积分方法

对于形状比较规则的物体，可以直接利用式（5-11）~式(5－13）积分得到物体的重心（形心）。

2. 利用对称性

如果均质物体有对称面（或对称轴、对称中心），不难看出，该物体的重心（形心）必在此对称面（或对称轴、对称中心）上。例如，椭球体、椭圆面或三角形的重心（形心）都在其几何中心上，平行四边形的重心（形心）在其对角线的交点上，等等。简单形状物体的重心可从工程手册上查到，附录 A 列出了常见的几种简单形状物体的重心（形心）。

3. 组合法

组合法包括分割法和负面积（负体积）法。通过“分割”或“填补”，把原来不太规

则的物体变为简单形状的物体，然后利用式（5-11）~式（5-13）进行求解。需要注意的是，“填补”部分的物体的体积、面积应取负值。后面举例说明。

4. 实验法

实验法包括悬挂法和称重法。工程中一些外形复杂或质量分布不均匀的物体很难用前面的计算方法求其重心，此时可用实验方法测定。

如图 5-15 所示的板状构件，形状不规则，可以通过两次分别悬挂构件的 A、B 两点，根据二力平衡条件，悬挂点和重心一定在铅垂线上，两次悬挂铅垂线的交点就是重心位置。这种方法称为**悬挂法**，主要用于形状不规则的小构件。

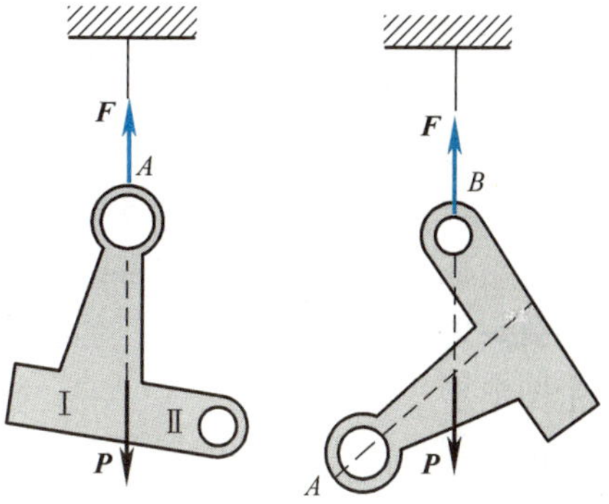

图　5-15

下面再以汽车为例，用称重法测定重心。如图 5-16所示，首先称量出汽车的重量 P，测量出前后轮距 l 和车轮半径 r。设汽车是左右对称的，则重心必在对称面内，我们只需测定重心 C 距地面的高度 z_C和距后轮的距离 x_C。

为了测定 x_C，将汽车后轮放在地面上，前轮放在磅秤上，车身保持水平，如图 5-16a 所示。设这时磅秤上的读数为 F_1。由平衡方程 $\sum M_A(\boldsymbol{F})=0$ 可求出 $x_C=\dfrac{F_1 l}{P}$。

欲测定 z_C，需将车的后轮抬到任意高度 H，如图 5-16b 所示。设这时磅秤的读数为 F_2，同样由平衡方程及图中的几何关系得到计算高度 z_C的公式 $z_C=r+\dfrac{F_2-F_1}{P}\dfrac{l}{H}\sqrt{l^2-H^2}$。

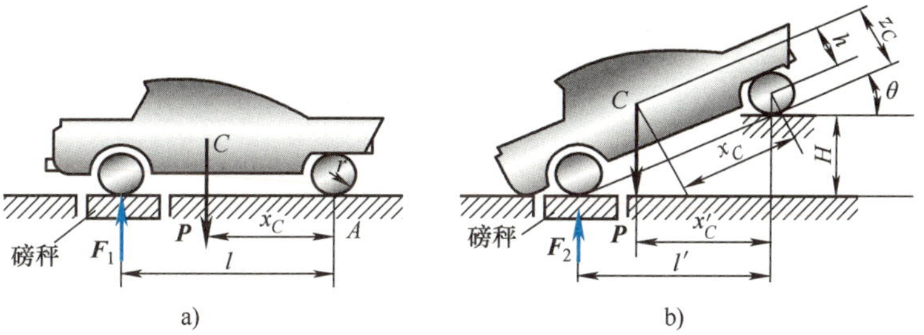

图　5-16

例 5-7　如图 5-17 所示均质细铁丝，各个弯折处均为直角。求铁丝的重心坐标。（长度单位为 mm）

解：用分割法。利用式（5-13）

$$x_C=\frac{\sum l_i x_i}{l}=\frac{-250\times200-200\times100+220\times110+120\times220}{250+200+220+120+180}\text{mm}=-20\text{mm}$$

$$y_C=\frac{\sum l_i y_i}{l}=\frac{-250\times125+180\times90+220\times180+120\times180}{250+200+220+120+180}\text{mm}=47.6\text{mm}$$

$$z_C=\frac{\sum l_i z_i}{l}=\frac{-120\times 60}{250+200+220+120+180}\text{mm}=-7.4\text{mm}$$

则重心坐标为（-20mm，47.6mm， -7.4mm）。

例 5-8 求图 5-18 所示横截面为 L 形的均质物体的重心位置。

解：用分割法。利用对称性，显然 $y_C=12\text{mm}$。由式（5-11）或式（5-12）得

$$x_C=\frac{\sum A_i x_i}{A}=\frac{2.5\times 8\times(4+4)+18.5\times 4\times 2}{2.5\times 8+18.5\times 4}\text{mm}=3.28\text{mm}$$

$$z_C=\frac{\sum A_i z_i}{A}=\frac{2.5\times 8\times 1.25+18.5\times 4\times 9.25}{2.5\times 8+18.5\times 4}\text{mm}=7.55\text{mm}$$

则重心坐标为（3.28mm，12mm，7.55mm）。

例 5-9 如图 5-19 所示，在半径为 R 的大圆内挖去一个半径为 $r=0.25R$ 的小圆孔。求剩余图形形心的 x 坐标。

解：用负面积法。由式（5-12）得

$$x_C=\frac{\sum A_i x_i}{A}=\frac{-\pi r^2\times\dfrac{R}{2}}{\pi R^2-\pi r^2}=\frac{R}{30}$$

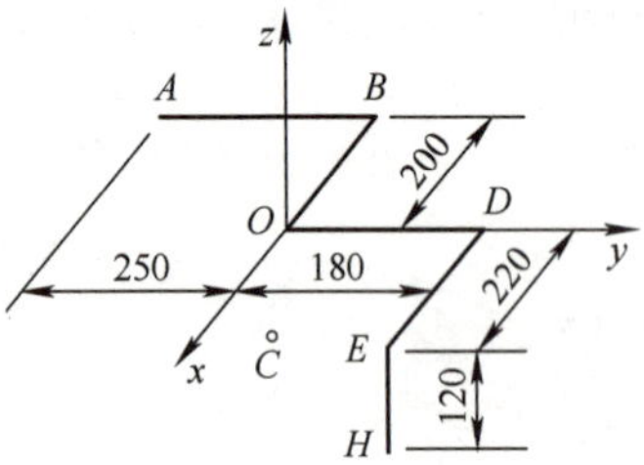

图 5-17

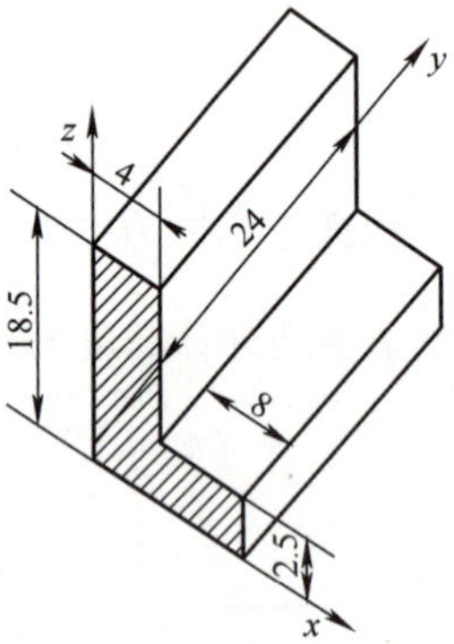

图 5-18

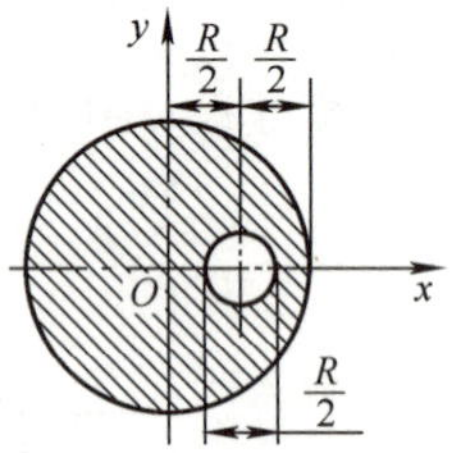

图 5-19

5.3 简单桁架的内力计算

5.3.1 桁架的概念

桁架是一种由杆件彼此在两端用铰链连接而成的结构，它在受力后几何形状不变。桁架中杆件的铰链接头称为**节点**。

桁架结构的特点：杆件主要承受拉力或压力，可以充分发挥材料的作用，减轻结构的重量。为了简化桁架的计算，工程实际中采用以下几个假设：

（1）桁架的杆件都是直的；

（2）杆件用光滑的铰链连接；

（3）桁架所受的力（荷载）都作用在节点上；

（4）桁架杆件的重量略去不计，或平均分配在杆件两端的节点上。

符合上面四点假设的桁架称为**理想桁架**。实际的桁架与上述假设都有差别，如桁架的节点不是铰接的，杆件的中心线也不可能是绝对直的等。但上述假设能够简化计算，而且所得的结果符合工程实际的需要。根据这些假设，桁架的杆件都看作二力杆件。

图 5-20 所示是工程实际中作为桁架计算的屋架和桥梁结构，以及桁架中常用的三种实际节点形式：铰节点、铆节点和焊节点。显然，这些都和理想桁架有很大的差别，但计算结果仍然能满足工程实际的需要。

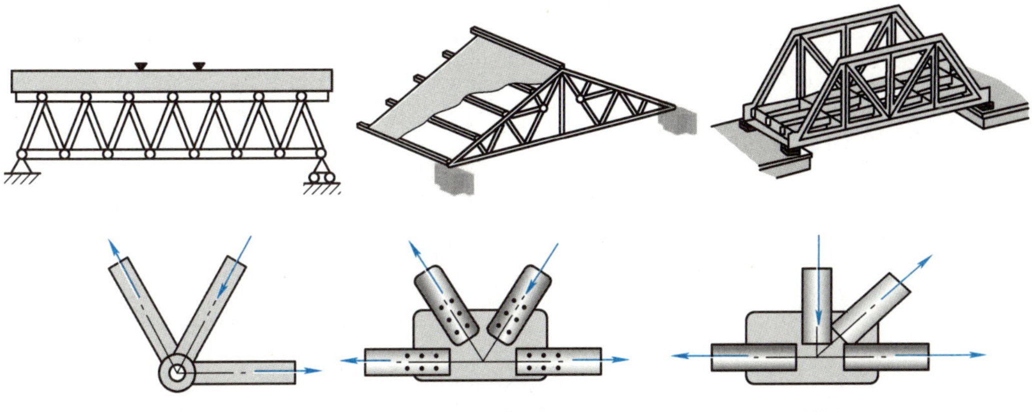

图　5-20

5.3.2　平面简单桁架的内力计算

若组成桁架所有的杆件以及桁架节点所受的力都在同一平面内，称为**平面桁架**。计算桁架杆件内力的基本方法主要有节点法和截面法。

1. 节点法

根据桁架的特点，每个节点都是由桁架杆件内力组成的平面汇交力系。可以逐个地取节点为研究对象，利用平面汇交力系的平衡方程求出未知的杆件内力，这就是**节点法**。节点法每取一个节点只能求出两个杆件内力。

2. 截面法

截面法是适当地选取一截面，假想把桁架截开，考虑其中任一部分的平衡，求出这些被截杆件的内力。截面法的基本理论是平面任意力系，所以每次截取桁架能求出三个杆件内力。

工程实际中的桁架是非常复杂的，无论用节点法还是截面法，都不容易求出指定杆件的内力，所以通常把这两种方法交替混合使用，称为**混合法**。

由于组成桁架的杆件都是二力杆，为了简化、规范计算过程，通常假设所有杆件都受拉力；当研究对象上只有桁架杆件受力和其他外力或已知约束力时，可以不画受力图。

另外，对于桁架中某些受力为零的杆件（称为**零力杆**），可以直接判定，不必再用节点法计算。如图 5-21 所示的三种零力杆的情况，图 5-21a 所示是某节点只连接两根杆件，则这两根杆件均为零力杆；图 5-21b 所示是某节点只连接两根杆件，而在某杆件轴线方向受一外力作用，则另外一杆件为零力杆；图 5-21c 所示是某节点只连接三根杆件，其中两根杆件共线，则第三根杆件为零力杆。判断零力杆的原理是上面介绍的节点法。

例 5-10 求图 5-22 所示桁架各杆的内力。

分析：对于简单桁架，需要求所有杆件内力时，用节点法依次选取只有两个未知杆件内力的节点即可。

解：DB 为零力杆。建立如图 5-22 所示坐标系。

研究节点 D，列平衡方程

$$\sum F_x = 0,\quad F - F_{CD} = 0$$

得

$$F_{CD} = F$$

研究节点 C，列平衡方程

$$\sum F_x = 0,\quad F_{CB}\cos 45^\circ + F_{CD} = 0$$

$$\sum F_y = 0,\quad -F_{CA} - F_{CB}\cos 45^\circ = 0$$

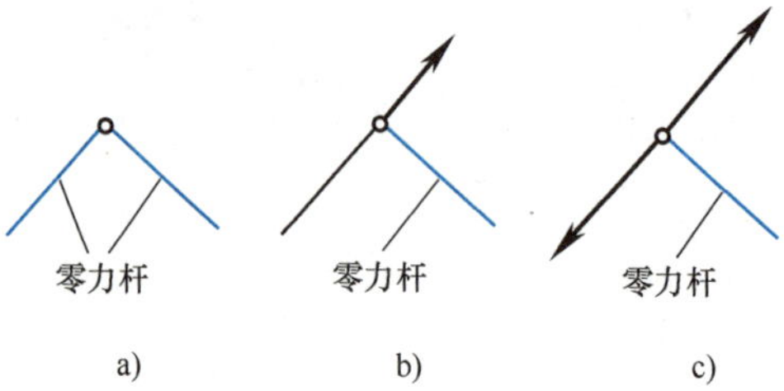

图 5-21

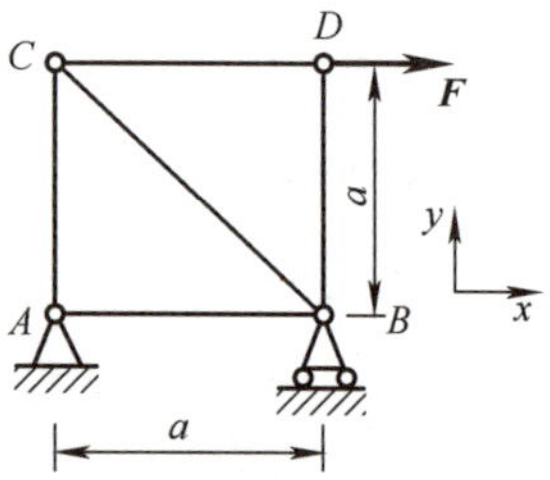

图 5-22

得

$$F_{CB} = -\sqrt{2}F,\quad F_{CA} = F$$

研究支座 B，列平衡方程

$$\sum F_x = 0,\quad -F_{AB} - F_{CB}\cos 45^\circ = 0$$

得

$$F_{AB} = F$$

说明：由于桁架杆件均默认假设为拉力，本题可以不画受力图（包括 B 支座，受力方向均已知）。

例 5-11 求如图 5-23a 所示平面桁架 4、5、7、10 杆的内力。设 $F_1 = 10\text{N}$，$F_2 = 10\text{N}$，$F_3 = 10\sqrt{3}\text{N}$。

分析：对于较为复杂的桁架，需要求部分杆件内力时，一般首选截面法，并且与节点法混合求解。

解：(1) 研究整体，受力如图 5-23b 所示，列平衡方程

$$\sum M_A = 0,\quad -F_1 a - F_2 2a - F_3\cos 30^\circ 3a + F_{NB}4a = 0$$

得

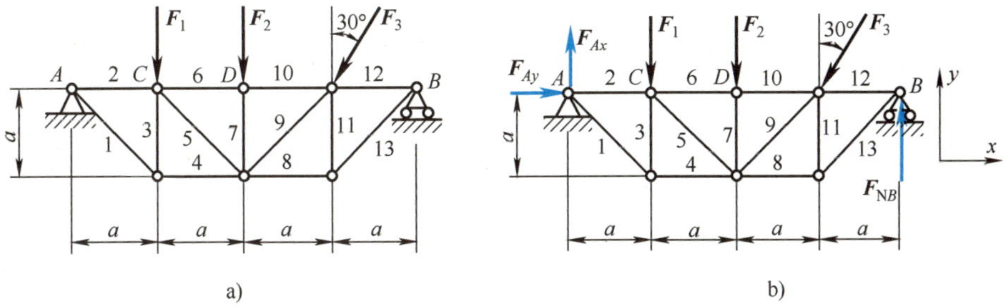

图 5-23

$$F_{NB}=\frac{1}{4}(F_1+2F_2+3F_3\cos30°)=\frac{75}{4}\text{N}$$

（2）用截面截取 4、5、6 杆，研究右侧部分，列平衡方程

$$\sum M_C=0,\quad -F_2a-F_3\cos30°2a+F_{NB}3a-F_4a=0$$

$$\sum F_x=0,\quad -F_3\sin30°-F_4-F_5\cos45°-F_6=0$$

$$\sum F_y=0,\quad -F_2-F_3\cos30°+F_{NB}+F_5\cos45°=0$$

解得

$$F_4=\frac{65}{4}\text{N},\quad F_5=\frac{25}{4}\sqrt{2}\text{N},\quad F_6=\left(-5\sqrt{3}-\frac{45}{2}\right)\text{N}$$

（3）研究节点 D，列平衡方程

$$\sum F_x=0,\quad F_{10}-F_6=0$$

$$\sum F_y=0,\quad -F_7-F_2=0$$

解得

$$F_7=-10\text{N},\quad F_{10}=\left(-5\sqrt{3}-\frac{45}{2}\right)\text{N}$$

说明：由于桁架杆件均默认假设为拉力，本题步骤（2）（3）中可以不画受力图（包括 B 支座，受力方向均已知）。

例 5-12 求如图 5-24a 所示结构 1、2、3 杆的内力。

分析：本题不是桁架，但下面的 5 根杆件可按照桁架杆件来分析和计算。

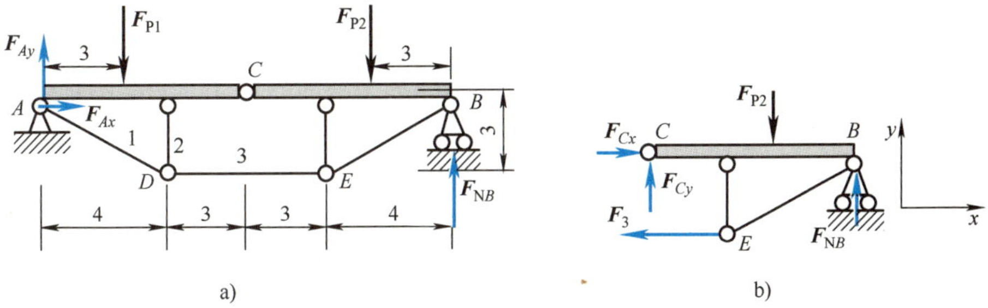

图 5-24

解：（1）研究整体，受力如图 5-24a 所示，列平衡方程

$$\sum M_A=0,\quad -3F_{P1}-11F_{P2}+14F_{NB}=0$$

得

$$F_{NB}=\frac{1}{14}(3F_{P1}+11F_{P2})$$

（2）研究 BCE 部分，受力如图 5-24b 所示，列平衡方程

$$\sum M_C=0,\quad -3F_3-4F_{P2}+7F_{NB}=0$$

得

$$F_3=\frac{3}{2}(F_{P1}+F_{P2})$$

（3）研究节点 D，列平衡方程

$$\sum F_x=0,\quad F_3-\frac{4}{5}F_1=0$$

$$\sum F_y=0,\quad \frac{3}{5}F_1+F_2=0$$

解得

$$F_1=\frac{15}{8}(F_{P1}+F_{P2}),\quad F_2=-\frac{9}{8}(F_{P1}+F_{P2})$$

5.3.3 空间简单桁架简介

若组成桁架所有的杆件以及桁架节点所受的力在空间任意分布，称为**空间桁架**。空间桁架仍然要满足理想桁架的四点假设，所以组成桁架的杆件也都是二力杆。空间桁架内力的基本计算方法仍然是节点法和截面法，只不过节点法的基本原理是空间汇交力系，研究每个节点只能求解三个未知量；截面法的基本原理是空间任意力系，每次截取的结构可以求解六个未知量。

由于空间桁架非常复杂，人工计算工作量太大，所以现在一般都是通过计算机求解。

5.4 悬索内力计算

悬索又称**柔索**，在工程实际中有着广泛的应用，如架空运输索道、输电线、悬索桥等。图 5-25 所示为世界十大悬索桥之一的舟山西堠门大桥。对悬索进行设计计算时，需要知道其挠曲后的形状、悬索内各点拉力、悬索的长度等。当然，这些问题都与荷载有关。在实际问题中最常遇到的有两种情况，一种是荷载沿水平线均匀分布，如图 5-26a 所示悬索桥的主索所承受的荷载即近似于这种情况；另外一种是荷载沿索长均匀分布，如图 5-26b 所示输电线自重即属于这种情况。

设悬索两端挂于 A、B 两点，如图 5-27a 所示，在承受任意形式的平行分布荷载 q 后，该索挠曲成为 AOB，点 A 与 B 之间的水平距离 l 称为**跨度**，点 A 和 B 与悬索最低点 O 的铅垂距离 h_1 和 h_2 称为**垂度**。

取悬索的最低点 O 为坐标原点建立坐标系，如图 5-27a 所示。截取悬索的一段 OD 为研究对象，受力如图 5-27b 所示。它在荷载 $\boldsymbol{F}_q$、拉力 $\boldsymbol{F}_O$ 和 $\boldsymbol{F}$ 三个力作用下处于平衡，假定悬

图　5-25

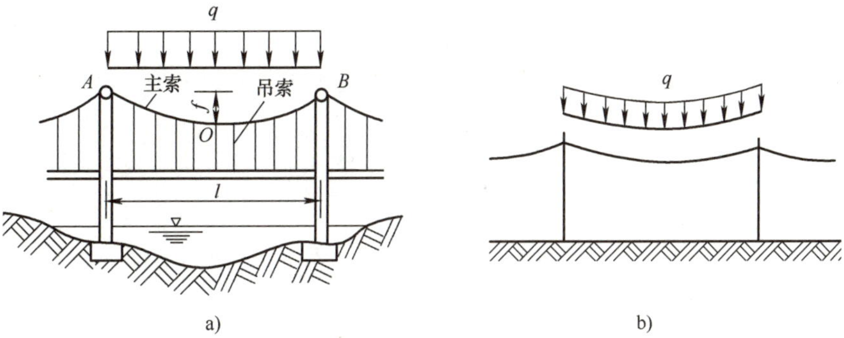

图　5-26

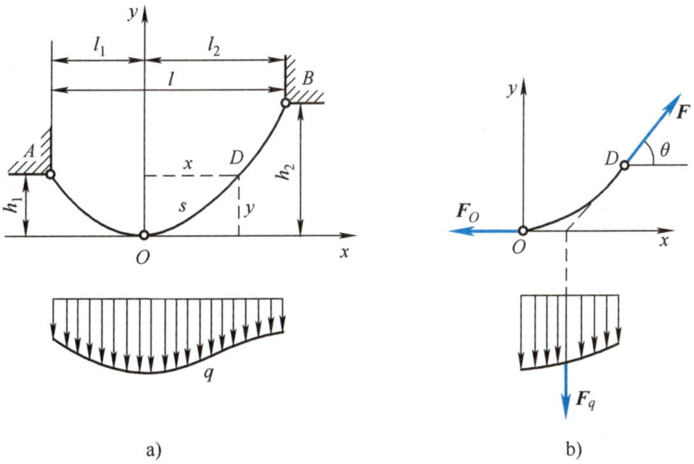

图　5-27

索有充分柔性，因此拉力 $\boldsymbol{F}_O$ 沿 O 点的切线方向，亦即沿水平方向作用，而拉力 $\boldsymbol{F}$ 则沿 D 点的切线方向，由平面汇交力系的平衡方程得到 $\tan\theta=\dfrac{F_q}{F_O}$，而 $\tan\theta=\dfrac{\mathrm{d}y}{\mathrm{d}x}$，故

$$\frac{\mathrm{d}y}{\mathrm{d}x}=\frac{F_q}{F_O} \tag{a}$$

同时还有

$$F=\sqrt{F_q^2+F_O^2} \tag{b}$$

式（a）是悬索的微分方程，而式（b）表示悬索中任一点的拉力。下面对不同的荷载作用情况分别进行讨论。

5.4.1 荷载沿水平线均匀分布

1. 悬索拉力

若荷载沿水平线均匀分布，则式（a）成为$\frac{\mathrm{d}y}{\mathrm{d}x}=\frac{qx}{F_O}$，分离变量后积分得

$$\int_0^y \mathrm{d}y=\frac{q}{F_O}\int_0^x x\mathrm{d}x$$

$$y=\frac{qx^2}{2F_O} \tag{5-14}$$

将悬索悬挂点 A、B 的坐标（$-l_1$，h_1）、（l_2，h_2）代入式（5-14）有

$$h_1=\frac{ql_1^2}{2F_O},\quad h_2=\frac{ql_2^2}{2F_O} \tag{c}$$

而

$$l=l_1+l_2=\sqrt{\frac{2F_Oh_1}{q}}+\sqrt{\frac{2F_Oh_2}{q}}=\sqrt{\frac{2F_O}{q}}(\sqrt{h_1}+\sqrt{h_2})$$

解得

$$F_O=\frac{ql^2}{2(\sqrt{h_1}+\sqrt{h_2})^2} \tag{5-15}$$

将式（5-15）代入式（c）得

$$l_1=\frac{\sqrt{h_1}l}{\sqrt{h_1}+\sqrt{h_2}},\quad l_2=\frac{\sqrt{h_2}l}{\sqrt{h_1}+\sqrt{h_2}} \tag{d}$$

通常 l、h_1、h_2 均为已知，因此悬索在最低点的拉力 $\boldsymbol{F}_O$ 以及坐标原点的位置就确定了。

由式（b），悬索中任一点的拉力为

$$F=\sqrt{(qx)^2+F_O^2} \tag{5-16}$$

显然，F_O为悬索拉力的最小值，而最大拉力发生在悬挂点 A 或 B 处。

2. 悬索长度

先计算 OB 段长度。由式（c）知

$$\frac{\mathrm{d}y}{\mathrm{d}x}=\frac{qx}{F_O}=\frac{2h_2x}{l_2^2}$$

则

$$s_{OB}=\int_{OB}\mathrm{d}s=\int_0^{l_2}\sqrt{1+\left(\frac{\mathrm{d}y}{\mathrm{d}x}\right)^2}\mathrm{d}x=\int_0^{l_2}\sqrt{1+\left(\frac{2h_2x}{l_2^2}\right)^2}\mathrm{d}x$$

$$= \frac{l_2}{2}\sqrt{1+\left(\frac{2h_2}{l_2}\right)^2}+\frac{l_2^2}{4h_2}\ln\left[\frac{2h_2}{l_2}+\sqrt{1+\left(\frac{2h_2}{l_2}\right)^2}\right]$$

同理 OA 段长度为

$$s_{OA} = \frac{l_1}{2}\sqrt{1+\left(\frac{2h_1}{l_1}\right)^2}+\frac{l_1^2}{4h_1}\ln\left[\frac{2h_1}{l_1}+\sqrt{1+\left(\frac{2h_1}{l_1}\right)^2}\right]$$

因此，悬索总长度

$$\begin{aligned} s &= s_{OA}+s_{OB} \\ &= \frac{l_2}{2}\sqrt{1+\left(\frac{2h_2}{l_2}\right)^2}+\frac{l_2^2}{4h_2}\ln\left[\frac{2h_2}{l_2}+\sqrt{1+\left(\frac{2h_2}{l_2}\right)^2}\right]+ \\ &\quad \frac{l_1}{2}\sqrt{1+\left(\frac{2h_1}{l_1}\right)^2}+\frac{l_1^2}{4h_1}\ln\left[\frac{2h_1}{l_1}+\sqrt{1+\left(\frac{2h_1}{l_1}\right)^2}\right] \end{aligned} \tag{5-17}$$

假如悬索曲线比较扁平，悬索长度的近似值为

$$s_{OB} = \int_0^{l_2}\sqrt{1+\left(\frac{\mathrm{d}y}{\mathrm{d}x}\right)^2}\mathrm{d}x \approx \int_0^{l_2}\left[1+\frac{1}{2}\left(\frac{\mathrm{d}y}{\mathrm{d}x}\right)^2\right]\mathrm{d}x = \int_0^{l_2}\left[1+\frac{1}{2}\left(\frac{2h_2x}{l_2^2}\right)^2\right]\mathrm{d}x = l_2+\frac{2h_2^2}{3l_2}$$

同理

$$s_{OA} = l_1+\frac{2h_1^2}{3l_1}$$

悬索总长度

$$s = s_{OA}+s_{OB} = l+\frac{2}{3}\left(\frac{h_1^2}{l_1}+\frac{h_2^2}{l_2}\right) \tag{5-18}$$

5.4.2　荷载沿索长均匀分布

若荷载沿索长线均匀分布，则式（a）成为$\frac{\mathrm{d}y}{\mathrm{d}x}=\frac{qs}{F_O}$，因而

$$\frac{\mathrm{d}s}{\mathrm{d}x} = \sqrt{1+\left(\frac{\mathrm{d}y}{\mathrm{d}x}\right)^2} = \sqrt{1+\left(\frac{qs}{F_O}\right)^2}$$

分离变量后积分 $x = \int_0^x \mathrm{d}x = \int_0^s \frac{\mathrm{d}s}{\sqrt{1+\left(\frac{qs}{F_O}\right)^2}}$，得到

$$s = \frac{F_O}{q}\sinh\frac{qx}{F_O} \tag{e}$$

将式（e）代入$\frac{\mathrm{d}y}{\mathrm{d}x}=\frac{qs}{F_O}$，并分离变量后积分 $\int_0^y \mathrm{d}y = \int_0^x \sinh\frac{qx}{F_O}\mathrm{d}x$，得到

$$y = \frac{F_O}{q}\left(\cosh\frac{qx}{F_O}-1\right) \tag{5-19}$$

将悬挂点 A、B 的坐标（$-l_1, h_1$）、（l_2, h_2）代入式（5-19）并整理得

$$l = \frac{F_O}{q}\operatorname{arcosh}\left(1+\frac{qh_1}{F_O}\right)+\frac{F_O}{q}\operatorname{arcosh}\left(1+\frac{qh_2}{F_O}\right) \tag{5-20}$$

采用试算法或其他近似计算方法由式（5-20）计算出 $\boldsymbol{F}_O$。

由式（b）和式（e）求出悬索任一点的拉力

$$F=\sqrt{F_O^2+(qs)^2}=\sqrt{F_O^2+\left(F_O\sinh\frac{qx}{F_O}\right)^2}=F_O\cosh\frac{qx}{F_O}$$

利用式（5-19），可将悬索拉力写为

$$F=F_O+qy=F_O\cosh\frac{qx}{F_O} \tag{5-21}$$

显然，F_O为悬索拉力的最小值，而最大拉力发生在悬挂点 A 或 B 处。

由式（e）得到悬索的长度为

$$s=s_{OA}+s_{OB}=\frac{F_O}{q}\left(\sinh\frac{ql_1}{F_O}+\sinh\frac{ql_2}{F_O}\right) \tag{5-22}$$

5.4.3 集中荷载作用

若悬索只受到集中荷载作用，则悬挂点与各个集中荷载之间的悬索都只受到沿悬索轴线方向的拉力作用，通过整体平面任意力系的平衡和各个集中力作用点的平面汇交力系的平衡方程可以求出各段悬索的拉力。下面通过例子说明具体求解过程和方法。

例 5-13 如图 5-28a 所示悬索，受到三个集中铅垂荷载作用，不计自重。求平衡时 B、D 两点的位置以及悬索中最大拉力。

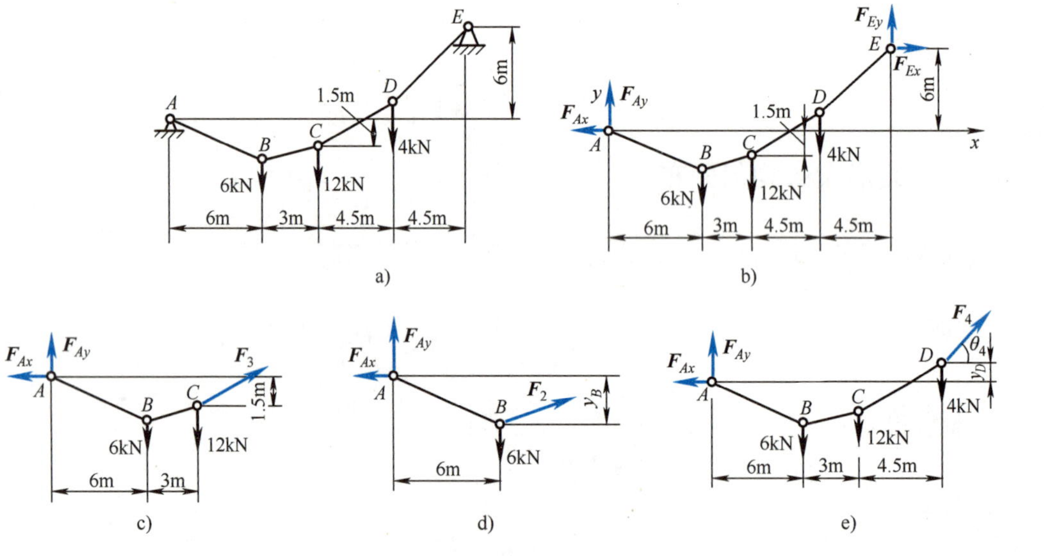

图 5-28

分析：（1）本题不计悬索自重，则各段悬索就是柔索约束，只能沿轴向受拉力。

（2）一般情况，柔索约束不能作为研究对象，受力只能画成沿轴向的拉力，但为求解方便，A 和 E 两点约束画成了互相垂直的分力形式。为求 B 点位置，取 AB 段悬索作为研究对象。

解：（1）求 A 点受力。先研究整体，受力如图 5-28b 所示，列平衡方程

$$\sum M_E=0,\quad -F_{Ax}\times 6\text{m}-F_{Ay}\times 18\text{m}+6\text{kN}\times 12\text{m}+12\text{kN}\times 9\text{m}+4\text{kN}\times 4.5\text{m}=0$$

研究 ABC 部分，受力如图 5-28c 所示。列平衡方程

$$\sum M_C = 0, \quad F_{Ax} \times 1.5\text{m} - F_{Ay} \times 9\text{m} + 6\text{kN} \times 3\text{m} = 0$$

联立解得

$$F_{Ax} = 18\text{kN}, \quad F_{Ay} = 5\text{kN}$$

（2）求 B 点位置。AB 段受力如图 5-28d 所示，列平衡方程

$$\sum M_B = 0, \quad F_{Ax} y_B - F_{Ay} \times 6\text{m} = 0$$

得

$$y_B = 1.67\text{m}$$

（3）求 D 点位置。$ABCD$ 段受力如图 5-28e 所示，列平衡方程

$$\sum M_D = 0, \quad -F_{Ax} y_D - F_{Ay} \times 13.5\text{m} + 6\text{kN} \times 7.5\text{m} + 12\text{kN} \times 4.5\text{m} = 0$$

得

$$y_D = 1.75\text{m}$$

（4）求最大拉力。四段绳索中，DE 段最陡，拉力 F_4 最大。由整体受力图 5-28b 列平衡方程

$$\sum F_x = 0, \quad F_{Ex} - F_{Ax} = 0$$

$$\sum F_y = 0, \quad F_{Ey} + F_{Ay} - 6\text{kN} - 12\text{kN} - 4\text{kN} = 0$$

联立解得

$$F_{Ex} = 18\text{kN}, \quad F_{Ey} = 17\text{kN}$$

故最大拉力为

$$F_4 = \sqrt{F_{Ex}^2 + F_{Ey}^2} = 24.8\text{kN}$$

例 5-14　图 5-29a 表示悬索吊装时的主索。当小车走到跨中时，求主索的水平拉力 F_O。主索、牵引索、起重索的自重以分布荷载方式作用在主索上，且沿水平均匀分布，集度为 q，起吊重物和小车共重 P。已知悬索跨度为 l，跨中的垂度为 f，其他参数如图所示。

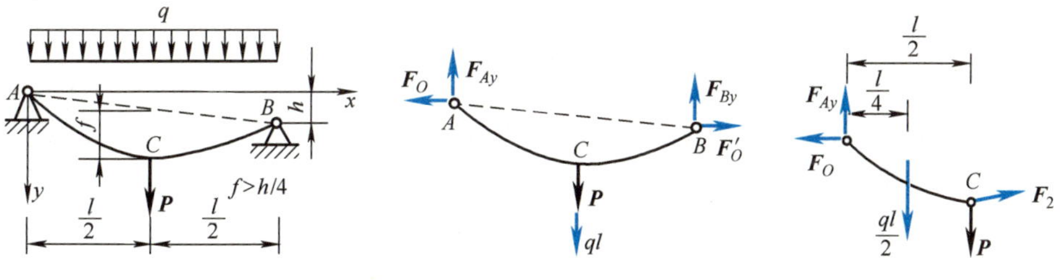

图　5-29

分析：由于悬索所受的主动力只有重力，则主索内各处的水平拉力都相等。

解：研究整体，受力如图 5-29b 所示（分布荷载用合力表示），列平衡方程

$$\sum M_B = 0, \quad F_O h - F_{Ay} l + (P + ql)\frac{l}{2} = 0$$

再研究 AC 段，受力如图 5-29c（分布荷载用合力表示），列平衡方程

$$\sum M_C = 0,\ F_O\left(f+\frac{h}{2}\right) - F_{Ay}\frac{l}{2} + \frac{ql}{2}\frac{l}{4} = 0$$

联立解得

$$F_O = \frac{ql^2}{8f} + \frac{Pl}{4f}$$

5.5 小结与学习指导

1. 关于摩擦

（1）当摩擦问题的平衡状态未知、相对滑动或滑动趋势方向未知时，分析求解方法步骤是：假设平衡，再假设滑动趋势方向→根据计算出的摩擦力正负号判断实际滑动趋势方向→根据计算出的摩擦力大小与最大静摩擦力比较判断是否滑动，若未达到最大静摩擦力，则摩擦力的假设正确，计算结束；若计算的摩擦力不小于最大静摩擦力，则系统处于滑动状态，不能使用平衡方程，应按照动摩擦利用动力学定理求解（不属于静力平衡问题）。

（2）当求解的摩擦问题为接触面可以滑动的条件时（如不被卡住），要先假设平衡求出不滑动的条件，再将计算结果反过来。

（3）利用摩擦角的概念求解一个构件有两处摩擦的问题时非常方便，如例 5-2 和例 5-3。但需要满足两种条件，一是构件只受两处摩擦力，满足二力平衡条件，作出自锁几何图形；另一种是构件只受到三个力作用，满足三力平衡汇交定理，作出自锁几何图形。

2. 关于重心和形心

对于均质材料，重心与形心重合，可以通过多种方法求形心。对于多种均质材料的组合体，重心只能用分割法利用式（5-10）求解，或使用实验方法。

3. 关于桁架

（1）工程中真正的桁架节点除了极少数铰节点外，大多数为焊接或铆接，即桁架杆件的节点为固定连接，与理想桁架有很大的差别。但当杆件为细长杆时，其受力主要沿轴向拉压，其他方向的受力比较小，可以忽略，按照理想桁架的拉压二力构件计算的结果能满足工程实际问题的要求。

若杆件较为粗短，自重不可忽略，其受力除了主要的轴向拉压外，其他方向的受力也比较大，这时就不能简化为桁架了，必须按照杆件节点真实的刚性连接，简化为**刚架**。刚架的计算要比桁架复杂得多。

（2）由于组成桁架的杆件都是二力杆，假设所有杆件都受拉力，因此有时候可以不画受力图，特别是使用节点法时。

习　题

5-1　汽车匀速水平行驶时，地面对车轮有滑动摩擦也有滚动摩阻，而车轮只滚不滑。汽车前轮受车身施加的一个向前推力 $\boldsymbol{F}$，而后轮受一驱动力偶 M，并受车身向后的反力 $\boldsymbol{F}'$，如题 5-1 图所示。试画出前、后轮的受力图。

5-2　已知物体重量为 P，尺寸如题 5-2 图所示。现以水平力 $\boldsymbol{F}$ 拉物体，当刚开始拉动时，A、B 两处的摩擦力是否都达到最大值？如 A、B 两处的静摩擦因数均为 f_s，此二处最大静摩擦力是否相等？又如力 $\boldsymbol{F}$ 较小而未能拉动物体时，能否分别求出 A、B 两处的静摩擦力？

（提示：只要拉动物体，A、B 两处一定同时滑动，摩擦力都达到最大值；画出受力图可求得 A、B 两处的法向约束力为 $F_{NA}=\frac{P}{2}-\frac{Fh}{2a}$，$F_{NB}=\frac{P}{2}+\frac{Fh}{2a}$，因此可知两处最大摩擦力的数值不同；若未拉动物体，则物体处于平衡状态，受力图中有与地面接触的四个未知力，平面一般力系三个平衡方程，无法求出摩擦力。）

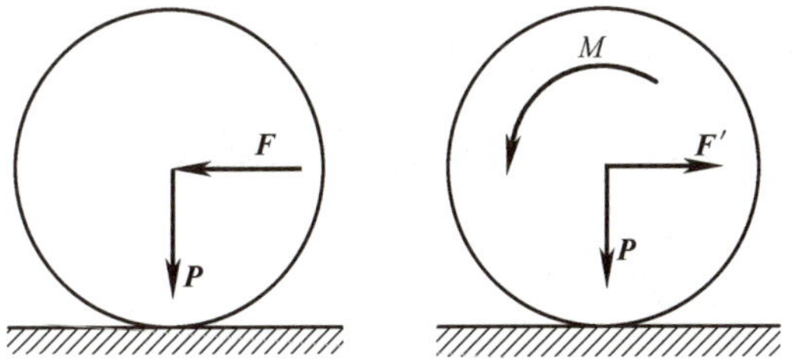

题 5-1 图

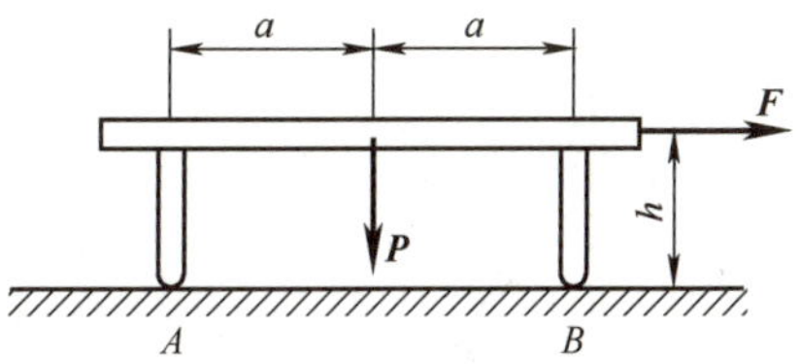

题 5-2 图

5-3　题 5-3 图中重量为 W 的轮子受一水平力 $\boldsymbol{F}$ 作用，$\boldsymbol{F}_s$、M 分别为轮子所受的静摩擦力和滚阻力偶，则轮子只滚不滑的条件为何？设静摩擦因数为 f_s，滚动摩阻系数为 δ。

（答案：$\delta \leqslant 2Rf_s$ 或 $2RF \geqslant M$）

5-4　重量为 P 的物体放在倾角为 α 的斜面上，物体与斜面间的摩擦角为 φ_f，如题 5-4 图所示。如在物体上作用力 $\boldsymbol{F}$，此力与斜面的交角为 θ，求拉动物体时的 F 值，并问当角 θ 为何值时，此力为极小？

（答案：$F=\frac{P\sin(\alpha+\varphi_f)}{\cos(\theta-\varphi_f)}$，$F_{min}=P\sin(\alpha+\varphi_f)$）

5-5　A 物重 $P_A=5\text{kN}$，B 物重 $P_B=6\text{kN}$，A 物与 B 物间的静摩擦因数 $f_{s1}=0.1$，B 物与地面间的静摩擦因数 $f_{s2}=0.2$，两物块由绕过一定滑轮的无重水平绳相连。如题 5-5 图所示。求使系统运动的水平力 $\boldsymbol{F}$ 的最小值。

（提示：系统有两处以上的摩擦时，为方便解方程，摩擦定律应写为等式形式；本题假设系统为临界平衡状态，求出的力既是使系统平衡的临界力，也是使系统运动的临界力。答案：$F=3.2\text{kN}$。）

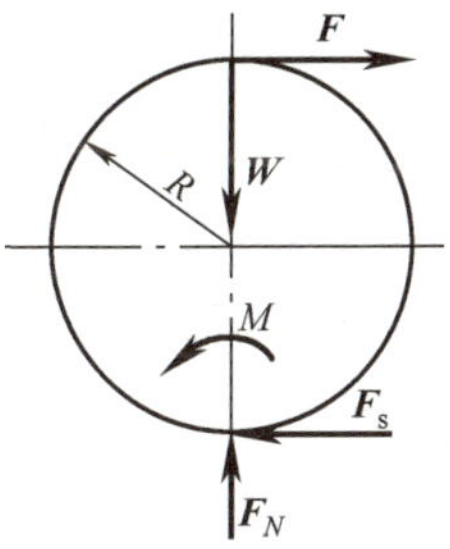

题 5-3 图

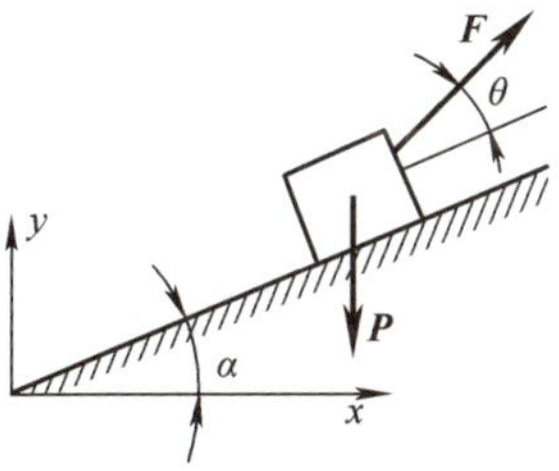

题 5-4 图

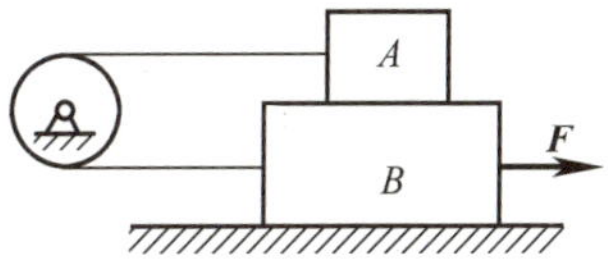

题 5-5 图

5-6　梯子 AB 靠在墙上，其重 $P=200\text{N}$，如题 5-6 图所示。梯长为 l，并与水平面交角 $\theta=60°$。已知接触面间的摩擦因数均为 0.25，今有一重 $Q=650\text{N}$ 的人沿梯上爬，问人所能达到的最高点 C 到 A 点的距离 s 应为多少？

（答案：$s=0.456l$）

5-7　攀登电线杆的脚套钩如题 5-7 图所示。设电线杆直径 $d=300\text{mm}$，A、B 间的铅直距离 $b=100\text{mm}$。若套钩与电线杆之间的摩擦因数 $f_s=0.5$，求工人操作时，为了安全，站在套钩上的最小距离 l。

（提示：本题可用解析法，也可用摩擦角的概念解。答案：$l \geqslant \frac{b}{2\tan\varphi_f}=\frac{b}{2f_s}=100\text{mm}$）

5-8 不计自重的拉门与上下滑道之间的静摩擦因数均为 f_s，门高为 h，如题 5-8 图所示。若在门上 $2h/3$ 处用水平力 $\boldsymbol{F}$ 拉门而不会卡住，求门宽 b 的最小值。问门的自重对不被卡住的门宽最小值有否影响？

（提示：本题不考虑自重时可用解析法求解，也可用摩擦角的概念求解；而考虑自重时只能用解析法求解，门被卡住时 $b\leqslant\frac{h}{3}f_s+\frac{Pf_s^2h}{F}$。注意这里自重 P 影响门宽 b，可认为外力 F 足够大。答案：门不被卡住 $b\geqslant\frac{1}{3}hf_s$；自重对不被卡住的最小门宽无影响。）

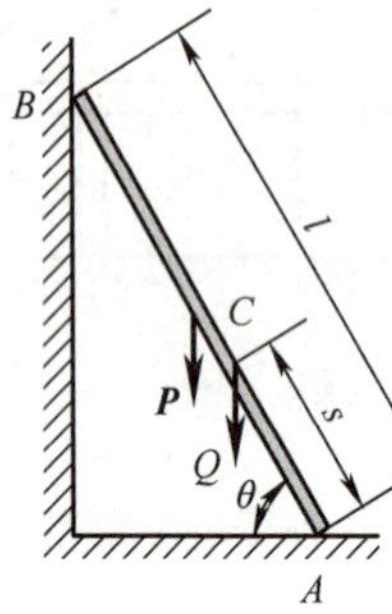

题 5-6 图

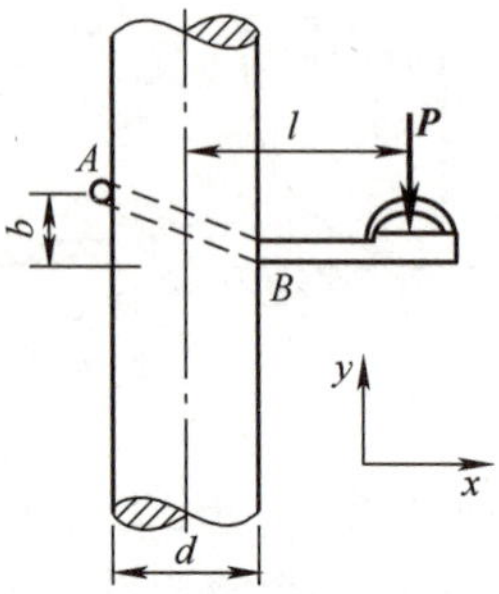

题 5-7 图

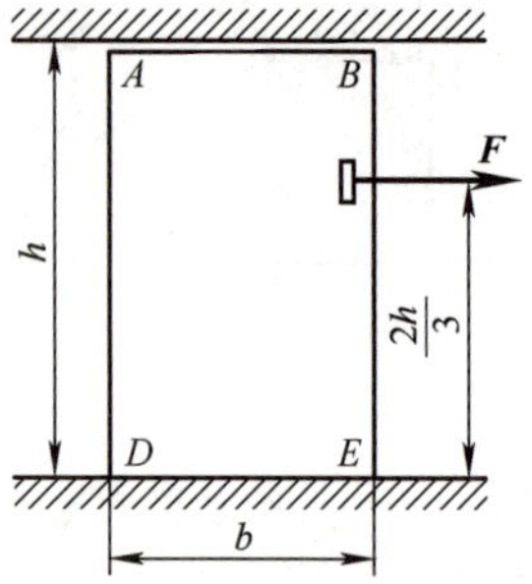

题 5-8 图

5-9 两半径相同的圆轮做反向转动，两轮轮心的连线与水平线的夹角为 α，轮心距为 $2a$。如题 5-9 图所示。现将一重量为 P 的长板放在两轮上面，两轮与板间的动摩擦因数都是 f，求当长板平衡时重心 C 的位置。

（答案：$x=a+\frac{a\tan\alpha}{f}$）

5-10 平面曲柄连杆滑块机构如题 5-10 图所示。$OA=l$，在曲柄 OA 上作用有一矩为 M 的力偶，OA 水平。连杆 AB 与铅垂线的夹角为 θ，滑块与水平面之间的摩擦因数为 f_s，不计重量，且 $\tan\theta>f_s$。求机构在图示位置保持平衡时力 $\boldsymbol{F}$ 的值。

（答案：$\frac{M\sin(\theta-\varphi_f)}{l\cos(\alpha-\varphi_f)}\leqslant F\leqslant\frac{M\sin(\theta+\varphi_f)}{l\cos(\alpha+\varphi_f)}$）

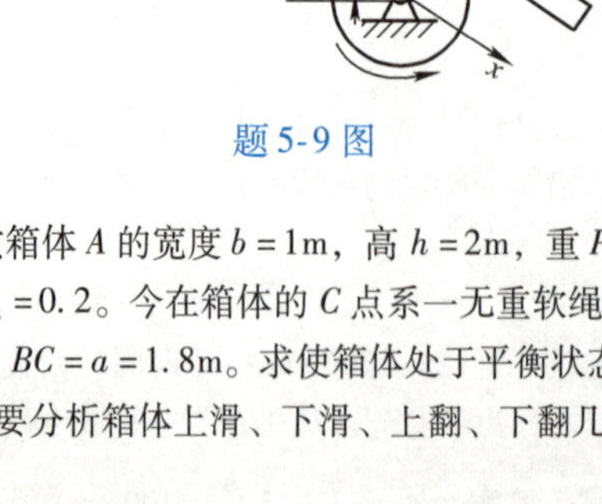

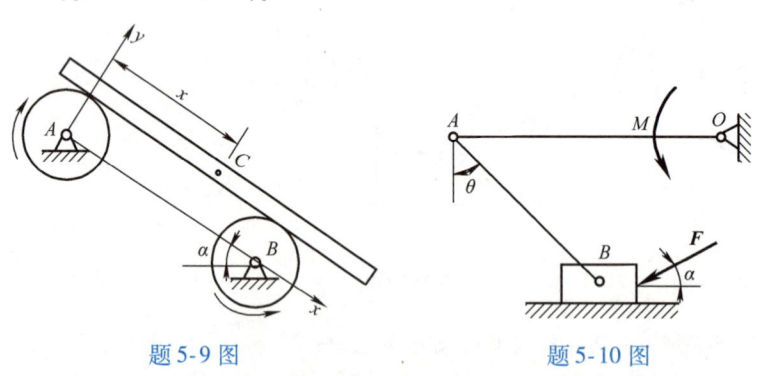

题 5-9 图

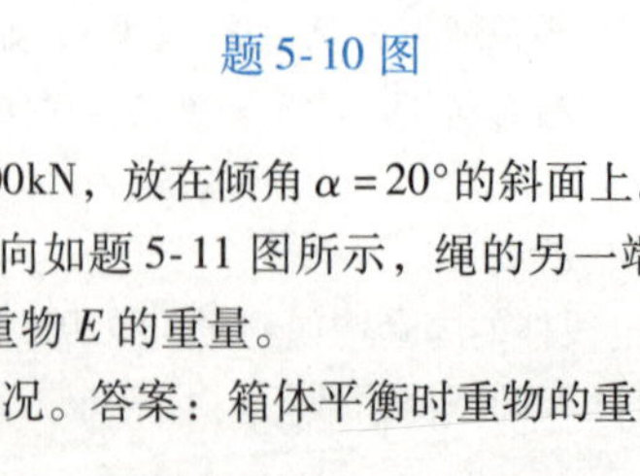

题 5-10 图

5-11 均质箱体 A 的宽度 $b=1\text{m}$，高 $h=2\text{m}$，重 $P=200\text{kN}$，放在倾角 $\alpha=20°$ 的斜面上。箱体与斜面之间的摩擦因数 $f_s=0.2$。今在箱体的 C 点系一无重软绳，方向如题 5-11 图所示，绳的另一端绕过滑轮 D 挂一重物 E。已知 $BC=a=1.8\text{m}$。求使箱体处于平衡状态的重物 E 的重量。

（提示：需要分析箱体上滑、下滑、上翻、下翻几种情况。答案：箱体平衡时重物的重量为 $40.23\text{kN}\leqslant P_E\leqslant104.16\text{kN}$）

5-12 均质圆柱重量为 P、半径为 r，搁在不计自重的水平杆和固定斜面之间。杆端 A 为光滑铰链，D

端受一铅垂向上的力 $\boldsymbol{F}$，圆柱上作用一力偶，如题5-12图所示。已知 $F=P$，圆柱与杆和斜面间的静摩擦因数皆为0.3，不计滚动摩阻。当 $\alpha=45°$ 时，$AB=BD$。求此时能保持系统静止的力偶矩 M 的最小值。

（提示：本题 B 点不会先滑动，并且 E 点不会向里滑动。答案：$M\geqslant 0.212\,Pr$）

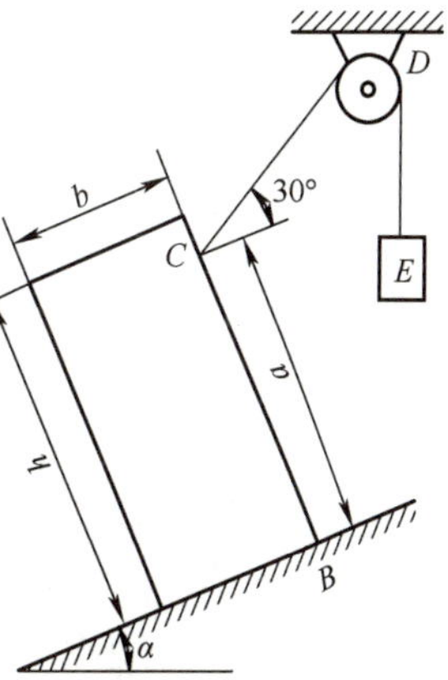

题5-11图

5-13　一半径为 R、重量为 P_1 的轮静止在水平面上，如题5-13图所示。在轮上半径为 r 的轴上缠有细绳，此细绳跨过滑轮 A，在端部系一重量为 P_2 的物体。绳的 AB 部分与铅直线成 α 角。求轮与水平面接触点 C 处的滚动摩阻力偶矩、滑动摩擦力和法向约束力。

（提示：平衡时，滑动摩擦力、法向约束力和滚动摩阻力偶均可作为一般未知量求解，方向可以任意假设。答案：$M=P_2(R\sin\theta-r)$，$F_s=P_2\sin\theta$，$F_N=P_1-P_2\cos\theta$）

5-14　系统如题5-14图所示，半径为 R 的均质圆盘 O 重量为 P，圆盘与地面的静摩擦因数和滚阻系数分别为 f_s 和 δ。试确定能使系统处于平衡时的最大 W 值。

（答案：不滑动 $W\leqslant\dfrac{Pf_s}{\sin\theta+f_s\cos\theta}$，不滚动 $W\leqslant\dfrac{P\delta}{(1+\sin\theta)R+\delta\cos\theta}$）

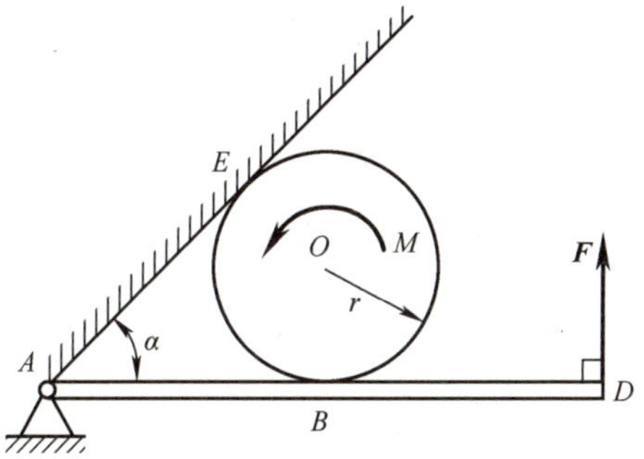

题5-12图

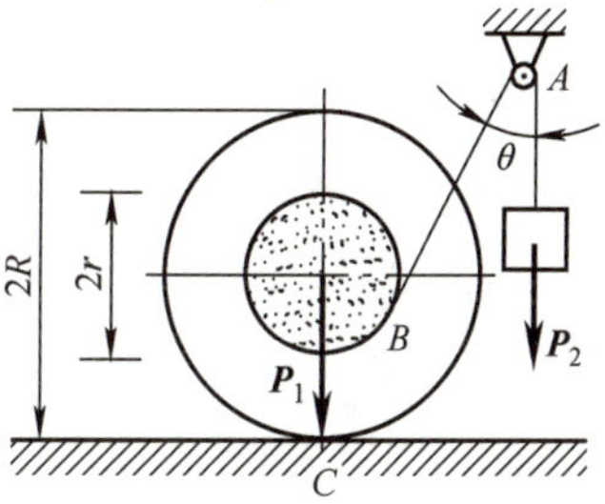

题5-13图

5-15　如题5-15图所示，已知重物重量为 P，滚子重量 $P_1=P_2$，半径为 r，滚子与重物间的滚阻系数为 δ，与地面间的滚阻系数为 δ'。求拉动重物时水平力 $\boldsymbol{F}$ 的大小。

（答案：$F>\dfrac{P(\delta+\delta')+2P_1\delta'}{2r}$）

5-16　如题5-16图所示，重 $P_1=980\text{N}$、半径 $r=100\text{mm}$ 的滚子 A 与重 $P_2=490\text{N}$ 的板 B 由通过定滑轮 C 的柔绳相连。已知板和斜面间的静摩擦因数 $f_s=0.1$，滚子 A 与板 B 间的滚阻系数 $\delta=0.5\text{mm}$，斜面倾角 $\alpha=30°$，绳与斜面平行，绳与滑轮自重不计，C 为光滑铰链。求拉动板 B 且平行于斜面的力 $\boldsymbol{F}$ 的大小。

（提示：拉动板 B 时，滚子 A 与板 B 间的滚动摩阻达到最大值，板与斜面间的滑动摩擦力达到最大值。答案：$F>380.8\text{N}$）

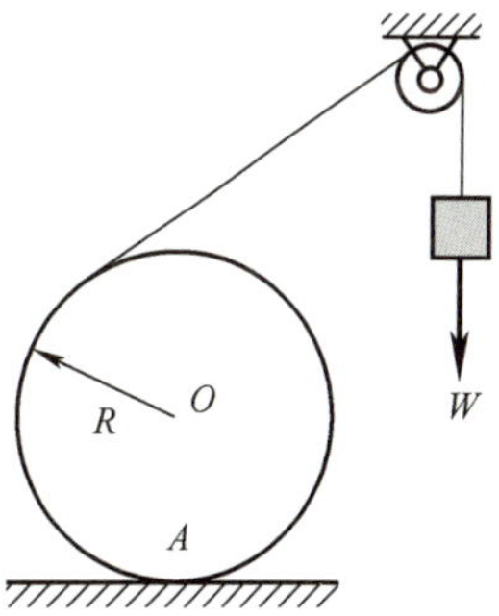

题5-14图

5-17　重50N的方块放在倾斜的粗糙面上，斜面的边 AB 与 BC 垂直，如题5-17图所示。

（1）如在方块上作用水平力 $\boldsymbol{F}$ 与 BC 边平行，此力由零逐渐增加，方块与斜面间的静摩擦因数为0.6。求保持方块平衡时，水平力 $\boldsymbol{F}$ 的最大值。

（2）若方块与斜面的动摩擦因数为0.55，当物块做匀速直线运动时，求水平力 **F** 的大小及物块滑动的方向。

（答案：（1）$F \leqslant 14.83\text{kN}$；（2）$F = 10.25\text{kN}$，$\theta = 24.62°$）

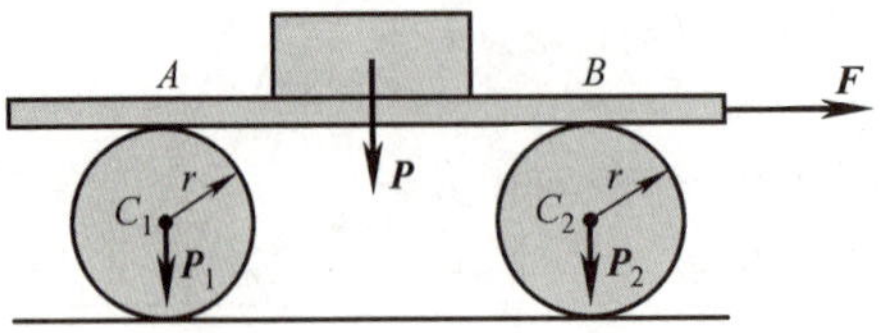

题 5-15 图

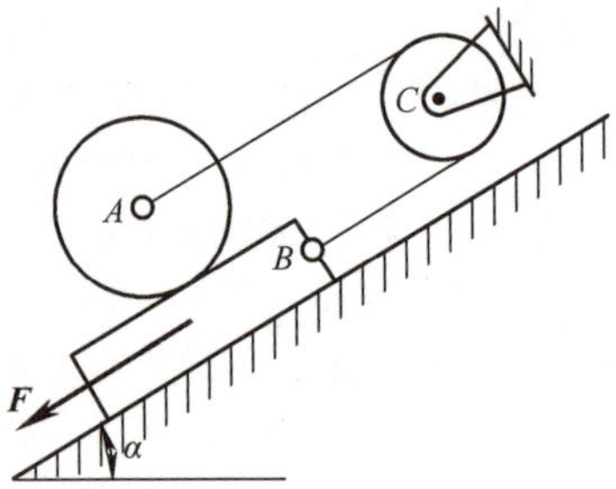

题 5-16 图

5-18 题5-18图所示薄板由形状为矩形、三角形和四分之一的圆形的三块等厚度板组成，几何尺寸如图所示。求重心（形心）位置。

（答案：$x_C = 135\text{mm}$，$y_C = 140\text{mm}$）

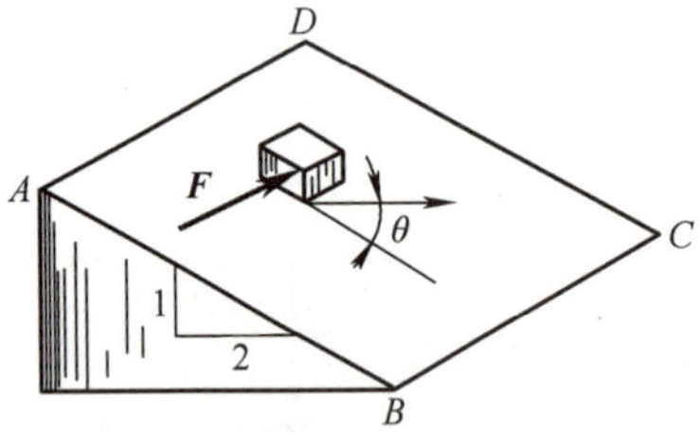

题 5-17 图

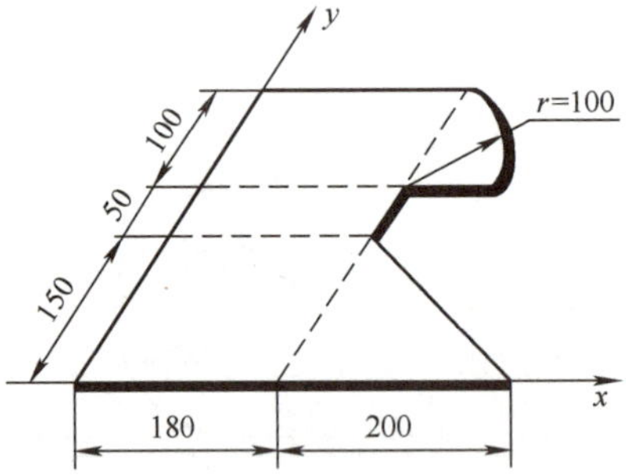

题 5-18 图

5-19 题5-19图所示平面图形中每一方格的边长为20mm，求挖去一圆后剩余部分面积的重心（形心）。

（答案：$x_C = 81.74\text{mm}$，$y_C = 59.53\text{mm}$）

5-20 工字钢截面尺寸如题5-20图所示，求其形心。

（答案：距左边缘90mm）

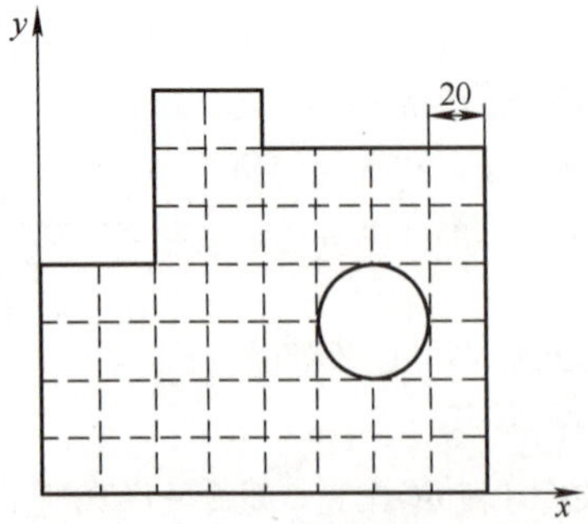

题 5-19 图

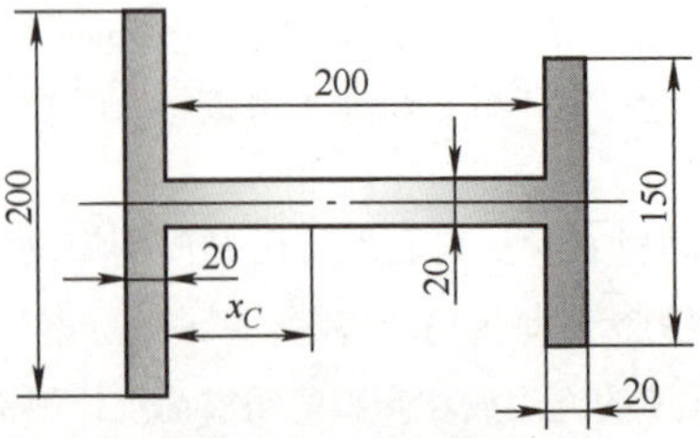

题 5-20 图

5-21　将题 5-21 图所示梯形板 $ABED$ 在点 E 挂起，设 $AD=a$，欲使 AD 边保持水平，求 BE 长。

（答案：$0.366a$）

5-22　组合体由两种不同材料的薄板粘接而成，其几何尺寸如题 5-22 图所示。已知 A、B 两种材料的容重为 $\gamma_A=2\gamma_B$，求该组合体的重心坐标。

（答案：$x_C=-\frac{a}{12}$，$y_C=0$）

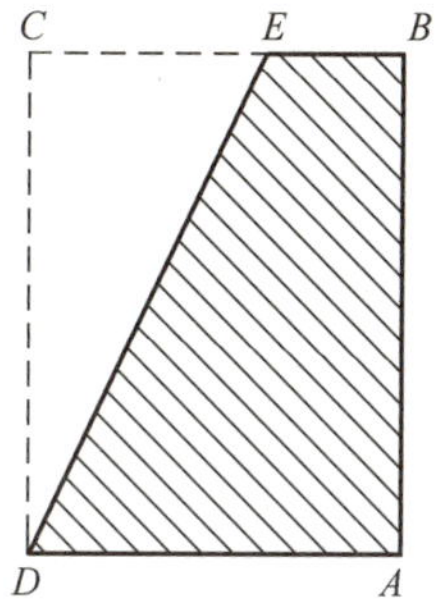

题 5-21 图

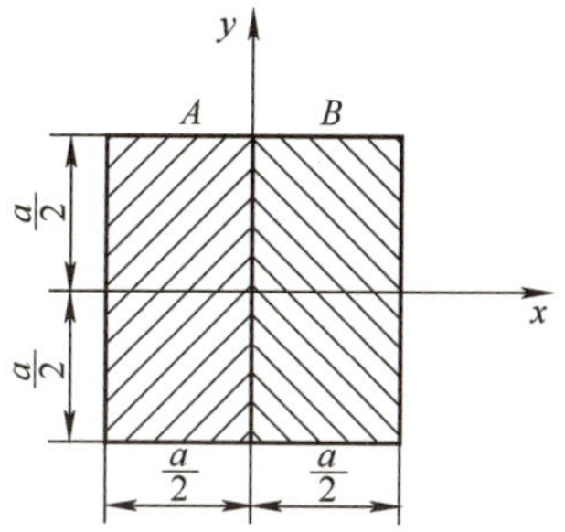

题 5-22 图

5-23　均质块尺寸如题 5-23 图所示，求重心位置。

（答案：$x_C=21.72\text{mm}$，$y_C=40.69\text{mm}$，$z_C=-23.62\text{mm}$）

5-24　题 5-24 图所示均质物体由半径为 r 的圆柱体和半径为 r 的半圆球体结合而成，设重心在半圆球的大圆的中心点 C，求圆柱体的高。

（答案：$h=\frac{r}{\sqrt{2}}$）

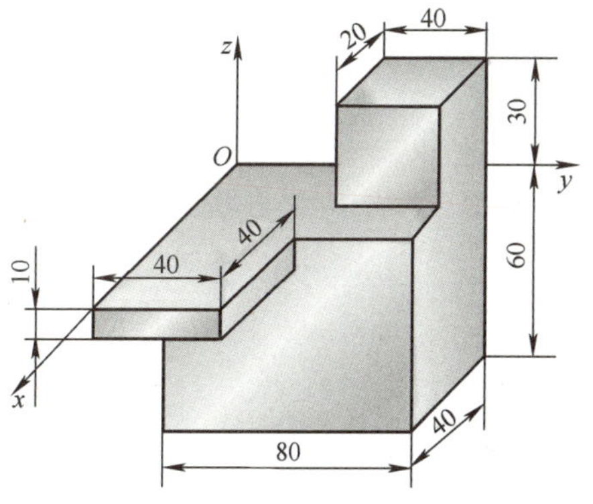

题 5-23 图

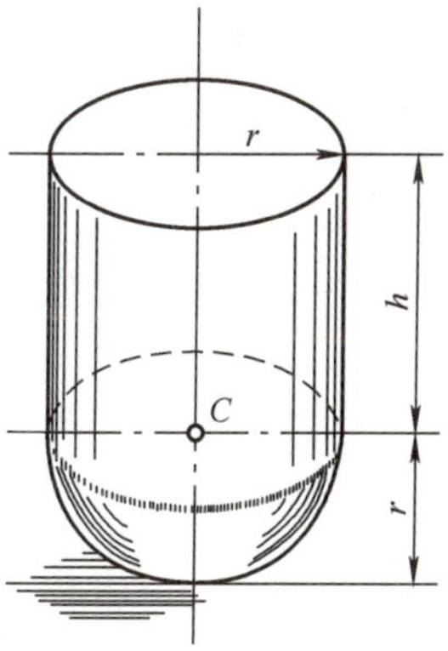

题 5-24 图

5-25　如题 5-25 图 a 所示结构，$AC=BC$，连接均为光滑，现将 AB 杆中点 D 处截断后添加一节点加上 CD 杆，如题 5-25 图 b 所示，这样能否减小 AC、BC 杆中受力？

（答案：不能。）

5-26　平面桁架的支座和荷载如题 5-26 图所示。求杆 1、2 和 3 的内力。

（答案：$F_1=-\frac{4}{9}F$，$F_2=-\frac{2}{3}F$，$F_3=0$）

5-27　平面悬臂桥架所受的荷载如题 5-27 图所示。求杆 1、2 和 3 的内力。

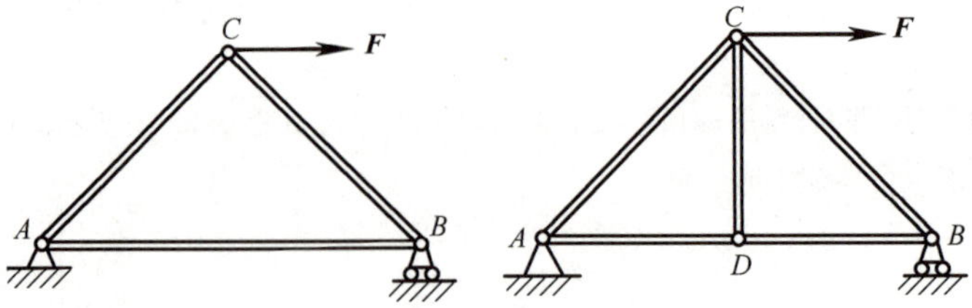

a)　　　　　　　　b)

题 5-25 图

（答案：$F_1=-5.333F$，$F_2=2F$，$F_3=-1.667F$）

5-28　求题 5-28 图所示平面桁架 1、2、3 杆内力。

（答案：$F_1=-F$，$F_2=0$，$F_3=-2F$）

5-29　求题 5-29 图所示平面桁架 1 杆内力。

（答案：$F_1=\frac{5}{6}F$）

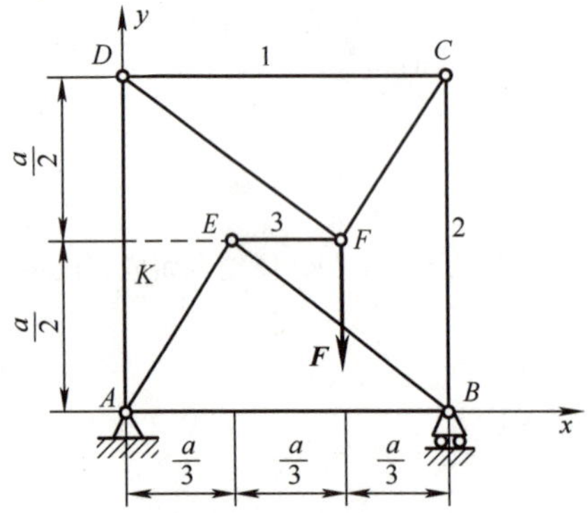

题 5-26 图

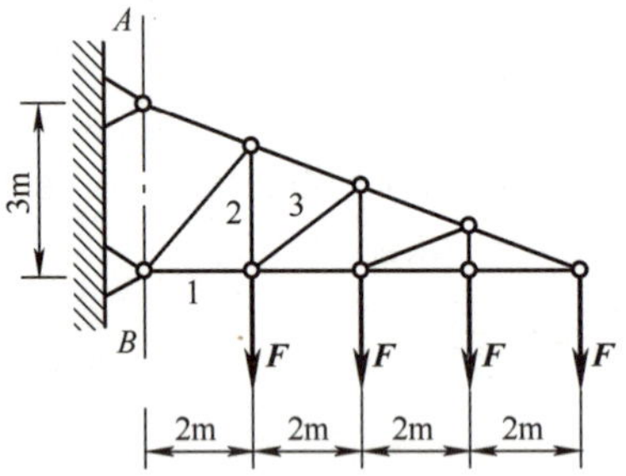

题 5-27 图

5-30　如题 5-30 图所示，输电线 ACB 架在两电线杆之间，形成一下垂曲线，下垂距离 $CD=f=1\text{m}$，两电线杆间距离 $AB=40\text{m}$。电线 ACB 段重 $P=400\text{N}$，可近似认为沿 AB 线均匀分布。求电线的中点和两端的拉力。

（答案：$F_C=2000\text{N}$，$F_A=F_B=2010\text{N}$）

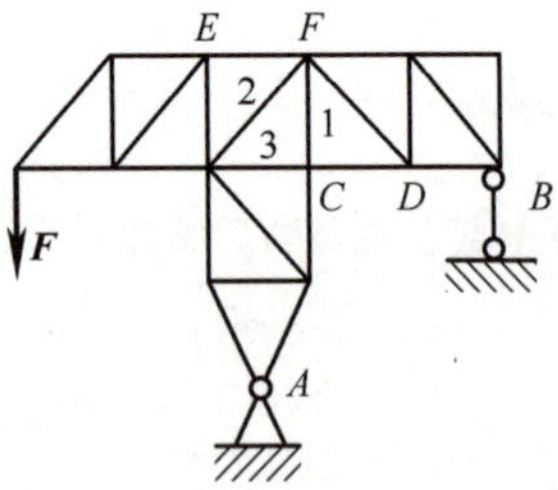

题 5-28 图

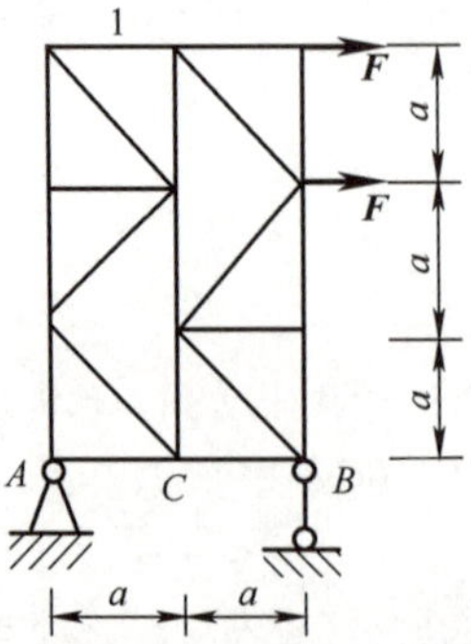

题 5-29 图

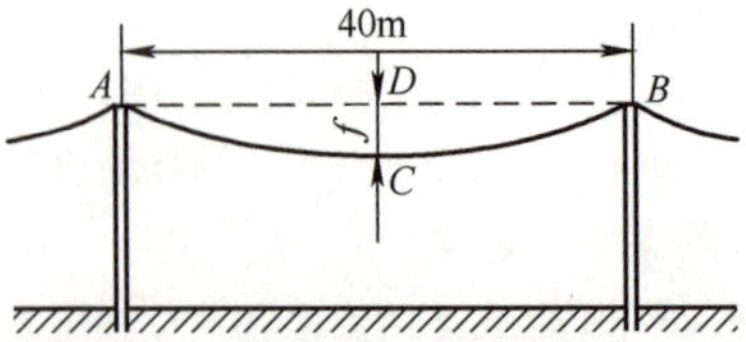

题 5-30 图

5-31　两支点不等高的缆索，在自重作用下形成一下垂曲线，如题 5-31 图所示。此两点间的水平距离为 120m，高度差为 20m。设缆索质量为沿水平方向 20kg/m，并知此绳长度能使最低点 C 比支点 A 低 10m，试求 AC 间的水平距离、缆索在 C 点的拉力及其最大拉力。

（答案：43.9m，$F_C=18.9\text{kN}$，$F_{max}=24.1\text{kN}$）

5-32　两支点不等高的缆索如题 5-32 图所示。已知缆索沿水平方向的均布荷载集度为 q，两支点高度差为 h，缆索的跨度为 l，矢高为 f，求此缆索的曲线方程及在 A、B 处的约束力和缆索的曲线长度。

（答案：$y=\dfrac{4fx(l-x)}{l^2}+\dfrac{h}{l}x$，$F_{Ax}=\dfrac{ql^2}{8f}(\leftarrow)$，$F_{Ay}=\dfrac{ql}{2}\left(1+\dfrac{h}{4f}\right)(\uparrow)$，

$F_{Bx}=\dfrac{ql^2}{8f}\ (\rightarrow)$，$F_{Ay}=\dfrac{ql}{2}\left(1-\dfrac{h}{4f}\right)\ (\uparrow)$，$s=l+\dfrac{8f^2}{3l}+\dfrac{h^2}{2l}$）

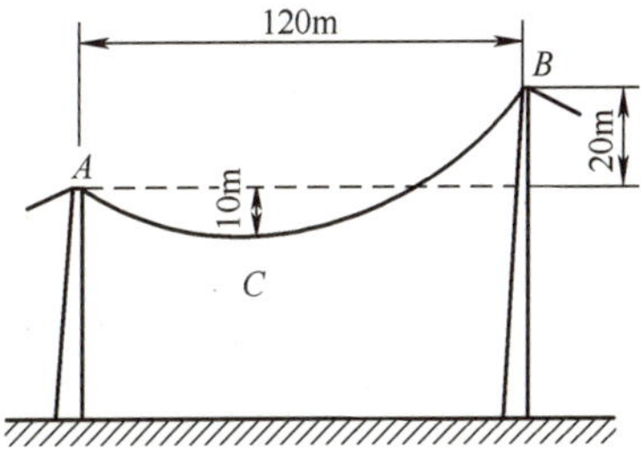

题 5-31 图

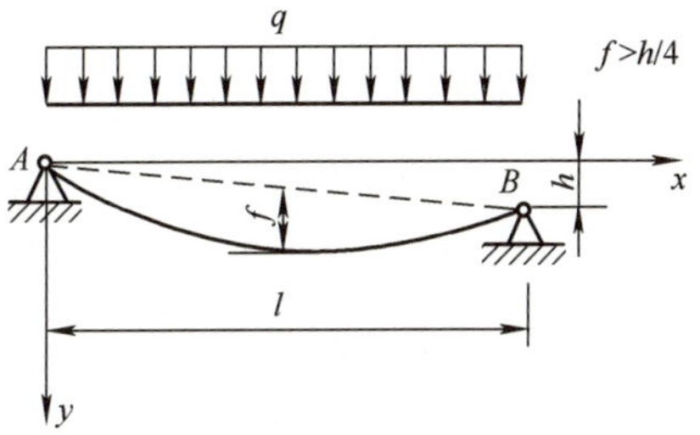

题 5-32 图

5-33　一用于吊运施工材料的索道如题 5-33 图所示。已知索道跨度 $l=344\text{m}$，垂度 $f=21.5\text{m}$，钢丝绳由自重产生的沿水平均布荷载 $q=72.6\text{N/m}$。钢丝绳破断拉力为 1000kN，吊运重 $P=49\text{kN}$。求当吊运重作用于跨中时主索的最大拉力。

（答案：$F_{max}=249\text{kN}$）

5-34　如题 5-34 图所示，两根规格相同的电线连接在铁塔的 B 点上，设两电线作用在 B 点的合力的水平分力等于零。假定电线形状为抛物线，求电线 AB 所需的垂度 h。

（答案：6.75m）

5-35　如题 5-35 图所示，钢丝绳 AC 的总质量为 30kg。假定钢丝绳质量沿水平方向是均匀分布的，求钢丝绳在跨中的垂度 h 和在 A、C 点的斜率。

（答案：0.042m，A 点斜率为 0.785，C 点斜率为 0.715）

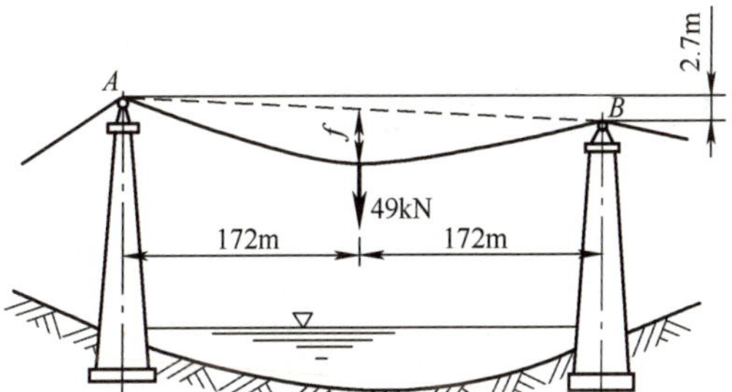

题 5-33 图

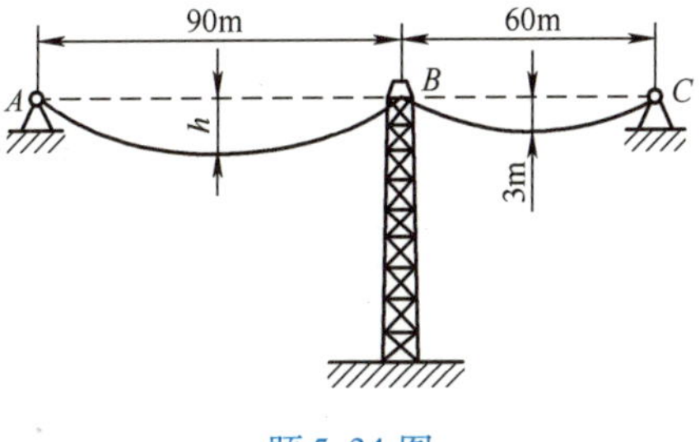

题 5-34 图

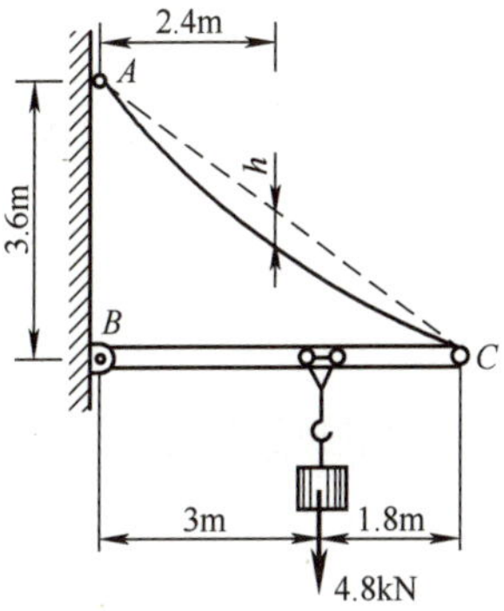

题 5-35 图

第 6 章

运动学基础与刚体的简单运动

我们知道，如果作用在物体上的力系不平衡，物体的运动状态将发生变化。在运动学中，只研究物体的几何位置随时间的变化关系，不涉及引起这种变化的原因。

自然界中任何物体都处于运动状态，平衡和静止只是运动的特殊状态。研究一个物体的机械运动，必须选取另一个物体作为参考，这个被参考的物体称为**参考体**，与参考体相连的坐标系称为**参考系**。所选的参考体不同，物体相对于参考体的运动也不同。一般民用工程问题中，都取与地面相连的坐标系为参考系。

建立参考系解决了物体运动的位置度量，而运动物体的位置是随时间变化的，所以引入时间的两个概念：瞬时（或时刻）和时间间隔。**瞬时**是指某个时间点或时间轴上的一个点，**时间间隔**是指任意两个不同时刻之间的一段时间或时间轴上的一个区间。为了方便，规定时间间隔为一个正实数。

运动学的研究对象包括点和刚体。点或刚体的**运动**是指它们在空间的位置随时间的变化。描述运动规律的数学方程（包含时间 t）称为**运动方程**。

6.1 点运动的描述

点的运动是研究一般物体运动的基础。点的运动由位移、速度和加速度三个物理量来描述。在任意时间间隔，点从起始位置到终止位置的长度矢量称为点在该时间间隔上的**位移**；位移随时间的变化率就是**速度**；速度随时间的变化率就是**加速度**。显然，速度和加速度都是矢量，既反映了大小的变化也包括了方向的变化。

除此之外，还有点的运动轨迹、路程和距离的概念。**运动轨迹**是点运动时经过的路径；**路程**是点在某时间间隔内点沿运动轨迹走过的路线长度；**距离**是两位置之间的直线长度。路程和距离都是正实数。

点在参考系中的空间位置随时间变化的函数称为点的**运动方程**。不同的参考系、不同的方法，得到描述点的运动方程不同。下面给出描述点运动的基本方法。

6.1.1 矢量法

设点 M 沿曲线轨迹运动，如图 6-1 所示。选取固定点 O 为坐标原点，则点 M 相对 O 的**位置矢量**（也称**矢径**）$\boldsymbol{r}$ 随时间而变化，并且是时间的单值连续函数，即

$$\boxed{\boldsymbol{r}=\boldsymbol{r}(t)} \tag{6-1}$$

式（6-1）即为以矢量表示的**点的运动方程**。

设经过时间间隔 Δt 后，点 M 运动到了 M' 位置，产生的位移为 $\overrightarrow{MM'}=\Delta\boldsymbol{r}=\boldsymbol{r}'-\boldsymbol{r}$，由此可得到点的**速度**

$$\boldsymbol{v}=\lim_{\Delta t\to 0}\frac{\Delta\boldsymbol{r}}{\Delta t}=\frac{\mathrm{d}\boldsymbol{r}}{\mathrm{d}t}=\dot{\boldsymbol{r}} \tag{6-2}$$

即点的速度矢等于它的矢径 $\boldsymbol{r}$ 对时间的一阶导数，方向与 $\Delta\boldsymbol{r}$ 的极限方向一致，即沿点运动轨迹的切线，并与运动的方向一致。

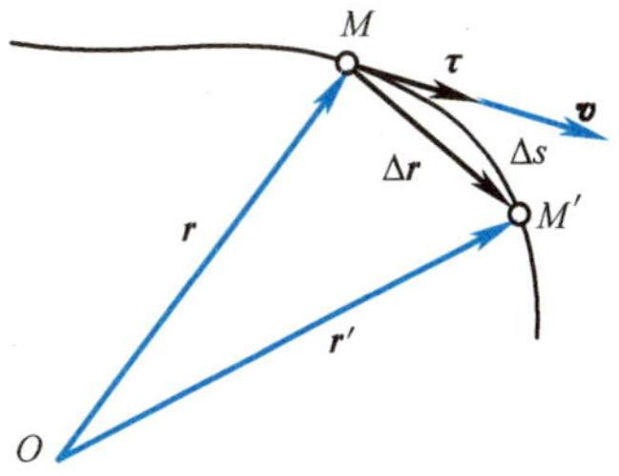

图　6-1

点的加速度为速度矢对时间的变化率，即

$$\boldsymbol{a}=\frac{\mathrm{d}\boldsymbol{v}}{\mathrm{d}t}=\frac{\mathrm{d}^2\boldsymbol{r}}{\mathrm{d}t^2}=\dot{\boldsymbol{v}}=\ddot{\boldsymbol{r}} \tag{6-3}$$

表征了速度大小和方向的变化。这里，加速度方向无法判定。

在国际单位制中，速度的单位为 m/s，加速度的单位为 $\mathrm{m/s^2}$。

6.1.2　直角坐标法

利用上面矢量法描述点运动的概念，以图 6-1 的原点 O 建立直角坐标系 $Oxyz$，如图 6-2 所示。将矢径 $\boldsymbol{r}$ 投影到三个坐标轴上，得

$$\boldsymbol{r}=x\boldsymbol{i}+y\boldsymbol{j}+z\boldsymbol{k} \tag{6-4}$$

即可得到点在直角坐标系下的运动方程

$$x=x(t),\quad y=y(t),\quad z=z(t) \tag{6-5}$$

从方程（6-5）消去时间 t 可得到点运动的**轨迹方程**。

利用式（6-2）和式（6-3）即得到点在直角坐标系下的速度和加速度分别为

$$\boldsymbol{v}=\dot{\boldsymbol{r}}=\dot{x}\boldsymbol{i}+\dot{y}\boldsymbol{j}+\dot{z}\boldsymbol{k}=v_x\boldsymbol{i}+v_y\boldsymbol{j}+v_z\boldsymbol{k} \tag{6-6}$$

$$\boldsymbol{a}=\dot{\boldsymbol{v}}=\ddot{\boldsymbol{r}}=\ddot{x}\boldsymbol{i}+\ddot{y}\boldsymbol{j}+\ddot{z}\boldsymbol{k}=a_x\boldsymbol{i}+a_y\boldsymbol{j}+a_z\boldsymbol{k} \tag{6-7}$$

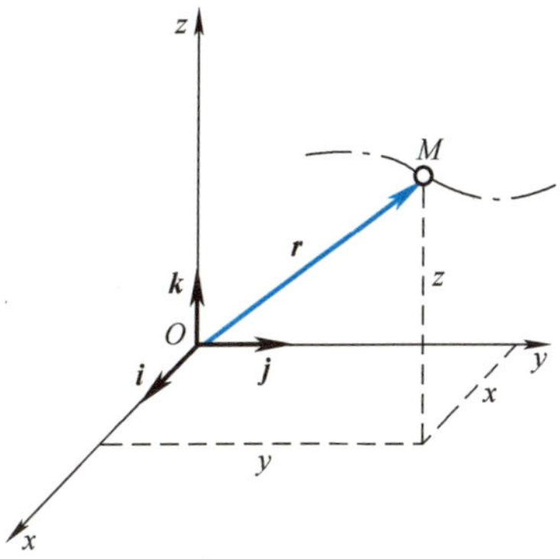

图　6-2

式中，v_x、v_y、v_z 为点的速度在坐标轴上的投影；a_x、a_y、a_z 为点的加速度在坐标轴上的投影。利用矢量运算的概念，通过投影可计算速度和加速度的大小和方向。

6.1.3　自然坐标法

1. 自然坐标与自然轴系

沿点运动的轨迹建立曲线形式的坐标系，如图 6-3 所示。坐标原点 O 一般选在点运动的初始时刻（即 $t=0$ 时刻），坐标正向与运动方向一致。则点 M 的位置可用弧长（即**自然坐标**或称**弧坐标**）s 表示，显然 s 是时间 t 的单值连续函数，即

$$s=s(t) \tag{6-8}$$

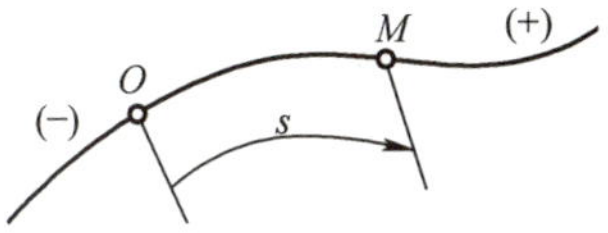

图　6-3

这就是点在自然坐标（弧坐标）下的运动方程。

为了分析速度和加速度，还需要建立正交的自然轴系。在运动轨迹曲线上取极为接近的两点 M 和 M'，其间的弧长为 Δs，作出这两点的**切线**，其单位矢量分别为 $\boldsymbol{\tau}$ 和 $\boldsymbol{\tau}'$，指向与弧坐标正向一致，如图 6-4 所示。将 $\boldsymbol{\tau}'$ 平移至点 M，记为 $\boldsymbol{\tau}''$，则 $\boldsymbol{\tau}$ 和 $\boldsymbol{\tau}''$ 确定一平面。令 M' 无限趋近点 M，则此平面趋近于某一极限位置，此极限平面称为曲线在点 M 的密切面。过点 M 并与切线垂直的平面称为法平面，法平面与密切面的交线称为**主法线**。令沿主法线的单位矢量为 $\boldsymbol{n}$，指向曲线内凹一侧，并通过曲线在点 M 的曲率中心。显然主法线方向与切线方向垂直。过点 M 且垂直于切线和主法线的直线称为**副法线**，副法线方向的单位矢量满足

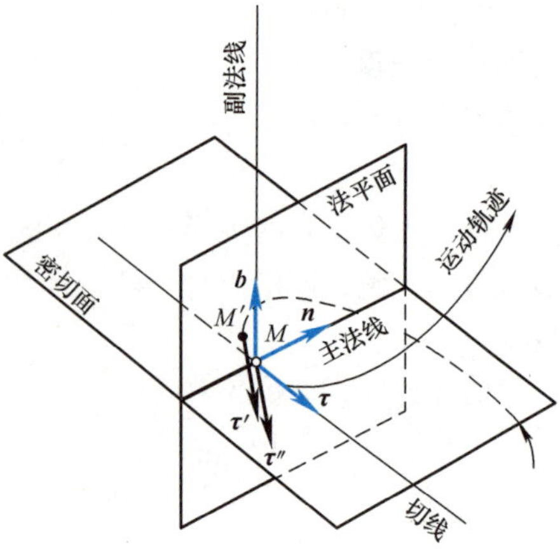

图 6-4

$$\boxed{\boldsymbol{b} = \boldsymbol{\tau} \times \boldsymbol{n}} \tag{6-9}$$

这样就建立了以 M 点为原点，以切线、主法线和副法线为正交坐标轴的**自然坐标系**，也称**自然轴系**。

2. 速度和加速度

利用式（6-2）可得到速度

$$\boxed{\boldsymbol{v} = \frac{\mathrm{d}\boldsymbol{r}}{\mathrm{d}t} = \lim_{\Delta t \to 0} \frac{\Delta \boldsymbol{r}}{\Delta t} = \lim_{\Delta t \to 0} \frac{\Delta \boldsymbol{r}}{\Delta s}\frac{\Delta s}{\Delta t} = \frac{\mathrm{d}s}{\mathrm{d}t}\boldsymbol{\tau}} \tag{6-10}$$

利用式（6-3）可得到加速度

$$\boldsymbol{a} = \frac{\mathrm{d}\boldsymbol{v}}{\mathrm{d}t} = \frac{\mathrm{d}v}{\mathrm{d}t}\boldsymbol{\tau} + v\frac{\mathrm{d}\boldsymbol{\tau}}{\mathrm{d}t}$$

而

$$\frac{\mathrm{d}\boldsymbol{\tau}}{\mathrm{d}t} = \frac{\mathrm{d}\boldsymbol{\tau}}{\mathrm{d}s}\frac{\mathrm{d}s}{\mathrm{d}t} = v\frac{\mathrm{d}\boldsymbol{\tau}}{\mathrm{d}s}$$

由图 6-4 和图 6-5 可看出，当 $\Delta s \to 0$ 时，$\Delta\varphi \to 0$，$\Delta\boldsymbol{\tau}$ 的方向趋于 $\boldsymbol{n}$ 方向，且 $|\Delta\boldsymbol{\tau}| = 2|\boldsymbol{\tau}|\sin\frac{\Delta\varphi}{2} \approx \Delta\varphi$，则

$$\frac{\mathrm{d}\boldsymbol{\tau}}{\mathrm{d}s} = \lim_{\Delta t \to 0}\frac{\Delta\boldsymbol{\tau}}{\Delta s} = \lim_{\Delta t \to 0}\frac{\Delta\varphi}{\Delta s}\boldsymbol{n} = \frac{1}{\rho}\boldsymbol{n}$$

这里 ρ 为运动轨迹在点 M 位置的曲率半径。从而有

$$\boxed{\boldsymbol{a} = \frac{\mathrm{d}v}{\mathrm{d}t}\boldsymbol{\tau} + \frac{v^2}{\rho}\boldsymbol{n} = \boldsymbol{a}_\mathrm{t} + \boldsymbol{a}_\mathrm{n}} \tag{6-11}$$

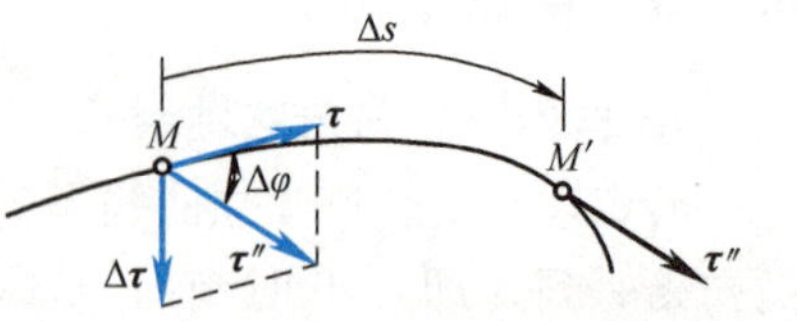

图 6-5

式中，$\boldsymbol{a}_\mathrm{t} = \frac{\mathrm{d}v}{\mathrm{d}t}\boldsymbol{\tau}$ 称为**切向加速度**，反映点的速度大小对时间的变化率，方向沿轨迹切线；$\boldsymbol{a}_\mathrm{n} = \frac{v^2}{\rho}\boldsymbol{n}$ 称为**法向加速度**，反映点的速度方向改变的快慢程度，方向沿主法线，指向曲率中心。而全加速度大

小为

$$a=\sqrt{a_{\mathrm{n}}^{2}+a_{\mathrm{t}}^{2}} \tag{6-12}$$

例 6-1　图 6-6 所示的曲柄摇杆机构，$OA=OB=R$，若摇杆与水平方向的夹角 $\theta=2t^2$，求滑块 A 的速度和加速度。

分析：滑块 A 做圆周运动，可用直角坐标法和自然坐标法求滑块的速度和加速度。

解：(1) 用直角坐标法。建立坐标系如图 6-6 所示，运动方程

$$x_A=R\cos(2\theta)=R\cos(4t^2)$$

$$y_A=R\sin(2\theta)=R\sin(4t^2)$$

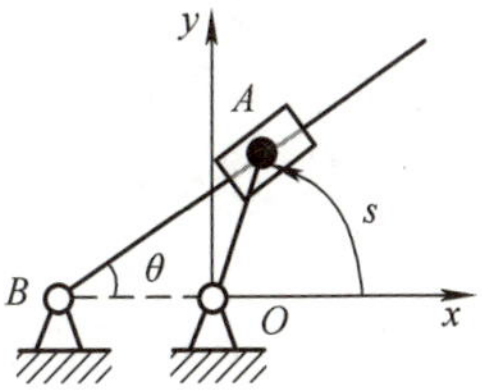

图　6-6

求导得速度和加速度分别为

$$v_A=\sqrt{\dot{x}_A^2+\dot{y}_A^2}=8Rt,\ a_A=\sqrt{\ddot{x}_A^2+\ddot{y}_A^2}=8R\sqrt{1+64t^4}$$

(2) 用自然坐标法。建立坐标系如图所示，运动方程

$$s_A=R\cdot 2\theta=4Rt^2$$

由此可求得速度和加速度分别为

$$v_A=\dot{s}_A=8Rt$$

$$a_A^{\mathrm{n}}=\frac{v_A^2}{R}=64Rt^2,a_A^{\mathrm{t}}=\frac{\mathrm{d}v_A}{\mathrm{d}t}=8R,a_A=\sqrt{(a_A^{\mathrm{n}})^2+(a_A^{\mathrm{t}})^2}=8R\sqrt{1+64t^4}$$

例 6-2　图 6-7 所示机构，直杆沿套筒滑动，A 点以速度 $\boldsymbol{v}$ 沿水平方向向右运动，杆上有一点 M，$MA=OB=b$。求点 M 的速度（用 θ 表示）。

分析：本题中点 M 的轨迹未知，只能用直角坐标法。

解：建立直角坐标系如图 6-7 所示，运动方程

$$x_M=OB\cot\theta-AM\cos\theta$$

$$y_M=AM\sin\theta$$

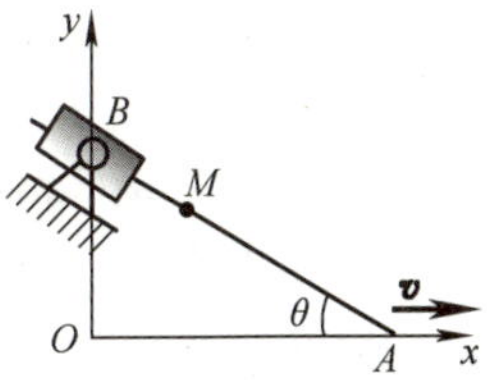

图　6-7

求导得速度

$$\dot{x}_M=b(\sin\theta-\frac{1}{\sin^2\theta})\dot{\theta},\ \dot{y}_M=b\cos\theta\dot{\theta}$$

利用 A 点的运动

$$x_A=OB\cot\theta,\ \dot{x}_A=-\frac{b}{\sin^2\theta}\dot{\theta}=v$$

求得 $\dot{\theta}=-\dfrac{v\sin^2\theta}{b}$，则

$$\dot{x}_M=v-v\sin^3\theta,\ \dot{y}_M=-v\sin^2\theta\cos\theta$$

$$x_M=\sqrt{\dot{x}_M^2+\dot{y}_M^2}=v(1-2\sin^3\theta+\sin^4\theta)$$

例 6-3　已知点的运动方程为 $x=2\sin4t$，$y=2\cos4t$，$z=4t$，求其切向和法向加速度。

分析：本题是已知点的直角坐标方程，求自然坐标下的加速度，需要灵活运用不同坐标系下的速度和加速度公式。

解：对直角坐标系下的运动方程求导得速度和加速度

$$\dot{x}=8\cos4t,\ \dot{y}=-8\sin4t,\ \dot{z}=4,\ v=\sqrt{\dot{x}^2+\dot{y}^2+\dot{z}^2}=\sqrt{80}\mathrm{m/s}$$

$$\ddot{x}=-32\sin4t,\ \ddot{y}=-32\cos4t,\ \ddot{z}=0,\ a=\sqrt{\ddot{x}^2+\ddot{y}^2+\ddot{z}^2}=32\mathrm{m/s^2}$$

代入自然坐标下的加速度公式，得到切向加速度和法向加速度分别为

$$a_t = \dot{v} = 0,\ a_n = \sqrt{a^2 - a_t^2} = a = 32\text{m/s}^2$$

例 6-4 小环 M 由做水平运动的丁字形杆 ABC 带动，沿图 6-8 所示曲线轨道运动。设 ABC 的速度 v = 常量，曲线方程 $y^2 = 2px$，求环 M 的速度和加速度大小（写成杆的位移 x 的函数）。

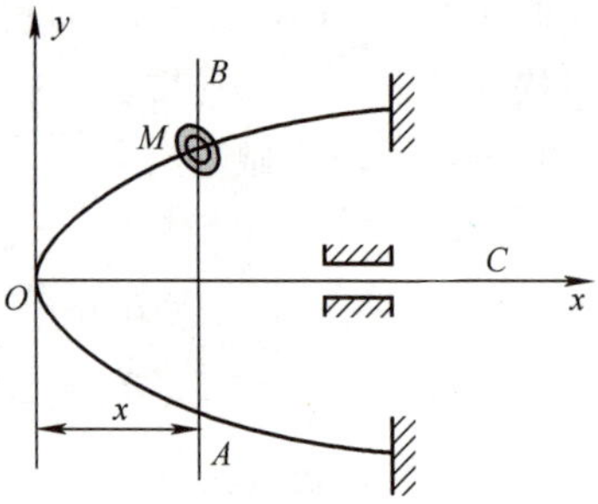

图 6-8

分析：本题虽然已知点的运动轨迹，但不适合运用自然坐标法，并且运用直角坐标法的求解过程也不同于一般题目。

解：对环 M 的轨迹方程 $y^2 = 2px$ 两边直接求导，并利用 $\dot{x} = v$ 得 $2y\dot{y} = 2p\dot{x} = 2pv$，则

$$\dot{y} = \frac{pv}{y} = \frac{pv}{\sqrt{2px}}$$

所以环 M 的速度为

$$v_M = \sqrt{\dot{x}^2 + \dot{y}^2} = v\sqrt{1 + \frac{p}{2x}}$$

同理求得加速度

$$\ddot{x} = 0,\ a_M = \ddot{y} = \frac{\partial \dot{y}}{\partial x}\dot{x} = -\frac{v^2}{4x}\sqrt{\frac{2p}{x}}$$

6.2 刚体的平行移动

工程中某些物体的运动，例如气缸内活塞的运动、车床上刀架的运动等，它们有一个共同的特点，即在物体内任取一直线段，在运动过程中这条直线段始终与它的最初位置平行，这种运动称为**平行移动**，简称**平动**或**平移**。

设某刚体做平移，在刚体内任选两点 A 和 B，其矢径分别为 $\boldsymbol{r}_A$ 和 $\boldsymbol{r}_B$，如图 6-9 所示。由图可知

$$\boldsymbol{r}_A = \boldsymbol{r}_B + \overrightarrow{BA}$$

当刚体平移时，线段 BA 的长度和方向都不改变，所以 $\overrightarrow{BA}$ 是常矢量。因此只要把点 B 的运动轨迹沿 $\overrightarrow{BA}$ 方向平行移动一段距离，就能与点 A 的运动轨迹完全重合。

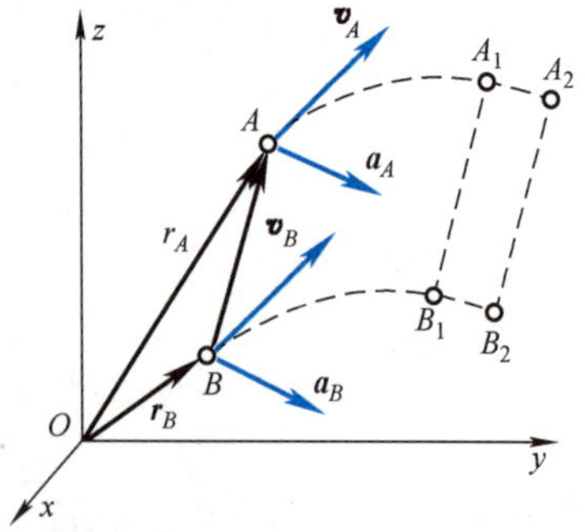

图 6-9

把上式对时间 t 求导数，因为常矢量 $\overrightarrow{BA}$ 的导数等于零，于是得到 A 和 B 两点的速度和加速度关系为

$$\boldsymbol{v}_B = \boldsymbol{v}_A,\ \boldsymbol{a}_B = \boldsymbol{a}_A$$

鉴于点 A 和点 B 的任意性，可得出结论：**当刚体平移时，其上各点的运动轨迹、速度和加速度均相同。**

因此，**平移刚体的运动可以简化为刚体内任意点的运动**，也就是变成了上节所研究过的点的运动问题。

6.3 刚体绕定轴的转动

工程中最常见的齿轮、机床的主轴、电动机的转子等，它们有一个共同的特点，运动过程中，刚体上始终有一条直线保持不动，这样的运动称为**定轴转动**。这条固定不动的直线称为**转轴**。这样，刚体上各点均绕转轴做圆周运动。

6.3.1 转角、角速度和角加速度

为确定转动刚体的位置，设转轴为 z 轴，通过转轴作一固定平面 A 和一动平面 B，平面 B 与刚体固结，随刚体一起转动。平面 B 相对平面 A 转过的角度用 φ 表示，称为刚体的**转角**，如图 6-10 所示。转角 φ 是一个代数量，它确定了刚体的位置，是时间 t 的函数，即

$$\varphi = f(t) \tag{6-13}$$

这个方程称为**刚体绕定轴转动的运动方程**。

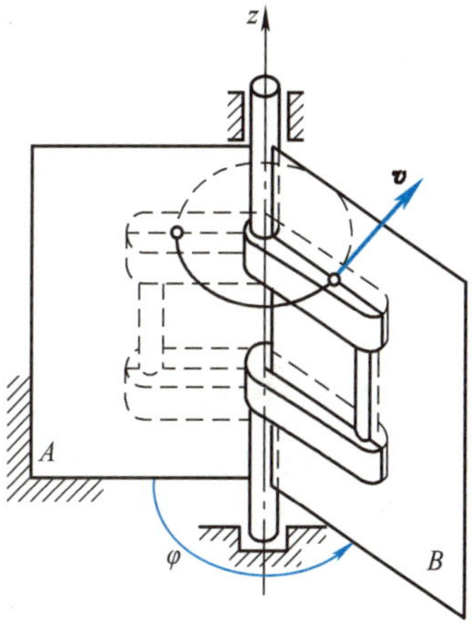

图 6-10

转角 φ 对时间的一阶导数，称为刚体的**角速度**，用 ω 表示，角速度对时间的一阶导数，称为刚体的**角加速度**，用 α 表示，即

$$\omega = \frac{\mathrm{d}\varphi}{\mathrm{d}t}, \quad \alpha = \frac{\mathrm{d}\omega}{\mathrm{d}t} = \frac{\mathrm{d}^2\varphi}{\mathrm{d}t^2} \tag{6-14}$$

角速度表征刚体转动的快慢和方向，角加速度表征角速度变化的快慢，它们都是代数量。在国际单位制中，它们的单位为 rad/s 和 rad/s^2。如果 ω 与 α 同号，则转动是加速的；如果 ω 与 α 异号，则转动是减速的。

工程中常用转速 n（r/min，转/分）表示转动速度，化为标准单位为

$$\omega = \frac{2\pi n}{60} = \frac{\pi n}{30} \tag{6-15}$$

6.3.2 刚体内点的速度和加速度

由于刚体内各点均绕转轴做圆周运动，用自然坐标法分析其速度和加速度。在刚体内任取一点 M，距转轴的距离（圆周运动的半径）为 R，如图 6-11 所示。刚体转过角度 φ 时，点 M 转过的弧长为 $s = R\varphi$，则由式（6-10）和式（6-11）得到点 M 的速度和切向与法向加速度大小分别为

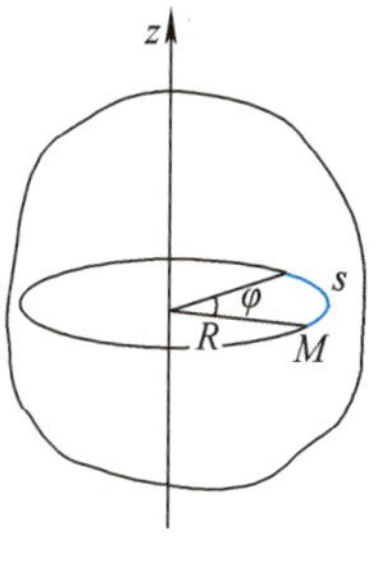

图 6-11

$$v = \frac{\mathrm{d}s}{\mathrm{d}t} = R\omega, \quad a_{\mathrm{t}} = \frac{\mathrm{d}^2 s}{\mathrm{d}t^2} = R\alpha, \quad a_{\mathrm{n}} = \frac{v^2}{R} = R\omega^2 \tag{6-16}$$

全加速度大小与式（6-12）相同。显然，法向加速度 $\boldsymbol{a}_{\mathrm{n}}$ 指向转轴，切向加速度 $\boldsymbol{a}_{\mathrm{t}}$ 与 $\boldsymbol{a}_{\mathrm{n}}$ 垂直，与角加速度 α 转向一致，如图 6-12 所示。

6.3.3 轮系的传动比

工程中，常利用轮系传动来改变机械的转速，最常见的有齿轮传动和带传动。对于比较

复杂的轮系传动，如齿轮变速箱，为了便于分析各级传动关系，将两个直接传动的轮的角速度比值，定义为**传动比**，用 i 表示。如图 6-13a所示的齿轮传动和图 6-13b 所示的带传动。

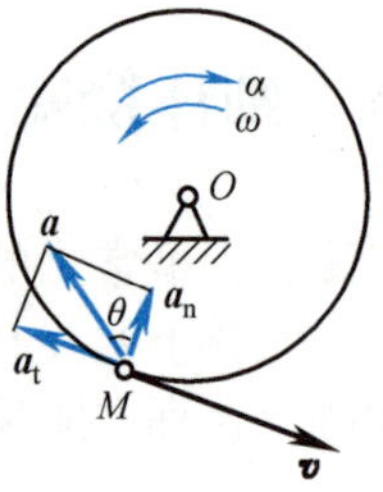

图 6-12

由于两轮上 A 和 B 点的速度相同，即 $\omega_1 R_1 = \omega_2 R_2$，则传动比为

$$i_{12} = \frac{\omega_1}{\omega_2} = \frac{n_1}{n_2} = \frac{R_2}{R_1} = \frac{z_2}{z_1} \tag{6-17}$$

式中，n 为转速；z 为齿轮齿数。

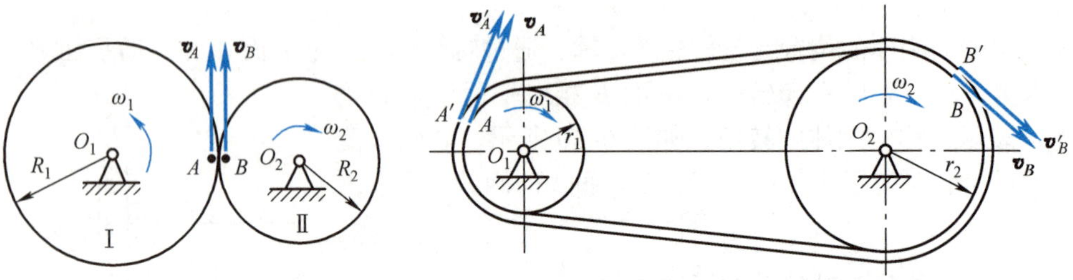

a)　　b)

图 6-13

例 6-5　图 6-14 所示曲柄滑杆机构中，$R = 100\text{mm}$，圆心 O_1 在导杆 BC 上。曲柄 $OA = 100\text{mm}$，以等角速度 $\omega = 4\text{rad/s}$ 绕 O 轴转动。求 BC 的运动规律、速度和加速度。

分析：OA 做定轴转动，BC 做水平直线平移，只需求出 BC 上一个特殊点的运动规律、速度和加速度即可。

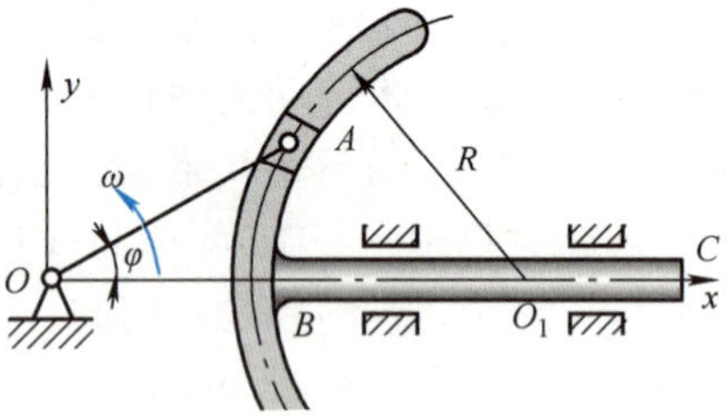

图 6-14

解：建立图示坐标系，求杆上 O_1 点的运动。运动方程

$$x = 2R\cos\omega t = 0.2\cos 4t$$

求导得速度和加速度分别为

$$v = -0.8\sin 4t, \quad a = -3.2\cos 4t$$

x、v、a 即为 BC 的运动规律、速度和加速度。

例 6-6　图 6-15 所示机构中，假设在某时间段内杆 AB 以匀速 $\boldsymbol{v}$ 向上运动，开始时 $\varphi = 0°$。试求摇杆 OC 的角速度和角加速度。

分析：BA 做直线平移，OC 做定轴转动，只要求出 OC 的转动方程，然后求导即可。

解：OC 的转动方程为

$$\tan\varphi = \frac{AD}{OD} = \frac{vt}{l}$$

求导得角速度和角加速度分别为

$$\omega = \frac{d\varphi}{dt} = \frac{v}{l}\cos^2\varphi$$

$$\alpha = \frac{d\omega}{dt} = -\frac{v^2}{l^2}\cos^2\varphi\sin 2\varphi$$

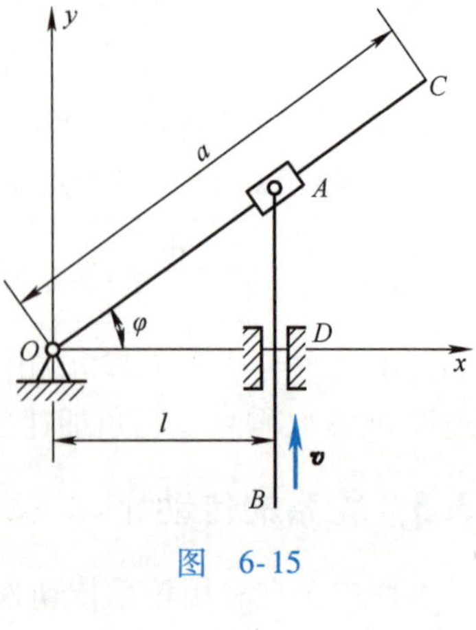

图 6-15

例 6-7　车床传动装置如图 6-16 所示。各齿轮的齿数：$z_1=40$，$z_2=84$，$z_3=28$，$z_4=80$；刀具丝杠的螺距为 $h_4=12\text{mm}$。求切削工件的螺距 h_1。

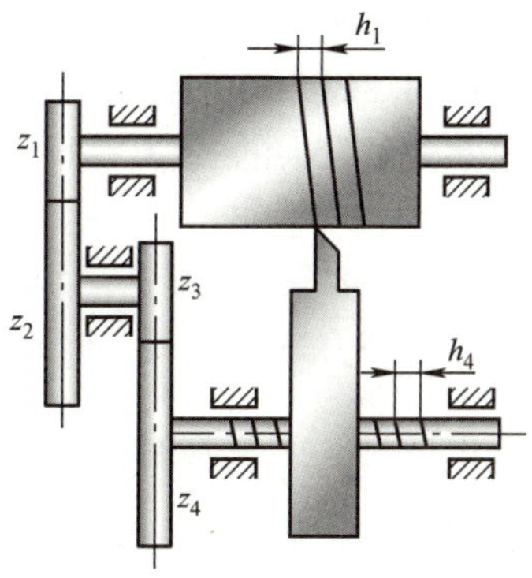

图　6-16

分析：车刀做水平平移，其他各轴均做定轴转动。车刀在丝杠上和在工件上移动的速度相等。

解：车刀在丝杠上和在工件上运动的速度相等，设丝杠和工件转动一周需要的时间分别为 t_4 和 t_1，则

$$v=\frac{h_4}{t_4}=\frac{h_1}{t_1}$$

设各轴的转速分别为 ω_1、ω_2、ω_3、ω_4，则

$$t_4=\frac{2\pi}{\omega_4},\quad t_1=\frac{2\pi}{\omega_1}$$

利用传动比$\frac{\omega_1}{\omega_2}=\frac{z_2}{z_1}$，$\frac{\omega_3}{\omega_4}=\frac{z_4}{z_3}$，且 $\omega_2=\omega_3$，求得

$$h_1=\frac{h_4\omega_4}{\omega_1}=\frac{z_1z_3}{z_2z_4}=2\text{mm}$$

6.4　小结与学习指导

1. 重点

直角坐标法和自然坐标法求点的速度和加速度；平动刚体的运动特征；定轴转动刚体的角速度、角加速度以及刚体上点的速度和加速度求解。

2. 运动的绝对性与相对性

我们知道，自然界中的所有物体都处于永恒的运动状态中，我们所研究的运动是物体（研究对象）相对于指定参考体的运动，而不可能是真正的“绝对”运动。

3. 关于点运动的描述

描述点运动的三种方法，矢量法一般只能用于理论分析和公式推导；自然坐标法只能用于点的运动轨迹已知的情况；而直角坐标法可用于任何情况下点的运动。

求解点运动的方法步骤通常为：建立运动方程→求导得速度→代公式得加速度。

4. 关于刚体的平移（平动）

刚体平移时，其上各点的运动轨迹可以是直线、平面曲线或空间曲线，因此刚体有直线平移、平面曲线平移和空间曲线平移。

平移刚体的角速度和角加速度恒等于零。

5. 以矢量表示角速度和角加速度

在刚体的复杂运动中，需要分析刚体转动部分的角速度和角加速度，这时用代数量无法准确描述其转动方向，而需要用矢量表示。矢量的方向用右手螺旋法则确定：四指指向转动方向，拇指即指向角速度或角加速度的矢量方向，如图 6-17a 所示的角速度矢量。

6. 以矢积表示点的速度和加速度

设角速度为 ω 的转动刚体上一点 M，相对原点 O 的矢径以 $\boldsymbol{r}$ 表示，如图6-17b 所示。利用数学矢量叉乘的概念，可以将点 M 的速度表示为

$$\boldsymbol{v}=\frac{\mathrm{d}\boldsymbol{r}}{\mathrm{d}t}=\boldsymbol{\omega}\times\boldsymbol{r} \tag{6-18}$$

对式（6-18）求导，得

$$\boldsymbol{a}=\frac{\mathrm{d}\boldsymbol{v}}{\mathrm{d}t}=\frac{\mathrm{d}}{\mathrm{d}t}(\boldsymbol{\omega}\times\boldsymbol{r})=\frac{\mathrm{d}\boldsymbol{\omega}}{\mathrm{d}t}\times\boldsymbol{r}+\boldsymbol{\omega}\times\frac{\mathrm{d}\boldsymbol{r}}{\mathrm{d}t}=\boldsymbol{\alpha}\times\boldsymbol{r}+\boldsymbol{\omega}\times\boldsymbol{v} \tag{6-19}$$

利用图6-17c 可看出，式（6-19）中的两项加速度正是切向和法向加速度：

$$\boldsymbol{a}_{\mathrm{t}}=\boldsymbol{\alpha}\times\boldsymbol{r},\ \boldsymbol{a}_{\mathrm{n}}=\boldsymbol{\omega}\times\boldsymbol{v} \tag{6-20}$$

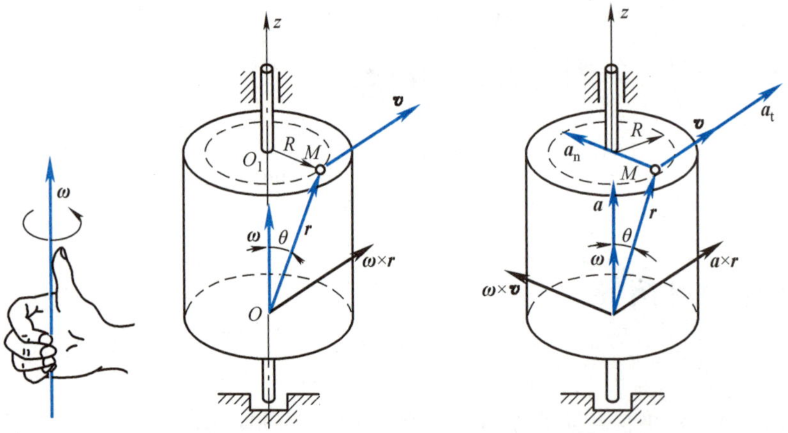

图 6-17

习　题

6-1　如题6-1图所示，点 M 做圆周运动的运动方程为 $s=\pi Rt^2/2$。求当第一次到达 y 坐标最大值时，点 M 的加速度在轴 x、y 上的投影。

（答案：$a_x=\pi R$，$a_y=-\pi^2 R$）

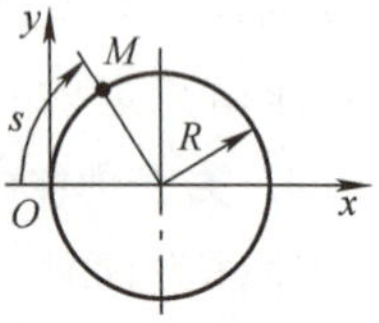

题6-1图

6-2　一绳 AMC 的一端系于固定点 A，绳子穿过滑块 M 上的小孔，绳的另一端系于滑块 C 上，如题6-2图所示。滑块 M 以已知速度 $\boldsymbol{v}_0$ 匀速运动。绳长为 l，AE 的距离为 a 且垂直于 DE。求滑块 C 的速度与距离 AM（$AM=x$）之间的关系。又当滑块 M 经过点 E 时，滑块 C 的速度为何值？

（提示：$DC=DE-CE=DE-\sqrt{(l-x)^2-(a-x)^2}$，$v_C=\dfrac{\mathrm{d}(DC)}{\mathrm{d}t}$。答案：$v_C=v_0\sqrt{\dfrac{l-a}{l+a-2x}}$，$v_{CE}=v_0$）

6-3　如题6-3图所示，曲柄 OB 的转动规律为 $\varphi=2t$，它带动杆 AD，使杆 AD 上的点 A 沿水平轴 Ox 运动，点 C 沿垂直轴 Oy 运动。设 $AB=OB=BC=CD=0.12\mathrm{m}$，求当 $\varphi=45°$时杆上点 D 的速度，并求点 D 的轨迹方程。

（答案：0.54m/s，$\dfrac{x_D^2}{0.12^2}+\dfrac{y_D^2}{0.36^2}=1$）

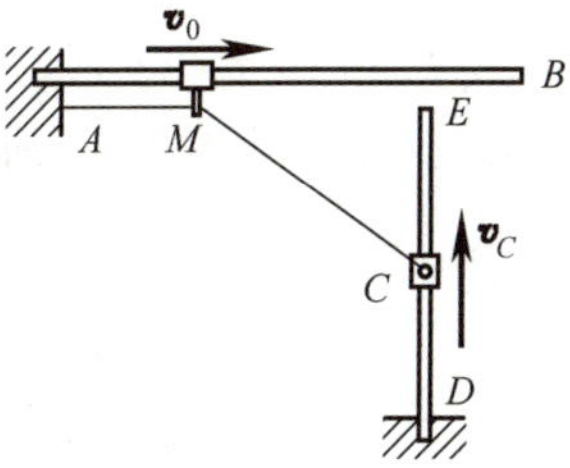

题 6-2 图

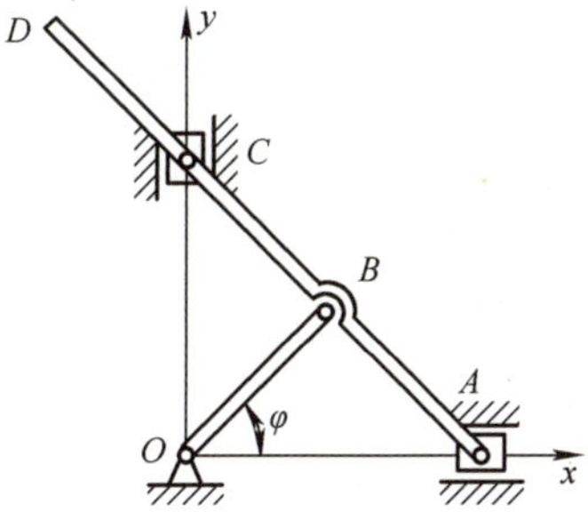

题 6-3 图

6-4　点的运动方程用直角坐标表示为 $x=5\sin 5t^2$，$y=5\cos 5t^2$，如改用弧坐标，自运动开始时的位置计算弧长，求点的弧坐标形式的运动方程。

（答案：$s=25t^2$）

6-5　小车 A 与 B 以绳索相连，如题 6-5 图所示，小车 A 高出小车 B 为 $h=1.5\text{m}$，令小车 A 以 $v_A=0.4\text{m/s}$ 匀速拉动小车 B，开始时 $BC=L_0=4.5\text{m}$，求 5s 后小车 B 的速度与加速度（滑轮尺寸不计）。

（答案：0.5m/s，0.045m/s^2）

6-6　套管 A 由绕过定滑轮 B 的绳索牵引而沿导轨上升，滑轮中心到导轨的距离为 l，如题 6-6 图所示。设绳索以等速 v_0 拉下，忽略滑轮尺寸。求套管 A 的速度和加速度分别与距离 x 的关系式。

（答案：$v=-\dfrac{v_0}{x}\sqrt{x^2+l^2}$，$a=-\dfrac{v_0^2 l^2}{x^3}$）

6-7　如题 6-7 图所示，杆 AB 长为 l，以匀角速度 ω 绕点 B 转动，其转动方程为 $\varphi=\omega t$。与杆 AB 连接的滑块 B 按规律 $s=a+b\sin\omega t$ 沿水平线做简谐振动，其中 a 和 b 均为数。求点 A 的运动轨迹方程。

（答案：$\dfrac{(x-a)^2}{(b+l)^2}+\dfrac{y^2}{l^2}=1$）

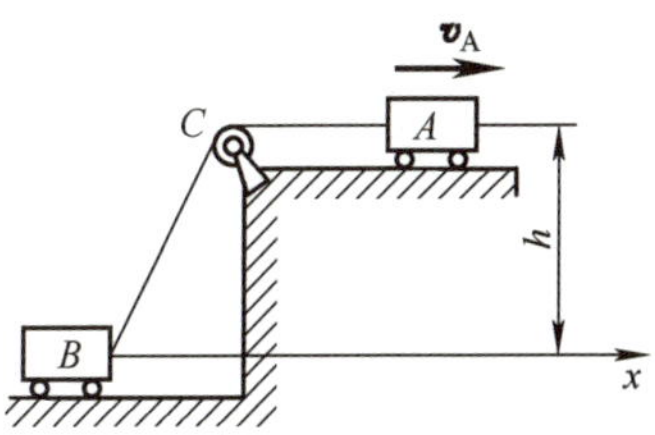

题 6-5 图

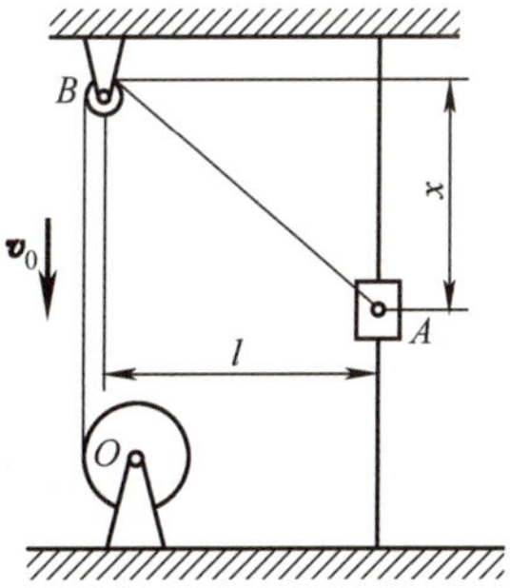

题 6-6 图

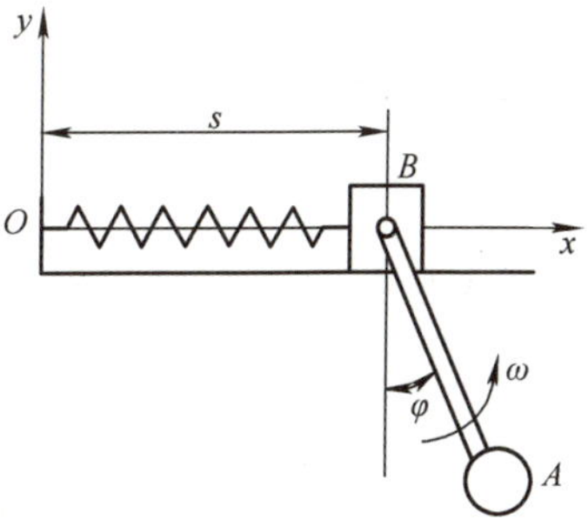

题 6-7 图

6-8　如题 6-8 图所示，某飞轮绕固定轴 O 转动，在转动过程中，其轮缘上任一点的加速度与轮半径的交角恒为 60°。当转动开始时其转角等于零，角速度为 ω_0，求飞轮的转动方程、角速度和转角间的关系。

（答案：$\varphi=\dfrac{\sqrt{3}}{3}\ln\dfrac{1}{1-\sqrt{3}\omega_0 t}$，$\omega=\omega_0 e^{\sqrt{3}\varphi}$）

6-9　如题6-9图所示，杆 AB 以匀速 $\boldsymbol{v}$ 沿竖直导轨向下运动，其一端 B 靠在直角杠杆 CDO 的 CD 边上，因而使杠杆绕导轨轴线上一点 O 转动。试求杠杆上一点 C 的速度和加速度大小（表示为角 φ 的函数）。假定 $OD=a$，$CD=2a$。

（答案：$v_C=\dfrac{\sqrt{5}v\cos^2\varphi}{\sin\varphi}$，$a_C=\dfrac{\sqrt{5}v^2}{a}\cot^3\varphi\ \sqrt{1+3\sin^2\varphi}$）

6-10　如题6-10图所示，在千斤顶机构中，摇柄 A 转动时，齿轮1、2、3、4与5开始转动，并带动千斤顶的齿条 B。各齿轮的齿数分别是：$z_1=6$，$z_2=24$，$z_3=8$，$z_4=32$；第5个齿轮的半径是 $r_5=4\text{cm}$。已知摇柄 A 以角速度 π rad/s 转动，求齿条的速度。

（答案：7.8mm/s）

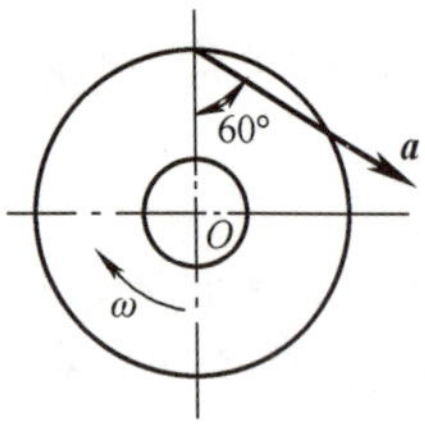

题6-8图

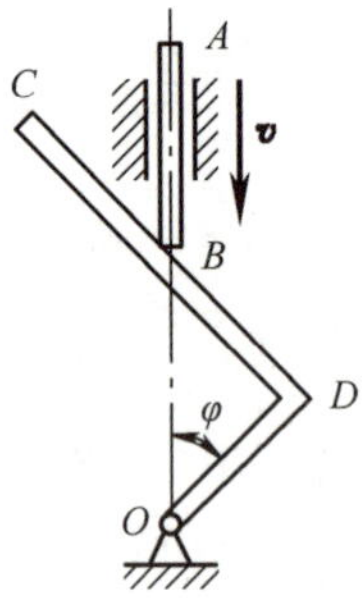

题6-9图

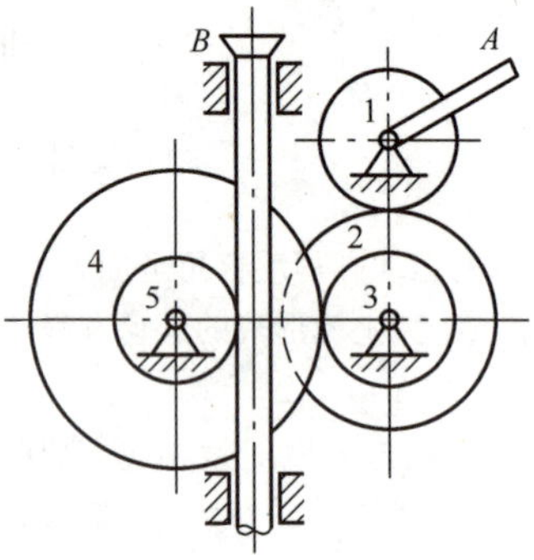

题6-10图

6-11　如题6-11图所示，摩擦传动机构的主动轴Ⅰ的转速为 $n=600\text{r/min}$。轴Ⅰ的轮盘与轴Ⅱ的轮盘接触，接触点按箭头 A 所示的方向移动。距离 d 的变化规律为 $d=100-5t$，其中 d 以 mm 计，t 以 s 计。已知 $r=50\text{mm}$，$R=150\text{mm}$。求：

（1）以距离 d 表示轴Ⅱ的角加速度；

（2）当 $d=r$ 时，轮 B 边缘上一点的全加速度。

（答案：$\alpha_2=\dfrac{\mathrm{d}\omega_2}{\mathrm{d}t}=\dfrac{5000\pi}{d^2}\text{rad/s}^2$，$a=592.176\text{m/s}^2$）

6-12　题6-12图所示机构中齿轮1紧固在杆 AC 上，$AB=O_1O_2$，齿轮1和半径为 r_2 的齿轮2啮合，齿轮2可绕 O_2 轴转动且和曲柄 O_2B 没有联系。设 $O_1A=O_2B=l$，$\varphi=b\sin\omega t$，试确定 $t=\dfrac{\pi}{2\omega}\text{s}$ 时，轮2的角速度和角加速度。

（答案：$\omega_2=\dfrac{b}{r_2}\omega l\cos\omega t$，$\alpha_2=-\dfrac{b}{r_2}\omega^2 l$）

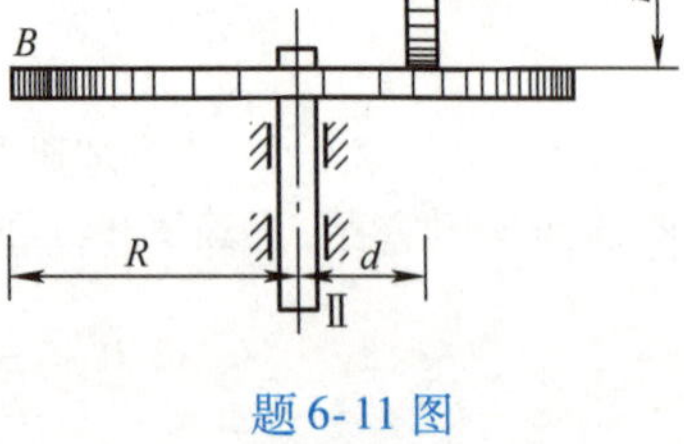

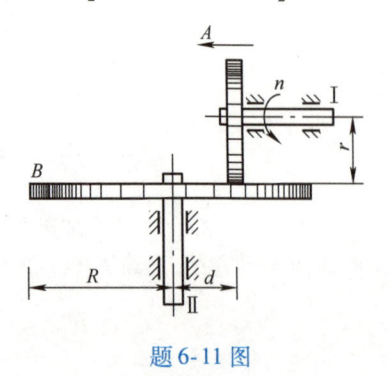

题6-11图

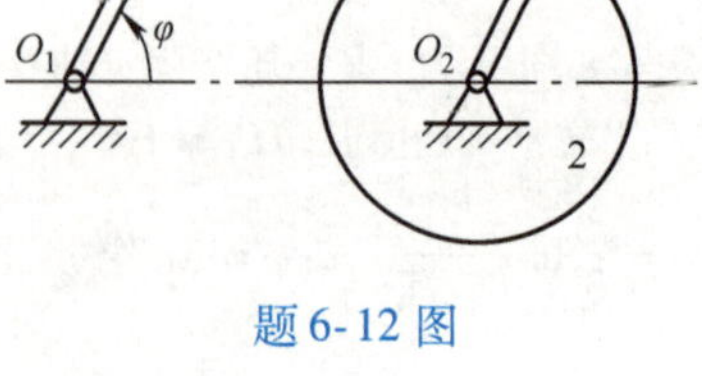

题6-12图

第 7 章

点的合成运动

工程中的机构往往由多个构件组成，各构件之间的运动关系可能非常复杂，上一章给出点运动的“数学求导法”（运动方程-速度-加速度）对于简单机构是可行的，但对于复杂运动机构就不太合适。

本章的基本思想是将点的运动分解为两种运动的叠加。如图 7-1 所示，点 M 相对于管 OB 运动，而管 OB 绕轴 O 做定轴转动，这时我们站在地面上看到的点 M 的运动是比较复杂的，但是点 M 相对管 OB 是直线运动，管 OB 相对地球是定轴转动，都是简单运动。我们可以把这两种简单运动按照一定的规则“叠加”，得到点 M 的复杂运动，这就是点的合成运动（也称复合运动）方法。

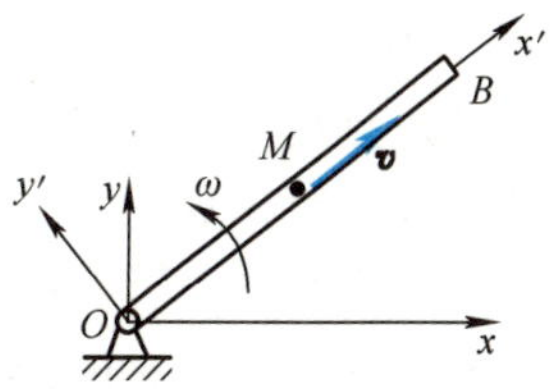

图 7-1

7.1 基本概念

7.1.1 动点、静坐标系、动坐标系

动点：研究对象，即被研究的运动点。它可以是单个点，也可以是刚体上的点。

静参考系简称静系（也称定系）：与静止或固定不动的物体固连的坐标系。一般民用工程研究地球上物体的运动，因此通常静系与地球固连。

动参考系简称动系：与静系（地球）有相对运动的刚体上固连的坐标系。

如图 7-1 中，点 M 为动点，与管 OB 固连的坐标系 $Ox'y'$ 为动系，与地球固连的坐标系 Oxy 为静系。

必须强调的是，动点、动系和静系必须选在三个不同的物体上，且三者之间必须有相对运动。为了方便，以后与地球固连的静系不必说明，与某刚体固连的动系直接称该刚体为动系，不必在刚体上画出。

7.1.2 绝对运动、相对运动、牵连运动

绝对运动：动点相对静系的运动。

相对运动：动点相对动系的运动。

牵连运动：动系相对静系的运动。

绝对运动和相对运动属于点的运动，而牵连运动属于刚体的运动，则牵连运动可以是平动、定轴转动或其他复杂运动。

如图 7-1 中，点 M 的相对运动为沿管 OB 的直线运动，牵连运动为管 OB 绕 O 点的定轴转动，绝对运动为复杂运动。

7.1.3 三种轨迹、速度和加速度

绝对轨迹、速度与加速度：动点相对静系的轨迹、速度$\boldsymbol{v}_a$与加速度 $\boldsymbol{a}_a$。

相对轨迹、速度与加速度：动点相对动系的轨迹、速度$\boldsymbol{v}_r$与加速度 $\boldsymbol{a}_r$。

牵连轨迹、速度与加速度：动系上与动点重合的点（称为**牵连点**）相对静系的轨迹、速度$\boldsymbol{v}_e$与加速度 $\boldsymbol{a}_e$。

仍以图 7-1 为例，点 M 的相对轨迹为沿 OB 的直线，相对速度沿 OB，牵连轨迹为管 OB 上与 M 重合的点所做的半径为 OM 的圆周运动轨迹，牵连速度为垂直于 OB、逆时针指向的速度（图中未画出）。显然，牵连点在动系上是随时变化的，不同时刻的牵连轨迹不同。再比如图 7-2 所示车床车刀切削工件的运动，以刀尖为动点，工件为动系，绝对运动为直线运动，牵连运动为定轴转动，相对运动为复杂的螺旋运动，相对轨迹为螺旋线。

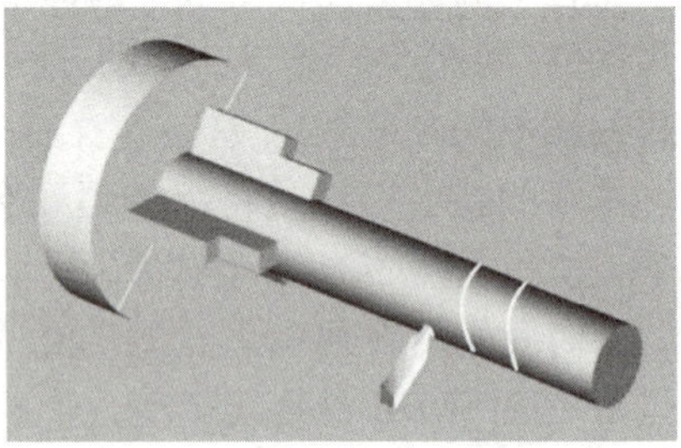

图 7-2

7.1.4 三种运动方程及其关系

与三种运动对应的有三种运动方程，三种运动方程之间具有一定的关系。以图 7-3 所示的运动为例，M 为动点，$Ox'y'$为动系，Oxy 为静系。

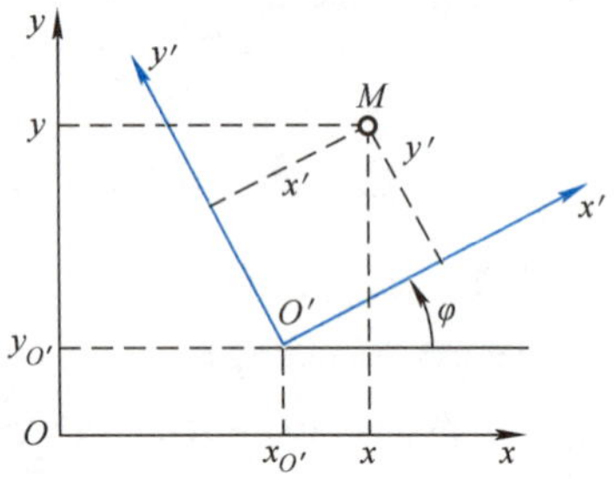

图 7-3

绝对运动方程：$x=x(t)$，$y=y(t)$

相对运动方程：$x'=x'(t)$，$y'=y'(t)$

牵连运动方程：$x_{O'}=x_{O'}(t)$，$y_{O'}=y_{O'}(t)$，$\varphi=\varphi(t)$

很容易给出图 7-3 中三种运动方程之间的关系：

$$x=x_{O'}+x'\cos\varphi-y'\sin\varphi$$

$$y=y_{O'}+x'\sin\varphi+y'\cos\varphi$$

例 7-1 如图 7-1 所示，设点 M 相对于管 OB 的运动方程为 $x'=vt^2$，管 OB 绕轴 O 以匀角速度 ω 转动。开始时，点 M 在点 O 位置，动系与静系重合，求点 M 的绝对运动方程。

解：设图 7-1 所示位置管 OB 与 x 轴的夹角为 θ，则点 M 的绝对运动方程为

$$x=x'_M\cos\theta=vt^2\cos\omega t$$

$$y=x'_M\sin\theta=vt^2\sin\omega t$$

7.2 速度合成定理

下面通过一个特例，研究点的相对速度$\boldsymbol{v}_r$、牵连速度$\boldsymbol{v}_e$与绝对速度$\boldsymbol{v}_a$三者之间的关系。设有一平板相对地面运动，板上刻有一曲线槽，槽内有一滑动的点 M，如图 7-4a 所示。

以 M 为动点，板为动系，Oxy 为定系。设 t 时刻点 M 位于位置 A，$t+\Delta t$ 时刻点 M 运动到了

位置 B，板上的槽由 AB' 运动到了 CB，如图 7-4b 所示，绝对轨迹和绝对位移为 $\overset{\frown}{AB}$ 和 $\overrightarrow{AB}$，牵连轨迹和牵连位移为 $\overset{\frown}{AC}$ 和 $\overrightarrow{AC}$，相对轨迹和相对位移为 $\overset{\frown}{AB'}$ 和 $\overrightarrow{AB'}$ 或 $\overset{\frown}{CB}$ 和 $\overrightarrow{CB}$。根据点运动的概念有

$$\boldsymbol{v}_{\mathrm{a}} = \lim_{\Delta t \to 0} \frac{\overrightarrow{AB}}{\Delta t},\ \boldsymbol{v}_{\mathrm{e}} = \lim_{\Delta t \to 0} \frac{\overrightarrow{AC}}{\Delta t},\ \boldsymbol{v}_{\mathrm{r}} = \lim_{\Delta t \to 0} \frac{\overrightarrow{AB'}}{\Delta t}$$

由于 $\overrightarrow{AB} = \overrightarrow{AC} + \overrightarrow{CB}$，则

$$\boldsymbol{v}_{\mathrm{a}} = \lim_{\Delta t \to 0} \frac{\overrightarrow{AB}}{\Delta t} = \lim_{\Delta t \to 0} \frac{\overrightarrow{AC}}{\Delta t} + \lim_{\Delta t \to 0} \frac{\overrightarrow{CB}}{\Delta t} = \boldsymbol{v}_{\mathrm{e}} + \lim_{\Delta t \to 0} \frac{\overrightarrow{CB}}{\Delta t}$$

当 $\Delta t \to 0$ 时，$\overset{\frown}{CB} \to \overset{\frown}{AB'}$，即 $\overrightarrow{CB} \to \overrightarrow{AB'}$，则 $\lim\limits_{\Delta t \to 0} \frac{\overrightarrow{CB}}{\Delta t} = \lim\limits_{\Delta t \to 0} \frac{\overrightarrow{AB'}}{\Delta t} = \boldsymbol{v}_{\mathrm{r}}$，因此得到

$$\boxed{\boldsymbol{v}_{\mathrm{a}} = \boldsymbol{v}_{\mathrm{e}} + \boldsymbol{v}_{\mathrm{r}}} \tag{7-1}$$

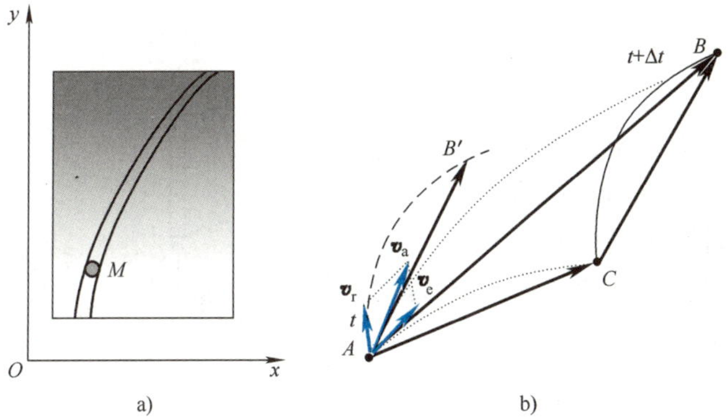

图　7-4

式（7-1）即为点的**速度合成定理**：动点在某瞬时的绝对速度等于它在该瞬时的牵连速度与相对速度的矢量和。即动点的绝对速度可以由牵连速度与相对速度所构成的平行四边形的对角线来确定。这个平行四边形称为**速度平行四边形**。

由此可知，无论点做平面运动还是空间运动，速度合成定理均为平面矢量表达式，可以求解两个未知量。用点的合成运动方法分析机构中各部件之间的运动关系，最关键的是动点、动系的选择。应选取运动系统中的特殊点为动点，以方便绝对运动、相对运动和牵连运动的分析。

关于点的速度合成定理严格的数学证明见第 7.4 节。

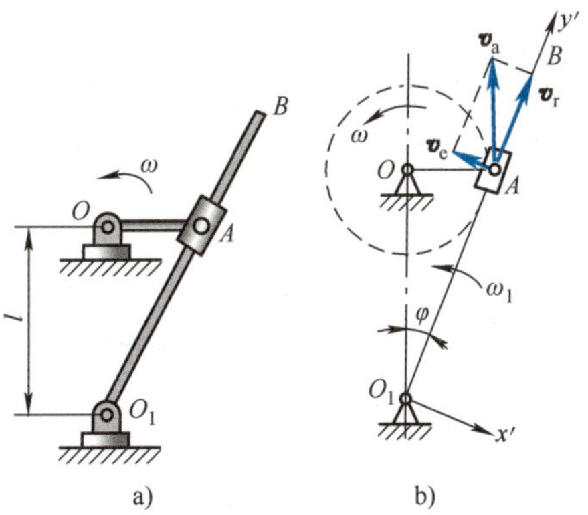

图　7-5

例 7-2　刨床的急回机构如图 7-5a 所示。曲柄 OA 的一端 A 与滑块用铰链连接。当曲柄 OA 以匀角速度 ω 绕固定轴 O 转动时，滑块 A 在摇杆 O_1B 上滑动，并带动杆 O_1B 绕定轴 O_1 摆动。设曲柄长为 $OA = r$，两轴间距离 $OO_1 = l$。求：曲柄在水平位置时摇杆的角速度 ω_1。

分析：本题求摇杆的角速度，只要求出摇杆上一点的速度，速度除以半径即可。应选滑

块 A 为动点，摇杆 O_1B 为动系，则绝对运动为绕 O 点的圆周运动，相对运动为沿 O_1B 的直线运动，牵连运动为绕 O_1 轴的定轴转动。

解：以滑块 A 为动点，摇杆 O_1B 为动系，速度图如图 7-5b 所示。

$$\boldsymbol{v}_a=\boldsymbol{v}_e+\boldsymbol{v}_r$$

由几何关系求得

$$v_e=v_a\sin\varphi=\omega r\frac{r}{\sqrt{r^2+l^2}}=\frac{\omega r^2}{\sqrt{r^2+l^2}}$$

因此摇杆的角速度为

$$\omega_1=\frac{v_e}{O_1A}=\frac{\omega r^2}{r^2+l^2}\text{（逆时针转向）}$$

例 7-3 如图 7-6a 所示凸轮顶杆机构。半径为 R、偏心距为 e 的凸轮，以角速度 ω 绕 O 轴转动，杆 AB 能在滑槽中上下平移，杆的端点 A 始终与凸轮接触，且 OAB 成一直线。当 OC 与 OA 垂直时，求 AB 的速度。

分析：本题各部件的特殊点有轮心 C 和接触点 A，但只能选 AB 上的接触点 A 为动点，否则相对运动不易分析。

解：以 AB 杆上 A 为动点，凸轮为动系。速度图如图 7-6b 所示。

$$\boldsymbol{v}_a=\boldsymbol{v}_e+\boldsymbol{v}_r$$

由几何关系求得

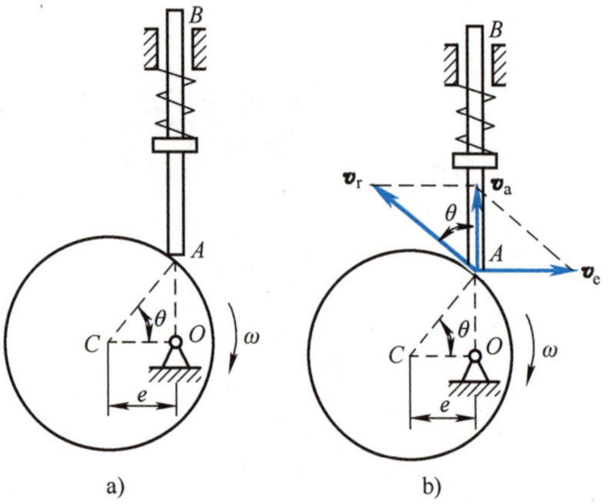

图 7-6

$$v_a=v_e\cot\theta=\omega\cdot OA\cdot\frac{e}{OA}=\omega e$$

即为 AB 的速度。

例 7-4 如图 7-7a 所示机构。半圆凸轮半径为 R，某时间段的速度为 $\boldsymbol{v}$。求 AB 杆的角速度（表示为 θ 的函数）。

分析：本题各部件的特殊点有轮心 O 和接触点 C，但只能选轮心 O 为动点，这样相对运动轨迹为平行于 AB 的直线。否则相对运动不易分析。

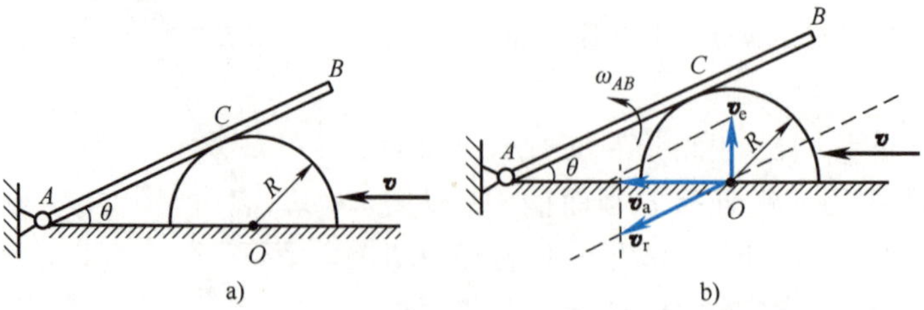

图 7-7

解：以轮心 O 为动点，AB 为动系。速度图如图 7-7b 所示。

$$\boldsymbol{v}_a=\boldsymbol{v}_e+\boldsymbol{v}_r$$

由几何关系求得

$$v_e = v_a \tan\theta = v\tan\theta$$

AB 杆的角速度为

$$\omega_{AB} = \frac{v_e}{OA} = \frac{v\tan\theta}{R/\sin\theta} = \frac{v\sin^2\theta}{R\cos\theta}\text{（逆时针转向）}$$

7.3　加速度合成定理

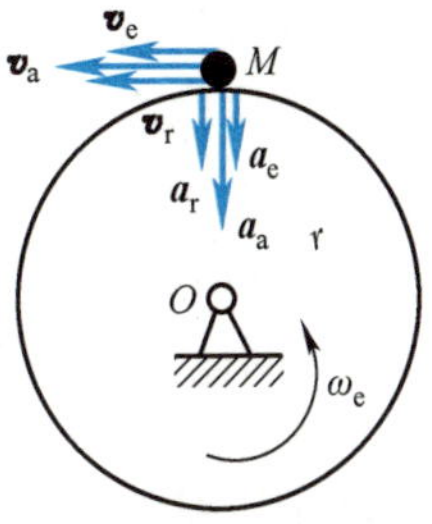

图　7-8

前面已经知道，动点在某瞬时的绝对速度等于牵连速度与相对速度的矢量和，能否由此推断动点的绝对加速度等于牵连加速度与相对加速度的矢量和？我们通过一个简单例子加以验证。如图 7-8 所示，半径为 r 的圆盘绕中心 O 以匀角速度 ω_e 逆时针转动，圆盘边缘上有一动点 M 以相对速度 $\boldsymbol{v}_r$ 沿边缘做匀速圆周运动，求 M 的加速度。

以 M 为动点，圆盘为动系，绝对运动、相对运动和牵连运动轨迹均为半径为 r 的圆周，则速度和加速度方向如图所示，大小为

$$v_a = v_e + v_r = \omega_e r + v_r$$

$$a_e = \omega_e^2 r,\ a_r = \frac{v_r^2}{r}$$

$$a_a = \frac{v_a^2}{r} = \frac{(v_e + v_r)^2}{r} = a_e + a_r + 2v_r\omega_e$$

由此看出：绝对加速度不等于牵连加速度与相对加速度之和，多出了一项 $2v_r\omega_e$。多出的这一项称为**科氏加速度**，用 a_C 表示，对于一般的相对运动结构，科氏加速度矢量为

$$\boxed{\boldsymbol{a}_C = 2\boldsymbol{\omega}_e \times \boldsymbol{v}_r} \tag{7-2}$$

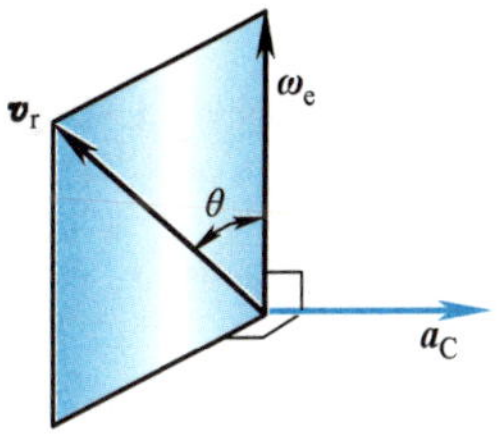

图　7-9

式中，$\boldsymbol{\omega}_e$ 为动系的角速度；$\boldsymbol{v}_r$ 为动点的相对速度。科氏加速度只与速度量有关，大小为 $a_C = 2\omega_e v_r \sin\langle \boldsymbol{\omega}_e, \boldsymbol{v}_r\rangle$，方向与数学中矢量叉乘的概念一样，垂直于 $\boldsymbol{\omega}_e$ 与 $\boldsymbol{v}_r$ 确定的平面，指向由右手螺旋法则确定，如图 7-9 所示。显然，当动系为平动（$\omega_e = 0$）或 $\boldsymbol{\omega}_e /\!/ \boldsymbol{v}_r$ 时 $a_C = 0$。

加速度合成定理为

$$\boxed{\boldsymbol{a}_a = \boldsymbol{a}_e + \boldsymbol{a}_r + \boldsymbol{a}_C} \tag{7-3a}$$

即动点在某瞬时的绝对加速度等于其牵连加速度、相对加速度与科氏加速度的矢量和。关于加速度合成定理的数学证明见第 7.4 节。

需要说明的是，当点的绝对运动、相对运动、牵连运动轨迹为曲线时，其加速度通常表示为法向加速度和切向加速度之和，所以，加速度合成定理（7-3a）最普遍的形式为

$$\boxed{\boldsymbol{a}_a^n + \boldsymbol{a}_a^t = \boldsymbol{a}_e^n + \boldsymbol{a}_e^t + \boldsymbol{a}_r^n + \boldsymbol{a}_r^t + \boldsymbol{a}_C} \tag{7-3b}$$

由于法向加速度 $a_n = \dfrac{v^2}{\rho}$，所以在加速度分析以前，通常首先进行速度分析，这样，式（7-3b）中的所有法向加速度和科氏加速度均为已知。而切向加速度大小一般都是未知的，方向虽然与

法向加速度垂直，但指向未知，在加速度分析图上可以假设，最后根据求解结果的正负号来判定假设指向的对错。

另外，当式（7-3b）中的各项加速度都在同一平面内时，通过投影可求解两个未知量；否则，式（7-3b）对应的加速度图为空间矢量图，通过投影可求解三个未知量。

例 7-5 地球上运动物体的科氏加速度分析。

分析：设在北半球有向北运动的物体，速度为$\boldsymbol{v}_r$，由于地球自转的角速度矢量 $\boldsymbol{\omega}$ 指向北，则科氏加速度指向西，如图 7-10 所示。

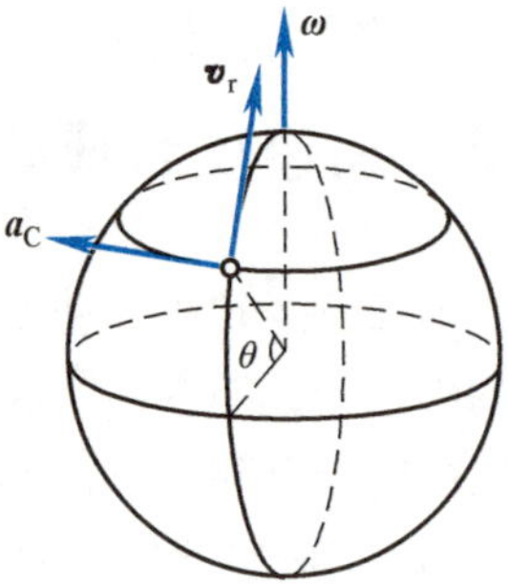

图 7-10

读者可自行分析其他方向运动物体的科氏加速度，还可以进一步分析科氏加速度引起的力（称为**科氏力**）及其产生的作用效应。

例 7-6 图 7-11a 所示曲柄滑杆机构，已知曲柄 OA 长度为 R，某时间段滑杆以匀速$\boldsymbol{v}$向右滑动。求曲柄的角速度和角加速度（用曲柄的转角 φ 表示）。

分析：类似例 7-2 的分析，应选滑块 A 为动点，滑杆为动系。动系做平动，科氏加速度为零。

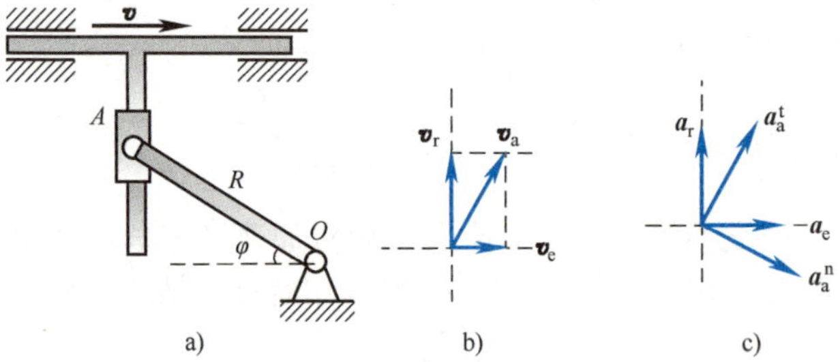

图 7-11

解：选滑块 A 为动点，滑杆为动系，速度分析如图 7-11b 所示。

$$\boldsymbol{v}_a = \boldsymbol{v}_e + \boldsymbol{v}_r$$

由几何关系求得

$$v_a = \frac{v_e}{\sin\varphi} = \frac{v}{\sin\varphi}$$

因此曲柄的角速度为

$$\omega_{OA} = \frac{v_a}{R} = \frac{v}{R\sin\varphi} \text{（顺时针转向）}$$

加速度分析如图 7-11c 所示。其中$\boldsymbol{a}_a^t$ 和$\boldsymbol{a}_r$ 的指向为假设，$a_e = 0$，则

$$\boldsymbol{a}_a^n + \boldsymbol{a}_a^t = \boldsymbol{a}_e + \boldsymbol{a}_r = \boldsymbol{a}_r$$

在垂直于$\boldsymbol{a}_r$ 方向投影，得

$$a_a^n\cos\varphi + a_a^t\sin\varphi = 0$$

则

$$a_a^t = -a_a^n\cot\varphi = -\omega_{OA}^2 R\cot\varphi$$

所以

$$\alpha_{OA}=\frac{a_a^t}{R}=-\frac{v^2\cos\varphi}{R\sin^3\varphi}\text{（逆时针转向）}$$

a_a^t 为负值，表示与假设的方向相反。

例7-7　图7-12a所示机构，已知偏心轮半径为R，偏心距为e，角速度和角加速度如图所示。求滑杆AB的速度和加速度（用转角φ表示）。

分析：类似例7-4的分析，应选轮心C为动点，滑杆为动系。动系为平动，科氏加速度为零。

解：选轮心C为动点，滑杆为动系，速度分析如图7-12b所示。

$$\boldsymbol{v}_a=\boldsymbol{v}_e+\boldsymbol{v}_r$$

由几何关系求得AB的速度

$$v_{AB}=v_e=v_a\cos\varphi=\omega e\cos\varphi$$

加速度分析如图7-12c所示。其中$\boldsymbol{a}_e$和$\boldsymbol{a}_r$的指向为假设，且

$$\boldsymbol{a}_a^n+\boldsymbol{a}_a^t=\boldsymbol{a}_e+\boldsymbol{a}_r$$

在垂直于$\boldsymbol{a}_r$方向投影，得

$$-a_a^n\sin\varphi+a_a^t\cos\varphi=a_e$$

得AB的加速度

$$a_{AB}=a_e=-a_a^n\sin\varphi+a_a^t\cos\varphi=-\omega^2e\sin\varphi+\alpha e\cos\varphi$$

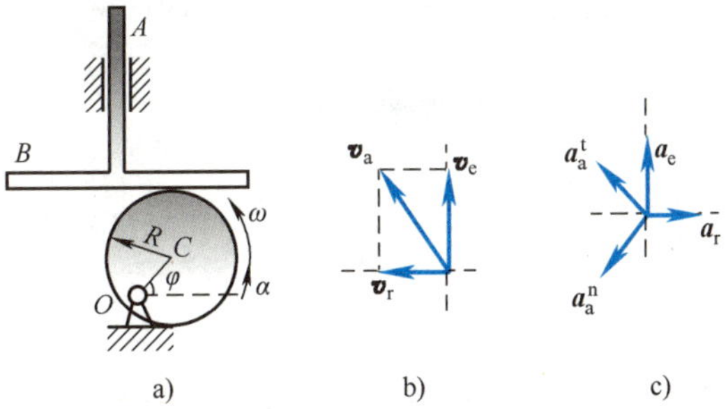

图　7-12

例7-8　求例7-3中AB的加速度。

分析：动系为定轴转动，科氏加速度不为零。

解：以AB杆上A为动点，凸轮为动系。加速度如图7-13所示。其中$\boldsymbol{a}_r^t$和$\boldsymbol{a}_a$的指向为假设，有

$$\boldsymbol{a}_a=\boldsymbol{a}_e^n+\boldsymbol{a}_e^t+\boldsymbol{a}_r^n+\boldsymbol{a}_r^t+\boldsymbol{a}_C$$

在垂直于$\boldsymbol{a}_r^t$方向投影，得

$$a_a\sin\theta=-a_e^n\sin\theta+a_e^t\cos\theta-a_r^n+a_C$$

而

$$a_e^n=\omega^2OA,\ a_e^t=0,\ a_r^n=v_r^2/R,\ a_C=2\omega v_r$$

由图7-6b求得

$$v_r=v_e/\sin\theta=\omega R$$

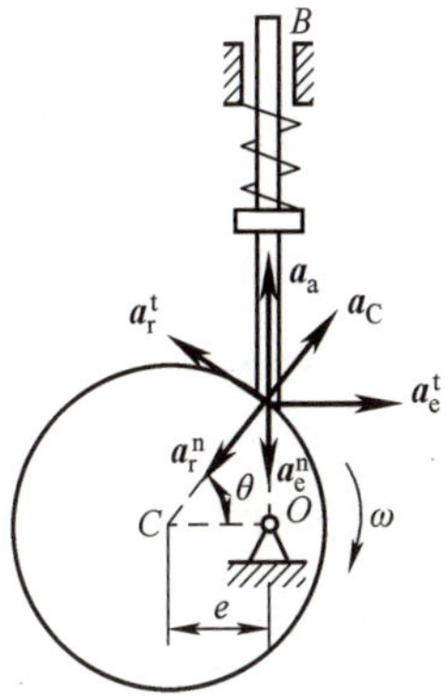

图　7-13

代入前式得到 AB 的加速度

$$a_{AB}=a_a=\frac{\omega^2e^2}{OA}=\frac{\omega^2e^2}{\sqrt{R^2-e^2}}$$

例 7-9 图 7-14a 所示平面机构中，曲柄 $OA=r$，以匀角速度 ω_O 转动，套筒 A 沿 BC 杆滑动。已知：$BC=DE$，且 $BD=CE=l$。求当 BD 与铅垂方向成 60°夹角、OA 与水平方向成 30°夹角位置时，杆 BD 的角速度和角加速度。

分析：本题杆件较多，但为便于相对运动分析，仍需以滑块 A 为动点，相对滑动的杆 BC 为动系。由于 BC 做平动，求出 BC 上 A 点（牵连点）的速度及切向加速度（即为 B 点的速度及切向加速度）后，除以半径 BD，即得到杆 BD 的角速度和角加速度。动系为平动，科氏加速度为零。

解：以滑块 A 为动点，BC 杆为动系。速度分析如图 7-14b 所示。

$$\boldsymbol{v}_a=\boldsymbol{v}_e+\boldsymbol{v}_r$$

由几何关系知 $v_e=v_r=v_a=\omega_O r$，则杆 BD 的角速度为

$$\omega_{BD}=\frac{v_B}{BD}=\frac{v_e}{l}=\frac{\omega_O r}{l}\text{（逆时针转向）}$$

加速度分析如图 7-14c 所示。其中 $\boldsymbol{a}_e^t$ 和 $\boldsymbol{a}_r$ 的指向为假设，有

$$\boldsymbol{a}_a=\boldsymbol{a}_e^n+\boldsymbol{a}_e^t+\boldsymbol{a}_r$$

其中 $a_a=\omega_O^2r$，$a_e^n=\omega_{BD}^2BD=\omega_O^2r^2/l$，上式向铅垂方向投影，得

$$a_a\sin30°=a_e^t\cos30°-a_e^n\sin30°$$

解得 $a_e^t=\dfrac{\sqrt{3}\omega_O^2r^2(l+r)}{3l}$，所以杆 BD 的角加速度为

$$\alpha_{BD}=\frac{a_B^t}{BD}=\frac{a_e^t}{l}=\frac{\sqrt{3}\omega_O^2r^2(l+r)}{3l^2}\text{（逆时针转向）}$$

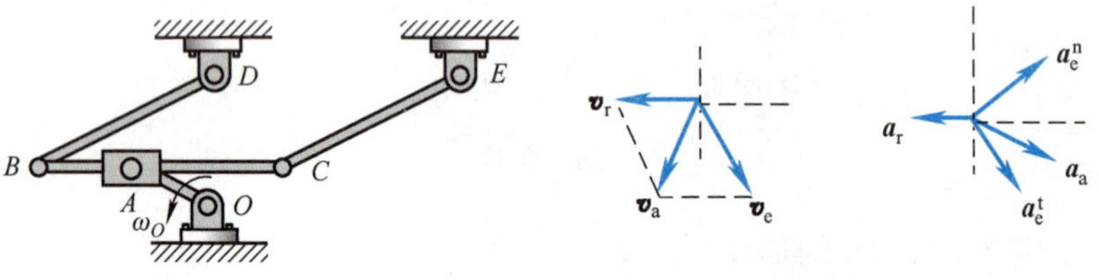

a) b) c)

图 7-14

例 7-10 如图 7-15a 所示，杆 AB 和圆环 E 均以匀角速度 ω 做定轴转动，图示瞬时，杆 AB 与圆环半径 DE 垂直，$AB=DE=R$。求该瞬时两物体的交点 P 的速度和加速度的大小。

分析：两物体的交点 P 可用有形的套环 P 来代替，以便于理解。套环 P 在两个已知运动规律的杆上滑动，应当取套环 P 为动点，杆 AB 和圆环 E 为动系，两次动系得到的绝对速度和绝对加速度相同。科氏加速度不为零。

解：以交点 P 为动点，杆 AB 和圆环 E 为两次动系。速度分析如图 7-15b 所示。其中 $\boldsymbol{v}_{r1}$ 和 $\boldsymbol{v}_{r2}$ 的指向为假设，有

$$\boldsymbol{v}_P=\boldsymbol{v}_a=\boldsymbol{v}_{e1}+\boldsymbol{v}_{r1}=\boldsymbol{v}_{e2}+\boldsymbol{v}_{r2}$$

其中 $v_{e1}=\omega_{AB}AB=\omega R$，$v_{e2}=\omega_E DB=\sqrt{2}\omega R$，上式向水平方向和铅垂方向投影得

$$v_{r1}=v_{e2}\cos45°=\omega R,\ v_{e1}=-v_{r2}+v_{e2}\sin45°$$

则

$$v_{r2}=0,\ v_P=\sqrt{v_{r1}^2+v_{e1}^2}=v_{e2}=\sqrt{2}\omega R$$

加速度分析如图 7-15c 所示。其中$\boldsymbol{a}_{r2}^{t}$和$\boldsymbol{a}_{r1}$的指向为假设，有

$$\boldsymbol{a}_P=\boldsymbol{a}_a=\boldsymbol{a}_{e1}+\boldsymbol{a}_{r1}+\boldsymbol{a}_{C1}=\boldsymbol{a}_{e2}+\boldsymbol{a}_{r2}^{n}+\boldsymbol{a}_{r2}^{t}+\boldsymbol{a}_{C2}$$

向水平方向投影得

$$-a_{e1}+a_{r1}=a_{e2}\cos45°+a_{r2}^{n}-a_{C2}$$

而

$$a_{e1}=\omega_{AB}^2AB=\omega^2R,\ a_{e2}=\omega_E^2DB=\sqrt{2}\omega^2R$$

$$a_{r2}^{n}=\frac{v_{r2}^2}{R}=0,\ a_{C2}=2\omega_E v_{r2}=0$$

代入求得 $a_{r1}=2\omega^2R$，所以

$$a_P=\sqrt{(a_{r1}-a_{e1})^2+a_{C1}^2}=\sqrt{(\omega^2R)^2+(2\omega v_{r1})^2}=\sqrt{5}\omega^2R$$

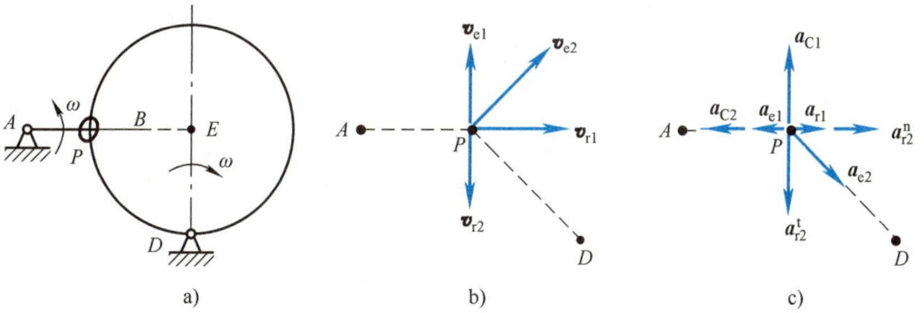

图　7-15

例 7-11　如图 7-16a 所示的机构中，杆 OA 以匀角速度 ω 转动，$OA=r$，图示瞬时，$OA\perp OB$。求该瞬时杆 AD 的角速度和角加速度。

分析：本题虽然有套筒在杆上滑动，但套筒做定轴转动，不能以套筒为动点。而应当以 A 为动点，套筒为动系。求出套筒上 A 点（牵连点）的速度及切向加速度后，除以 AB，即得到杆 AD 的角速度和角加速度。动系为定轴转动，科氏加速度不为零。

解：以 A 为动点，套筒为动系。速度分析如图 7-16b 所示。

$$\boldsymbol{v}_a=\boldsymbol{v}_e+\boldsymbol{v}_r$$

由 $v_A=v_a=\omega r$，解得

$$v_r=v_a\cos30°=\frac{\sqrt{3}}{2}\omega r,\ v_e=v_a\sin30°=\frac{1}{2}\omega r$$

则杆 AD 的角速度为

$$\omega_{AD}=\frac{v_e}{AB}=\frac{\omega}{4}\text{（逆时针转向）}$$

加速度分析如图 7-16c 所示。其中$\boldsymbol{a}_e^{t}$ 和$\boldsymbol{a}_r$ 的指向为假设，有

$$\boldsymbol{a}_a = \boldsymbol{a}_e^n + \boldsymbol{a}_e^t + \boldsymbol{a}_r + \boldsymbol{a}_C$$

其中 $a_a = \omega^2 r$，$a_C = 2\omega_{AD} v_r = \frac{\sqrt{3}}{4}\omega^2 r$，上式向铅垂于 AB 方向投影得

$$a_a \cos 30° = a_e^t + a_C$$

解得 $a_e^t = \frac{\sqrt{3}\omega^2 r}{4}$，所以杆 AD 的角加速度为

$$\alpha_{AD} = \frac{a_e^t}{AB} = \frac{\sqrt{3}\omega^2}{8}\text{（逆时针转向）}$$

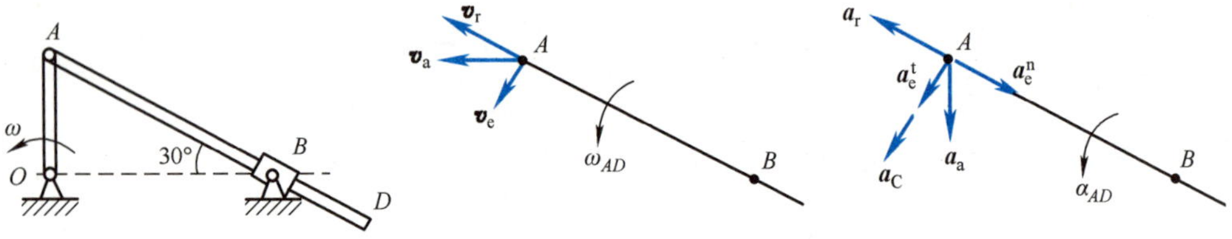

图 7-16

例 7-12 图 7-17a 所示圆盘绕 AB 轴转动，其角速度 $\omega = 2t$ rad/s。点 M 沿圆盘直径离开中心向外缘运动，其运动规律为 $OM = 40t^2$mm。半径 OM 与 AB 轴间成 60°倾角。求当 $t = 1$s 时点 M 的绝对加速度的大小。

分析：本题只有一个点相对一个刚体运动，因此动点、动系的选择比较明显。各加速度是空间矢量关系，科氏加速度不为零。

解：以 M 为动点，圆盘为动系。加速度分析如图 7-17b 所示，$\boldsymbol{a}_a$ 的大小和方向未知（图中未画出），有

$$\boldsymbol{a}_a = \boldsymbol{a}_e^n + \boldsymbol{a}_e^t + \boldsymbol{a}_r + \boldsymbol{a}_C$$

而

$$v_r = \frac{\mathrm{d}OM}{\mathrm{d}t} = 80t\ \text{mm/s} = 80\text{mm/s},\ a_r = \frac{\mathrm{d}^2 OM}{\mathrm{d}t^2} = 80\text{mm/s}^2$$

$$a_e^n = \omega^2 OM\ \sin 60° = 138.56\text{mm/s}^2$$

$$a_e^t = \alpha OM\ \sin 60° = 2 \times OM\ \sin 60° = 69.28\text{m/s}^2$$

$$a_C = 2\omega v_r \sin 60° = 277.12\text{mm/s}^2$$

将 $\boldsymbol{a}_a = \boldsymbol{a}_e^n + \boldsymbol{a}_e^t + \boldsymbol{a}_r + \boldsymbol{a}_C$ 两边向三个坐标轴方向投影得

$$a_a^x = a_e^t + a_C = 346.4\text{mm/s}^2,\ a_a^y = a_r \cos 60° = 40\text{mm/s}^2$$

$$a_a^z = a_r \sin 60° - a_e^n = -69.28\text{mm/s}^2$$

则 M 点的加速度为

$$a_M = \sqrt{(a_a^x)^2 + (a_a^y)^2 + (a_a^z)^2} = 355.52\text{mm/s}^2$$

例 7-13 图 7-18a 所示公路上行驶的两车速度都恒为 20m/s。图示瞬时，

（1）在 A 车中的观察者看 B 车的速度、加速度应为多大？

（2）在 B 车中的观察者看 A 车的速度、加速度应为多大？

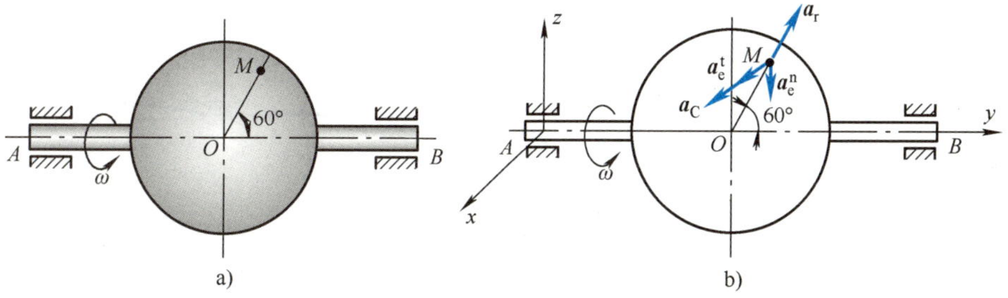

图　7-17

分析：本题将车看作点而不是刚体来处理，否则不能叙述为车的速度是多少。观察者乘坐的车为动系，被观察的车为动点。

解：(1) 由题意，应以 B 为动点，A 为动系，速度分析如图 7-18b 所示。

$$\boldsymbol{v}_a(\boldsymbol{v}_B)=\boldsymbol{v}_e(\boldsymbol{v}_A)+\boldsymbol{v}_r$$

上式两边向 x、y 轴投影得

$$-v_B\boldsymbol{i}=v_A\cos30°\boldsymbol{i}+v_A\sin30°\boldsymbol{j}+\boldsymbol{v}_r$$

代入数值求得

$$\boldsymbol{v}_r=-(37.32\boldsymbol{i}+10\boldsymbol{j})\text{m/s}$$

加速度分析：动系为平动系，没有科氏加速度，A 车加速度为零。则

$$\boldsymbol{a}_a(\boldsymbol{a}_B)=\boldsymbol{a}_e(\boldsymbol{a}_A)+\boldsymbol{a}_r=\boldsymbol{a}_r$$

即

$$a_r=a_B=\frac{v_B^2}{R}=\frac{20^2}{100}\text{m/s}^2=4\text{m/s}^2(\text{沿 }y\text{ 轴负向})$$

(2) 这时，应以 A 为动点，B 为动系。若观察者在 B 车上随车旋转，坐在车上直视前方，则动系为转动系。速度分析如图 7-18c 所示，且

$$\boldsymbol{v}_a(\boldsymbol{v}_A)=\boldsymbol{v}_e+\boldsymbol{v}_r$$

上式两边向 x、y 轴投影得

$$v_A\cos30°\boldsymbol{i}+v_A\sin30°\boldsymbol{j}=-v_e\boldsymbol{i}+\boldsymbol{v}_r$$

这里 $v_e=\omega_e\times150\text{m}=\dfrac{v_B}{100\text{m}}\times150\text{m}=30\text{m/s}$，代入求得

$$\boldsymbol{v}_r=(47.32\boldsymbol{i}+10\boldsymbol{j})\text{m/s}$$

加速度分析如图 7-18d 所示，因动系为转动系，有科氏加速度，则

$$\boldsymbol{a}_a(\boldsymbol{a}_A)=\boldsymbol{a}_e+\boldsymbol{a}_r+\boldsymbol{a}_C$$

这里

$$a_A=0,\ \boldsymbol{a}_e=-\omega_e^2\times150\text{m}\boldsymbol{j}=-\left(\frac{v_B}{100\text{m}}\right)^2\times150\text{m}\boldsymbol{j}=-6\boldsymbol{j}\text{m/s}^2$$

$$\boldsymbol{a}_C=2\boldsymbol{\omega}_e\times\boldsymbol{v}_r=2\frac{v_B}{100\text{m}}\boldsymbol{k}\times(47.32\boldsymbol{i}+10\boldsymbol{j})\text{m/s}=(18.93\boldsymbol{j}-4\boldsymbol{i})\text{m/s}^2$$

则

$$\boldsymbol{a}_r=-\boldsymbol{a}_e-\boldsymbol{a}_C=(4\boldsymbol{i}-12.93\boldsymbol{j})\text{m/s}^2$$

结果表明，在 A 车中的观察者看 B 车，与在 B 车中的观察者看 A 车的情况不一样。

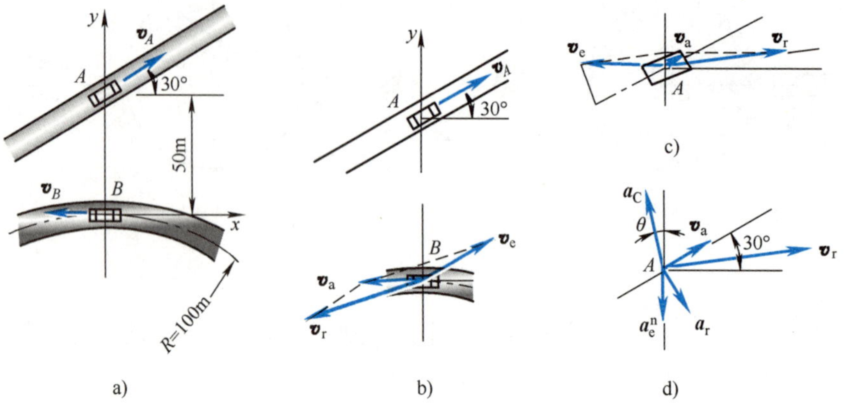

图 7-18

讨论：(1) 汽车是刚体还是点？给出汽车的速度，那就认为是点，因为不能说刚体的速度（平动刚体例外），而只能说刚体上点的速度。

(2) 无论是“在 A 车中的观察者看 B 车”还是“在 B 车中的观察者看 A 车”，被观察者一定是点；而“观察者”也处于刚体上某个“点”，如果把车看作点（如题中的文字叙述），在点上建立动系也就不存在什么转动系。

(3) 如果把车看作刚体，就不能如题中的文字叙述那样，说车的速度是多少，应该说车上某乘客所在位置点的速度。这时在车上建立动系，就与车的运动情况有关了，如 B 车的动系为转动，A 车的动系为平动。而这时，动系车上的观察者就是刚体的一部分，与刚体之间不能有任何相对运动，是“在刚体上”看对方，而不是“在点上”看。

列举一个实际中的例子：假设警车车顶安装有摄像头，如果摄像头是完全固定在车顶，只能随车对前方拍摄，那么动系（警车）就是刚体；如果摄像头具有动态跟踪功能，即随被观察对象可相对警车旋转，拍摄方向永远指向拍摄对象，那么摄像头拍到的图像就与固定摄像头拍摄的图像不一样，这时动系为警车上安装的摄像头；若摄像头一直指向某一个方向（类似指南针），则动系摄像头为平动系。

7.4 小结与学习指导

1. 重点与难点

重点：点的速度合成定理和加速度合成定理。

难点：牵连点及牵连轨迹、速度、加速度概念的理解，相对运动分析，加速度合成定理的应用；科氏加速度概念的理解与计算；速度合成定理和加速度合成定理的推导。

2. 做题方法步骤

(1) 选动点、动系。

(2) 速度、加速度分析，画出速度平行四边形及加速度合成图。

(3) 用几何法或解析法求解未知量。

3. 几类典型结构动点、动系的选择

（1）结构中有孤立点、滑块、套环、套筒等在刚体上滑动时，选它们为动点，它们相对滑动的刚体为动系。如例 7-1、例 7-2、例 7-6、例 7-9、例 7-10、例 7-12。

（2）互相接触的刚体，其中一个刚体上的接触点位置始终保持不变，将此刚体上不变的接触点选为动点，与其接触的另一刚体为动系。如例 7-3。

（3）互相接触的刚体，两刚体上接触点的位置均随时间发生变化，则两刚体上的接触点均不能选为动点，必须选某刚体上的其他特殊点为动点，另一刚体为动系（便于分析相对运动）。如例 7-4、例 7-7。

（4）其他结构。如例 7-11、例 7-13。

4. 重点难点概念及做题方法指导

（1）速度求解时，应画出速度平行四边形，且绝对速度为四边形的对角线。

（2）加速度求解时，若某些加速度的指向不能确定，应先假设方向，再根据求解结果的正负号判定真实指向（类似静力学中未知约束力方向的判定）。

（3）利用解析法（投影法）求解未知量时，要根据速度（或加速度）图，将速度（或加速度）合成定理的矢量式等号两边分别向投影轴投影，而不是像静力学那样写成投影之和为零的形式。

（4）速度合成定理为平面矢量关系式，可求解两个未知量；加速度合成定理可以是平面矢量，也可以是空间矢量关系式，为平面矢量时，可求解两个未知量，为空间矢量时，可求解三个未知量。

（5）动系只要不是平动刚体，均产生科氏加速度。

（6）公式$\dfrac{\mathrm{d}v_{\mathrm{e}}}{\mathrm{d}t}=a_{\mathrm{e}}^{\mathrm{t}}$及$\dfrac{\mathrm{d}v_{\mathrm{r}}}{\mathrm{d}t}=a_{\mathrm{r}}^{\mathrm{t}}$成立，但一般不要应用此式求解加速度，以免出错。

5. 速度合成定理和加速度合成定理的数学严格证明

如图 7-19 所示，取 $Oxyz$ 为定坐标系，$O'x'y'z'$ 为动坐标系，动系坐标原点 O' 在定系中的矢径为 $\boldsymbol{r}_{O'}$，沿动系坐标轴的三个单位矢量分别为 $\boldsymbol{i}'$、$\boldsymbol{j}'$、$\boldsymbol{k}'$。动点 M 在定系中的矢径为 $\boldsymbol{r}_M$，在动系中的矢径为 $\boldsymbol{r}'$。由图中几何关系有

$$\boldsymbol{r}_M=\boldsymbol{r}_{O'}+\boldsymbol{r}' \tag{a}$$

而

$$\boldsymbol{r}'=x'\boldsymbol{i}'+y'\boldsymbol{j}'+z'\boldsymbol{k}' \tag{b}$$

其中 x'、y'、z' 为动点 M 在动系中的坐标。

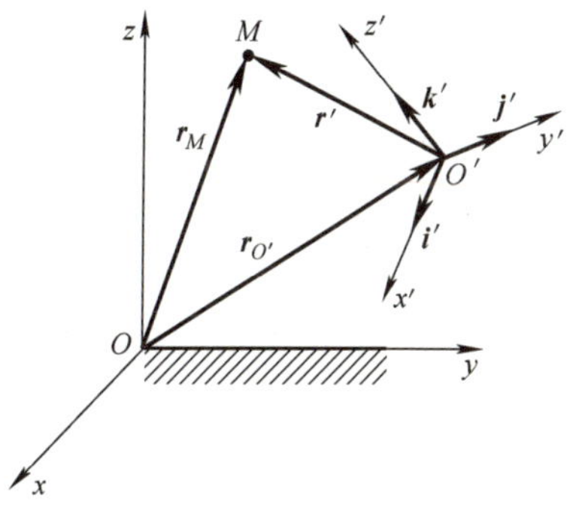

图　7-19

速度合成定理的证明

由定义，瞬时 t 的相对速度为

$$\boldsymbol{v}_{\mathrm{r}}=\frac{\mathrm{d}\boldsymbol{r}'}{\mathrm{d}t}=\frac{\mathrm{d}x'}{\mathrm{d}t}\boldsymbol{i}'+\frac{\mathrm{d}y'}{\mathrm{d}t}\boldsymbol{j}'+\frac{\mathrm{d}z'}{\mathrm{d}t}\boldsymbol{k}' \tag{c}$$

由于相对速度是动点相对于动参考系的速度，因此在求导时将动系的三个单位矢量 $\boldsymbol{i}'$、$\boldsymbol{j}'$、$\boldsymbol{k}'$ 视为恒矢量。

记瞬时 t 动点 M 的牵连点为 M_1，由于该瞬时点 M_1 与动点 M 重合，因此点 M_1 在动坐标

系中的坐标为 x'、y'、z'。注意到点 M_1 是动系上的一点，它在动系中的坐标是常数，故点 M_1 在定系中的运动方程（矢径）为

$$\boldsymbol{r}_1=\boldsymbol{r}_M\big|_{x',y',z'=\text{常数}} \tag{d}$$

利用式（a）和式（b），得到牵连速度的表达式

$$\boldsymbol{v}_e=\frac{d\boldsymbol{r}_1}{dt}=\frac{d\boldsymbol{r}_{O'}}{dt}+x'\frac{d\boldsymbol{i}'}{dt}+y'\frac{d\boldsymbol{j}'}{dt}+z'\frac{d\boldsymbol{k}'}{dt} \tag{e}$$

利用式（b），将式（a）两边对时间 t 求导数有

$$\boldsymbol{v}_a=\frac{d\boldsymbol{r}}{dt}=\frac{d\boldsymbol{r}_{O'}}{dt}+x'\frac{d\boldsymbol{i}'}{dt}+y'\frac{d\boldsymbol{j}'}{dt}+z'\frac{d\boldsymbol{k}'}{dt}+\frac{dx'}{dt}\boldsymbol{i}'+\frac{dy'}{dt}\boldsymbol{j}'+\frac{dz'}{dt}\boldsymbol{k}' \tag{f}$$

利用式（c）和式（e）即得到速度合成定理式（7-1）。

应该指出，在上述推导过程中并未限制动参考系做什么样的运动，因此这个定理适用于牵连运动是任何运动的情况。

加速度合成定理的证明

由定义，相对加速度为

$$\boldsymbol{a}_r=\frac{d^2\boldsymbol{r}'}{dt^2}=\frac{d^2x'}{dt^2}\boldsymbol{i}'+\frac{d^2y'}{dt^2}\boldsymbol{j}'+\frac{d^2z'}{dt^2}\boldsymbol{k}' \tag{g}$$

式（d）对时间 t 求二阶导数得牵连加速度

$$\boldsymbol{a}_e=\frac{d^2\boldsymbol{r}_1}{dt^2}=\frac{d^2\boldsymbol{r}_{O'}}{dt^2}+x'\frac{d^2\boldsymbol{i}'}{dt^2}+y'\frac{d^2\boldsymbol{j}'}{dt^2}+z'\frac{d^2\boldsymbol{k}'}{dt^2} \tag{h}$$

设图 7-19 中的动参考系的角速度矢量为 $\boldsymbol{\omega}_e$，由式（6-18）将动系的三个单位矢量对时间 t 的导数表示为

$$\frac{d\boldsymbol{i}'}{dt}=\boldsymbol{\omega}_e\times\boldsymbol{i}',\ \frac{d\boldsymbol{j}'}{dt}=\boldsymbol{\omega}_e\times\boldsymbol{j}',\ \frac{d\boldsymbol{k}'}{dt}=\boldsymbol{\omega}_e\times\boldsymbol{k}' \tag{i}$$

式（f）对时间 t 求导得式（7-3a），即

$$\begin{aligned}\boldsymbol{a}_a&=\frac{d\boldsymbol{v}_a}{dt}=\frac{d^2\boldsymbol{r}_{O'}}{dt^2}+x'\frac{d^2\boldsymbol{i}'}{dt^2}+y'\frac{d^2\boldsymbol{j}'}{dt^2}+z'\frac{d^2\boldsymbol{k}'}{dt^2}+\frac{dx'}{dt}\frac{d\boldsymbol{i}'}{dt}+\frac{dy'}{dt}\frac{d\boldsymbol{j}'}{dt}+\frac{dz'}{dt}\frac{d\boldsymbol{k}'}{dt}+\\&\quad\frac{d^2x'}{dt^2}\boldsymbol{i}'+\frac{d^2y'}{dt^2}\boldsymbol{j}'+\frac{d^2z'}{dt^2}\boldsymbol{k}'+\frac{dx'}{dt}\frac{d\boldsymbol{i}'}{dt}+\frac{dy'}{dt}\frac{d\boldsymbol{j}'}{dt}+\frac{dz'}{dt}\frac{d\boldsymbol{k}'}{dt}\\&=\boldsymbol{a}_e+\boldsymbol{a}_r+\boldsymbol{a}_C\end{aligned}$$

式中，$\boldsymbol{a}_C$ 的表达式为式（7-2），即

$$\begin{aligned}\boldsymbol{a}_C&=2\left(\frac{dx'}{dt}\frac{d\boldsymbol{i}'}{dt}+\frac{dy'}{dt}\frac{d\boldsymbol{j}'}{dt}+\frac{dz'}{dt}\frac{d\boldsymbol{k}'}{dt}\right)\\&=2\left[\frac{dx'}{dt}(\boldsymbol{\omega}_e\times\boldsymbol{i}')+\frac{dy'}{dt}(\boldsymbol{\omega}_e\times\boldsymbol{j}')+\frac{dz'}{dt}(\boldsymbol{\omega}_e\times\boldsymbol{k}')\right]\\&=2\boldsymbol{\omega}_e\times\left(\frac{dx'}{dt}\boldsymbol{i}'+\frac{dy'}{dt}\boldsymbol{j}'+\frac{dz'}{dt}\boldsymbol{k}'\right)=2\boldsymbol{\omega}_e\times\boldsymbol{v}_r\end{aligned}$$

由加速度推导过程发现：科氏加速度一部分是由于动系的转动引起相对速度方向的改变，另一部分是由于动系的转动引起牵连速度大小的改变。

习　题

7-1　如题 7-1 图所示，光点 M 沿 y 轴做谐振动，其运动方程为

$$x=0,\ y=a\cos(kt+\beta)$$

如将点 M 投影到感光记录纸上，此纸以等速$\boldsymbol{v}_e$向左运动。求点 M 在记录纸上的轨迹。

（答案：$x'=v_et$，$y'=a\cos(kt+\beta)$；$y'=a\cos\left(\dfrac{k}{v_e}x'+\beta\right)$）

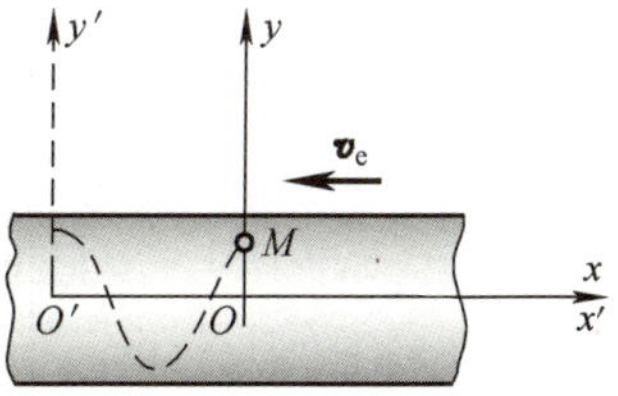

题 7-1 图

7-2　杆 OA 长 l，由推杆推动而在图面内绕点 O 转动，如题 7-2 图所示。假定推杆的速度为$\boldsymbol{v}$，其弯头高为 a。求杆端 A 的速度的大小（表示为 x 的函数）。

（答案：$v_A=\dfrac{la}{x^2+a^2}v$）

7-3　车床主轴的转速 $n=30\text{r/min}$，工件的直径 $d=40\text{mm}$，如题 7-3 图所示。如车刀横向走刀速度为 $v=10\text{mm/s}$，证明车刀对工件的相对运动轨迹为螺旋线，并求出该螺旋线的螺距。

（答案：相对运动方程 $x'=\dfrac{d}{2}\cos\omega t$，$y'=\dfrac{d}{2}\sin\omega t$，$z'=z_0'+vt$，螺距 20mm）

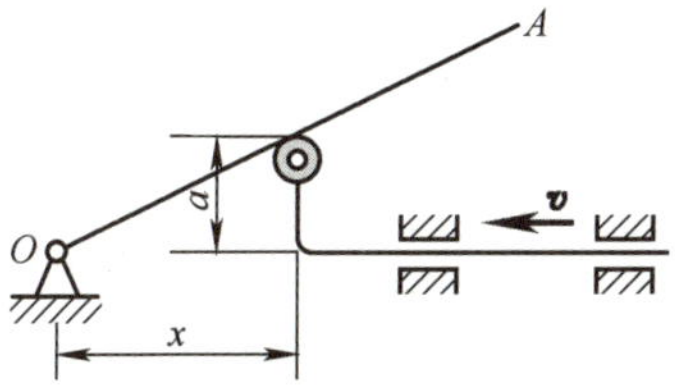

题 7-2 图

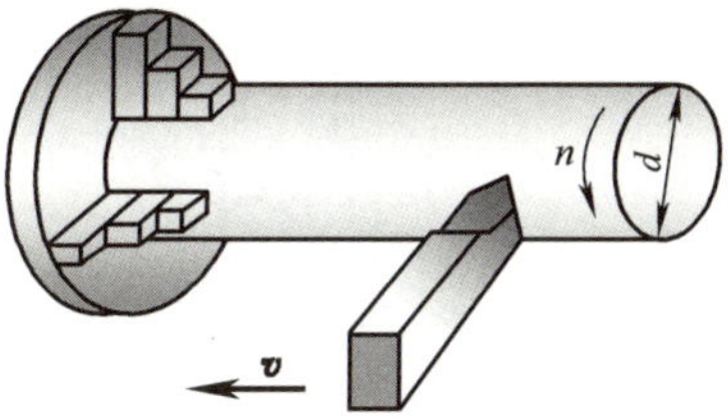

题 7-3 图

7-4　矿砂从传送带 A 落到另一传送带 B 上，如题 7-4 所示。站在地面上观察矿砂下落的速度为 $v_1=4\text{m/s}$，方向与铅垂线成 30°角。已知传送带 B 水平传动速度 $v_2=3\text{m/s}$。求矿砂相对于传送带 B 的速度。

（答案：3.6m/s，与 v_1 夹角 46°12′）

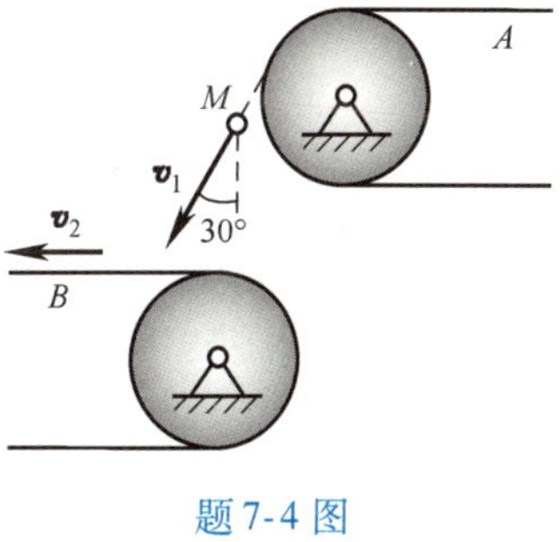

题 7-4 图

7-5　如题 7-5 图所示，瓦特离心调速器以角速度 ω 绕铅垂轴转动。由于机器负荷的变化，调速器重球以角速度 ω_1 向外张开。如 $\omega=10\text{rad/s}$，$\omega_1=1.2\text{rad/s}$，球柄长 $l=500\text{mm}$，悬挂球柄的支点到铅垂轴的距离为 $e=50\text{mm}$，球柄与铅垂轴间所成的交角 $\beta=30°$。求此时重球的绝对速度。

（答案：3.039m/s）

7-6　如题 7-6 图所示，摇杆机构的滑杆 AB 以等速$\boldsymbol{v}$向上运动，初瞬时摇杆 OC 水平。摇杆长 $OC=a$，距离 $OD=l$。求当 $\varphi=\dfrac{\pi}{4}$时点 C 的速度的大小。

（答案：$\dfrac{av}{2l}$）

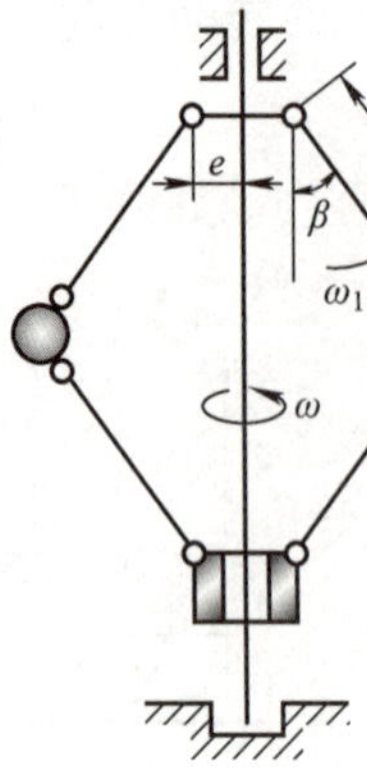

题 7-5 图

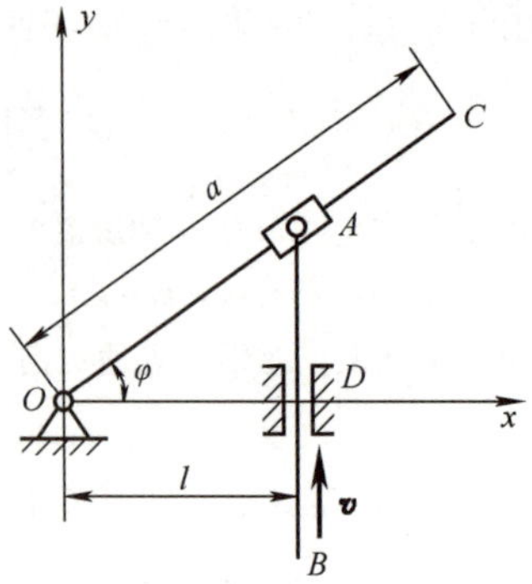

题 7-6 图

7-7　题 7-7 图所示摇杆 OC 绕 O 轴转动，通过固定于齿条 AB 上的销子 K 带动齿条平移，而齿条又带动半径为 0.1m 的齿轮 D 绕固定轴 O_1 转动。如 $l=0.4\text{m}$，摇杆的角速度 $\omega=0.5\text{rad/s}$，求当 $\varphi=30°$时齿轮的角速度。

（答案：2.67rad/s）

7-8　如题 7-8 图所示机构中，水平杆 CD 与摆杆 AB 铰接，杆 CD 做平动，而摆杆插在绕点 O 转动的导管内，设水平杆速度为 v，求图示瞬时导管的角速度及摆杆在导管中运动的速度。

（答案：$\omega=\dfrac{v\cos^2\varphi}{L}$，$v_r=v\sin\varphi$）

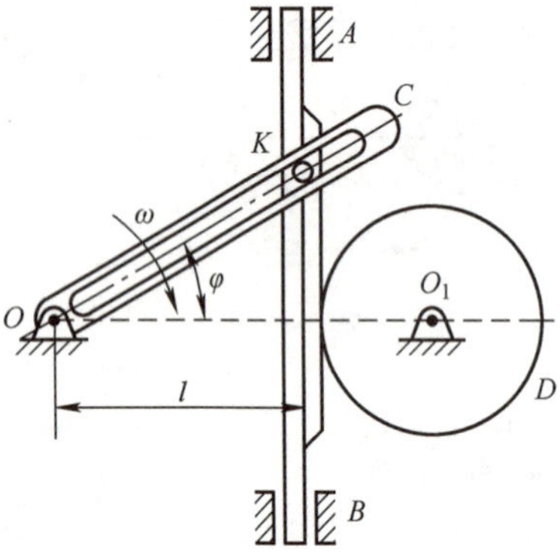

题 7-7 图

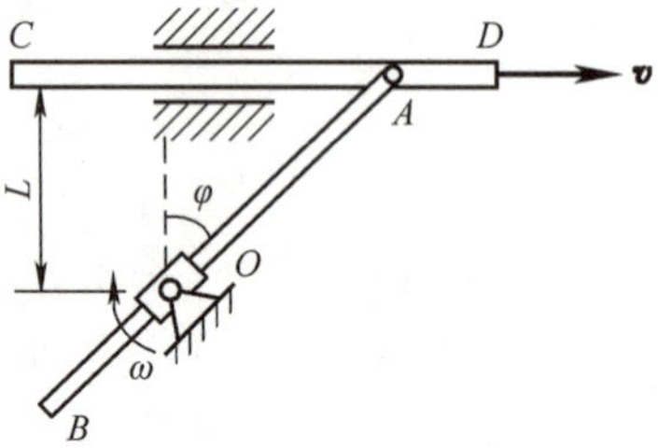

题 7-8 图

7-9　绕轴 O 转动的圆盘及直杆 OA 上均有一导槽，两导槽间有一活动销子 M，如题 7-9 图所示，$b=0.1\text{m}$。设在图示位置时圆盘及直杆的角速度分别为 $\omega_1=9\text{rad/s}$ 和 $\omega_2=3\text{rad/s}$。求此瞬时销子 M 的速度。

（答案：0.529m/s，方向与 OA 的夹角 40.9°）

7-10　平底顶杆凸轮机构如题 7-10 图所示，顶杆 AB 可沿导槽上下移动，偏心圆盘绕轴 O 转动，轴 O 位于顶杆轴线上。工作时顶杆的平底始终接触凸轮表面。该凸轮半径为 R，偏心距 $OC=e$，凸轮绕轴 O 转动的角速度为 ω，OC 与水平线成夹角 φ。求顶杆的速度和加速度。

（答案：$v_{AB}=\omega e\cos\varphi$，$a_{AB}=\omega^2 e\sin\varphi$）

7-11　题 7-11 图所示铰接四边形机构中，$O_1A=O_2B=100\text{mm}$，又 $O_1O_2=AB$，杆 O_1A 以等角速度 $\omega=2\text{rad/s}$ 绕轴 O_1 转动。杆 AB 上有一套筒 C，此套筒与杆 CD 相铰接。机构的各部件都在同一铅垂面内。求当 $\varphi=60°$时杆 CD 的速度和加速度。

（答案：$v_{CD}=100\text{mm/s}$，$a_{CD}=346\text{mm/s}^2$）

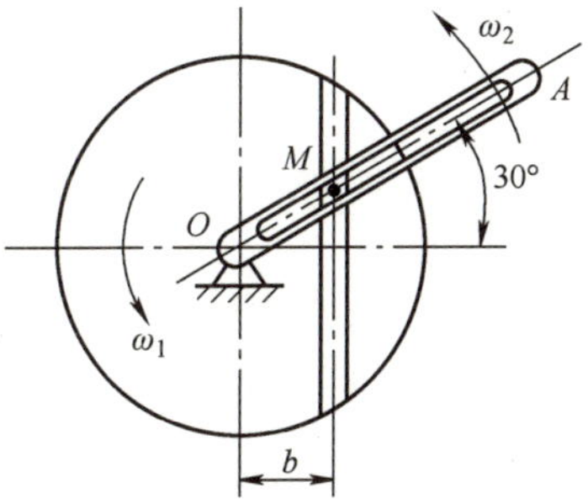

题 7-9 图

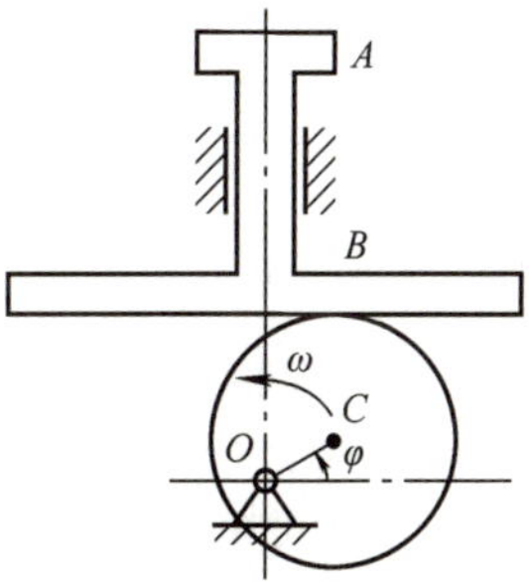

题 7-10 图

7-12　如题 7-12 图所示，曲柄 OA 长 0.4m，以匀角速度 $\omega=0.5\mathrm{rad/s}$ 绕 O 轴逆时针转向转动。由于曲柄的 A 端推动水平板 B，而使滑杆 C 沿铅垂方向上升。求当曲柄与水平线间的夹角 $\theta=30°$时滑杆 C 的速度和加速度。

（答案：$v_C=0.173\mathrm{m/s}$，$a_C=0.05\mathrm{m/s^2}$）

7-13　如题 7-13 图所示，计算机构在图示位置杆 CD 上点 D 的速度和加速度。设图示瞬时水平杆 AB 的角速度为 ω，角加速度为零，$AB=r$，$CD=3r$。

（答案：$v_D=\sqrt{3}\omega r$，$a_D=3\sqrt{3}\omega^2 r$）

7-14　题 7-14 图所示平面机构中，$O_1A=O_2B=0.2\mathrm{m}$，半圆凸轮的半径 $R=0.1\mathrm{m}$，曲柄 O_1A 以匀角速度 $\omega=2\mathrm{rad/s}$ 转动。求图示瞬时顶杆 DE 的速度和加速度。

（答案：$v_{DE}=0.4\mathrm{m/s}$，$a_{DE}=1.386\mathrm{m/s^2}$）

7-15　题 7-15 图所示直角曲杆 OBC 绕 O 轴转动，使套在其上的小环 M 沿固定直杆 OA 滑动。已知 $OB=0.1\mathrm{m}$，OB 与 BC 垂直，曲杆的角速度 $\omega=0.5\mathrm{rad/s}$，角加速度为零。求当 $\varphi=60°$时小环 M 的速度和加速度。

（答案：$v_M=0.173\mathrm{m/s}$，$a_M=0.35\mathrm{m/s^2}$）

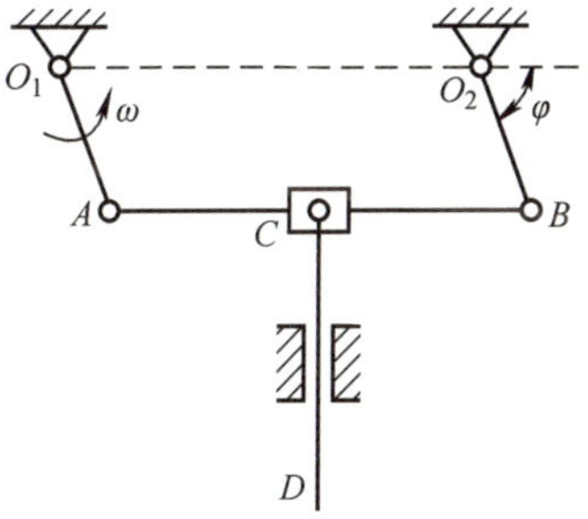

题 7-11 图

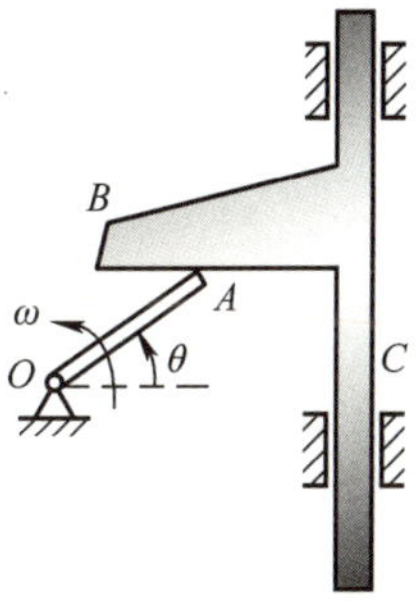

题 7-12 图

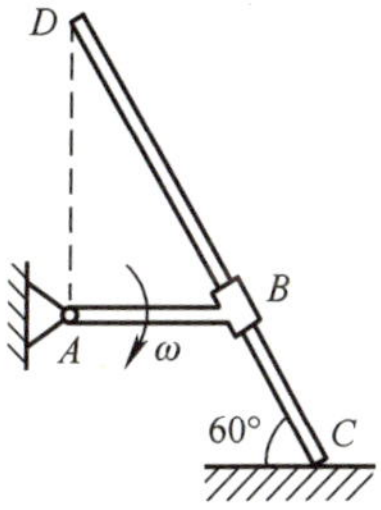

题 7-13 图

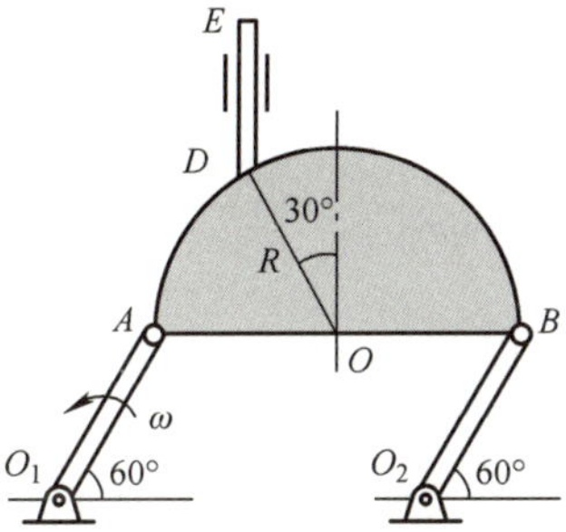

题 7-14 图

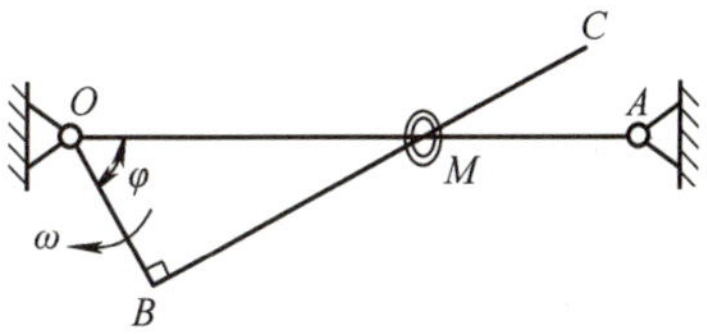

题 7-15 图

7-16　如题7-16图所示，轮 C 绕轴 O 摆动，带动 O_1A 绕轴 O_1 摆动。设 $OC\perp OO_1$ 时，轮 C 的角速度为 ω，角加速度为零，$\theta=60°$。求此时 O_1A 的角速度 ω_1 和角加速度 α_1。

（答案：$\omega_1=\dfrac{\omega}{2}$，$\alpha_1=\dfrac{\sqrt{3}}{12}\omega^2$）

7-17　如题7-17图所示，点 M 按方程 $OM=s=2.5t^2$（单位为cm）沿截锥母线运动，锥以匀角速度 $\omega=0.5\text{rad/s}$ 绕自身轴线转动，截锥上下底面半径分别为 $r=20\text{cm}$，$R=50\text{cm}$，母线长度 $L=60\text{cm}$。求在 $t=4\text{s}$ 时，点 M 的绝对速度和绝对加速度。

（答案：$v_M=0.283\text{m/s}$，$a_M=0.132\text{m/s}^2$）

7-18　点 M 以不变的相对速度 $\boldsymbol{v}_r$ 沿圆锥体的母线向下运动。此圆锥体以角速度 ω 绕 OA 轴做匀速转动。如 $\angle MOA=\theta$，且当 $t=0$ 时点在 M_0 处，此时距离 $OM_0=b$。求在 t 时刻，点 M 的绝对加速度的大小。

（答案：$a_M=\sqrt{(b+v_rt)^2\omega^4+4\omega^2v_r^2}\sin\theta$）

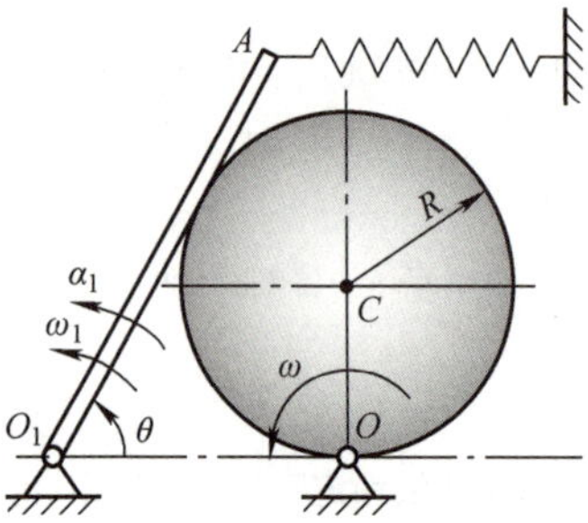

题7-16图

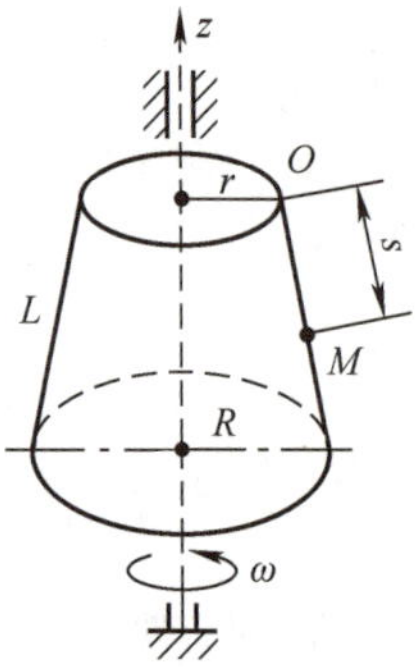

题7-17图

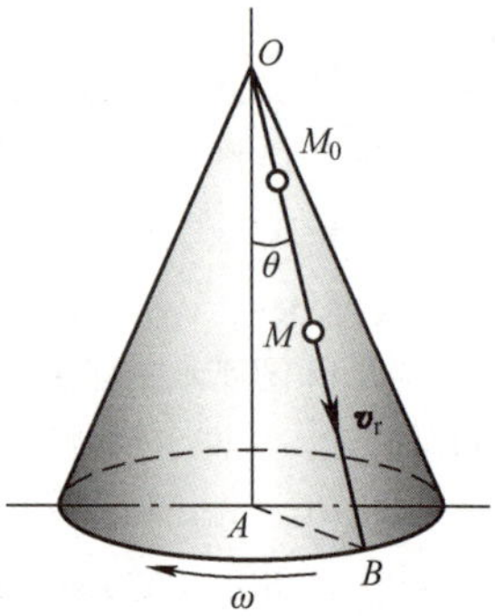

题7-18图

第 8 章

刚体的平面运动

刚体的平面运动是工程中较为常见的刚体运动，如图 8-1 所示的曲柄连杆机构中的连杆 AB、齿轮机构中的行星齿轮等。这些部件的运动有一个共同的特点，在运动中，刚体上的任意一点与某一固定平面始终保持相等的距离，这种运动称为**平面运动**。平面运动刚体上的各点都在平行于某一固定平面的平面内运动。本章的基本思想是将刚体的平面运动分解为随刚体上一点的平动和绕该点的转动两种简单运动的叠加。

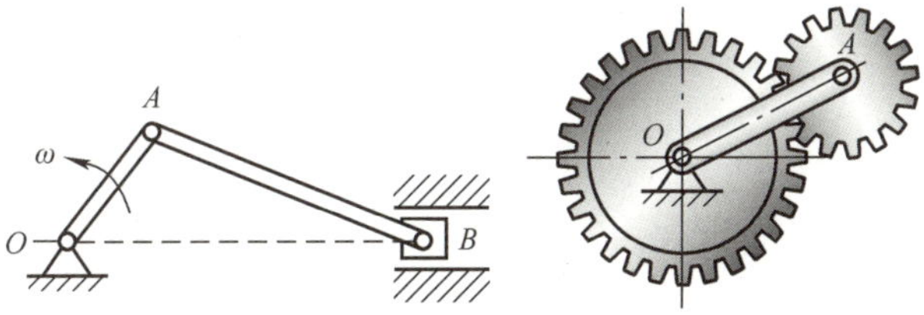

图 8-1

8.1 平面运动的简化与分解

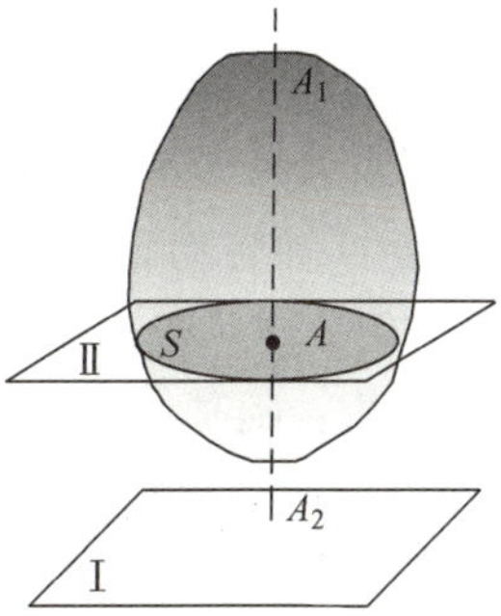

图 8-2

如图 8-2 所示，设刚体做平行于平面 Ⅰ 的运动。作平面 Ⅱ// 平面 Ⅰ，截刚体于截面 S，则 $S//$ Ⅰ；做任意直线 $A_1A_2 \perp$ Ⅰ，交 S 于 A，则 A_1A_2 做平动，A 的运动代表 A_1A_2 的运动；刚体可认为由无穷多与 A_1A_2 平行的纤维组成，与 S 的交点在 S 内的运动，代表了该线段的运动，因此平面图形 S 的运动代表刚体的运动。由此得出结论：**刚体的平面运动可简化为与运动平面平行的图形在其自身平面内的运动。**

这样，只需研究与运动平面平行的平面图形 S 在其自身平面内的运动即可，如图 8-3 所示。而平面图形 S 的位置可由图形内任意线段 $O'M$ 的位置来确定，要确定此线段的位置，只要确定了线段上任一点 O'的位置和线段 $O'M$ 与定坐标轴 x 轴间的夹角 φ，也就确定了平面图形的位置。因此平面运动刚体（图形）的运动方程可表示为

$$x_{O'} = f_1(t)\,,\ y_{O'} = f_2(t)\,,\ \varphi = f_3(t) \tag{8-1}$$

上述描述平面图形运动的方法称为**基点法**，其中点 O' 称为**基点**，夹角 φ 称为平面图形的**转角**。

运动方程（8-1）的含义也可以用上一章合成运动的概念加以解释。假想在基点 O' 建

立一个随 O' 平移的参考系 $O'x'y'$，如图 8-3 所示，于是平面图形的运动可看成牵连运动［随动系即基点 O' 的平移 $x_{O'}=f_1(t)$，$y_{O'}=f_2(t)$］和相对运动［绕动系即基点 O' 的转动 $\varphi=f_3(t)$］的合成。

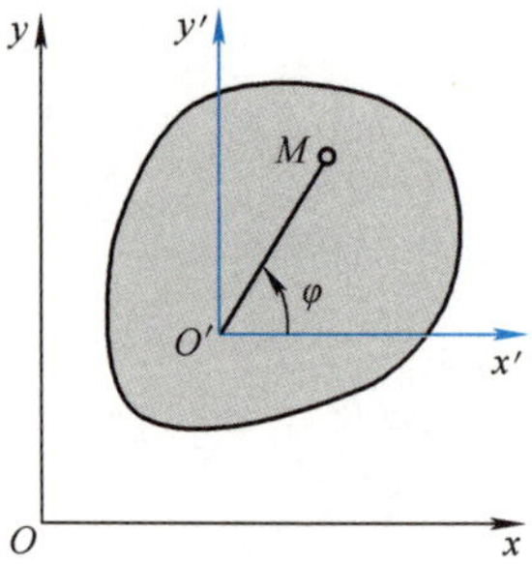

图 8-3

研究平面运动时，可以选择不同的点作为基点。以图 8-4a 所示的梯子在铅垂墙面和水平地面之间的运动为例，设在 Δt 时间内从 AB 位置运动到 A_1B_1 位置。将运动过程以 A 为基点进行分解，先随 A 点平移到 A_1B_2，再绕 A 点转动到 A_1B_1 位置，转角为 $\Delta\varphi_1$，如图 8-4b 所示；同样也可以以 B 为基点进行分解，先随 B 点平移到 A_2B_1，再绕 B 点转动到 A_1B_1 位置，转角为 $\Delta\varphi_2$，如图 8-4c 所示。显然以 A 为基点和以 B 为基点平移的规律（位移、速度、加速度等）是完全不一样的，而转角增量 $\Delta\varphi_1$ 与 $\Delta\varphi_2$ 相等，进而其角速度和角加速度也相同。因此有以下结论：**平面运动可分解为随任意基点的平移和绕基点的转动，平移部分与基点的选择有关，转动部分与基点的选择无关。**

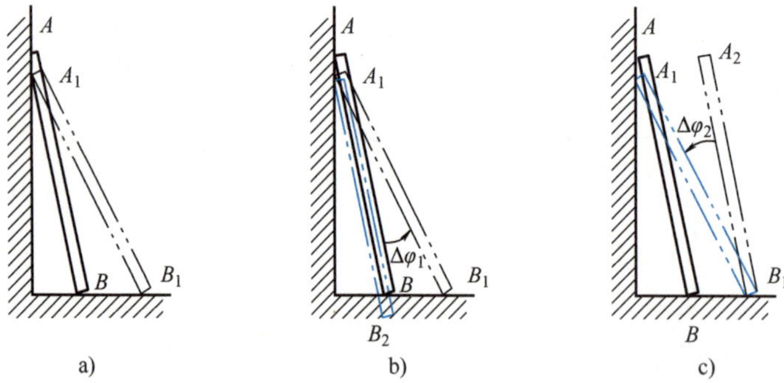

图 8-4

例 8-1 半径为 r 的齿轮由曲柄 OA 带动，沿半径为 R 的固定齿轮滚动，如图 8-5 所示。若曲柄以等角加速度 α 绕 O 轴转动，当运动开始时，角速度 $\omega_0=0°$，转角 $\varphi=0°$，求齿轮以中心 A 为基点的平面运动方程。

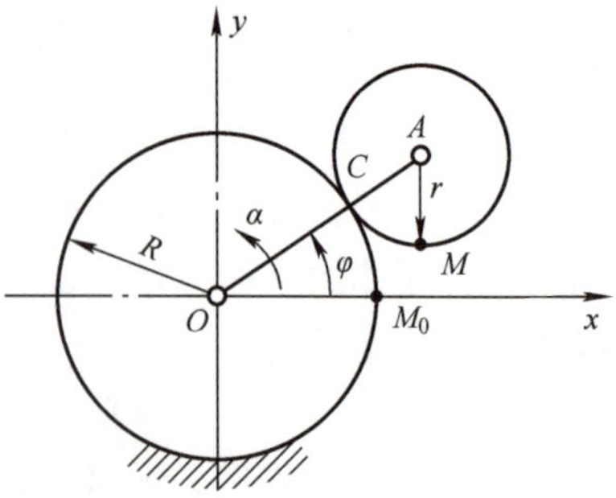

图 8-5

分析：随基点平移的方程很容易写出，绕基点转动的方程必须是相对平动系转过的绝对转角，如图中的 AM 从运动开始时的 AM_0 位置（水平方向）转到任意的 AM 位置。

解：随基点 A 平移的方程

$$x_A=OA\cos\varphi=(R+r)\cos\left(\frac{1}{2}\alpha t^2\right)$$

$$y_A=OA\sin\varphi=(R+r)\sin\left(\frac{1}{2}\alpha t^2\right)$$

绕基点 A 转动的方程

$$\varphi_A=\varphi+\angle OAM=\varphi+\frac{CM}{r}=\varphi+\frac{\varphi R}{r}=\left(\frac{R+r}{r}\right)\varphi$$

8.2 速度分析

8.2.1 基点法

如图 8-3 所示，利用上一章点的合成运动的概念，取平面图形上任意一点 M 为动点，与基点 O'相连的平动系 $O'x'y'$为动系。因为牵连运动为平移，所以点 M 的牵连速度等于基点的速度$\boldsymbol{v}_e=\boldsymbol{v}_{O'}$，而点 M 的相对运动是绕基点的圆周运动，相对速度等于随平面图形绕基点转动的速度，以$\boldsymbol{v}_{MO'}$表示，则$\boldsymbol{v}_r=\boldsymbol{v}_{MO'}$，且

$$v_r=v_{MO'}=\omega\cdot MO',\ \boldsymbol{v}_r\perp MO'$$

式中，ω 为平面图形的角速度。由点的速度合成定理得到

$$\boldsymbol{v}_M=\boldsymbol{v}_a=\boldsymbol{v}_e+\boldsymbol{v}_r=\boldsymbol{v}'_O+\boldsymbol{v}_{MO'}$$

于是得出结论：平面图形内任一点的速度等于随基点平移的速度与该点绕基点转动速度的矢量和，如图 8-6 所示。由此可作出平面图形内直线 $O'M$ 上各点速度的分布图，如图 8-7 所示。

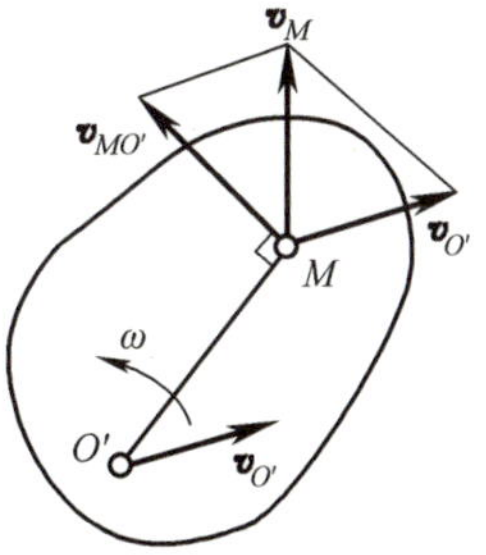

图 8-6

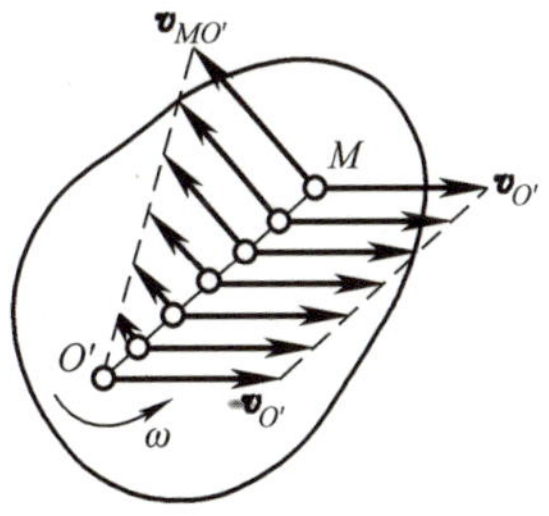

图 8-7

一般情况下，若以平面图形上的 A 为基点研究 B，速度合成定理表示为

$$\boxed{\boldsymbol{v}_B=\boldsymbol{v}_A+\boldsymbol{v}_{BA}} \tag{8-2}$$

且

$$\boxed{\boldsymbol{v}_{BA}\perp BA,\ v_{BA}=\omega\cdot BA}$$

根据式（8-2）容易导出**速度投影定理**：同一平面图形上任意两点的速度在这两点连线上的投影相等。可写为

$$\boxed{(\boldsymbol{v}_B)_{AB}=(\boldsymbol{v}_A)_{AB}} \tag{8-3}$$

证明：在平面图形上任取两点 A 和 B，它们的速度满足式（8-2），即$\boldsymbol{v}_B=\boldsymbol{v}_A+\boldsymbol{v}_{BA}$，将两边投影到直线 AB 上，由于$\boldsymbol{v}_{BA}$垂直于线段 AB，因此得到式（8-3）。

8.2.2 速度瞬心法

平面图形上某瞬时速度为零的点称为**速度瞬心**（简称**瞬心**）。常用字母 C 表示瞬心位

置。若以平面图形上的速度瞬心 C 为基点，研究 M，则

$$\boldsymbol{v}_M=\boldsymbol{v}_C+\boldsymbol{v}_{MC}=\boldsymbol{v}_{MC}$$

因此：平面图形上任一点 M 的速度可看作该点绕瞬心的瞬时转动，即

$$v_M=\omega\cdot MC,\ \omega=\frac{v_M}{MC} \tag{8-4}$$

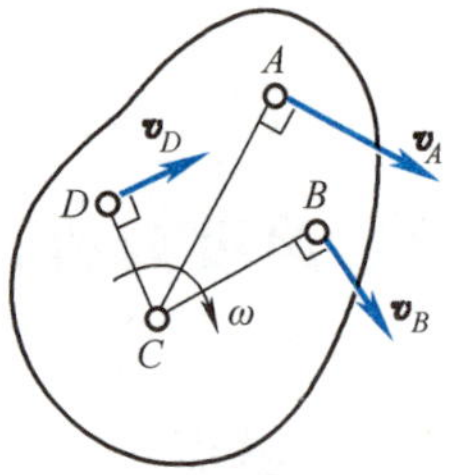

图 8-8

由此可见，平面图形内各点速度的大小与该点到速度瞬心的距离成正比。速度分布规律与定轴转动类似，如图 8-8 所示。

需要说明的是，刚体做平面运动时，一般情况下在每一瞬时，图形内必有一点速度为零，即速度瞬心；但是，在不同的瞬时，速度瞬心在图形内的位置不同。

下面给出不同情况下确定速度瞬心的基本方法。

（1）平面图形沿一固定表面做无滑动的滚动（如纯滚动圆盘），如图 8-9 所示。图形与固定面的接触点 C 就是速度瞬心。

（2）已知平面图形内任意两点 A 和 B 的速度方向，如图 8-10 所示。速度瞬心 C 的位置必在每一点速度的垂线上，两条垂线的交点即为速度瞬心 C。

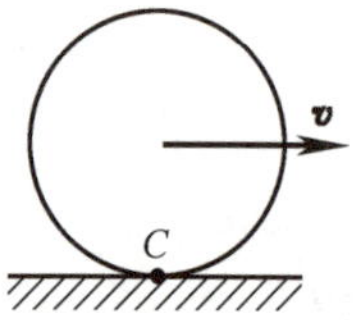

图 8-9

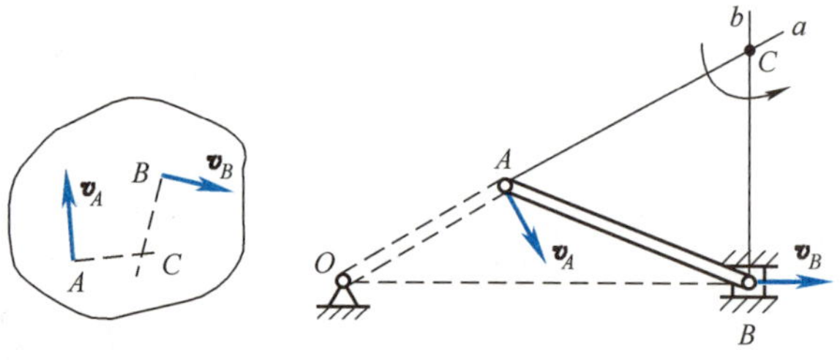

图 8-10

（3）已知平面图形上两点 A 和 B 的速度相互平行，并且速度的方向垂直于两点的连线 AB，如图 8-11 所示。则连线 AB 与速度矢 $\boldsymbol{v}_A$ 和 $\boldsymbol{v}_B$ 端点连线的交点即为速度瞬心 C。

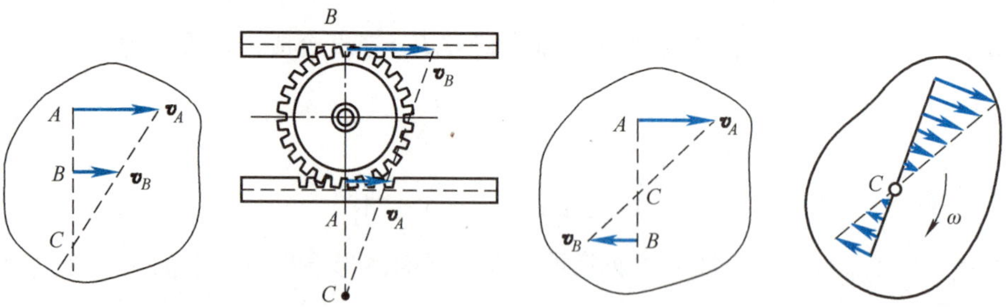

图 8-11

（4）某瞬时，平面图形上 A、B 两点的速度（矢量）相等，如图 8-12 所示，则速度瞬心在无限远处。在该瞬时，图形上各点的速度分布如同刚体平移的情形一样，故称**瞬时平移**（或称**瞬时平动**）。必须注意，瞬时平移时各点的速度虽然相同，但加速度不同，角速度为零，但角加速度不为零。

例 8-2 图 8-13 给出了平面图形上几种速度分布，判断是否正确。

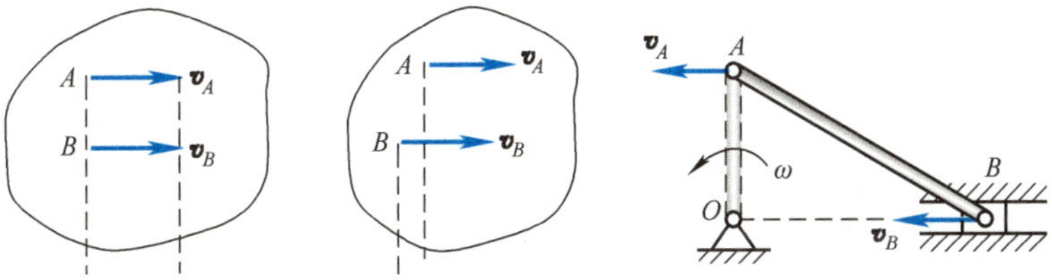

图　8-12

分析：平面图形在某瞬时各点的速度是互相关联的，必须满足基点法、瞬心法以及速度投影定理确定的速度关系。因此无论利用基点法、瞬心法还是速度投影定理分析，图 8-13 各图的速度分布（关系）均是错误的。

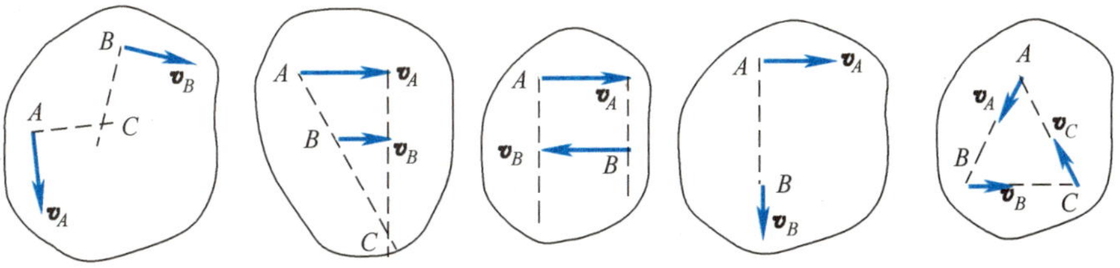

图　8-13

例 8-3　图 8-14a 给出了长为 l 的直杆 AB 在铅垂面内运动的情况。已知 B 端沿水平方向的速度 $\boldsymbol{v}_0$，求沿铅垂面滑动的 A 端的速度以及杆 AB 的角速度（用 φ 表示）。

分析：可用基点法，也可用速度瞬心法。注意不同方法的做题步骤。

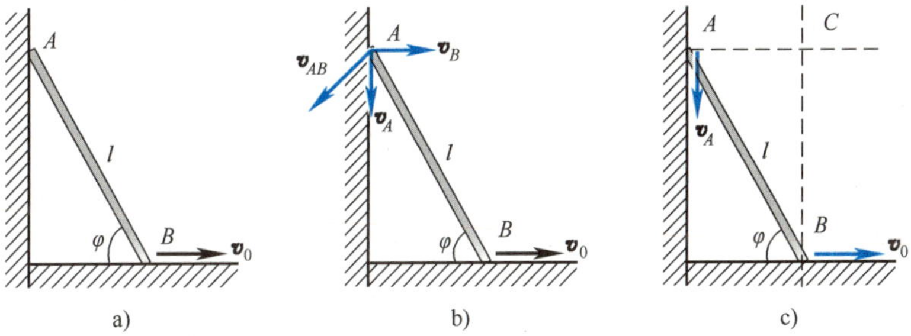

图　8-14

解法 1：基点法。以 B 为基点，研究 A，速度分析如图 8-14b 所示。

$$\boldsymbol{v}_A = \boldsymbol{v}_B + \boldsymbol{v}_{AB}$$

由几何关系得

$$v_A = v_B \cot\varphi = v_0 \cot\varphi,\ v_{AB} = \frac{v_B}{\sin\varphi} = \frac{v_0}{\sin\varphi}$$

$$\omega_{AB} = \frac{v_{AB}}{l} = \frac{v_0}{l\sin\varphi}\text{（逆时针转向）}$$

解法 2：速度瞬心法。确定速度瞬心 C，如图 8-14c 所示，则

$$\omega_{AB}=\frac{v_B}{BC}=\frac{v_0}{l\sin\varphi}\text{（逆时针转向）}$$

$$v_A=\omega_{AB}\cdot AC=\frac{v_0}{l\sin\varphi}\cdot l\cos\varphi=v_0\cot\varphi$$

例 8-4 图 8-15a 所示系统，半径为 R 的圆盘纯滚动，$OA=r$，$AB=l$，ω 已知。求图示瞬时圆盘上 C 点和 D 点的速度。

分析：OA 做定轴转动，AB 和圆盘做平面运动，而图示瞬时 AB 为瞬时平动，A 和 B 点的速度相同。用速度瞬心法研究圆盘比较方便。

解：AB 做瞬时平动，P 为圆盘的速度瞬心。则圆盘的角速度为

$$\omega_B=\frac{v_B}{R}=\frac{v_A}{R}=\frac{\omega r}{R}\text{（逆时针转向）}$$

C 点和 D 点的速度为

$$v_C=\omega_B\cdot PC=\sqrt{2}\omega r,\ v_D=\omega_B\cdot PD=2\omega r\text{（方向如图 8.15b 所示）}$$

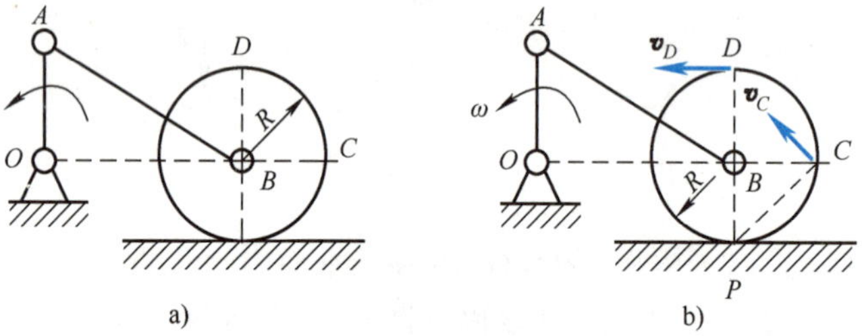

图 8-15

例 8-5 图 8-16a 所示系统，$OA=r$，AB 在铰接于 D 点的套筒内滑动，ω 已知。求图示 $OA\perp OD$ 瞬时，AB 的角速度。

分析：OA 做定轴转动，AB 做平面运动，套筒做定轴转动。套筒与杆 AB 的角速度相同。AB 在 D 点的速度方向沿套筒轴向，即 AB 轴线方向。用速度瞬心法研究 AB 比较方便。

解法 1：速度瞬心法。作出 AB 的速度瞬心 C，如图 8-16b 所示，则 AB 的角速度为

$$\omega_{AB}=\frac{v_A}{AC}=\frac{\omega r}{2r}=\frac{\omega}{2}\text{（逆时针转向）}$$

解法 2：基点法。以 A 为基点，研究 AB 上的点 D，速度分析如图 8-16c 所示。

$$\boldsymbol{v}_D=\boldsymbol{v}_A+\boldsymbol{v}_{DA}$$

由几何关系得

$$v_{DA}=\frac{\sqrt{2}}{2}v_A=\frac{\sqrt{2}}{2}\omega r,\ \omega_{AB}=\frac{v_{DA}}{DA}=\frac{\sqrt{2}\omega r/2}{\sqrt{2}r}=\frac{\omega}{2}\text{（逆时针转向）}$$

解法 3：点的合成运动方法。以 A 为动点，套筒为动系，速度分析如图 8-16d 所示。

$$\boldsymbol{v}_a=\boldsymbol{v}_e+\boldsymbol{v}_r$$

由几何关系得

$$v_e=\frac{\sqrt{2}}{2}v_a=\frac{\sqrt{2}}{2}\omega r,\ \omega_{AB}=\frac{v_a}{DA}=\frac{\sqrt{2}\omega r/2}{\sqrt{2}r}=\frac{\omega}{2}\text{（逆时针转向）}$$

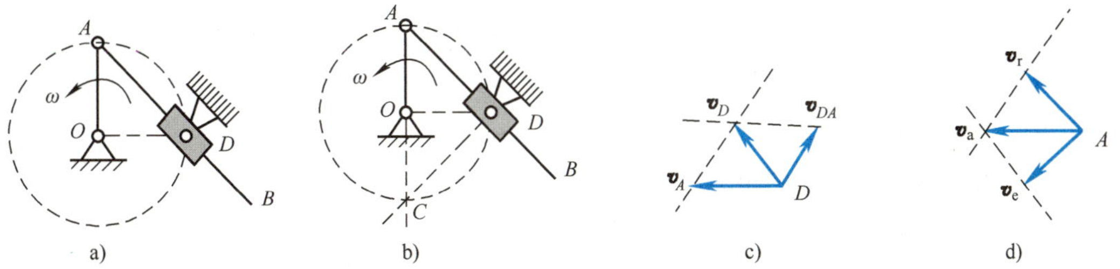

图　8-16

例 8-6　图 8-17a 所示系统，杆 O_1A 绕 O_1 轴以角速度 $\omega=6\text{rad/s}$ 转动，并借连杆 AB 带动曲柄 OB；曲柄 OB 活动地装置在 O 轴上，在 O 轴上装有齿轮Ⅰ，齿轮Ⅱ与连杆 AB 固连于一体。已知：$O_1A=0.75\text{m}$，$AB=1.5\text{m}$，$r_1=r_2=0.3\sqrt{3}\text{m}$。求当 $\gamma=60°$ 且 $\beta=90°$ 时，曲柄 OB 和齿轮Ⅰ的角速度。

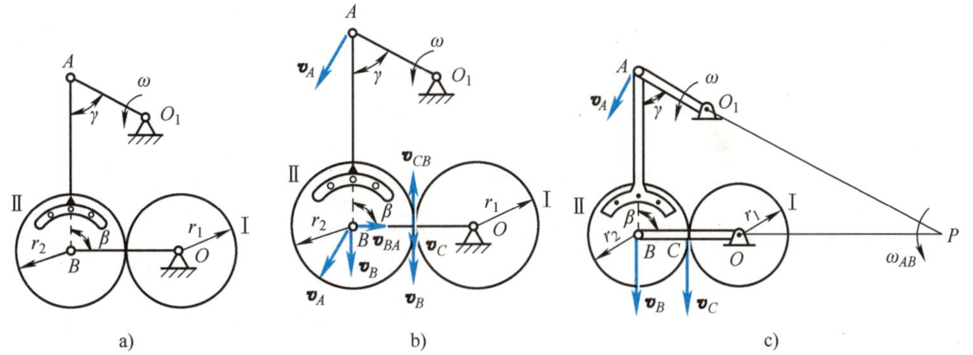

图　8-17

分析：O_1A 做定轴转动，齿轮Ⅱ和 AB 做平面运动，齿轮Ⅰ和 OB 做定轴转动。齿轮Ⅰ和 OB 均由齿轮Ⅱ带动，互不干扰。用速度瞬心法和基点法研究 AB 均可。

解法 1：以 A 为基点，研究 B，速度分析如图 8-17b 所示。

$$\boldsymbol{v}_B=\boldsymbol{v}_A+\boldsymbol{v}_{BA}$$

由几何关系得

$$v_B=v_A\cos30°=\omega\cdot O_1A\cos30°=3.90\text{m/s},\ v_{BA}=v_A\sin30°=\omega\cdot O_1A\sin30°=2.25\text{m/s}$$

则

$$\omega_{AB}=\frac{v_{BA}}{BA}=1.5\text{rad/s},\ \omega_{OB}=\frac{v_B}{OB}=3.75\text{rad/s}$$

以 B 为基点，研究齿轮啮合点 C，速度分析如图 8-17b 所示。

$$\boldsymbol{v}_C=\boldsymbol{v}_B+\boldsymbol{v}_{CB}$$

则

$$v_C=v_B-v_{CB}=v_B-\omega_{AB}r_2=\omega\cdot O_1A\cos30°-1.5r_2=3.12\text{m/s}$$

$$\omega_{\text{I}}=\frac{v_C}{r_1}=6\text{rad/s}$$

解法 2：作出 AB 的速度瞬心 P，如图 8-17c 所示。则

$$\omega_{AB}=\frac{v_A}{PA}=\frac{\omega\cdot O_1A}{AB/\cos60°}=1.5\text{rad/s},\ v_B=\omega_{AB}\cdot PB=\omega_{AB}\cdot AB\tan60°=3.90\text{m/s}$$

$$\omega_{OB}=\frac{v_B}{OB}=3.75\text{rad/s}$$

齿轮啮合点 C 的速度及轮 Ⅰ 的角速度为

$$v_C=\omega_{AB}\cdot PC=\omega_{AB}\cdot(AB\tan60°-r_2)=3.12\text{m/s},\ \omega_Ⅰ=\frac{v_C}{r_1}=6\text{rad/s}$$

8.3 加速度分析

平面图形内各点的加速度分析方法和速度分析一样。如图 8-18 所示，以 A 为基点研究 B，平面图形 S 的运动分解为随基点 A 的平移（牵连运动）和绕基点 A 的转动（相对运动）。因为牵连运动为平移，科氏加速度为零，则点 B 的绝对加速度等于牵连加速度与相对加速度的矢量和，即

$$\boldsymbol{a}_B=\boldsymbol{a}_A+\boldsymbol{a}_{BA}^{\text{t}}+\boldsymbol{a}_{BA}^{\text{n}} \tag{8-5}$$

并且

$$a_{BA}^{\text{n}}=\omega^2\cdot AB,\ a_{BA}^{\text{t}}=\alpha\cdot AB \tag{8-6}$$

式中，ω 和 α 分别为平面运动图形的角速度和角加速度。在式（8-5）中，若 A 或 B 点的运动轨迹为曲线，则其加速度要写为切向加速度和法向加速度的矢量和的形式。

例 8-7 分析纯滚动圆盘速度瞬心的加速度。已知圆盘半径为 R，中心 O 的速度和加速度分别为 $\boldsymbol{v}_O$ 和 $\boldsymbol{a}_O$。

分析：纯滚动圆盘的速度瞬心在接触点。平面运动刚体（图形）的角加速度可用角速度求导得到。

解：纯滚动圆盘的速度瞬心在接触点 C，如图 8-19 所示。其角速度和角加速度分别为

$$\omega=\frac{v_O}{R},\ \alpha=\frac{\text{d}\omega}{\text{d}t}=\frac{\text{d}}{\text{d}t}\left(\frac{v_O}{R}\right)=\frac{a_O}{R}\ (\text{顺时针})$$

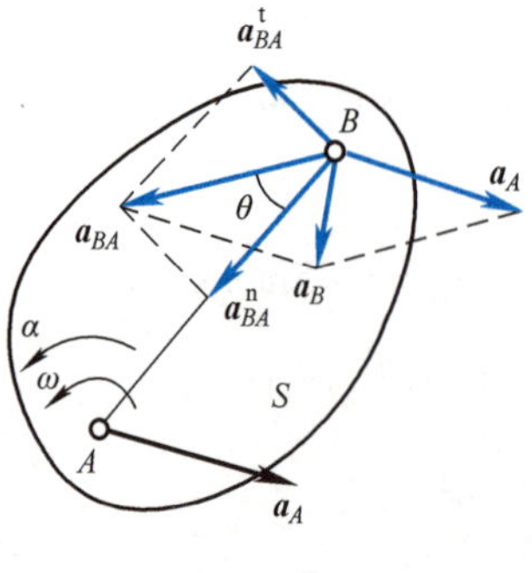

图 8-18

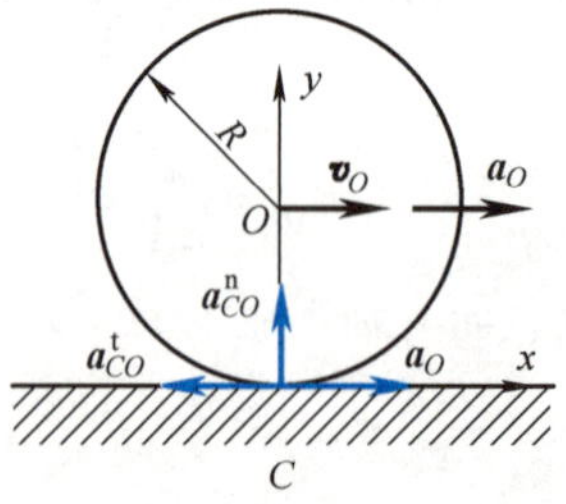

图 8-19

以中心 O 为基点，研究 C，加速度分析如图所示，有

$$\boldsymbol{a}_C=\boldsymbol{a}_O+\boldsymbol{a}_{CO}^{\text{n}}+\boldsymbol{a}_{CO}^{\text{t}}$$

在水平和铅垂方向投影得

$$a_C^x = a_O - a_{CO}^{t},\ a_C^y = a_{CO}^{n} = \frac{v_O^2}{R}$$

而

$$a_{CO}^{n} = \omega^2 R = \frac{v_O^2}{R},\ a_{CO}^{t} = \alpha R = a_O$$

则

$$a_C^x = 0,\ a_C = a_C^y = a_{CO}^{n} = \frac{v_O^2}{R}$$

由此可知，**速度瞬心的加速度不等于零**。这是具有一般性的结论。

例 8-8　图 8-20 所示曲柄连杆机构，已知曲柄 $OA = r$，以匀角速度 ω 绕 O 转动，连杆 $AB = l$，求图示 $OA \perp OB$ 位置时 AB 的角加速度。

分析：此瞬时 AB 做瞬时平动，角速度为零。

解：以 A 为基点研究 B，加速度分析如图所示。其中$\boldsymbol{a}_{BA}^{t}$和$\boldsymbol{a}_B$ 的指向为假设，有

$$\boldsymbol{a}_B = \boldsymbol{a}_A + \boldsymbol{a}_{BA}^{n} + \boldsymbol{a}_{BA}^{t}$$

在 y 方向投影得

$$0 = -a_A + a_{BA}^{n}\sin\theta - a_{BA}^{t}\cos\theta$$

而 $a_A = \omega^2 r$，$a_{BA}^{n} = 0$，则

$$a_{BA}^{t} = -\frac{a_A}{\cos\theta} + a_{BA}^{n}\tan\theta = -\frac{\omega^2 r}{\cos\theta}$$

$$\alpha_{AB} = \frac{a_{BA}^{t}}{AB} = -\omega^2\tan\theta\ (\text{逆时针转向})$$

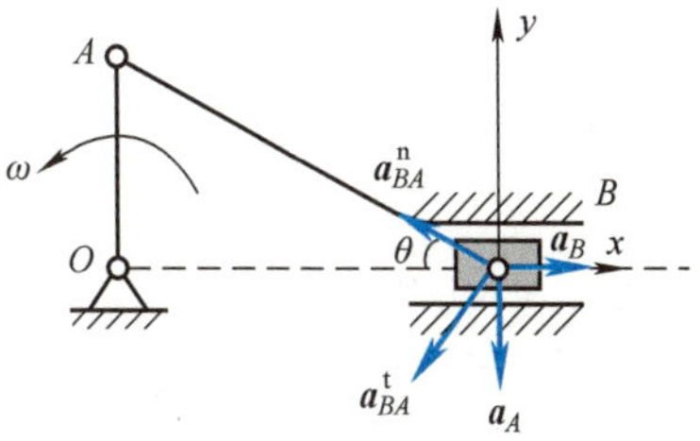

图　8-20

由此可知，**瞬时平动刚体的角加速度不等于零**。这是具有一般性的结论。

例 8-9　已知绳索绕在内径为 r 的圆柱上，绳索以$\boldsymbol{v}$和 $\boldsymbol{a}$ 沿水平方向运动，如图 8-21a 所示。求纯滚动轮的轴心 O 的速度和加速度。

分析：绳索的速度即为轮上相切的点 A 的速度；绳索的加速度即为轮上相切的点 A 的切向加速度。

解：绳索的速度与轮上相切的点 A 的速度相同。C 为瞬心，则轮的角速度以及轮心的速度分别为

$$\omega = \frac{v}{R-r},\ v_O = \omega R = \frac{v}{R-r}R$$

以 A 为基点研究 O，加速度分析如图 8-21b 所示，则

$$\boldsymbol{a}_O = \boldsymbol{a}_A^{n} + \boldsymbol{a}_A^{t} + \boldsymbol{a}_{OA}^{n} + \boldsymbol{a}_{OA}^{t}$$

在 x 方向投影，且 $a_{OA}^{t} = \alpha r$，$a_O = \alpha R$，有

$$a_O = a_{OA}^{t} + a_A^{t} = \alpha r + a = \frac{a_O}{R}r + a$$

得

$$a_O = \frac{R}{R-r}a$$

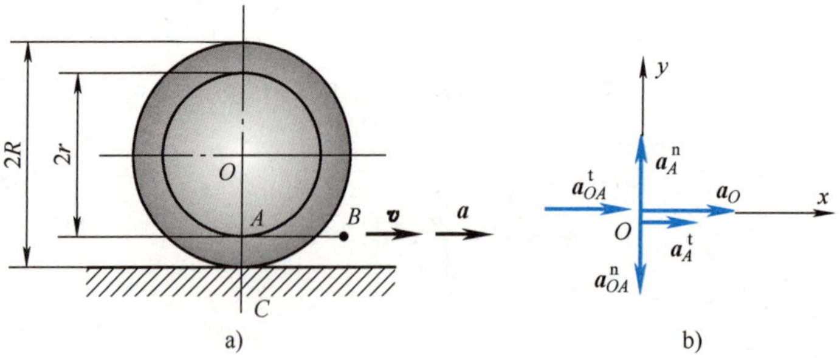

图 8-21

例 8-10 图 8-22a 所示系统，曲柄 OA 以匀角速度 $\omega=2\text{rad/s}$ 绕 O 轴转动，并借助连杆 AB 驱动半径为 r 的轮子在半径为 R 的圆弧槽中做纯滚动。设 $OA=AB=R=2r=1\text{m}$，求图示瞬时 B 和 C 的速度与加速度。

分析：AB 瞬时平动；B 点的运动轨迹为半径为 r、圆心在 O_1 的圆周。

解：如图 8-22a 所示，AB 瞬时平动，则

$$v_B=v_A=\omega R=2\text{m/s}$$

轮的瞬心在点 P，则

$$\omega_B=\frac{v_B}{r}=\omega\ \frac{R}{r}=4\text{m/s}^2\text{，}\ v_C=\omega_B\sqrt{2}r=\sqrt{2}\omega R=2\sqrt{2}\text{m/s}$$

以 A 为基点研究 B，加速度分析如图 8-22b 所示。其中$\boldsymbol{a}_{BA}^{t}$的指向为假设，则

$$\boldsymbol{a}_B^n+\boldsymbol{a}_B^t=\boldsymbol{a}_A+\boldsymbol{a}_{BA}^n+\boldsymbol{a}_{BA}^t$$

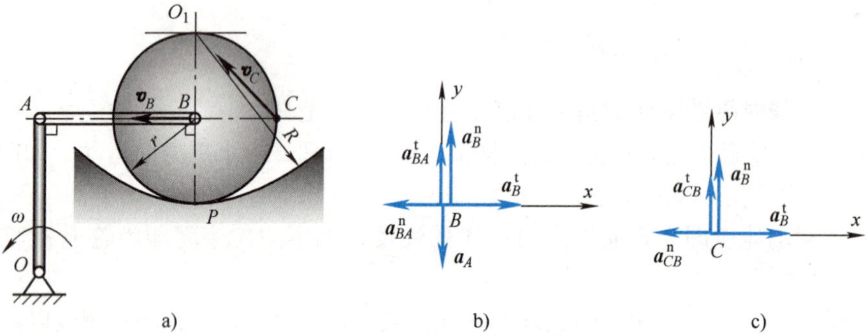

图 8-22

而 $a_{BA}^n=0$，则 $a_B^t=0$，所以

$$a_B=a_B^n=\frac{v_B^2}{r}=8\text{m/s}^2$$

以 B 为基点研究 C，加速度分析如图 8-22c 所示，则

$$\boldsymbol{a}_C=\boldsymbol{a}_B^n+\boldsymbol{a}_B^t+\boldsymbol{a}_{CB}^n+\boldsymbol{a}_{CB}^t$$

其中 $a_{CB}^n=\omega_B^2r=8\text{m/s}^2$，由 $a_B^t=0$，知 $\alpha_B=\dfrac{a_B^t}{r}=0$，$a_{CB}^t=\alpha_Br=0$，所以

$$\boldsymbol{a}_C=\boldsymbol{a}_B^{\mathrm{n}}+\boldsymbol{a}_{CB}^{\mathrm{n}}$$

$$a_C=\sqrt{(a_B^{\mathrm{n}})^2+(a_{CB}^{\mathrm{n}})^2}=8\sqrt{2}\mathrm{m/s^2}$$

8.4　运动学综合应用

工程中的机构都是由多个物体（简称构件）组成的，各构件间通过连接点而传递运动。研究机构的运动，就是通过关联点（许多情况下等同于连接点）来分析已知运动构件与所求运动构件之间运动的传递关系。

在分析关联点的运动时，如能直接建立运动方程，就可以用解析方法（求导、代公式）求其运动的速度和加速度。当难以建立点的运动方程或只对机构某瞬时位置的运动参数感兴趣时，可根据刚体各种不同运动的形式，采用点的合成运动或刚体平面运动的理论来分析相关的两个点在某瞬时的速度和加速度的联系。

刚体平面运动理论用来分析同一刚体上两个不同点间的速度和加速度联系。当两个刚体有相对运动时，则需用点的合成运动的理论分析这两个不同刚体上关联点的速度和加速度联系。复杂的机构中，可能同时有刚体平面运动和点的合成运动问题；有时同一问题可用不同的方法分析，则应经过分析与比较后，选用较简便的方法求解。

例 8-11　如图 8-23a 所示，半径为 R 的轮 O 做纯滚动，轮心速度$\boldsymbol{v}_O$为常量。轮缘上固连的销钉 B 在摇杆 O_1A 的槽内滑动，并带动摇杆绕 O_1 轴转动。图示位置时，O_1A 是轮的切线。求摇杆的角速度和角加速度。

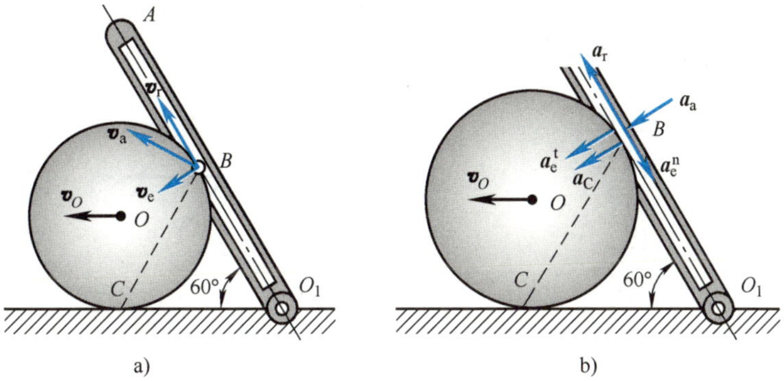

图　8-23

分析：两个刚体明显做相对运动，应首先考虑点的合成运动方法，销钉在滑槽内滑动，应选销钉为动点，相对滑动的滑槽为动系。而销钉是平面运动轮上的点，分析销钉的运动又必须用到刚体平面运动的方法。

解：(1) 速度分析。以轮上的 B 为动点，O_1A 为动系，速度分析如图 8-23a 所示。

$$\boldsymbol{v}_{\mathrm{a}}=\boldsymbol{v}_{\mathrm{e}}+\boldsymbol{v}_{\mathrm{r}}$$

C 为轮的瞬心，轮的角速度以及轮上 B 点的速度分别为

$$\omega_O=\frac{v_O}{R},\ v_B=v_{\mathrm{a}}=\omega_O\cdot BC=\sqrt{3}v_O$$

由几何关系得

$$v_e = v_a \sin 30° = \frac{\sqrt{3}}{2} v_O, \ v_r = v_a \cos 30° = \frac{3}{2} v_O$$

则

$$\omega_{O_1A} = \frac{v_e}{O_1B} = \frac{v_O}{2R} \text{（逆时针转向）}$$

（2）加速度分析。以 O 为基点研究 B，则有

$$\boldsymbol{a}_B = \boldsymbol{a}_O + \boldsymbol{a}_{BO}^{t} + \boldsymbol{a}_{BO}^{n}$$

因 $a_O = 0$，则角加速度 $\alpha_O = 0$，$a_{BO}^{t} = 0$，所以 $\boldsymbol{a}_B = \boldsymbol{a}_{BO}^{n}$。

以轮上的 B 为动点，O_1A 为动系，加速度分析如图 8-23b 所示。其中 $\boldsymbol{a}_e^t$ 和 $\boldsymbol{a}_r$ 的指向为假设，则

$$\boldsymbol{a}_a = \boldsymbol{a}_B = \boldsymbol{a}_{BO}^{n} = \boldsymbol{a}_e^{n} + \boldsymbol{a}_e^{t} + \boldsymbol{a}_r + \boldsymbol{a}_C$$

在垂直于 $\boldsymbol{a}_r$ 方向上投影，并利用 $a_C = 2\omega_{O_1A} v_r$，得到

$$a_e^t = a_a - a_C = \omega_O^2 R - a_C = -\frac{v_O^2}{2R}, \ \alpha_{O_1A} = \frac{a_e^t}{O_1B} = -\frac{v_O^2}{2\sqrt{3}R^2} \text{（顺时针转向）}$$

上面的结果 a_e^t 为负值，表示方向与图上假设的方向相反。

例 8-12 图 8-24a 所示平面机构，滑块 B 可沿杆 OA 滑动。杆 BE 和 BD 分别与滑块 B 铰接，BD 杆可沿水平轨道运动。滑块 E 以匀速 $\boldsymbol{v}$ 沿铅直导轨向上运动，杆 BE 长为 $\sqrt{2}l$。图示瞬时杆 OA 铅直，且与杆 BE 的夹角为 45°。求该瞬时杆 OA 的角速度与角加速度。

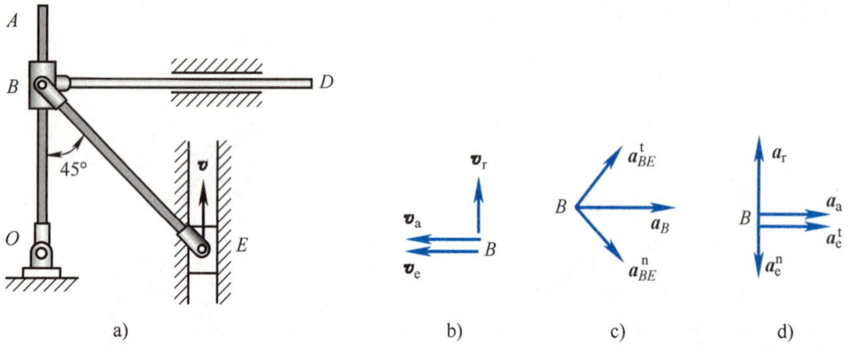

图 8-24

分析：杆 OA 做定轴转动，杆 BE 做平面运动，杆 BD 做平动。滑块 B 在需要求角速度与角加速度的杆 OA 上滑动，应首选点的合成运动方法；B 点又在杆 BE 与 BD 上，分析 B 点的运动又必须研究 BE，用到刚体平面运动的方法。

解：（1）速度分析。杆 BE 做平面运动，瞬心在 O 点，则

$$\omega_{BE} = \frac{v}{OE} = \frac{v}{l}, \ v_B = \omega_{BE} \cdot BO = v$$

以 B 为动点，OA 为动系，速度分析如图 8-24b 所示。显然有

$$v_e = v_a = v_B = v, \ v_r = 0$$

于是得到 OA 的角速度为

$$\omega_{OA}=\frac{v_e}{OB}=\frac{v}{l}\text{（逆时针转向）}$$

（2）加速度分析。以 E 为基点研究 B，加速度分析如图 8-24c 所示，有

$$\boldsymbol{a}_B=\boldsymbol{a}_E+\boldsymbol{a}_{BE}^{\mathrm{t}}+\boldsymbol{a}_{BE}^{\mathrm{n}}=\boldsymbol{a}_{BE}^{\mathrm{t}}+\boldsymbol{a}_{BE}^{\mathrm{n}}$$

则

$$a_B=\frac{a_{BE}^{\mathrm{n}}}{\cos45^\circ}=\frac{\omega_{BE}^2\cdot BE}{\cos45^\circ}=\frac{2v^2}{l}$$

以 B 为动点，OA 为动系，加速度分析如图 8-23d 所示。其中$\boldsymbol{a}_{\mathrm{e}}^{\mathrm{t}}$ 和 $\boldsymbol{a}_{\mathrm{r}}$的指向为假设，因 $v_{\mathrm{r}}=0$，则 $a_{\mathrm{C}}=0$，于是

$$\boldsymbol{a}_{\mathrm{a}}=\boldsymbol{a}_B=\boldsymbol{a}_{\mathrm{e}}^{\mathrm{n}}+\boldsymbol{a}_{\mathrm{e}}^{\mathrm{t}}+\boldsymbol{a}_{\mathrm{r}}+\boldsymbol{a}_{\mathrm{C}}=\boldsymbol{a}_{\mathrm{e}}^{\mathrm{n}}+\boldsymbol{a}_{\mathrm{e}}^{\mathrm{t}}+\boldsymbol{a}_{\mathrm{r}}$$

在垂直于 $\boldsymbol{a}_{\mathrm{r}}$方向上投影，得到 $a_{\mathrm{e}}^{\mathrm{t}}=a_{\mathrm{a}}=a_B=\dfrac{2v^2}{l}$，于是得到 OA 的角加速度

$$\alpha_{OA}=\frac{a_{\mathrm{e}}^{\mathrm{t}}}{OB}=\frac{2v^2}{l^2}\text{（顺时针转向）}$$

例 8-13　图 8-25a 所示杆 AB 的 A 端沿水平线以匀速$\boldsymbol{v}_A$运动，在运动过程中杆 AB 始终与一固定的半圆周相切，半圆周的半径为 R。求当杆与水平线夹角 $\theta=30°$时，杆 AB 的角速度和角加速度。

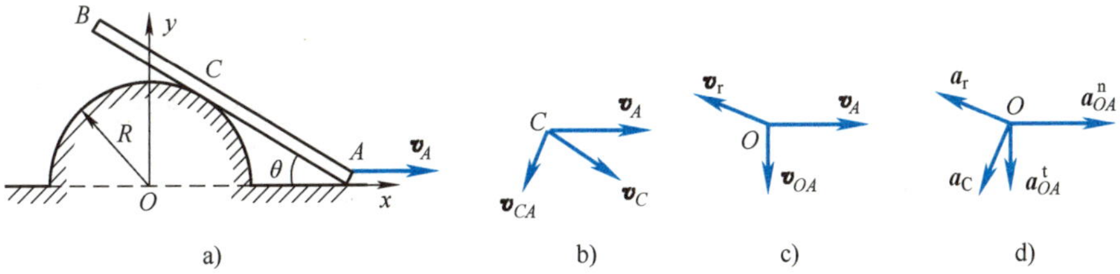

图　8-25

分析：本题只有一个杆 AB 做平面运动，毫无疑问选择平面运动的方法。杆上 C 点的速度方向与圆周相切，但加速度方向和大小均未知，杆的角加速度也未知，需要通过合成运动方法求解。其实 A 点做直线运动，写出其运动方程，表示为夹角 θ 的函数，对时间求导即可求出杆的角速度和角加速度，比上面的方法简单很多，下面给出这两种方法的求解过程。

解法 1：用点运动的解析法。建立坐标系如图 8-25a 所示，写出 A 点的运动方程为

$$x_A=\frac{R}{\sin\theta}\text{，即 }R=x_A\sin\theta$$

两边对时间求导得

$$0=\dot{x}_A\sin\theta+x_A\cos\theta\dot{\theta}$$

则杆 AB 的角速度为

$$\omega=\dot{\theta}=-\frac{\dot{x}_A\sin\theta}{x_A\cos\theta}=-\frac{v_A\sin^2\theta}{R\cos\theta}=-\frac{\sqrt{3}v_A}{6R}\text{（逆时针转向）}$$

将 $\dot{\theta}=-\dfrac{v_A\sin^2\theta}{R\cos\theta}$再对时间求导得到杆 AB 的角加速度为

$$\alpha = \ddot{\theta} = \frac{v_A^2\sin^2\theta(2\sin\theta\cos^2\theta + \sin^3\theta)}{R^2\cos^3\theta} = \frac{7\sqrt{3}v_A^2}{36R^2}\text{（顺时针转向）}$$

注意：这里夹角 θ 的增大方向（正方向）为顺时针，所以求导后顺时针为正，逆时针为负。

解法 2：以 A 为基点研究 C，速度分析如图 8-25b 所示。

$$\boldsymbol{v}_C = \boldsymbol{v}_A + \boldsymbol{v}_{CA}$$

由几何关系得到 $v_{CA} = v_A\sin\theta$，所以

$$\omega = \frac{v_{CA}}{CA} = \frac{v_A\sin\theta}{R\cot\theta} = \frac{v_A\sin^2\theta}{R\cos\theta} = \frac{\sqrt{3}v_A}{6R}\text{（逆时针转向）}$$

将 $\omega = \dfrac{v_A\sin^2\theta}{R\cos\theta}$ 对时间求导，并利用 $\dot{\theta} = -\omega$ 得到杆 AB 的角加速度为

$$\alpha = \dot{\omega} = -\frac{v_A^2\sin^2\theta(2\sin\theta\cos^2\theta + \sin^3\theta)}{R^2\cos^3\theta} = -\frac{7\sqrt{3}v_A^2}{36R^2}\text{（顺时针转向）}$$

注意：角加速度的负号表示与角速度转向相反。因 C 点加速度大小和方向均未知，角加速度待求（未知），所以本题直接用基点法无法求出角加速度。

解法 3：用合成运动与平面运动混合方法。

以 O 为动点（速度和加速度均为零），AB 为动系，则 $\boldsymbol{v}_a = \boldsymbol{0} = \boldsymbol{v}_e + \boldsymbol{v}_r$，这里 $\boldsymbol{v}_e$ 为 AB 上的 O 点的速度。

以 A 为基点研究 AB 上的点 O，有 $\boldsymbol{v}_O = \boldsymbol{v}_e = \boldsymbol{v}_A + \boldsymbol{v}_{OA}$，则得到速度关系如图 8-25c 所示，即

$$\boldsymbol{0} = \boldsymbol{v}_e + \boldsymbol{v}_r = \boldsymbol{v}_A + \boldsymbol{v}_{OA} + \boldsymbol{v}_r$$

求得

$$v_r = \frac{v_A}{\cos\theta},\quad v_{OA} = v_r\sin\theta = v_A\tan\theta$$

$$\omega = \frac{v_{OA}}{OA} = \frac{v_A\tan\theta}{R/\sin\theta} = \frac{v_A\sin^2\theta}{R\cos\theta} = \frac{\sqrt{3}v_A}{6R}\text{（逆时针转向）}$$

加速度分析过程和速度分析一样。直接给出加速度关系如图 8-25d 所示，以及

$$\boldsymbol{a}_a = \boldsymbol{0} = \boldsymbol{a}_e + \boldsymbol{a}_r + \boldsymbol{a}_C = \boldsymbol{a}_{OA}^n + \boldsymbol{a}_{OA}^t + \boldsymbol{a}_r + \boldsymbol{a}_C$$

在垂直于 $\boldsymbol{a}_r$ 方向上投影，有

$$0 = a_{OA}^t\cos\theta + a_C - a_{OA}^n\sin\theta$$

这里

$$a_C = 2\omega v_r = 2\frac{v_A^2\sin^2\theta}{R\cos^2\theta},\quad a_{OA}^n = \omega^2\cdot OA = \frac{v_A^2\sin^3\theta}{R\cos^2\theta}$$

求得 $a_{OA}^t = \dfrac{v_A^2\sin^2\theta}{R\cos^3\theta}(\sin^2\theta - 2)$，于是得到 AB 的角加速度

$$\alpha = \frac{a_{OA}^t}{OA} = \frac{v_A^2\sin^3\theta}{R^2\cos^3\theta}(\sin^2\theta - 2) = -\frac{7\sqrt{3}v_A^2}{36R^2}\text{（顺时针转向）}$$

这里负号表示 a_{OA}^t 的方向与加速度图上假设的方向相反。

注意：本方法中以静止的点作为动点，这在点的合成运动中是很少遇到的。通常情况下，动点、动系与静系（地球）之间必须有相对运动。

8.5　小结与学习指导

1. 重点与难点

重点：基点法和速度瞬心法求速度；基点法求加速度。

难点：加速度求解；运动学综合应用问题的求解。

2. 重点难点概念与解题方法指导

（1）刚体平面运动分解为随基点的平动和绕基点的转动，基点的选择是任意的，因此并不是刚体真正绕基点转动；同样，刚体的角速度和角加速度，是刚体转动部分的角速度和角加速度，没有转动中心，并不是真正绕基点转动的角速度和角加速度，也不是绕瞬心转动的角速度和角加速度。

（2）瞬心法求速度时，可理解为该瞬时刚体绕速度瞬心的转动，即速度求解和定轴转动类似；但加速度求解不能看作刚体绕瞬心的转动，瞬心的加速度一定不为 0，如例 8-7。这也是刚体绕瞬心的转动与定轴转动的相同点与不同点。

（3）刚体瞬时平动和平动的相同点与不同点：速度量 v、ω 相同，即各点的速度都一样，角速度为 0；加速度量 a、α 不同，平动刚体各点加速度都相同，角加速度为零，瞬时平动刚体各点的加速度都不一样，角加速度一定不为零。如例 8-8。

（4）平面运动刚体的角加速度满足 $\alpha=\dfrac{\mathrm{d}\omega}{\mathrm{d}t}$，但很少直接用于求解角加速度。

（5）半径为 R 的纯滚动圆轮（盘）的角加速度 α 与轮心 O 的切向加速度 a_O^{t} 之间满足 $a_O^{\mathrm{t}}=\alpha R$；类似地，角加速度 α 与轮心 O 和瞬心 C 连线（直径线）上某点 A 的切向加速度之间满足 $a_A^{\mathrm{t}}=\alpha\cdot AC$，解题时可直接利用这些公式。可参考例 8-7 和例 8-9 的求解过程。

（6）基点法解题步骤：选择基点和动点→画出速度和加速度分析图→根据速度、加速度公式（8-2）、式（8-5）、式（8-6），通过解析法或几何法求出结果。

（7）瞬心法求速度方法步骤：找出瞬心（不是选择瞬心！）→根据瞬心法速度公式（8-4）分析求解。

3. 关于速度瞬心

一般情况，在每一瞬时，平面图形上都唯一地存在一个速度为零的点（速度瞬心）。

证明：设有一个平面图形 S，某瞬时的角速度为 ω，如图 8-26 所示。取图形上的点 A 为基点，任一点 M 的速度为

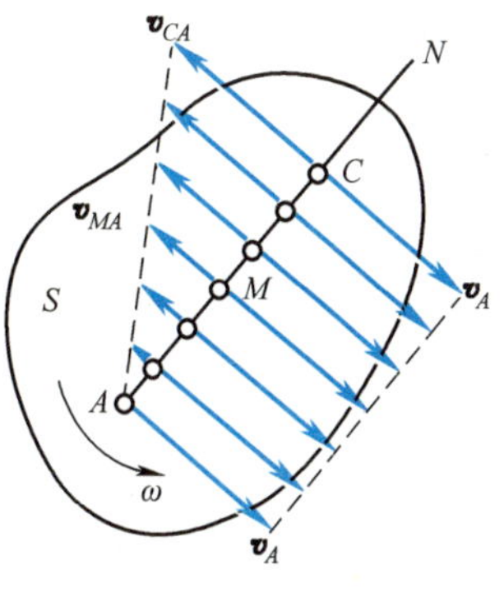

图　8-26

$$\boldsymbol{v}_M=\boldsymbol{v}_A+\boldsymbol{v}_{MA}$$

如果点 M 在 $\boldsymbol{v}_A$ 的垂线 AN 上，由图中看出，$\boldsymbol{v}_A$ 和 $\boldsymbol{v}_{MA}$ 在同一直线上，而方向相反，故 $\boldsymbol{v}_M$ 的大小为

$$v_M=v_A-v_{MA}=v_A-\omega\cdot MA$$

由上式可知，随着点 M 在垂线 AN 上的位置不同，$\boldsymbol{v}_M$ 的大小也不同，因此只要角速度 ω

不等于零，总可以找到一点 C，满足 $AC=v_A/\omega$，这点的瞬时速度等于零，即

$$v_C=v_A-v_{CA}=v_A-\omega\cdot CA=0$$

证毕。

习　题

8-1　椭圆规尺 AB 由曲柄 OC 带动，曲柄以角速度 ω_O 绕 O 轴匀速转动，如题 8-1 图所示。如 $OC=BC=AC=r$，并取 C 为基点，求椭圆规尺 AB 的平面运动方程。

（答案：$x_C=r\cos\omega_O t$，$y_C=r\sin\omega_O t$，$\varphi=\omega_O t$）

8-2　如题 8-2 图所示，圆柱 A 缠以细绳，绳的 B 端固定在天花板上。圆柱自静止落下，其轴心的速度为 $v=\dfrac{2}{3}\sqrt{3gh}$，其中 g 为常量，h 为圆柱轴心到初始位置的距离。如圆柱半径为 r，求圆柱的平面运动方程。

（答案：$x_A=0$，$y_A=\dfrac{1}{3}gt^2$，$\varphi=\dfrac{1}{3r}gt^2$）

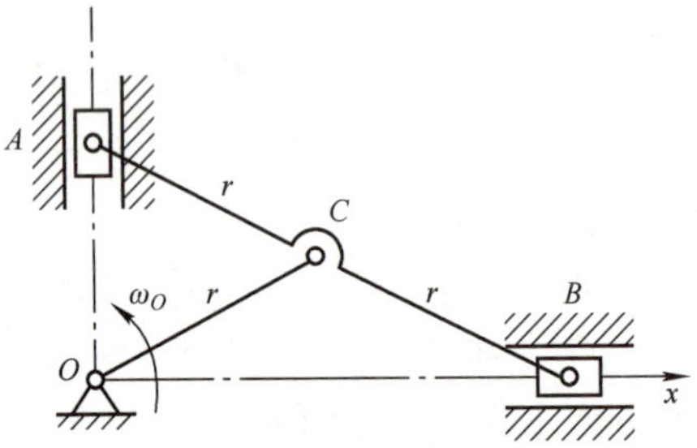

题 8-1 图

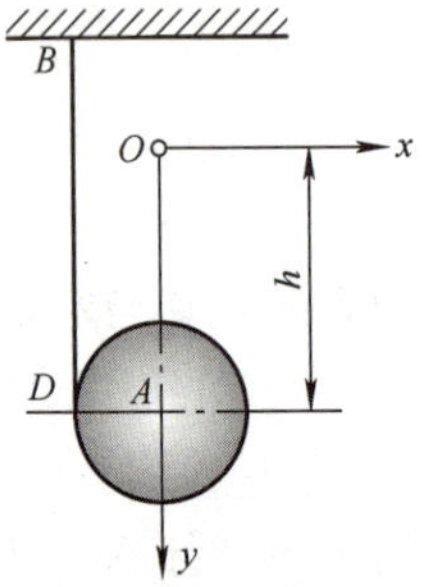

题 8-2 图

8-3　如题 8-3 图所示，在筛动机构中，筛子的摆动由曲柄连杆机构所带动。已知曲柄 OA 的转速 $n_{OA}=40\mathrm{r/min}$，$OA=0.3\mathrm{m}$。当筛子 BC 运动到与点 O 在同一水平线上时，$\angle BAO=90°$。求此瞬时筛子 BC 的速度。

（答案：2.51m/s）

8-4　题 8-4 图所示机构中，已知：$OA=BD=DE=0.1\mathrm{m}$，$EF=0.1\sqrt{3}\mathrm{m}$；$\omega_{OA}=4\mathrm{rad/s}$。在图示位置时，曲柄 OA 与水平线 OB 垂直；且 B、D 和 F 在同一铅直线上。又 DE 垂直于 EF。求杆 EF 的角速度和点 F 的速度。

（答案：$\omega_{EF}=1.333\mathrm{rad/s}$，$v_F=0.462\mathrm{m/s}$）

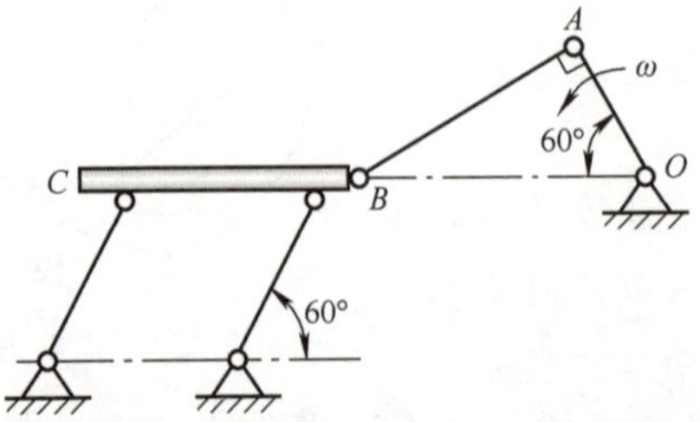

题 8-3 图

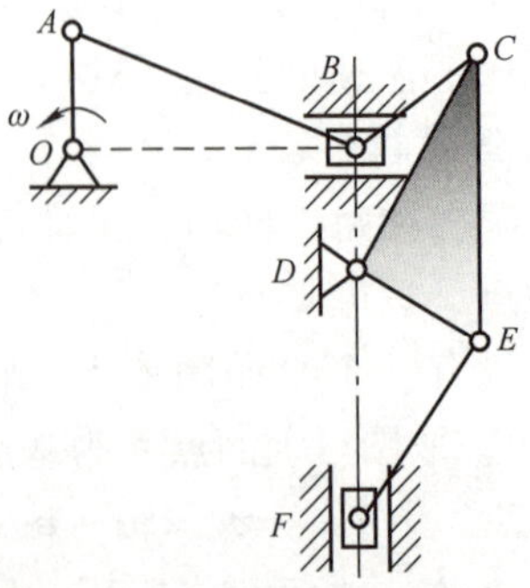

题 8-4 图

8-5　如题 8-5 图所示，曲柄 OA 长为 12cm，以匀转速 $n=60\mathrm{r/min}$ 转动。连杆 AC 长 34cm，齿轮半径 $r=6\mathrm{cm}$。在图示位置时，$\varphi=30°$，AC 水平，求连杆 AC 的角速度与齿条 D 的速度。

（答案：$\omega_{AC}=\dfrac{6\sqrt{3}\pi}{17}\text{rad/s}$，$v_D=24\pi\ \text{cm/s}$）

8-6　如题 8-6 图所示，曲柄机构在其连杆 AB 的中点 C 以铰链与 CD 连接。而杆 CD 又与杆 DE 铰接，杆 DE 可绕点 E 转动。已知 OAB 水平，曲柄 OA 的角速度 $\omega=8\text{rad/s}$，$OA=0.25\text{m}$，$DE=1\text{m}$，$\angle CDE=90°$。求图示位置时杆 DE 的角速度。

（答案：0.5rad/s）

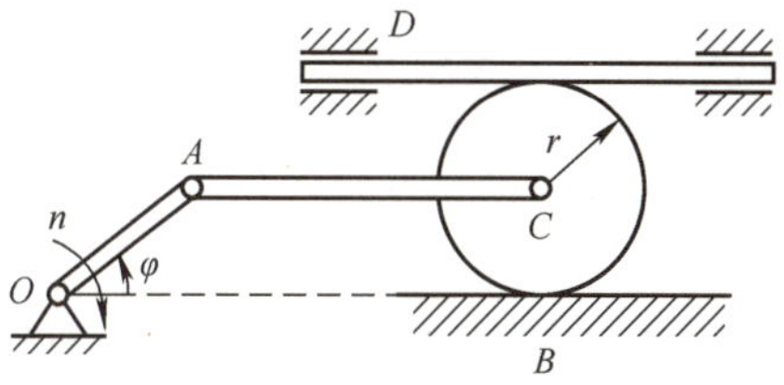

题 8-5 图

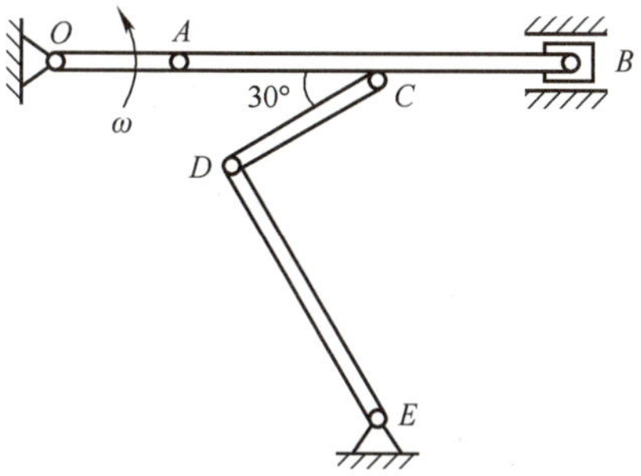

题 8-6 图

8-7　如题 8-7 图所示，杆 AB 在图面内运动。A 端始终在半圆 CAD 上，且杆始终通过直径 CD 上的点 C。当半径 OA 垂直于 CD 时点 A 的速度等于 4m/s。求此时杆上与 C 重合的点的速度。

（答案：2.83m/s）

8-8　如题 8-8 图所示，半径为 r 的圆盘分别在圆周曲线的内侧以及外侧做纯滚动，角速度 ω 为常数。试分别求出以上两种情况下圆盘中心点 A、圆盘边缘点 B 以及圆盘速度瞬心点 P 的加速度。

（答案：$a_A=\dfrac{r}{R-r}\omega^2 r$，$a_B=\dfrac{2r-R}{R-r}\omega^2 r$，$a_P=\dfrac{R}{R-r}\omega^2 r$；$a_A=\dfrac{r}{R+r}\omega^2 r$，$a_B=\dfrac{2r+R}{R+r}\omega^2 r$，$a_P=\dfrac{R}{R+r}\omega^2 r$）

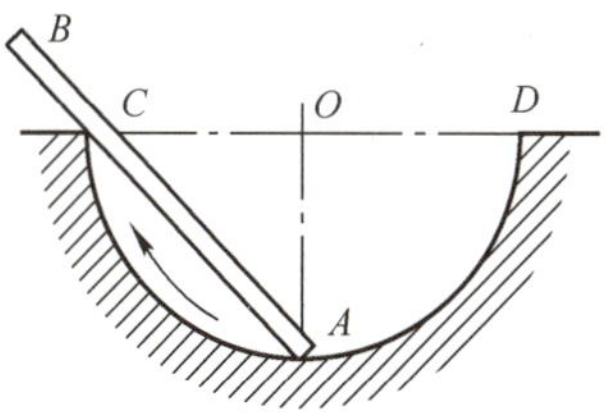

题 8-7 图

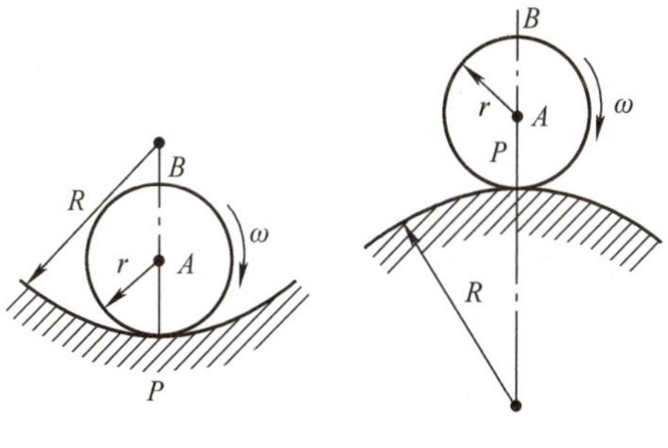

题 8-8 图

8-9　如题 8-9 图所示的机构中，杆 AB 以匀角速度 ω 绕轴 A 转动，半径为 r 的圆轮 C 在半径为 R 的圆形轨道上做纯滚动，$AB=b$。图示瞬时，$\angle BAC=60°$。求此时杆 BC 和圆轮 C 的角速度、角加速度。

（答案：$\omega_{BC}=\dfrac{\omega}{3}$，$\alpha_{BC}=\dfrac{8\sqrt{3}}{27}\left(1+\dfrac{\sqrt{3}b}{R-r}\right)\omega^2$，$\omega_C=\dfrac{2\sqrt{3}\omega b}{3r}$，$\alpha_C=\dfrac{2b}{9r}\left(1-\dfrac{2\sqrt{3}b}{R-r}\right)\omega^2$）

8-10　如题 8-10 图所示，水压机的活塞 D 由铰接杠杆机构 $OABD$ 带动。在图示位置，杠杆 OL 具有角速度 $\omega=2\text{rad/s}$，角加速度 $\alpha=4\text{rad/s}^2$。设 $OA=15\text{cm}$，求该瞬时活塞 D 的加速度和杆 AB 的角加速度。

（答案：$a_D=29.4\text{cm/s}^2$，$\alpha_{AB}=5.2\text{rad/s}^2$）

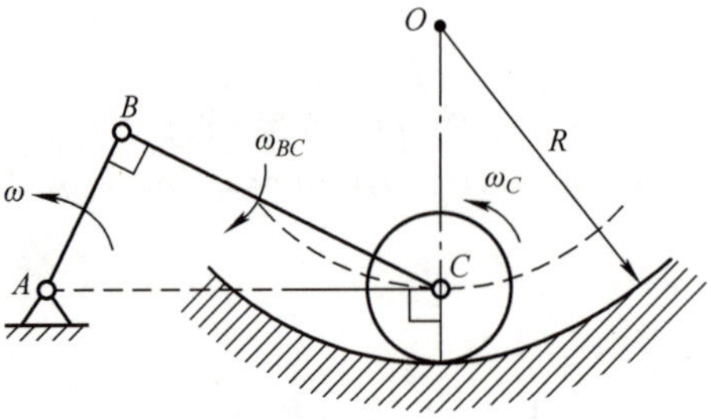

题 8-9 图

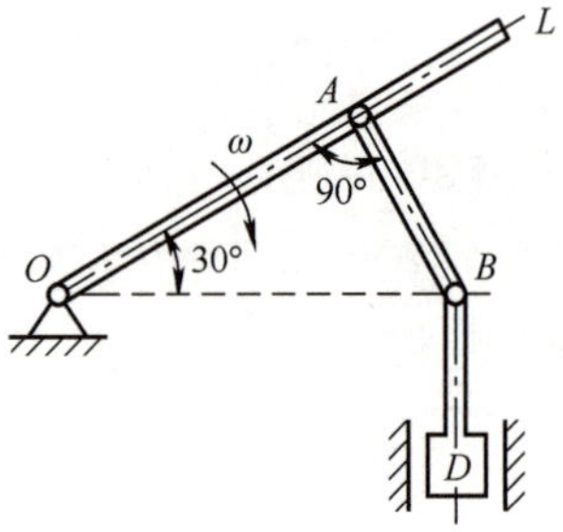

题 8-10 图

8-11　在如题 8-11 图所示的机构中，曲柄 OA 长为 r，以等角速度 ω_O 绕轴 O 转动。$AB=6r$，$BC=3\sqrt{3}r$。求机构在图示位置时滑块 C 的速度和加速度。

（答案：$v_C=\dfrac{3}{2}\omega_O r$，$a_C=\dfrac{\sqrt{3}}{12}\omega_O^2 r$）

8-12　如题 8-12 图所示机构中，杆 BI 和 AE 分别以速度 $\boldsymbol{v}_1$ 和 $\boldsymbol{v}_2$ 沿箭头方向匀速运动，其位移分别以 x 和 y 表示。如杆 AE 与杆 CD 平行，其间距离为 a。求：杆 CD 的速度和滑道 AH 的角速度。

（提示：选取滑块 C 为动点，摇杆 AH 为动系；以 A 为基点研究 C 点和 B 点。　答案：$v_{CD}=v_1\dfrac{ay}{x^2}-v_2\dfrac{a-x}{x}$（↑），$\omega_{AH}=\dfrac{v_1 y-v_2 x}{x^2+y^2}$，$\alpha=70.08\text{rad/s}^2$（逆时针））

8-13　如题 8-13 图所示的机构中，转臂 OA 以匀角速度 ω 绕 O 转动，转臂中有垂直于 OA 的滑道，杆 DE 可在滑道中相对滑动。图示瞬时 DE 垂直于地面，求此时点 D 的速度、加速度。

（提示：选取 DE 上的点 D 为动点，OA 为动系；以 E 为基点研究 DE 上的 D 点。　答案：$v_{Dx}=\omega(l-b)$（←），$v_{Dy}=0$，$v_r=\omega l$（↑），$a_{Dx}=\omega^2 l$（→），$a_{Dy}=\omega^2 b$（↓））

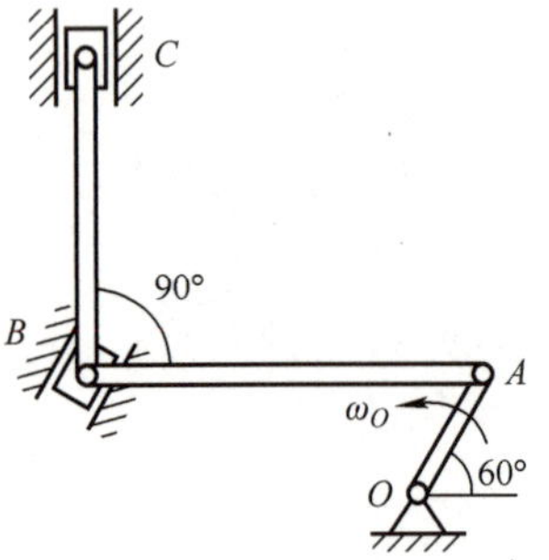

题 8-11 图

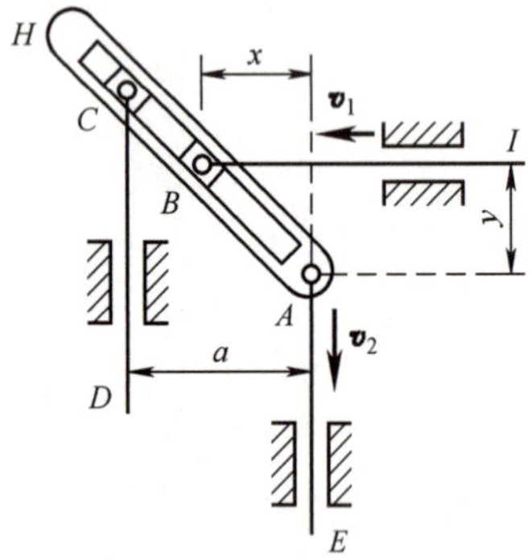

题 8-12 图

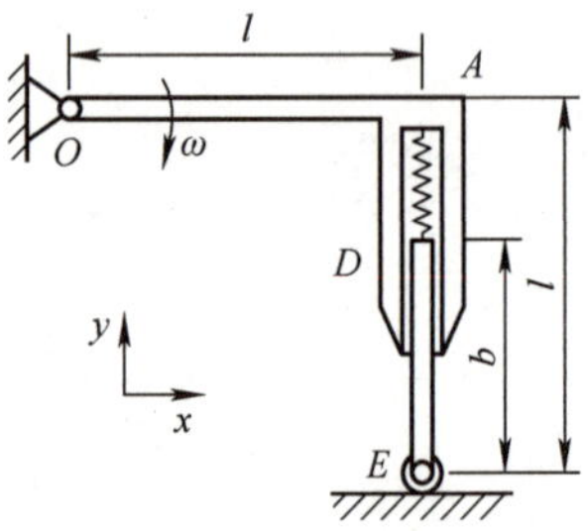

题 8-13 图

8-14　如题 8-14 图所示机构，在连杆 AB 上装有两个滑块，滑块 B 在水平槽内滑动，而滑块 D 则在摇杆 O_1C 的槽内滑动，带动摇杆 O_1C 绕轴 O_1 做定轴转动。已知曲柄 OA 长 $r=50\text{mm}$，绕轴 O 转动的匀角速度 $\omega=10\text{rad/s}$。在图示位置时，曲柄 OA 与水平线间成 90°角，$\angle OAB=60°$，摇杆与水平线间成 60°角，距离 $O_1D=L=70\text{mm}$。求摇杆的角速度和角加速度。

（提示：选取滑块 D 为动点，摇杆 O_1C 为动系；以 A 为基点

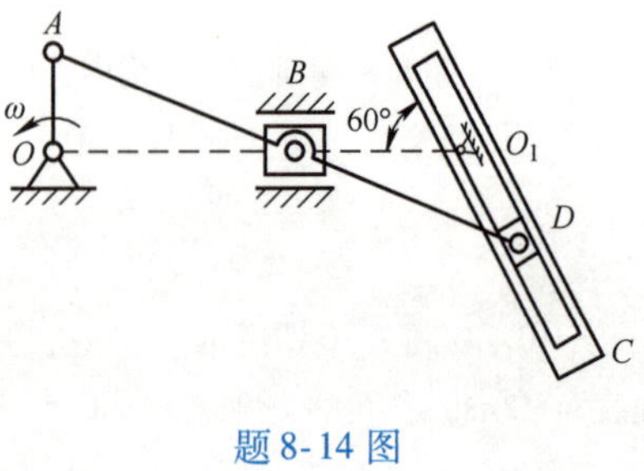

题 8-14 图

研究 D 点和 B 点。　答案：$\omega=6.186\text{rad/s}$（顺时针），$\alpha=70.08\text{rad/s}^2$（逆时针））

8-15　如题 8-15 图所示机构中，$AB=CD=r$，$DE=2r$，AB 以匀角速度 ω 转动。在图示位置时，B 位于 DE 的中点。求此时杆 CD 的角速度和角加速度。

（提示：选取滑块 B 为动点，摇杆 DE 为动系；以 D 为基点研究 E 点。　答案：$\omega_{CD}=\omega$，$\alpha_{CD}=4\sqrt{3}\omega^2$）

8-16　在如题 8-16 图所示机构中，曲柄 O_1A 的角速度 $\omega_1=4\text{rad/s}$，曲柄 O_2B 的角速度 $\omega_2=2\text{rad/s}$，两杆均以匀角速度转动，杆 BD 可在套筒 AC 中滑动。若曲柄 O_2B 处于水平位置，曲柄 O_1A 处于垂直位置，尺寸如图所示，求图示瞬时杆 BD 的角速度和角加速度。

（提示：选取 B 为动点，AC 为动系；选取 A 为动点，BD 为动系。　答案：$\omega=1\text{rad/s}$（顺时针），$\alpha=8/3\text{rad/s}^2$（逆时针））

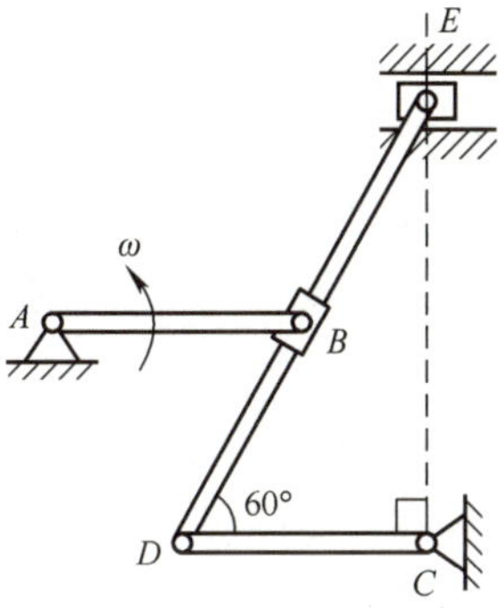

题 8-15 图

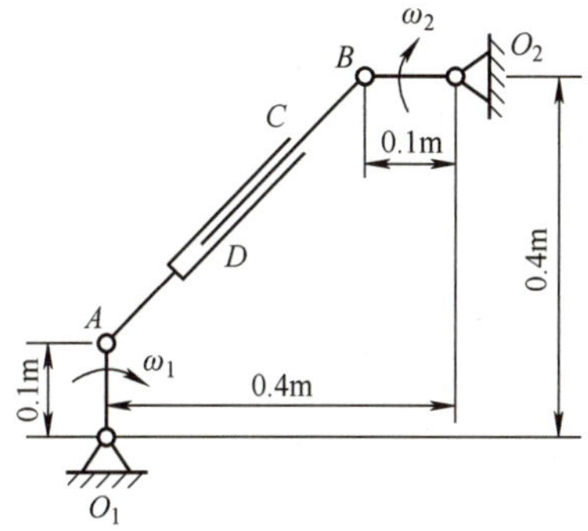

题 8-16 图

8-17　在如题 8-17 图所示的机构中，已知 v 为常量，当 O、A、D 处于同一水平直线上时，$\varphi=30°$，$OA=AD=R$。试求该瞬时杆 AB 的角速度和角加速度。

（答案：$\omega_{AB}=\dfrac{3v}{4R}$，$\alpha_{AB}=\dfrac{5\sqrt{3}v^2}{8R^2}$）

8-18　如题 8-18 图所示，自行车在水平直线道路上按规律 $s=0.1t^2$（s 以 m 为单位，t 以 s 为单位）行驶。已知 $R=0.35\text{m}$，$l=0.18\text{m}$，齿数 $z_1=18$，$z_2=48$。当 $t=10\text{s}$ 时，曲柄 MN 在竖直位置，求此时自行车踏板轴 M 和 N 的绝对加速度（假定车轮做纯滚动）。

（答案：$a_M=0.86\text{m/s}^2$，$a_N=0.841\text{m/s}^2$）

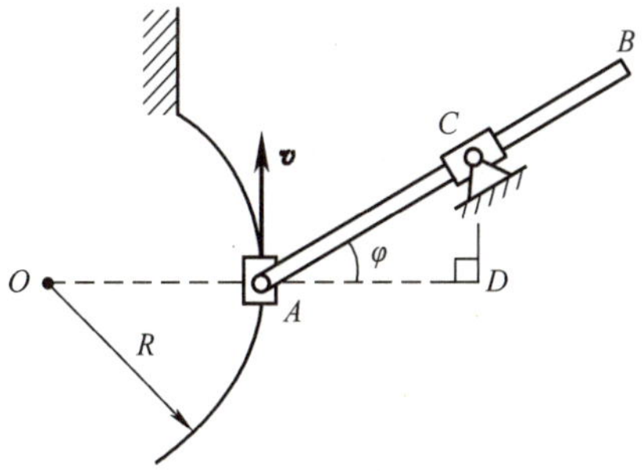

题 8-17 图

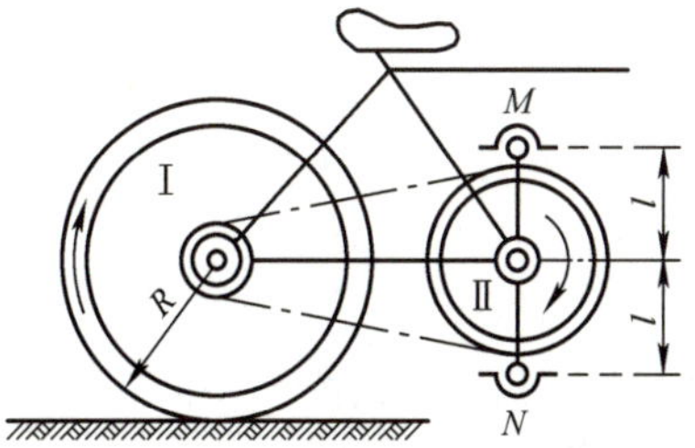

题 8-18 图

第 9 章

动力学普遍定理

本章研究**动力学**，即力与运动之间的关系。实际上，静力学只是动力学的特殊情况，而运动学是研究动力学必要的基础。

动力学的研究对象为质点和质点系。**质点**是具有一定质量而几何形状和尺寸大小可以忽略不计的物体。牛顿运动定律完整地描述了质点的动力学规律，但只解决了单个质点的动力学问题。然而，绝大部分工程结构都是由很多质点组成的一个集合，即**质点系**。显然，用牛顿运动定律得到质点系中每个质点的运动规律是不可能的，实际上也是不必要的。

在经典力学范围内，由牛顿运动定律可以推导出质点系的动力学规律，是动力学的基础，也是整个力学学科最基本的定律。本章首先给出牛顿运动定律的微分形式，然后从牛顿运动定律出发，推导出动力学三个普遍定理：动量定理、动量矩定理和动能定理。

9.1 质点运动微分方程

9.1.1 牛顿运动定律

牛顿第一定律（惯性定律）：不受力作用的质点，将保持静止或做匀速直线运动。质点保持静止或做匀速直线运动的属性，称为**惯性**。因此牛顿第一定律也称惯性定律。

牛顿第二定律（力与加速度之间的关系定律）：

$$\boxed{m\boldsymbol{a} = \sum \boldsymbol{F}} \tag{9-1}$$

即质点的质量 m 与加速度 $\boldsymbol{a}$ 的乘积，等于作用于质点的力（合力）$\sum \boldsymbol{F}$。加速度的方向与力的方向相同。

由牛顿运动定律可以看出，**质量**是衡量质点惯性大小的度量。质量越大，惯性越大，越不容易改变质点的运动状态。

在国际单位制（SI）中，质量的单位为 kg（千克），力的单位是 N（牛）。

需要强调的是，**牛顿第一、第二定律只能用于质点或平移刚体。**

牛顿第三定律（作用与反作用定律）：两个物体间的作用力与反作用力总是大小相等、方向相反、沿着同一直线，且同时分别作用在这两个物体上。这一定律就是静力学的公理四，它不仅适用于平衡的物体，也适用于任何运动的物体，并且与参考系的选择无关。

9.1.2 质点运动微分方程

利用运动学中点运动的加速度公式，将牛顿第二定律表达式（9-1）中的加速度写为微分形式，即为质点运动微分方程。

矢量形式

$$m\boldsymbol{a} = m\frac{\mathrm{d}^2\boldsymbol{r}}{\mathrm{d}t^2} = \sum \boldsymbol{F} \tag{9-2}$$

直角坐标形式

$$ma_x = m\frac{\mathrm{d}^2x}{\mathrm{d}t^2} = \sum F_x,\ ma_y = m\frac{\mathrm{d}^2y}{\mathrm{d}t^2} = \sum F_y,\ ma_z = m\frac{\mathrm{d}^2z}{\mathrm{d}t^2} = \sum F_z \tag{9-3}$$

自然坐标形式

$$ma_{\mathrm{t}} = m\frac{\mathrm{d}v}{\mathrm{d}t} = \sum F_{\mathrm{t}},\ ma_{\mathrm{n}} = m\frac{v^2}{\rho} = \sum F_{\mathrm{n}},\ ma_{\mathrm{b}} = 0 = \sum F_{\mathrm{b}} \tag{9-4}$$

与运动学中点的运动类似，矢量形式用于公式推导，自然坐标形式用于质点运动轨迹已知的情况，直角坐标形式一般可用于任何情况。

例 9-1　图 9-1 所示单摆，当 $\varphi=\varphi_0$ 时 $v=v_0$，$OA=l$。求任意时刻的速度和绳的拉力。

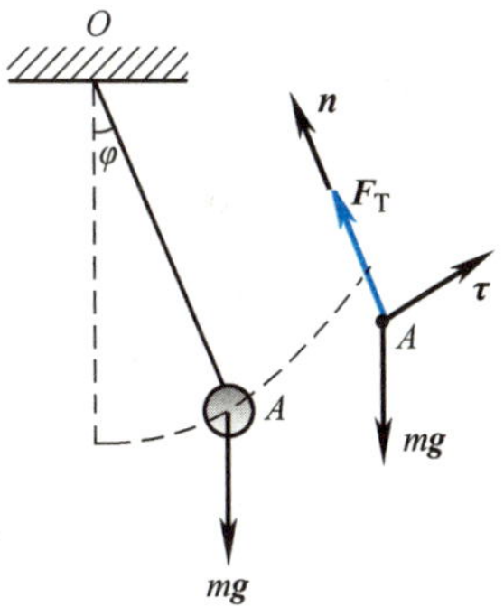

图　9-1

分析：摆重的运动轨迹已知，用自然坐标形式的质点运动微分方程。

解：研究 A，受力如图所示，写出自然坐标形式的质点运动微分方程

$$ma_{\mathrm{t}} = m\frac{\mathrm{d}v}{\mathrm{d}t} = -mg\sin\varphi$$

$$ma_{\mathrm{n}} = m\frac{v^2}{l} = F_{\mathrm{T}} - mg\cos\varphi$$

对切线方向的方程进行变换并积分

$$\frac{\mathrm{d}v}{\mathrm{d}t} = \frac{\mathrm{d}v}{\mathrm{d}\varphi}\frac{\mathrm{d}\varphi}{\mathrm{d}t} = \frac{\mathrm{d}v}{\mathrm{d}\varphi}\frac{v}{l} = -\frac{g}{l}\sin\varphi$$

$$\int_{v_0}^{v} v\mathrm{d}v = \int_{\varphi_0}^{\varphi}(-gl\sin\varphi)\mathrm{d}\varphi$$

得到

$$v^2 = v_0^2 + 2gl(\cos\varphi - \cos\varphi_0)$$

代入法线方向的方程得到

$$F_{\mathrm{T}} = m\frac{v^2}{l} + mg\cos\varphi = \frac{mv_0^2}{l} + mg(3\cos\varphi - 2\cos\varphi_0)$$

例 9-2　图 9-2 所示为子弹运动的示意图。子弹质量为 m，出口速度为 $\boldsymbol{u}$，沿水平 x 方向射出，阻力 $F=kv_x^2$，由于 y 向（侧向）风力作用，x 方向经过距离 s 后 y 方向偏离 d。求 y 向恒风力 F_y 的表达式。

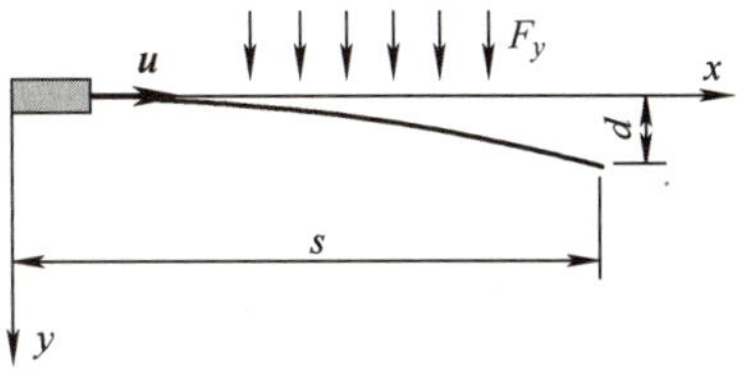

图　9-2

分析：子弹做空间曲线运动，但根据题意只需在水平面内分析运动规律即可。子弹运动轨迹未知，用直角坐标形式的质点运动微分方程。

解：研究子弹，水平面内用质点运动微分方程

$$ma_x = m\frac{\mathrm{d}v_x}{\mathrm{d}t} = -kv_x^2$$

$$ma_y = m\frac{\mathrm{d}v_y}{\mathrm{d}t} = m\frac{\mathrm{d}^2y}{\mathrm{d}t^2} = F_y$$

对 x 方向的方程积分

$$\int_u^{v_x}\frac{\mathrm{d}v_x}{-v_x^2} = \int_0^t\frac{k}{m}\mathrm{d}t,\ v_x = \frac{\mathrm{d}x}{\mathrm{d}t} = \frac{1}{\frac{1}{u}+\frac{k}{2m}t^2}$$

再积分得出水平方向运动 s 时需要的时间

$$\int_0^s\mathrm{d}x = \int_0^T\frac{1}{\frac{1}{u}+\frac{k}{2m}t^2}\mathrm{d}t,\ T = \frac{m}{ku}(\mathrm{e}^{\frac{ks}{u}}-1)$$

对 y 方向的方程积分

$$mv_y = m\frac{\mathrm{d}y}{\mathrm{d}t} = F_yt,\ \int_0^d m\mathrm{d}y = \int_0^T F_yt\mathrm{d}t$$

得到

$$F_y = \frac{2d}{m}\left(\frac{ku}{\mathrm{e}^{\frac{ks}{u}}-1}\right)^2$$

从例 9-1 和例 9-2 可以看出，利用质点运动微分方程求解动力学问题，主要的工作量在数学积分运算上。

例 9-3 图 9-3 所示的凸轮导板机构，已知偏心轮半径为 R，偏心距 $OC=e$，以匀角速度 ω 绕 O 轴转动，导板上方物块 A 的质量为 m。设开始时 OC 水平。求：物块对导板的最大压力和使物块不离开导板的 ω 最大值。

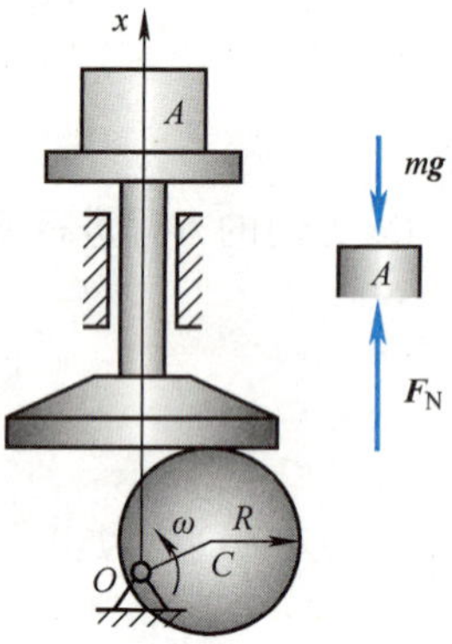

图 9-3

分析：物块随导板做上下平移运动，用铅垂方向的牛顿运动定律。物块的加速度可用运动方程求导得到，不必使用点的合成运动方法。

解：研究物块 A，受力如图所示，在铅垂方向用牛顿运动定律。给出物块在铅垂方向的运动方程为

$$x = e\sin\omega t + \text{常数}$$

则加速度为

$$a_x = \ddot{x} = -\omega^2 e\sin\omega t$$

由牛顿运动定律有

$$ma_x = -m\omega^2 e\sin\omega t = F_\mathrm{N} - mg$$

则物块对导板的最大压力（等于约束力）

$$F_\mathrm{N} = mg - m\omega^2 e\sin\omega t,\ F_{\mathrm{Nmax}} = m(g+\omega^2 e)$$

物块不离开导板时 $F_\mathrm{N} \geqslant 0$，求得

$$\omega \leqslant \sqrt{\frac{g}{e}}$$

9.2　动量定理

9.2.1　动量

物体之间往往有机械运动的相互传递，在传递机械运动时产生的相互作用力不仅与物体的速度变化有关，而且与它们的质量有关。例如，枪弹质量虽小，但速度很大，击中目标时，产生很大的冲击力；轮船靠岸时，速度虽小，但质量很大，对口岸产生很大的撞击力。据此，可以用质点的质量与速度的乘积，来表征质点的运动量或运动强度。

质点的质量与速度的乘积称为质点的**动量**，记为 $m\boldsymbol{v}$。动量是矢量，方向与质点速度的方向一致。运动量（运动强度）可以简单叠加，因此质点系内各质点动量的矢量和，即为质点系的动量，用 $\boldsymbol{p}$ 表示，即 $\boldsymbol{p}=\sum\limits_{i=1}^{n} m_i\boldsymbol{v}_i$。

利用重心公式（5-10）可得出质心公式

$$\boldsymbol{r}_C=\frac{\sum P_i\boldsymbol{r}_i}{P}=\frac{\sum m_i\boldsymbol{r}_i}{m} \tag{9-5}$$

式中，P_i 为质点的重量。对式（9-5）求导得

$$\boldsymbol{v}_C=\frac{\sum m_i\boldsymbol{v}_i}{m} \tag{9-6}$$

则质点系的动量可表示为

$$\boxed{\boldsymbol{p}=\sum_{i=1}^{n} m_i\boldsymbol{v}_i=m\boldsymbol{v}_C} \tag{9-7}$$

9.2.2　动量定理

对于质点系中任意一个质量为 m_i 的质点，由牛顿第二定律，有

$$m_i\boldsymbol{a}_i=\frac{\mathrm{d}(m_i\boldsymbol{v}_i)}{\mathrm{d}t}=\boldsymbol{F}_i^{(\mathrm{e})}+\boldsymbol{F}_i^{(\mathrm{i})}$$

式中，$\boldsymbol{F}_i^{(\mathrm{e})}$ 为质点系外部对质点 m_i 的作用力的合力，称为外力；$\boldsymbol{F}_i^{(\mathrm{i})}$ 为质点系内部其他质点对质点 m_i 的作用力的合力，称为内力。将质点系中所有质点给出的牛顿运动定律叠加，有

$$\sum\frac{\mathrm{d}(m_i\boldsymbol{v}_i)}{\mathrm{d}t}=\sum\boldsymbol{F}_i^{(\mathrm{e})}+\sum\boldsymbol{F}_i^{(\mathrm{i})}$$

由于质点系内部各质点之间的内力成对出现，是作用力与反作用力的关系，则 $\sum\boldsymbol{F}_i^{(\mathrm{i})}=\boldsymbol{0}$；又因 $\sum\mathrm{d}(m_i\boldsymbol{v}_i)=\mathrm{d}(\sum m_i\boldsymbol{v}_i)=\mathrm{d}\boldsymbol{p}$，则上式变为

$$\boxed{\frac{\mathrm{d}\boldsymbol{p}}{\mathrm{d}t}=\sum\boldsymbol{F}_i} \tag{9-8}$$

为书写方便，去掉了力 $\boldsymbol{F}$ 的上角标“(e)”。式（9-8）可写成

$$\mathrm{d}\boldsymbol{p}=\sum\boldsymbol{F}_i\mathrm{d}t \tag{9-9}$$

对式（9-9）积分得到

$$\boldsymbol{p}_2 - \boldsymbol{p}_1 = \sum \boldsymbol{I}_i \tag{9-10}$$

这里

$$\boldsymbol{I}_i = \int_{t_1}^{t_2} \boldsymbol{F}_i \mathrm{d}t \tag{9-11}$$

称为力 $\boldsymbol{F}_i$在作用时间（t_1，t_2）内的**冲量**。

式（9-8）就是微分形式的动量定理，式（9-10）是积分形式（或称有限形式）的动量定理。将式（9-8）和式（9-10）在正交坐标轴上投影，得到投影形式的动量定理

$$\frac{\mathrm{d}p_x}{\mathrm{d}t} = \sum F_x,\ \frac{\mathrm{d}p_x}{\mathrm{d}t} = \sum F_y,\ \frac{\mathrm{d}p_z}{\mathrm{d}t} = \sum F_z \tag{9-12}$$

$$p_{2x} - p_{1x} = \sum I_x,\ p_{2y} - p_{1y} = \sum I_y,\ p_{2z} - p_{1z} = \sum I_z \tag{9-13}$$

9.2.3 质心运动定理

将动量的计算式（9-7）代入动量定理表达式（9-8），得到用质心加速度表示的动量定理，即质心运动定理

$$m\boldsymbol{a}_C = \sum \boldsymbol{F}_i \tag{9-14}$$

和动量定理一样，质心运动定理常用投影形式。直角坐标和自然坐标轴上投影形式为

$$m\ddot{x}_C = \sum F_x,\ m\ddot{y}_C = \sum F_y,\ m\ddot{z}_C = \sum F_z \tag{9-15}$$

$$ma_C^{\mathrm{n}} = \sum F_{\mathrm{n}},\ ma_C^{\mathrm{t}} = \sum F_{\mathrm{t}},\ \sum F_{\mathrm{b}} = 0 \tag{9-16}$$

9.2.4 动量守恒与质心运动守恒

若质点系在某个方向上外力之和为零，则在此方向上动量保持常数、质心速度保持常数。例如，若 $\sum F_x=0$，则p_x=常量、v_{Cx}=常量；若质心初始静止，则质心坐标x_C保持不变。由此可知得出如下结论：

（1）只有外力才能改变质点系的总动量。

（2）在保持质点系总动量不变的情况下，内力只在质点系内部各质点之间传递能量，改变各质点之间的相对运动，不会引起系统总动量的变化。例如：汽车的运动。

9.2.5 管道对管内流体的动反力

作为动量定理在工程中的实际应用，下面推导出变截面弯管对管内流体的动反力。

设不可压缩流体的体积流量为q_V，密度为ρ。取任意变截面弯管 ab 段内的流体作为研究对象，受力如图 9-4 所示。其中，$\boldsymbol{P}$ 为 ab 段管内流体的重力，$\boldsymbol{F}$ 为 ab 段管壁作用于流体的全反力，$\boldsymbol{F}_a$和 $\boldsymbol{F}_b$分别为 ab 段管内流体在入口 a 和出口 b 受到的流体压力。

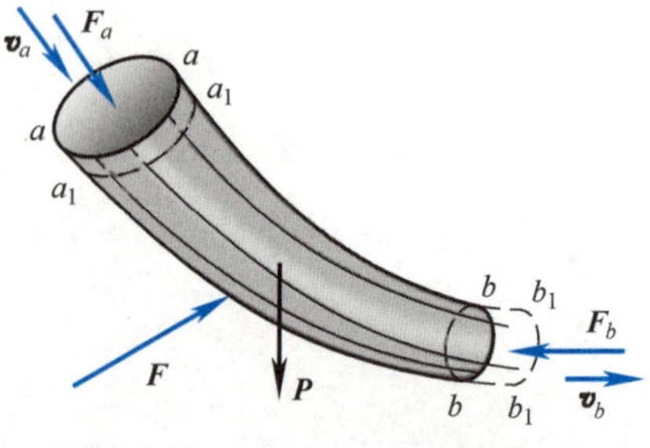

图 9-4

在 $\mathrm{d}t$ 时间内流体质量的变化（流过某截面的质量）为 $\mathrm{d}m=\rho q_V\mathrm{d}t$，动量的变化为

$$\begin{aligned}\mathrm{d}\boldsymbol{p}&=\boldsymbol{p}_{a_1b_1}-\boldsymbol{p}_{ab}=\boldsymbol{p}_{bb_1}-\boldsymbol{p}_{aa_1}\\&=\mathrm{d}m\boldsymbol{v}_b-\mathrm{d}m\boldsymbol{v}_a\\&=\mathrm{d}m(\boldsymbol{v}_b-\boldsymbol{v}_a)=\rho q_V\mathrm{d}t(\boldsymbol{v}_b-\boldsymbol{v}_a)\end{aligned}$$

利用微分形式动量定理，有

$$\frac{\mathrm{d}\boldsymbol{p}}{\mathrm{d}t}=\rho q_V(\boldsymbol{v}_b-\boldsymbol{v}_a)=\boldsymbol{P}+\boldsymbol{F}+\boldsymbol{F}_a+\boldsymbol{F}_b$$

将力 $\boldsymbol{F}$ 分为静反力 $\boldsymbol{F}_\mathrm{s}$ 和动反力 $\boldsymbol{F}_\mathrm{d}$ 两部分，静反力满足静力平衡方程，即

$$\boldsymbol{P}+\boldsymbol{F}_\mathrm{s}+\boldsymbol{F}_a+\boldsymbol{F}_b=\boldsymbol{0}$$

则动反力为

$$\boldsymbol{F}_\mathrm{d}=\rho q_V(\boldsymbol{v}_b-\boldsymbol{v}_a)\tag{9-17}$$

对于多分支管道

$$\boxed{\boldsymbol{F}_\mathrm{d}=\sum(\rho q_V\boldsymbol{v}_b)-\sum(\rho q_V\boldsymbol{v}_a)}\tag{9-18}$$

式（9-17）、式（9-18）不仅可用于计算管道动反力，还可用于其他连续流动的离散质点系，如物料输送、水压采掘等，下面举例说明。

例 9-4　如图 9-5 所示，重锤重量 $W=300\mathrm{N}$，自 $h=1.5\mathrm{m}$ 处落下后撞击到静止的工件上，若撞击时间 $t=0.01\mathrm{s}$，求重锤对工件的平均压力。

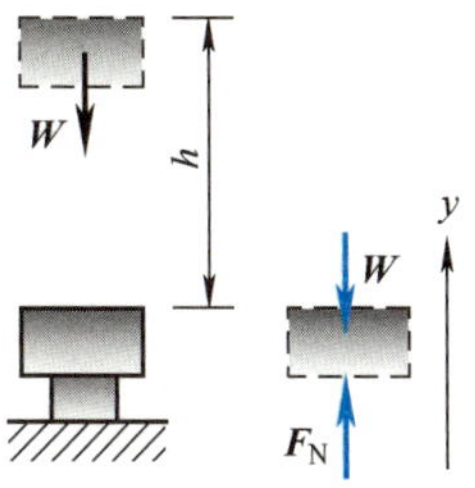

图　9-5

分析：重锤做向下的直线运动，可以在撞击时间内求出加速度，然后用牛顿运动定律求解。由于有明显的起止时间点，受力为常力，冲量比较容易计算，因此也可以用有限形式的动量定理解。

解：研究重锤，受力如图所示，在刚开始下落与工件变形结束时刻之间铅垂方向利用动量定理，得

$$p_{2y}=p_{1y}=0,\ \sum I_y=F_\mathrm{N}t-W\left(t+\sqrt{\frac{2h}{g}}\right)$$

代入动量定理 $p_{2y}-p_{1y}=\sum I_y$ 解得

$$F_\mathrm{N}=16.9\mathrm{kN}$$

可以看出，平均撞击力（**动力**）是重锤自重（**静力**）的 56 倍，而最大撞击力至少是自重的 100 倍。因此，在工程中必须对破坏力极大的动力引起足够的重视。

例 9-5　如图 9-6 所示，质量为 m_2、半径为 r、偏心距为 e 的凸轮以匀角速度 ω 绕定轴 O 转动。质量为 m_1 的滑杆 I 借右端弹簧的推压而顶在凸轮上，当凸轮转动时，滑杆做往复运动。设凸轮为一均质圆盘，基座质量为 m_3，求在任一瞬时基座螺钉的总动反力。

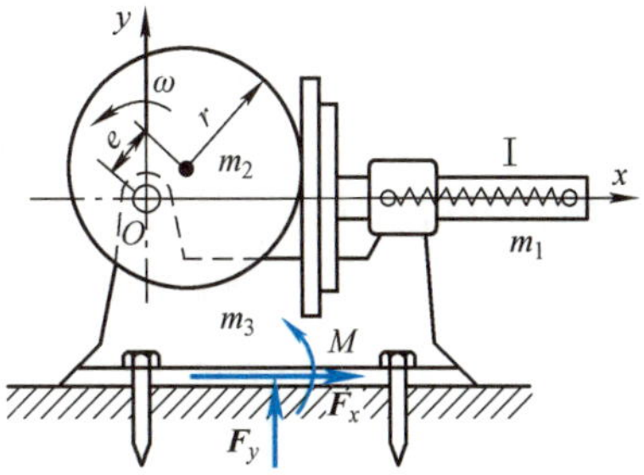

图　9-6

分析：本题属于刚体系统的动力学问题，不可能用牛顿运动定律求解。用动量定理或质心运动定理均可，用动量定理需要速度分析，质心运动定理需要写出质心坐标（即质心运动方程）。

解法1：用动量定理。研究整体，受力如图所示（重力未画出）。滑杆Ⅰ的运动方程及速度分别为

$$x_{\mathrm{I}} = e\cos\omega t + r + \text{常数}$$

$$\dot{x}_{\mathrm{I}} = -\omega e\sin\omega t$$

动量

$$p_x = -m_2\omega e\sin\omega t + m_1\dot{x}_{\mathrm{I}}$$
$$= -(m_1 + m_2)\omega e\sin\omega t$$
$$p_y = m_2\omega e\cos\omega t$$

代入动量定理

$$\frac{\mathrm{d}p_x}{\mathrm{d}t} = -(m_1 + m_2)\omega^2 e\cos\omega t = F_x$$

$$\frac{\mathrm{d}p_y}{\mathrm{d}t} = -m_2\omega^2 e\sin\omega t = F_y - (m_1 + m_2 + m_3)g$$

则

$$F_x = -(m_1 + m_2)\omega^2 e\cos\omega t$$

$$F_y = (m_1 + m_2 + m_3)g - m_2\omega^2 e\sin\omega t$$

解法2：用质心运动定理。研究整体，受力如图所示（重力未画出）。质心坐标

$$x_C = \frac{m_2 e\cos\omega t + m_1(e\cos\omega t + r + x_1) + m_3x_3}{m_1 + m_2 + m_3}$$

$$y_C = \frac{m_2 e\sin\omega t + m_3y_3}{m_1 + m_2 + m_3}$$

其中 x_1 和 x_3、y_3 为常数，分别是 m_1 和 m_3 的质心坐标。代入质心运动定理，得

$$m\ddot{x}_C = -(m_1 + m_2)e\omega^2\cos\omega t = F_x$$

$$m\ddot{y}_C = -m_2e\omega^2\sin\omega t = F_y - (m_1 + m_2 + m_3)g$$

则

$$F_x = -(m_1 + m_2)\omega^2 e\cos\omega t$$

$$F_y = (m_1 + m_2 + m_3)g - m_2\omega^2 e\sin\omega t$$

例9-6 如图9-7所示，半径为 R、质量为 m_1 的光滑圆柱放在光滑水平面上，一质量为 m_2 的小球 A 从圆柱顶点无初速下滑。试求小球离开圆柱前的运动轨迹。

分析：由点的运动概念可知，给出运动方程后消去时间 t 即可得到运动轨迹。

解：以初始时刻圆柱的圆心为坐标原点建立坐标系，设任意时刻的圆柱和小球的位置如图所示。小球的运动方程为

$$x = x_1 + R\sin\theta$$

$$y = R\cos\theta$$

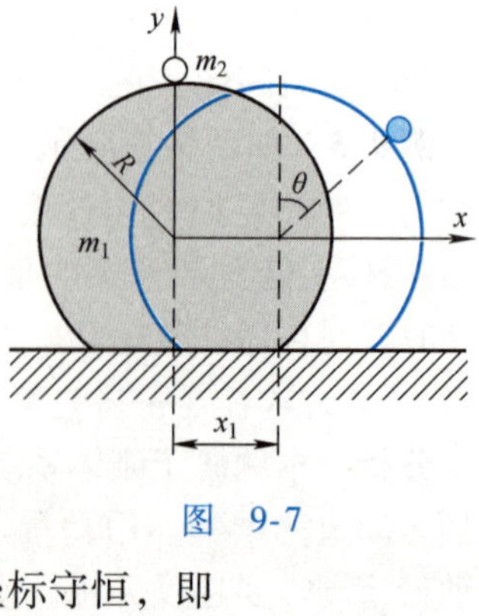

图 9-7

系统水平方向动量守恒（质心运动守恒），初始静止，则质心坐标守恒，即

$$0=\frac{m_1x_1+m_2(x_1+R\sin\theta)}{m_1+m_2}$$

求得 $x_1=-\dfrac{m_2R\sin\theta}{m_1+m_2}$，代入运动方程消去 θ 得到

$$\frac{x^2}{\left(\dfrac{m_1R}{m_1+m_2}\right)^2}+\frac{y^2}{R^2}=1$$

例 9-7　如图 9-8 所示，垂直于薄板的水流流经薄板时被分为两部分。一部分流量为 $q_{V1}=7\text{L/s}$，另一部分偏离了角度 θ，忽略水重和摩擦，求角度 θ 和水对薄板的压力。已知总流量为 $q_V=21\text{L/s}$，水流速度 $v_1=v_2=v=28\text{m/s}$。

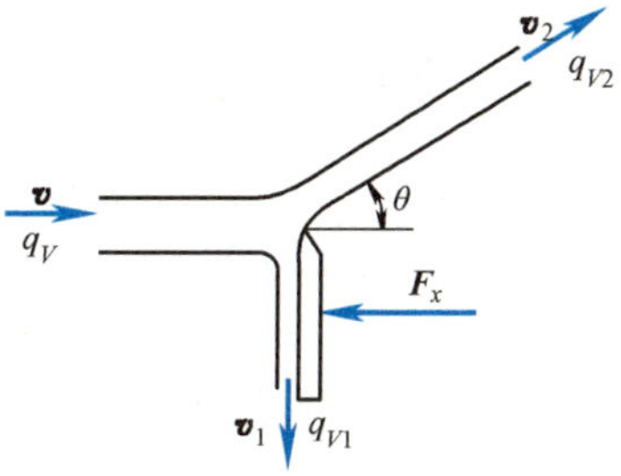

图　9-8

分析：本题属于管道动反力问题。利用式（9-18）即可。注意 $q_{V2}=q_V-q_{V1}=14\text{L/s}$，水的密度 $\rho=1000\text{kg/m}^3=1\text{kg/L}$。

解：研究水，受力如图所示，在水平和铅垂方向上利用管道动反力公式，有

$$-F_x=q_{V2}\rho v_2\cos\theta-q_V\rho v$$
$$0=q_{V2}\rho v_2\sin\theta-q_{V1}\rho v_1$$

代入数值求得

$$\theta=30°,\ F_x=249\text{N}$$

例 9-8　图 9-9 所示移动式胶带输送机，每小时可输送 109m^3 的砂子。砂子的密度为 1400kg/m^3，输送带速度为 1.6m/s。设砂子在入口处的速度为$\boldsymbol{v}_1$，方向垂直向下，在出口处的速度为$\boldsymbol{v}_2$，方向水平向右。如输送机不动，试问此时地面沿水平方向总的阻力有多大？

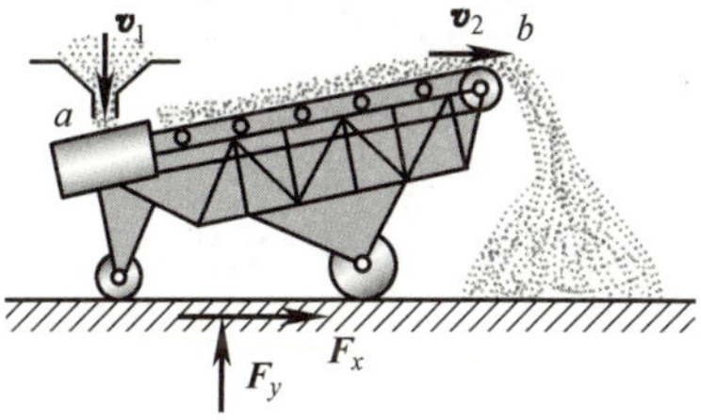

图　9-9

分析：输送机静止于地面，只有流动的砂子引起动反力，因此求水平阻力时，研究整体即可。将砂子视为流体，可直接利用管道动反力公式（9-18），也可以利用动量定理直接推导。

解法 1：研究整体，受力如图所示（重力未画出）。将砂子视为流体，直接利用流体的动压力公式（9-17），在水平方向投影得

$$\begin{aligned}F_x&=\rho q_V(v_{bx}-v_{ax})\\&=1400\times\frac{109}{3600}\times(1.6-0)\text{N}=67.82\text{N}\end{aligned}$$

解法 2：研究整体，受力如图所示（重力未画出）。设在时间 $\mathrm{d}t$ 内输送砂子的质量为 $\mathrm{d}m$，则水平方向动量的变化为 $\mathrm{d}p_x=v\mathrm{d}m$，利用动量定理得

$$\begin{aligned}F_x&=\frac{\mathrm{d}p_x}{\mathrm{d}t}=v\frac{\mathrm{d}m}{\mathrm{d}t}\\&=\left(1.6\times1400\times\frac{109}{3600}\right)\text{N}=67.82\text{N}\end{aligned}$$

9.3 动量矩定理

动量定理或质心运动定理解决了质点系随质心的平动问题，但对于质量相同、质心速度相同的两个质点系，动量定理不能揭示它们之间的运动差别。一个很典型的例子是，对于绕质心轴做定轴转动的刚体，动量定理得到的信息与该刚体静止时一样。

本节的动量矩定理则在一定程度上描述了质点系相对于定点或质心转动的动力学关系。

9.3.1 动量矩

转动物体的运动强度，可以用动量矩来度量。

1. 对固定点的动量矩

设质点某瞬时的动量为$m\boldsymbol{v}$，质点相对点O的位置用矢径$\boldsymbol{r}$表示，如图9-10所示。类似力矩定义，将动量直接对点或轴求矩，得到质点对点O和轴z的**动量矩**为

$$\boldsymbol{M}_O(m\boldsymbol{v})=\boldsymbol{r}\times m\boldsymbol{v},\ M_z(m\boldsymbol{v})=M_z([m\boldsymbol{v}]_{xy}) \tag{9-19}$$

对于质点系，总动量矩将各质点动量矩求矢量和即可，用$\boldsymbol{L}$表示，即

$$\boldsymbol{L}_O=\sum\boldsymbol{M}_O(m_i\boldsymbol{v}_i)=\sum\boldsymbol{r}_i\times m_i\boldsymbol{v}_i,\ L_z=\sum L_z(m_i\boldsymbol{v}_i) \tag{9-20}$$

需要强调的是，动量矩没有类似“合力矩定理”那样的合动量矩定理，即

$$\boldsymbol{L}_O\neq\boldsymbol{M}_O(m\boldsymbol{v}_C)$$

因此，一般质点系不存在类似动量计算的简单公式。

2. 对质心的动量矩

以质心C为原点，取一平移参考系$Cx'y'z'$，如图9-11所示。在此平移参考系内，任一质点m_i的相对矢径为$\boldsymbol{r}_i'$、相对速度为$\boldsymbol{v}_{ir}$、绝对速度为$\boldsymbol{v}_i$。由于质点系对某一点的动量矩一般总是指它在绝对运动中对该点的动量矩，因此质点系对质心的动量矩为

$$\boldsymbol{L}_C=\sum\boldsymbol{M}_C(m_i\boldsymbol{v}_i)=\sum(\boldsymbol{r}_i'\times m_i\boldsymbol{v}_i) \tag{9-21}$$

以点m_i为动点，平移坐标系$Cx'y'z'$为动系，有$\boldsymbol{v}_i=\boldsymbol{v}_C+\boldsymbol{v}_{ir}$。将其代入式（9-21），并由$\sum m_i\boldsymbol{r}_i'=m\boldsymbol{r}_C'=\boldsymbol{0}$，得到

$$\boldsymbol{L}_C=\sum\boldsymbol{M}_C(m_i\boldsymbol{v}_{ir})=\sum(\boldsymbol{r}_i'\times m_i\boldsymbol{v}_{ir}) \tag{9-22}$$

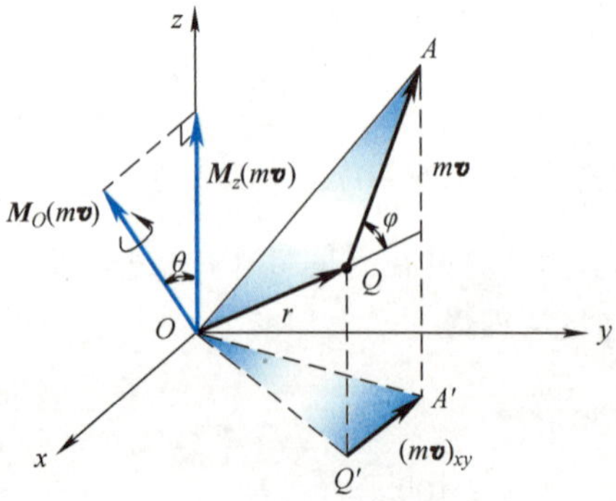

图 9-10

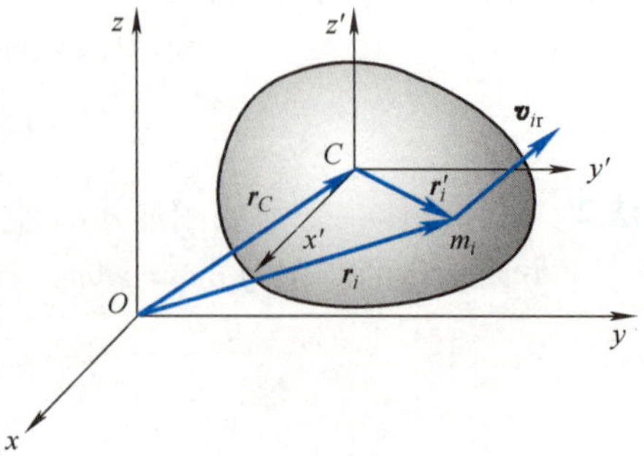

图 9-11

这表明，以质点相对质心的相对速度和以其绝对速度计算质点系对于质心的动量矩，其结果相同。

3. 对任意点的动量矩

由图 9-11 可以看出，质点 m_i 的绝对矢径 $\boldsymbol{r}_i=\boldsymbol{r}_C+\boldsymbol{r}_i'$，利用 $\boldsymbol{v}_i=\boldsymbol{v}_C+\boldsymbol{v}_{ir}$，得到质点系对 O 点的动量矩

$$\boldsymbol{L}_O=\sum \boldsymbol{r}_i\times m_i\boldsymbol{v}_i=\sum[(\boldsymbol{r}_C+\boldsymbol{r}_i')\times m_i\boldsymbol{v}_i]=\boldsymbol{r}_C\times\sum m_i\boldsymbol{v}_i+\sum \boldsymbol{r}_i'\times m_i\boldsymbol{v}_i$$
$$=\boldsymbol{r}_C\times m\boldsymbol{v}_C+\sum \boldsymbol{r}_i'\times m_i\boldsymbol{v}_C+\sum \boldsymbol{r}_i'\times m_i\boldsymbol{v}_{ir}$$

由于 $\sum m_i\boldsymbol{r}_i'=m\boldsymbol{r}_C'=\boldsymbol{0}$，则

$$\boxed{\boldsymbol{L}_O=\boldsymbol{r}_C\times m\boldsymbol{v}_C+\boldsymbol{L}_C} \tag{9-23}$$

式（9-23）表明：质点系对任一点 O 的动量矩，等于质点系随质心平移时对点 O 的动量矩加上质点系相对于质心的动量矩。

9.3.2　动量矩定理

1. 对固定点的动量矩定理

对于质点系中任意一个质量为 m_i 的质点，假设其所受的外力合力为 $\boldsymbol{F}_i^{(e)}$，内力合力为 $\boldsymbol{F}_i^{(i)}$。利用式（9-19）将动量矩对时间直接求导有

$$\frac{\mathrm{d}}{\mathrm{d}t}\boldsymbol{M}_O(m_i\boldsymbol{v}_i)=\frac{\mathrm{d}}{\mathrm{d}t}(\boldsymbol{r}_i\times m_i\boldsymbol{v}_i)=\boldsymbol{r}_i\times\frac{\mathrm{d}(m_i\boldsymbol{v}_i)}{\mathrm{d}t}+\frac{\mathrm{d}\boldsymbol{r}_i}{\mathrm{d}t}\times m_i\boldsymbol{v}_i$$

利用动量定理知 $\dfrac{\mathrm{d}(m_i\boldsymbol{v}_i)}{\mathrm{d}t}=\boldsymbol{F}_i^{(e)}+\boldsymbol{F}_i^{(i)}$，且 $\dfrac{\mathrm{d}\boldsymbol{r}_i}{\mathrm{d}t}\times m_i\boldsymbol{v}_i=\boldsymbol{v}_i\times m_i\boldsymbol{v}_i=\boldsymbol{0}$，则

$$\frac{\mathrm{d}}{\mathrm{d}t}\boldsymbol{M}_O(m_i\boldsymbol{v}_i)=\boldsymbol{M}_O(\boldsymbol{F}_i^{(i)})+\boldsymbol{M}_O(\boldsymbol{F}_i^{(e)})$$

对于整个质点系，有

$$\sum\frac{\mathrm{d}}{\mathrm{d}t}\boldsymbol{M}_O(m_i\boldsymbol{v}_i)=\sum\boldsymbol{M}_O(\boldsymbol{F}_i^{(i)})+\sum\boldsymbol{M}_O(\boldsymbol{F}_i^{(e)})$$

由于质点系内部各质点之间的内力成对出现，是作用力与反作用力的关系，则 $\sum\boldsymbol{M}_O(\boldsymbol{F}_i^{(i)})=\boldsymbol{0}$；又因 $\sum\dfrac{\mathrm{d}}{\mathrm{d}t}\boldsymbol{M}_O(m_i\boldsymbol{v}_i)=\dfrac{\mathrm{d}}{\mathrm{d}t}\sum\boldsymbol{M}_O(m_i\boldsymbol{v}_i)=\dfrac{\mathrm{d}\boldsymbol{L}_O}{\mathrm{d}t}$，则上式变为

$$\boxed{\frac{\mathrm{d}\boldsymbol{L}_O}{\mathrm{d}t}=\sum\boldsymbol{M}_O(\boldsymbol{F}_i)} \tag{9-24}$$

这就是质点系对固定点 O 的**动量矩定理**。为书写方便，去掉了力 $\boldsymbol{F}_i$ 的上标“(e)”。式（9-24）在坐标轴上投影即为对轴的动量矩定理：

$$\boxed{\frac{\mathrm{d}L_z}{\mathrm{d}t}=\sum M_z(\boldsymbol{F}_i)} \tag{9-25}$$

需要说明的是，由于对于质点系或刚体系，动量矩没有简单公式可用，即无法计算质点系的动量矩，因此动量矩定理表达式（9-24）和式（9-25）真正能解决的动力学问题很少。

和动量守恒类似，动量矩也有守恒情况。例如，若 $\sum M_z(\boldsymbol{F}_i)=0$，则质点系对 z 轴的

动量矩守恒。

2. 对质心的动量矩定理

利用式（9-23）将式（9-24）写为

$$\frac{\mathrm{d}\boldsymbol{L}_O}{\mathrm{d}t}=\frac{\mathrm{d}}{\mathrm{d}t}(\boldsymbol{r}_C\times m\boldsymbol{v}_C+\boldsymbol{L}_C)=\sum\boldsymbol{M}_O(\boldsymbol{F})=\sum(\boldsymbol{r}_i\times m\boldsymbol{F}_i)$$

即

$$\frac{\mathrm{d}\boldsymbol{r}_C}{\mathrm{d}t}\times m\boldsymbol{v}_C+\boldsymbol{r}_C\times\frac{\mathrm{d}(m\boldsymbol{v}_C)}{\mathrm{d}t}+\frac{\mathrm{d}\boldsymbol{L}_C}{\mathrm{d}t}=\sum(\boldsymbol{r}_C\times\boldsymbol{F}_i)+\sum(\boldsymbol{r}_i'\times\boldsymbol{F}_i)$$

$$\boldsymbol{0}+\boldsymbol{r}_C\times\sum\boldsymbol{F}_i+\frac{\mathrm{d}\boldsymbol{L}_C}{\mathrm{d}t}=\boldsymbol{r}_C\times\sum\boldsymbol{F}_i+\sum(\boldsymbol{r}_i'\times\boldsymbol{F}_i)$$

于是得到质点系相对质心的动量矩定理

$$\boxed{\frac{\mathrm{d}\boldsymbol{L}_C}{\mathrm{d}t}=\sum(\boldsymbol{r}_i'\times\boldsymbol{F}_i)=\sum\boldsymbol{M}_C(\boldsymbol{F}_i)}\tag{9-26}$$

即质点系相对于质心的动量矩对时间的导数，等于作用于质点系的外力对质心的主矩。

9.3.3 刚体定轴转动微分方程

设刚体绕 z 轴做定轴转动，角速度为 ω，如图 9-12 所示。刚体对 z 轴的动量矩为

$$\begin{aligned}L_z&=\sum M_z(m_i\boldsymbol{v}_i)=\sum(m_iv_ir_i)\\&=\sum(m_i\omega r_i)r_i=\omega\sum m_ir_i^2=\omega J_z\end{aligned}$$

式中，$J_z=\sum m_ir_i^2$，称为刚体对 z 轴的**转动惯量**。则

$$\boxed{L_z=\omega J_z}\tag{9-27}$$

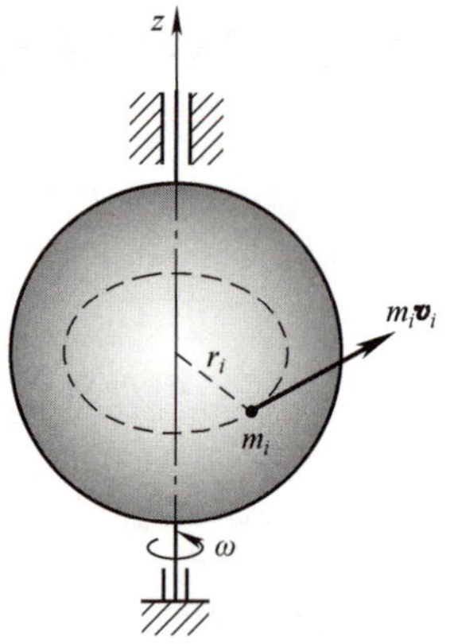

图 9-12

根据刚体对 z 轴的动量矩定理表达式（9-25），有

$$\frac{\mathrm{d}L_z}{\mathrm{d}t}=\frac{\mathrm{d}(J_z\omega)}{\mathrm{d}t}=\sum M_z(\boldsymbol{F})$$

得到**刚体绕定轴转动的微分方程**

$$\boxed{J_z\alpha=J_z\frac{\mathrm{d}\omega}{\mathrm{d}t}=J_z\frac{\mathrm{d}^2\varphi}{\mathrm{d}t^2}=\sum M_z(\boldsymbol{F})}\tag{9-28}$$

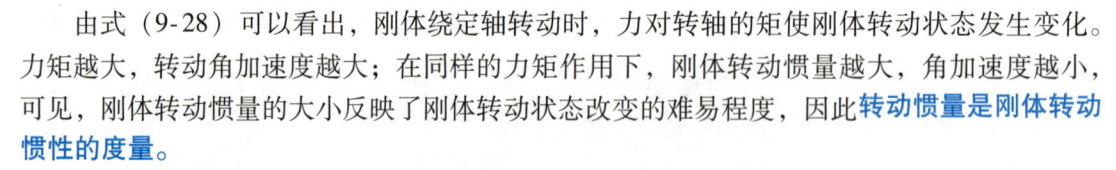

由式（9-28）可以看出，刚体绕定轴转动时，力对转轴的矩使刚体转动状态发生变化。力矩越大，转动角加速度越大；在同样的力矩作用下，刚体转动惯量越大，角加速度越小，可见，刚体转动惯量的大小反映了刚体转动状态改变的难易程度，因此**转动惯量是刚体转动惯性的度量**。

对于刚体，质量连续分布，转动惯量可变为积分形式，即

$$\boxed{J_z=\sum m_ir_i^2=\int r^2\,\mathrm{d}m}\tag{9-29}$$

工程中，大部分零部件的形状都是不规则的，转动惯量很难用式（9-29）积分得到，经常用**回转半径**表示，即

$$J_z = m\rho_z^2 \tag{9-30}$$

这里回转半径 ρ_z 一般由实验测得。

两个平行轴之间的转动惯量由平行轴定理（不做证明）给出，即

$$J_z = J_{z_C} + md^2 \tag{9-31}$$

这里，z_C 轴通过刚体的质心，z 是与 z_C 轴平行的轴，两轴之间的距离为 d。

由式（9-31）可看出，通过质心轴的转动惯量最小。下面给出三个常用简单刚体的转动惯量。

（1）均质直杆

如图 9-13a 所示，杆质量为 m，长度为 l，绕与轴线垂直的杆端轴 z 的转动惯量为

$$J_z = \int r^2 \mathrm{d}m = \int_0^l x^2 \frac{m}{l}\mathrm{d}x = \frac{1}{3}ml^2$$

（2）均质圆环

如图 9-13b 所示，圆环质量为 m，半径为 R，绕与圆环所在平面垂直的质心轴 $z(O)$ 的转动惯量为

$$J_z = \int r^2 \mathrm{d}m = \int_m R^2 \mathrm{d}m = mR^2$$

（3）均质圆盘

如图 9-13c 所示，圆盘质量为 m，半径为 R，绕与圆盘所在平面垂直的质心轴 O 的转动惯量为

$$J_O = \int r^2 \mathrm{d}m = \int_0^R r^2 \frac{m}{\pi R^2} 2\pi r \mathrm{d}r = \frac{1}{2}mR^2$$

对于由多个简单形状的刚体组合而成的结构，将各个刚体的转动惯量单独计算后直接叠加即可。如图 9-13d 所示的结构，在铅垂面内绕 O 轴转动，均质直杆质量为 m_1，长度为 l，均质圆盘质量为 m_2，直径为 d，绕水平轴 O 的转动惯量为

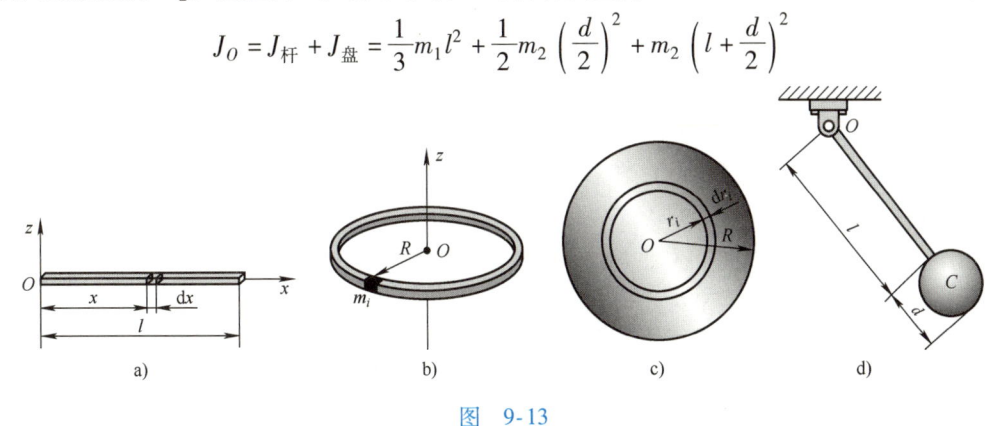

$$J_O = J_{\text{杆}} + J_{\text{盘}} = \frac{1}{3}m_1 l^2 + \frac{1}{2}m_2\left(\frac{d}{2}\right)^2 + m_2\left(l + \frac{d}{2}\right)^2$$

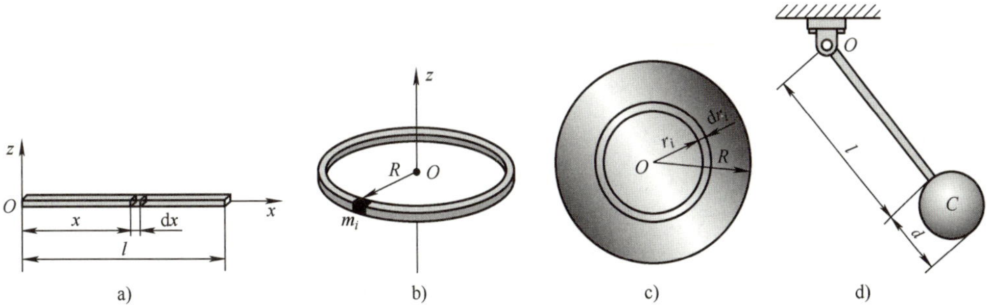

图　9-13

附录 B 列出了一些常见均质物体的转动惯量和惯性半径，供查阅应用。

9.3.4　刚体平面运动微分方程

在运动学中，我们把刚体的平面运动分解为随基点的平移和绕基点的转动。在动力学分

析中，根据平面运动刚体的运动特性，将其分解为随质心的平移和绕质心轴的转动。平移部分应用质心运动定理表达式（9-14），转动部分应用相对质心的动量矩定理表达式（9-26），并且利用式（9-22），平面运动刚体相对质心的动量矩为

$$L_C=\sum M_C(m_i\boldsymbol{v}_{ir})=\sum(r_{ir}m_i\omega r_{ir})=J_C\omega \tag{9-32}$$

所以，**刚体平面运动微分方程**在直角坐标和自然坐标下的投影形式分别为

$$ma_{Cx}=m\ddot{x}_C=\sum F_x,\ ma_{Cy}=m\ddot{y}_C=\sum F_y,\ J_C\alpha=J_C\frac{\mathrm{d}^2\varphi}{\mathrm{d}t^2}=\sum M_C(\boldsymbol{F}) \tag{9-33}$$

$$ma_{\mathrm{n}}=m\frac{v^2}{\rho}=\sum F_{\mathrm{n}},\ ma_{\mathrm{t}}=m\frac{\mathrm{d}v}{\mathrm{d}t}=\sum F_{\mathrm{t}},\ J_C\alpha=J_C\frac{\mathrm{d}^2\varphi}{\mathrm{d}t^2}=\sum M_C(\boldsymbol{F}) \tag{9-34}$$

例 9-9 利用动量矩定理求图 9-1 所示单摆的运动规律。

分析：同一问题，有时可以用多个动力学定理求解。本题动量矩为逆时针转向，因此逆时针的力矩为正。

解：研究 A，受力如图 9-1 所示。利用对 O 的动量矩定理，得

$$L_O=mvl=m\dot{\varphi}l^2$$

$$\frac{\mathrm{d}L_O}{\mathrm{d}t}=m\ddot{\varphi}l^2=-mgl\sin\varphi$$

即

$$\ddot{\varphi}l+g\sin\varphi=0$$

例 9-10 图 9-14 所示水平圆板可绕通过圆心的铅垂 z 轴转动。在圆板上有一质点 M 做圆周运动，速度大小为常量 v_0，质量为 m，圆的半径为 r，圆心到 z 轴的距离为 l，M 点在圆板上的位置由 φ 确定，如图所示。如圆板的转动惯量为 J，并且当点 M 离 z 轴最远在点 M_0 时，圆板的角速度为零。轴的摩擦和空气阻力略去不计，求圆板的角速度与 φ 的关系。

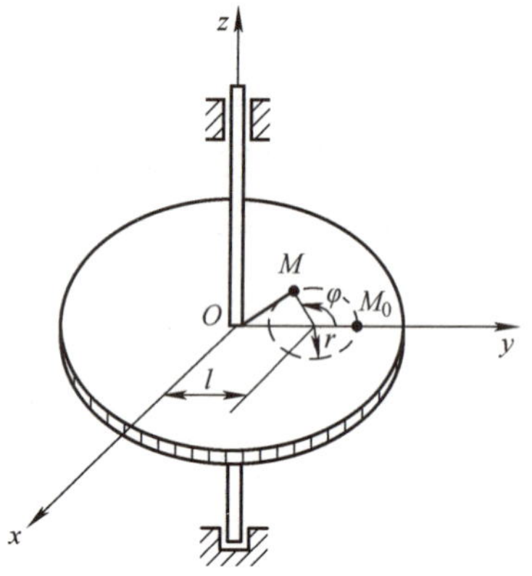

图 9-14

分析：外力对轴 z 的矩为零，整体动量矩守恒。

解：研究整体（受力未画），外力对轴 z 的矩为零，动量矩守恒。

初始时刻的动量矩为 $mv_0(l+r)$；任意位置 φ 的动量矩为圆盘的动量矩 $J\omega$ 和质点动量矩之和。若以质点为动点，圆盘为动系，质点动量矩等于相对速度的动量矩与牵连速度动量矩相加。牵连速度动量矩为

$$m\omega OM^2=m\omega(r^2+l^2+2rl\cos\varphi)$$

相对速度动量矩（分别计算 x、y 方向的分速度）为

$$(mv_0\cos\varphi)(l+r\cos\varphi)+(mv_0\sin\varphi)(r\sin\varphi)=mlv_0\cos\varphi+mv_0r$$

由动量矩守恒有

$$mv_0(l+r)=J\omega+m\omega(r^2+l^2+2rl\cos\varphi)+mlv_0\cos\varphi+mv_0r$$

求得角速度为

$$\omega=\frac{ml(1-\cos\varphi)v_0}{J+m(l^2+r^2+2rl\cos\varphi)}$$

注：本题动量矩的计算有一定的技巧性。

例 9-11　如图 9-15a 所示的水轮机转轮，每两叶片间的水流皆相同。在图面内水流的进口速度为 $\boldsymbol{v}_1$，出口速度为 $\boldsymbol{v}_2$，θ_1 和 θ_2 分别为 $\boldsymbol{v}_1$ 和 $\boldsymbol{v}_2$ 与切线方向的夹角。如总的体积流量为 q_V，水的密度为 ρ。求水流对转轮的转动力矩。

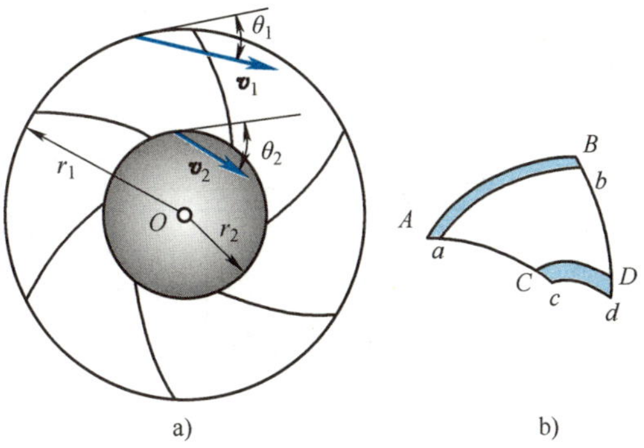

图　9-15

分析：本题的思路与利用动量定理推导管道对管内流体的动反力公式（9-17）类似。

解：取两叶片间的水为研究对象，经过 dt 时间，此部分水由图 9-15b 中的 $ABCD$ 位置移到 $abcd$。设流动是稳定的，则其对转轴 O 的动量矩改变为

$$\mathrm{d}L_O=L_{abcd}-L_{ABCD}=L_{CDcd}-L_{ABab}$$

如转轮有 n 个叶片，则有

$$L_{CDcd}=\frac{1}{n}q_V\rho\mathrm{d}tv_2r_2\cos\theta_2,\ L_{ABab}=\frac{1}{n}q_V\rho\mathrm{d}tv_1r_1\cos\theta_1$$

所以

$$\mathrm{d}L_O=\frac{1}{n}q_V\rho\mathrm{d}t(v_2r_2\cos\theta_2-v_1r_1\cos\theta_1)$$

轮有 n 个叶片，由动量矩定理，水流所受到的对 O 轴的总力矩为

$$M_O(\boldsymbol{F})=n\frac{\mathrm{d}L_O}{\mathrm{d}t}=q_V\rho(v_2r_2\cos\theta_2-v_1r_1\cos\theta_1)$$

水流对转轮的转动力矩与 $M_O(\boldsymbol{F})$ 反向。

例 9-12　为求刚体对于通过重心 G 的轴 AB 的转动惯量，用两杆 AD、BE 与刚体牢固连接，并借两杆将刚体活动地挂在水平轴 DE 上，如图 9-16a 所示。轴 $AB//DE$，刚体绕 DE 做微小摆动，求振动周期 T。若物体的质量为 m，AB 与 DE 间的距离为 h，不计杆 AD 和 BE 的质量，求刚体对 AB 的转动惯量。

分析：整体（刚体）绕轴 DE 做定轴转动，写出定轴转动微分方程即可。若两杆 AD、BE 变成绳索，则 AB 做圆周平移，类似图 9-1 的单摆，可以求出摆动周期，但无法求出转动惯量。

解：研究整体，受力与运动模型如图 9-16b 所示。利用定轴转动微分方程，有

$$J_{DE}\ddot{\varphi}=-mgh\sin\varphi\approx-mgh\varphi$$

自由振动的周期为

$$T=2\pi\sqrt{\frac{J_{DE}}{mgh}}$$

测出周期 T 后，利用平行轴定理（9-31）求得刚体对 AB 的转动惯量

$$J_{AB}=J_{DE}-mh^2=\frac{T^2}{4\pi^2}mgh-mh^2$$

例 9-13　图 9-17 所示在水平面上滚动的轮子，已知 m、r、R、F 及对轮心 C 的回转半径 ρ。设轮子与地面之间的摩擦因数为 f_s，讨论 F 与轮子运动状态的关系，并求轮心加速度大小 a_C。

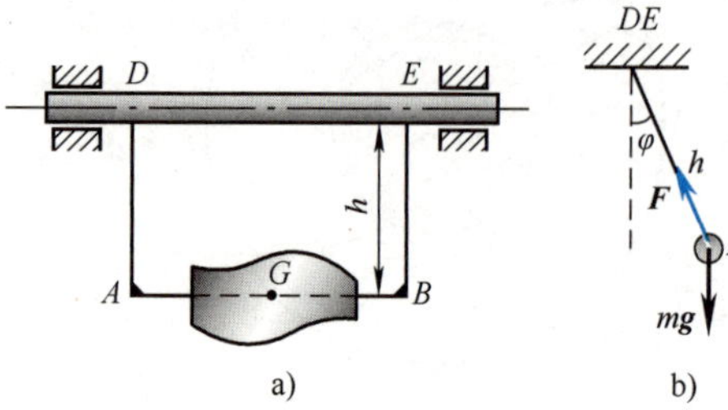

图　9-16

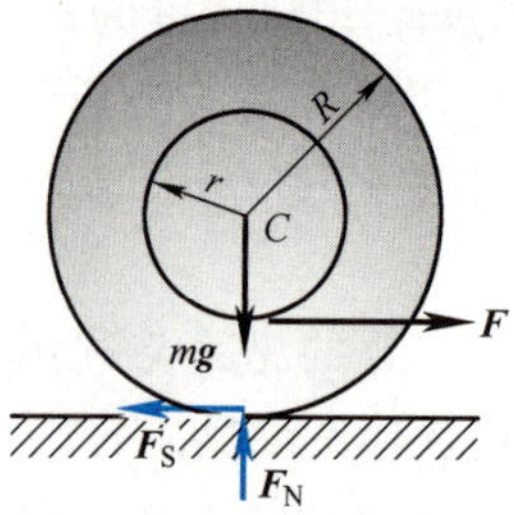

图　9-17

分析：本题显然用平面运动微分方程求解。平面运动微分方程的三个方程中有四个未知量：轮心加速度 a_C、摩擦力 F_s、法向约束力 F_N 和角加速度 α，没有其他的动力学定理可用，必须补充运动学条件（方程）或静力学条件才能求解。

解：研究轮子，受力如图所示，写出平面运动微分方程

$$ma_C=F-F_s$$

$$F_N-mg=0$$

$$m\rho^2\alpha=-Fr+F_sR$$

（1）假设轮子纯滚动，则有 $a_C=\alpha R$，联立解得

$$a_C=\frac{FR(R-r)}{m(R^2+\rho^2)},\ F_s=\frac{F(Rr+\rho^2)}{R^2+\rho^2}$$

纯滚动条件 $F_s\leqslant F_N f_s$，代入得到

$$F\leqslant\frac{mgf_s(R^2+\rho^2)}{Rr+\rho^2}$$

或摩擦因数

$$f_s\geqslant\frac{F(Rr+\rho^2)}{mg(R^2+\rho^2)}$$

显然 $F\leqslant\dfrac{mgf_s(R^2+\rho^2)}{Rr+\rho^2}$时，轮纯滚动；$F>\dfrac{mgf_s(R^2+\rho^2)}{Rr+\rho^2}$时，轮既滚又滑。

（2）假设轮子既滚又滑，有 $F_s=F_N f_s$，与平面运动微分方程联立解得

$$a_C=\frac{F}{m}-gf_s,\ \alpha=\frac{mgf_sR-Fr}{m\rho^2}$$

例 9-14　图 9-18 所示直角弯杆质量 $m=3\text{kg}$，$ED=EA=200\text{mm}$，在 D 点铰接于加速运动的板上。A、B 两点固定两个光滑螺栓，整个系统位于铅垂面内，板沿直线轨道运动。

（1）若 $a=2g$（g 为重力加速度），求 A 或 B 及铰 D 给予弯杆的力。

（2）若在 A、B 处均不受力，求板的加速度 a 及铰 D 的力。

分析：需要求解三个未知量，弯杆随板一起做水平平移，平面内平移是平面运动的特例，因此可以用平面运动微分方程写出三个方程，无须补充方程。

解：研究弯杆，受力如图 9-18 所示，用平面运动方程求解。设曲杆质心距曲杆边缘的距离为 b，则由质心公式求得

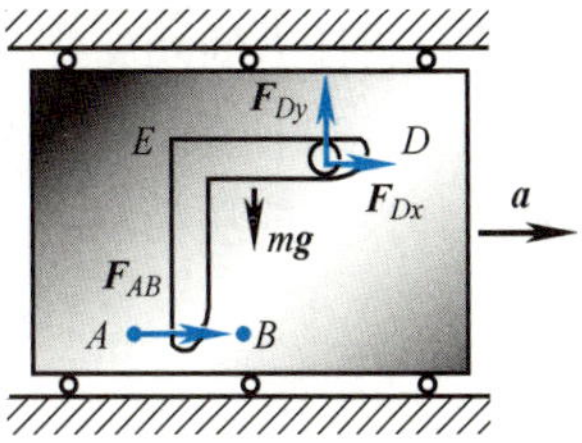

图　9-18

$$b=\frac{\frac{m}{2}\times\frac{200\text{mm}}{2}}{m}=50\text{mm}$$

由平面运动微分方程得

$$ma=F_{AB}+F_{Dx}$$

$$0=-mg+F_{Dy}$$

$$0=F_{Dy}\times150\text{mm}+F_{AB}\times150\text{mm}-F_{Dx}\times50\text{mm}$$

（1）将 $a=2g$ 代入求得

$$F_{AB}=-\frac{3}{4}mg，F_{Dx}=\frac{9}{4}mg，F_{Dy}=mg$$

（2）将 $F_{AB}=0$ 代入求得

$$a=3g，F_{Dx}=3mg，F_{Dy}=mg$$

9.4　动能定理

动能定理从能量的角度研究质点系运动能量的变化与受力做功之间的关系。

9.4.1　功和功率

1. 力的功

功是衡量力在一段路程上的积累效应，定义为力与沿力作用方向走过的路程的乘积。功是标量，单位是 J（焦耳）。

设质点 M 在变力 $\boldsymbol{F}$ 作用下沿曲线运动，如图 9-19 所示。力 $\boldsymbol{F}$ 在 $\mathrm{d}t$ 时间内经过微小弧长 $\mathrm{d}s$，位移为 $\mathrm{d}\boldsymbol{r}$，则在矢量坐标、自然坐标和直角坐标下力 $\boldsymbol{F}$ 做的微功为

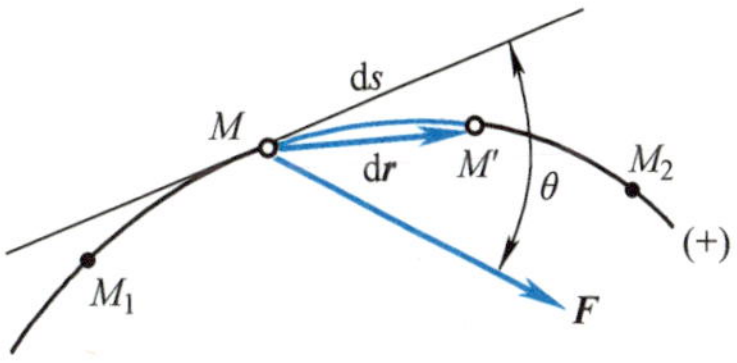

图　9-19

$$\mathrm{d}W=\boldsymbol{F}\cdot\mathrm{d}\boldsymbol{r}=F\mathrm{d}s\cos\theta=F_t\mathrm{d}s=F_x\mathrm{d}x+F_y\mathrm{d}y+F_z\mathrm{d}z \tag{9-35}$$

力 $\boldsymbol{F}$ 在从 M_1 到 M_2 的全路程上做的功为

$$W_{12}=\int_{M_1}^{M_2}\boldsymbol{F}\cdot\mathrm{d}\boldsymbol{r}=\int_0^s F_t\mathrm{d}s=\int_{M_1}^{M_2}(F_x\mathrm{d}x+F_y\mathrm{d}y+F_z\mathrm{d}z) \tag{9-36}$$

下面给出几种常见力的功的公式。

（1）重力的功

设有重为 mg 的质点，由 $M_1(x_1,y_1,z_1)$ 处沿曲线移至 $M_2(x_2,y_2,z_2)$，则重力的功为

$$W_{12}=\int_{M_1}^{M_2}(F_x\mathrm{d}x+F_y\mathrm{d}y+F_z\mathrm{d}z)=\int_{z_1}^{z_2}(-mg)\mathrm{d}z=mg(z_1-z_2)$$

对质点系

$$\boxed{W_{12}=mg(z_{C1}-z_{C2})} \tag{9-37}$$

这里 z_C 为质点系质心的高度坐标。显然，重力下降时做正功，上升时做负功。

（2）弹性力的功

如图 9-20 所示，假设物体在 A 点受到长度为 l_0、刚度系数为 k 的弹簧力作用，从 A_1 到 A_2 时，弹性力的功为

$$\boxed{W_{12}=\int_{A_1}^{A_2}\boldsymbol{F}\cdot\mathrm{d}\boldsymbol{r}=\int_{A_1}^{A_2}k(l_0-r)\mathrm{d}r=\frac{1}{2}k(\delta_1^2-\delta_2^2)} \tag{9-38}$$

这里 δ_1、δ_2 为弹簧初始位置和终止位置的绝对变形量。

（3）定轴转动刚体上外力的功及力偶的功

如图 9-21 所示，作用在定轴转动刚体上距转轴为 R 的 M 点的力 $\boldsymbol{F}$，使刚体从角 φ_1 转到 φ_2，则力 $\boldsymbol{F}$ 做的功为

$$\boxed{W_{12}=\int_{M_1}^{M_2}F_{\mathrm{t}}\mathrm{d}s=\int_{\varphi_1}^{\varphi_2}F_{\mathrm{t}}R\mathrm{d}\varphi=\int_{\varphi_1}^{\varphi_2}M_z(\boldsymbol{F})\mathrm{d}\varphi} \tag{9-39}$$

如果刚体上有力偶 M 作用，则力偶的功为力偶与刚体转过的角度 φ 的乘积，即

$$\boxed{W_{12}=M\varphi} \tag{9-40}$$

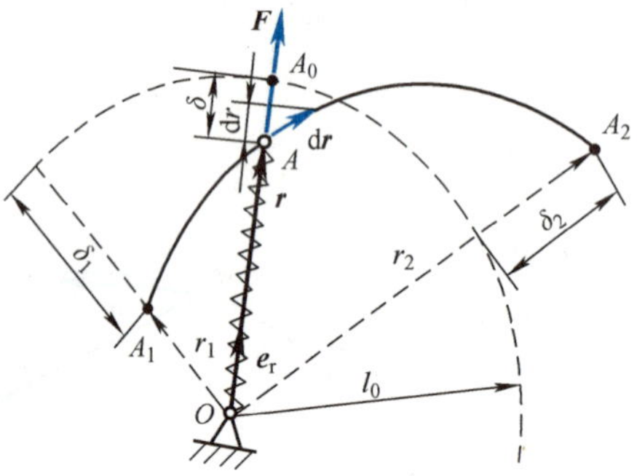

图 9-20

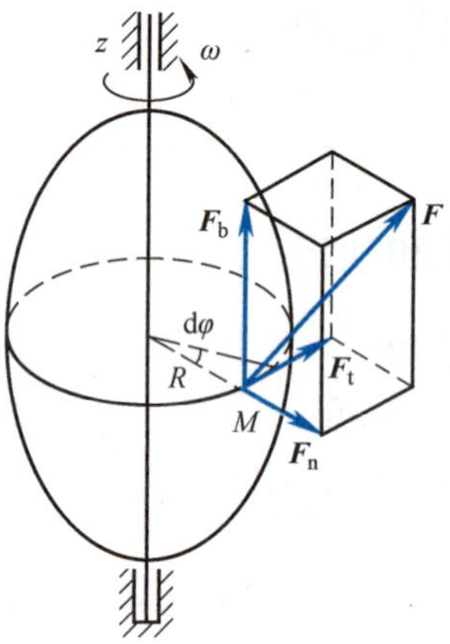

图 9-21

（4）摩擦力的功

一般情况下，动滑动摩擦力与接触面的相对位移方向相反，做负功；静滑动摩擦力不做功。如图 9-22 所示的纯滚动圆盘，假设轮心移动了距离 s，由于摩擦力是作用在瞬心的瞬时力（变力），摩擦力的功不等于 $-F_{\mathrm{s}}s$，而是

$$W_{12}=\int_{M_1}^{M_2}\boldsymbol{F}\cdot\mathrm{d}\boldsymbol{r}=\int_{M_1}^{M_2}\boldsymbol{F}_{\mathrm{s}}\cdot\boldsymbol{v}_C\mathrm{d}t=0$$

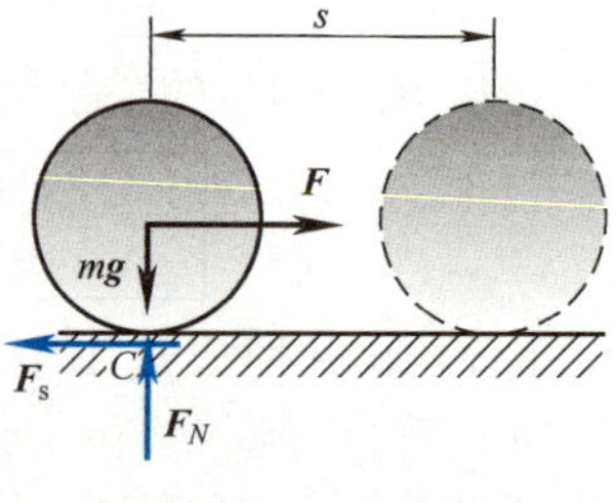

图 9-22

（5）约束力的功

在静力学中接触到的所有约束力都不做功，包括光滑接触面约束、柔性体约束、各种铰链约束、二力杆约束等。事实上，工程中的大部分复杂约束的约束力也不做功，遇到某些特

殊的约束，具体情况具体分析。

（6）内力的功

质点系中，虽然内力成对出现，但各质点之间若有相对运动，则内力做功不为零。事实上，工程中的大部分机构就是靠内力做功而工作的。例如，机动车靠发动机运转做功才能行驶。

2. 功率

功率是衡量力做功能力大小的物理量，等于单位时间内力做的功。功率用 P 表示为

$$P=\frac{\mathrm{d}W}{\mathrm{d}t}=\boldsymbol{F}\cdot\boldsymbol{v}=F_{\mathrm{t}}v=M_z\omega \tag{9-41}$$

9.4.2　动能

设质点系某质点的质量为 m_i，速度为 v_i，则该质点的动能为$\frac{1}{2}m_iv_i^2$，将各质点的动能算术相加即为质点系的**动能**，也即

$$T=\sum\frac{1}{2}m_iv_i^2 \tag{9-42}$$

平动刚体的动能

$$T=\sum\frac{1}{2}m_iv_i^2=\sum\frac{1}{2}m_iv^2=\frac{1}{2}mv^2 \tag{9-43}$$

定轴转动刚体的动能

$$T=\sum\frac{1}{2}m_iv_i^2=\sum\frac{1}{2}m_i(\omega r_i^2)=\frac{1}{2}J_z\omega^2 \tag{9-44}$$

平面运动刚体可以写成绕速度瞬心 P 转动的动能，也可以分解为随质心 C 平移的动能和绕质心 C 转动的动能：

$$T=\frac{1}{2}J_P\omega^2=\frac{1}{2}mv_C^2+\frac{1}{2}J_C\omega^2 \tag{9-45}$$

式中，ω 为平面运动刚体的角速度；J_P和 J_C分别为刚体绕速度瞬心 P 和质心 C 的转动惯量；v_C为质心 C 的速度。

9.4.3　动能定理与功率方程

对于质点系中任意一个质量为 m_i的质点，由牛顿第二定律，有

$$m_i\boldsymbol{a}_i\cdot\boldsymbol{v}_i=m_i\frac{\mathrm{d}\boldsymbol{v}_i}{\mathrm{d}t}\cdot\boldsymbol{v}_i=\boldsymbol{F}\cdot\boldsymbol{v}_i$$

写为 $m_i\boldsymbol{v}_i\cdot\mathrm{d}\boldsymbol{v}_i=\boldsymbol{F}\cdot\boldsymbol{v}_i\mathrm{d}t=\boldsymbol{F}\cdot\mathrm{d}\boldsymbol{r}_i$，得到 $\mathrm{d}\left(\frac{1}{2}m_iv_i^2\right)=\mathrm{d}W$，对整个质点系，有

$$\sum\mathrm{d}\left(\frac{1}{2}m_iv_i^2\right)=\mathrm{d}T=\sum\mathrm{d}W \tag{9-46}$$

这就是微分形式的**动能定理**。

对式（9-46）积分，得到有限形式的动能定理

$$T_2-T_1=\sum W_{12} \tag{9-47}$$

对式（9-46）除以 dt（求导），得到求导形式的动能定理，称为**功率方程**，即

$$\frac{dT}{dt}=\sum\frac{dW}{dt}=\sum P \tag{9-48}$$

9.4.4 机械能守恒定律

如果作用于物体的力所做的功只与力作用点的初始位置和终止位置有关，而与该点的轨迹形状无关，这种力称为**有势力**或**保守力**。重力和弹性力都是有势力。

有势力作用的质点系，力从点 M 运动到任选的初始点（称为零势能点）M_0，有势力所做的功称为有势力在点 M 相对于点 M_0 的**势能**，以 V 表示为

$$V=\int_M^{M_0}\boldsymbol{F}\cdot d\boldsymbol{r}=\int_M^{M_0}(F_x dx+F_y dy+F_z dz) \tag{9-49}$$

若系统运动过程中，只有有势力做功，此系统称为**保守系统**。而有势力的功可用势能计算，则动能定理变成

$$T_2-T_1=\sum W_{12}=\sum W_{10}+\sum W_{02}=V_1-V_2$$

这里“0”表示零势能点位置。移项后得到**机械能守恒定律**，即

$$T_1+V_1=T_2+V_2 \tag{9-50}$$

即质点系仅在有势力的作用下运动时，其**机械能**（动势能之和 $T+V$）保持不变。

动能定理、功率方程和机械能守恒定律，本质上都是牛顿运动定律，但求解问题的类型不同。一般情况下动能定理用于求速度量，且明显给出两个位置点；功率方程用于求解任意时刻运动系统的加速度量；机械能守恒定律只能用于保守系统，机械能守恒定律能解的题动能定理都能解。

例 9-15 如图 9-23 所示，半径为 R 的轮做纯滚动。在半径为 r 的鼓轮上绕以细绳，并作用常力 $\boldsymbol{F}$，分析鼓轮向左运动还是向右运动？当轮心 C 移动距离 s 时，力 F 做的功为多少？

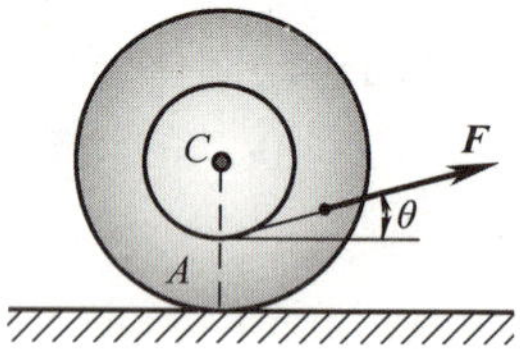

图 9-23

分析：$\boldsymbol{F}$ 为常力，但力 $\boldsymbol{F}$ 方向的位移（路程）不方便计算。可以利用速度计算功率，再转换为功。

解：当力 $\boldsymbol{F}$ 的作用线方向在路面接触点（瞬心）A 上方时鼓轮向右运动，否则向左运动。

设鼓轮向右运动，以 C 为基点研究轮上与绳相切的点（设为 B），则绳的速度（与 B 的速度相同）

$$\boldsymbol{v}=\boldsymbol{v}_B=\boldsymbol{v}_C+\boldsymbol{v}_{BC}$$

力 $\boldsymbol{F}$ 的功率为

$$\begin{aligned}P&=\boldsymbol{F}\cdot\boldsymbol{v}=\boldsymbol{F}\cdot\boldsymbol{v}_C+\boldsymbol{F}\cdot\boldsymbol{v}_{BC}\\&=Fv_C\cos\theta-Fv_{BC}\\&=Fv_C\cos\theta-F\frac{v_C}{R}r\\&=Fv_C\left(\cos\theta-\frac{r}{R}\right)\end{aligned}$$

所以力 $\boldsymbol{F}$ 做的功为

$$W=Fs\left(\cos\theta-\frac{r}{R}\right)$$

例9-16　如图9-24所示，一人拉动绳子，以匀速$\boldsymbol{v}_0$走过路程s，从而提起质量为m的重物，初始时拉力与竖直线成α角，人肩至滑轮高度为h，求人的拉力所做的功。

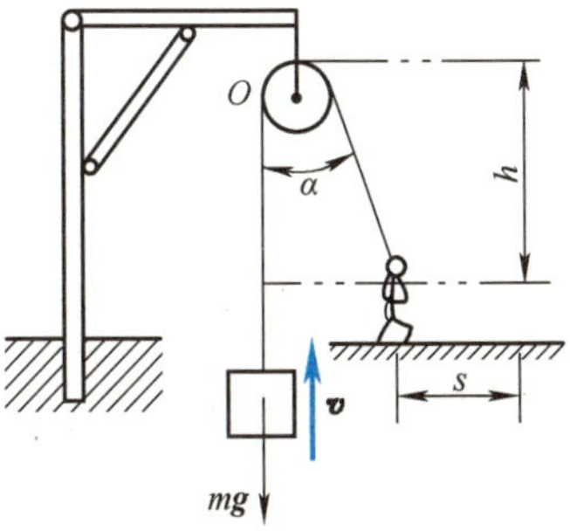

图　9-24

分析：拉力为变力，不易直接计算功。可利用动能定理。

解：设人到滑轮O的距离用l表示，重物上升的速度为$\boldsymbol{v}$，由于

$$l^2 = h^2 + (h\tan\alpha + v_0 t)^2$$

两边求导得到

$$v = \frac{\mathrm{d}l}{\mathrm{d}t} = \frac{v_0(h\tan\alpha + v_0 t)}{l}$$

则人走过距离s前后重物的速度为

$$v_1 = v_0\sin\alpha,\ v_2 = \frac{h\tan\alpha + s}{\sqrt{(h\tan\alpha + s)^2 + h^2}}v_0$$

重物上升的高度为

$$\sqrt{(h\tan\alpha + s)^2 + h^2} - \frac{h}{\cos\alpha}$$

利用动能定理有

$$\frac{1}{2}m(v_2^2 - v_1^2) = W - mg\left(\sqrt{(h\tan\alpha + s)^2 + h^2} - \frac{h}{\cos\alpha}\right)$$

由此可求出人的拉力做的功为

$$W = mg\left(\sqrt{(h\tan\alpha + s)^2 + h^2} - \frac{h}{\cos\alpha}\right) - \frac{mv_0^2}{2}\frac{(hs\sin2\alpha + s^2\cos^2\alpha)\cos^2\alpha}{h^2 + hs\sin2\alpha + s^2\cos^2\alpha}$$

例9-17　两均质杆AB、BO的质量均为m，长度均为l，O为固定铰链支座，B为光滑铰链，在铅垂平面内运动，如图9-25所示。在杆AB上作用一不变的力偶矩M，从图示位置由静止开始运动。不计摩擦，试求当A即将碰到铰支座O时A端的速度。

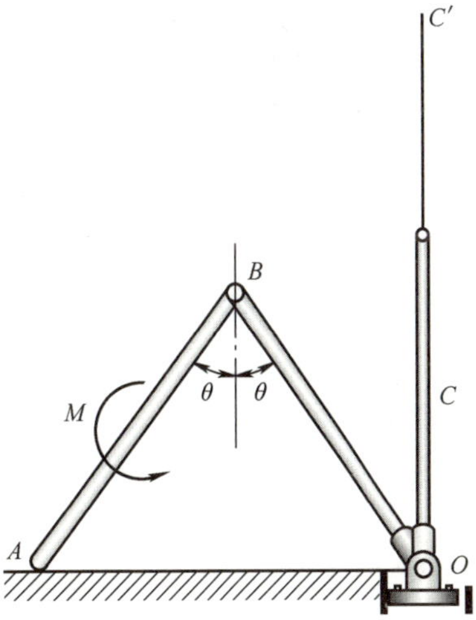

图　9-25

分析：杆AB做平面运动，BO做定轴转动。明显给出两个位置，并求速度，首选动能定理。约束力不做功，可以不画受力图。

解：在两个时刻之间应用动能定理。

初始静止，$T_1=0$。终止时刻，利用瞬心法知AB杆的瞬心在B点上方l处（C'点），则$v_B = \frac{v_A}{2}$，AB杆的质心C点的速度

$$v_C = \omega_{AB}\cdot CC' = \frac{v_A}{2l}\cdot\frac{3l}{2} = \frac{3}{4}v_A$$

动能和所有力的功为

$$T_2 = \frac{1}{2}\left(\frac{1}{3}ml^2\right)\left(\frac{v_B}{l}\right)^2 + \frac{1}{2}\left(\frac{1}{12}ml^2\right)\left(\frac{v_A}{2l}\right)^2 + \frac{1}{2}mv_C^2 = \frac{1}{3}mv_A^2$$

$$W_{12} = M\theta - 2mg\left(\frac{l}{2} - \frac{l}{2}\cos\theta\right)$$

代入动能定理 $T_2 - T_1 = \sum W_{12}$ 求得

$$v_A = \sqrt{\frac{3}{m}[M\theta - mgl(1-\cos\theta)]}$$

例 9-18 图 9-26 所示系统，均质细杆长 l，质量为 m_1，上端 B 靠在光滑的墙上，下端 A 以铰链与均质圆柱的中心相连。圆柱质量为 m_2，半径为 R，放在粗糙的地面上，自图示 $\theta=45°$位置由静止开始滚动而不滑动。求点 A 在初瞬时的加速度。

分析：本题求初始时刻静止位置时的加速度，可以在初始时刻与任意时刻（角度 θ 任意）之间利用动能定理求速度，求导得加速度，最后把初始角度和静止状态代入即可。事实上，在任意时刻利用功率方程更方便。

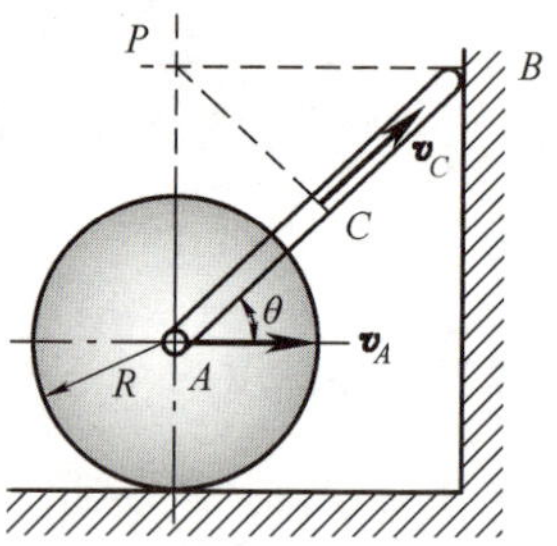

图 9-26

解：在任意角度 θ 位置用功率方程。如图所示，设任意位置 θ 时 A 的速度向右，P 为 AB 的速度瞬心，则 AB 的角速度以及质心 C 的速度分别为

$$\omega_{AB} = \frac{v_A}{PA} = \frac{v_A}{l\sin\theta},\quad v_C = \omega_{AB}PC = \frac{v_A}{2\sin\theta}$$

动能和功率

$$T = \frac{1}{2}m_2v_A^2 + \frac{1}{2}\,\frac{1}{2}m_2R^2\left(\frac{v_A}{R}\right)^2 + \frac{1}{2}m_1v_C^2 + \frac{1}{2}\,\frac{1}{12}m_1l^2\omega_{AB}^2 = \left(\frac{3}{4}m_2 + \frac{m_1}{6\sin^2\theta}\right)v_A^2$$

$$P = -m_1gv_C\cos\theta$$

代入功率方程 $\frac{dT}{dt} = P$ 并利用 $\frac{d\theta}{dt} = \omega_{AB}$，然后将 $\theta=45°$及此时 $v_A=0$ 代入求得加速度

$$a_A = -\frac{3m_1g}{4m_1+9m_2}\quad（负号表示实际方向向左）$$

9.5 动力学普遍定理的综合应用

动力学问题类型多，分析求解难易程度差异很大，特别是一些综合性比较强的问题，不知到底应该选用哪个动力学定理，需要列多少个动力学方程，列出的方程是否独立，等等。甚至，列出全部可用的动力学方程以后，有些问题还需要进行复杂的加速度分析。因此，我们要熟练掌握各个动力学定理的特征，根据需要求解的问题参数，正确选用合适的定理。大致总结如下：

（1）求外力、约束力：动量定理、质心运动定理、平面运动微分方程（单个平面运动刚体）。

（2）求加速度量：功率方程、平面运动微分方程（单个平面运动刚体）、动量定理、质心运动定理。

（3）求速度量：动能定理、动量守恒、动量矩守恒、质心运动守恒等。

（4）转动问题求运动量：动量矩定理、定轴转动微分方程、动能定理。

（5）涉及一段路程时的运动：动能定理。

同时还要注意，使用动量定理、质心运动定理、动能定理和功率方程时，一般研究整体，不要拆分系统；使用动能定理和功率方程时，由于约束力不做功，可以不画受力图；平面运动微分方程只能用于单个平面运动刚体；定轴转动微分方程只能用于单个定轴转动刚体。

例 9-19　图 9-27a 所示系统，物体 A 质量为 m_1，沿楔状物体 D 的斜面下降，同时借绕过滑轮 C 的绳使质量为 m_2 的物体 B 上升。斜面与水平面成 θ 角，滑轮和绳的质量及一切摩擦均略去不计。求楔状物体 D 作用于地板凸出部分 E 的水平压力。

分析：求约束力首选动量定理。然后需要求加速度，首选功率方程。

解：（1）研究整体，受力如图 9-27b 所示。设 A 下滑的速度、加速度分别为$\boldsymbol{v}$和 $\boldsymbol{a}$。在水平方向应用动量定理，得

$$p_x = m_1 v\cos\theta,\quad \frac{\mathrm{d}p_x}{\mathrm{d}t} = m_1 a\cos\theta = F_x$$

（2）研究整体，用功率方程求加速度。任意时刻的动能和功率分别为

$$T = \frac{1}{2}(m_1 + m_2)v^2,\quad P = m_1 gv\sin\theta - m_2 gv$$

代入功率方程$\frac{\mathrm{d}T}{\mathrm{d}t} = P$，求得

$$a = \frac{m_1\sin\theta - m_2}{m_1 + m_2}g$$

所以

$$F_x = m_1 a\cos\theta = \frac{m_1\sin\theta - m_2}{m_1 + m_2}m_1 g\cos\theta$$

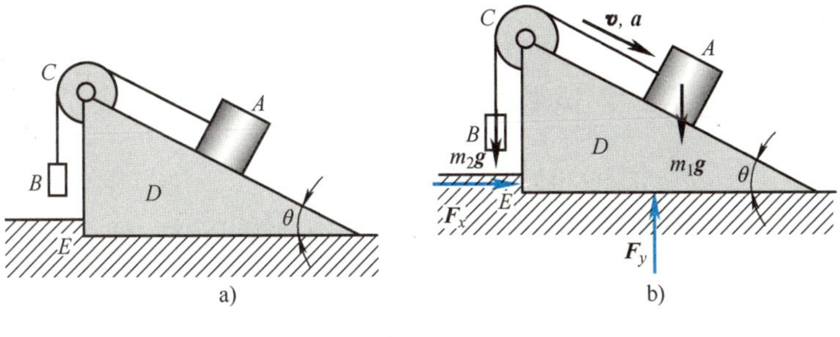

图　9-27

例 9-20　图 9-28 所示正方形均质板的质量 m 为 40kg，在铅直平面内以三根软绳拉住，板的边长 $b = 100\text{mm}$。初时瞬时 AD 与 AB 的夹角为 60°。求：（1）当软绳 FG 剪断后，木板开始运动的加速度以及 AD 和 BE 两绳的张力；（2）当 AD 和 BE 两绳位于铅直位置时，板中心 C 的加速度和两绳的张力。

分析：板做圆周平动，是平面运动的特例。求约束力和加速度首选平面运动微分方程，由于平动轨迹为圆周，选用自然坐标形式，并在任意位置求解，最后将所求两个位置的参数

代入即可。另外，法向加速度需要用到速度，用动能定理求解。

解：板做平动，在任意位置（设 AD 与 AB 的夹角为 θ）用自然坐标形式的平面运动微分方程，受力如图所示，则有

$$ma_n = m\frac{v^2}{AD} = F_A + F_B - mg\sin\theta$$

$$ma_t = mg\cos\theta$$

$$0 = [(F_B - F_A)\sin\theta - (F_B + F_A)\cos\theta]\frac{b}{2}$$

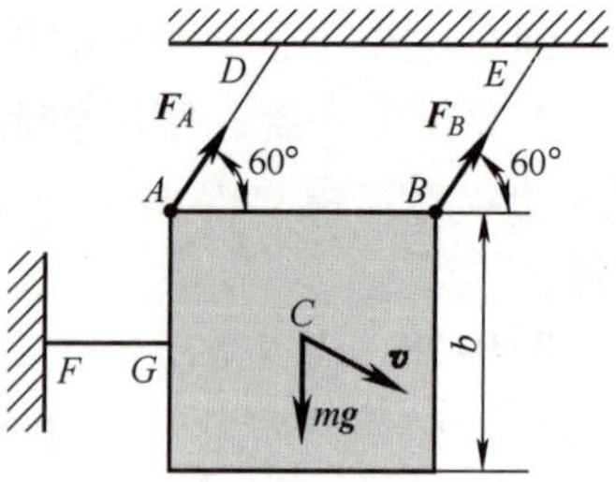

图 9-28

利用动能定理求速度

$$\frac{1}{2}mv^2 - 0 = mg \cdot AD(\sin\theta - \sin60°)$$

（1）此时板的速度 $v=0$，$a_n=0$，联立求解

$$a = a_t = 4.9\text{m/s}^2,\ F_A = 72\text{N},\ F_B = 268\text{N}$$

（2）此时

$$a_t = g\cos\theta = 0,\ a = a_n = \frac{v^2}{AD} = 2g(\sin90° - \sin60°) = 2.63\text{m/s}^2$$

联立解得

$$F_A = F_B = 248.5\text{N}$$

例 9-21 图 9-29 所示均质棒 AB 的质量为 $m=4$kg，其两端悬挂在两条平行绳上，棒处在水平位置。设其中一绳突然被剪断了，求此瞬时另一绳的张力 F。

分析：本题和例 9-20 类似，都属于原始平衡，去掉某处约束变成运动结构的动力学问题。例 9-20 中的板做圆周平动，属于简单运动，可以在任意位置求解，也可以在特殊位置求解。本题的杆 AB 做平面运动，任意位置的运动规律比较复杂，无法建立加速度关系，因此，只能在绳索刚刚断开的特殊位置分析求解，此时速度为零。

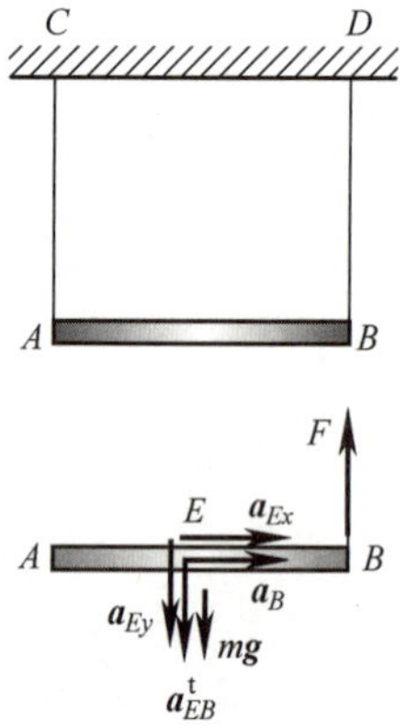

图 9-29

解：设 AC 绳断开，并设此时质心 E 点的加速度为 a_{Ex}、a_{Ey}，AB 的角加速度为 α（逆时针）。

研究 AB，受力如图所示，设 AB 长为 l，建立平面运动微分方程

$$mg - F = ma_{Ey},\ \frac{1}{12}ml^2\alpha = F\frac{l}{2}$$

以 B 为基点，研究 E，加速度分析如图所示。绳刚断开时，杆 AB 没有速度和角速度，B 点只有垂直于 BD 方向的加速度，$a_{EB}^n = 0$，则

$$\boldsymbol{a}_{Ex} + \boldsymbol{a}_{Ey} = \boldsymbol{a}_B + \boldsymbol{a}_{EB}^t$$

向铅垂方向投影得 $a_{Ey} = a_{EB}^t = \alpha\frac{l}{2}$，与前面的平面运动微分方程联立求解得

$$F = \frac{1}{4}mg = 9.8\text{N}$$

例 9-22 滚子 A 的质量为 m_1，沿倾角为 θ 的斜面向下滚动而不滑动，如图 9-30a 所示。滚子借一跨过滑轮 B 的绳提升质量为 m_2 的物体 C，同时滑轮 B 绕 O 轴转动。滚子 A 与滑轮

B 的质量相等，半径相等，且都为均质圆盘。求滚子中心的加速度和系在滚子上绳的张力。

分析：求加速度，首选功率方程；求内力（绳子张力）必须拆分整体系统，然后研究轮 A 用平面运动微分方程，或研究滑轮 B 和物体 C，用动量矩定理。

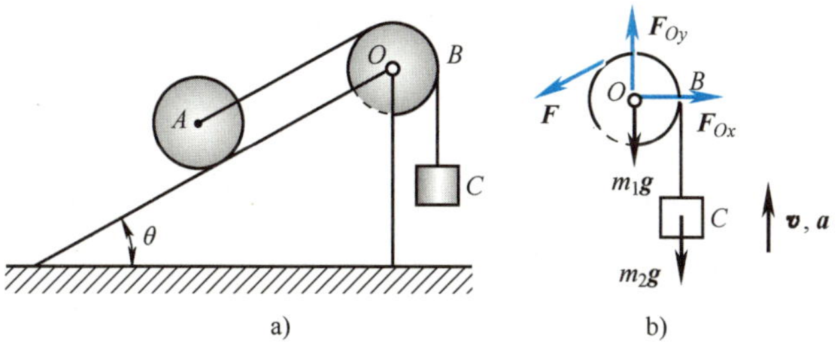

图　9-30

解：（1）研究整体，用功率方程求加速度。设滚子 A 中心下降的速度大小为 v，则任意时刻的动能和功率分别为

$$T=\frac{1}{2}m_1v^2+\frac{1}{2}\frac{1}{2}m_1R^2\left(\frac{v}{R}\right)^2+\frac{1}{2}\frac{1}{2}m_1R^2\left(\frac{v}{R}\right)^2+\frac{1}{2}m_2v^2=(m_1+\frac{m_2}{2})v^2$$

$$P=m_1gv\sin\theta-m_2gv$$

代入功率方程$\frac{\mathrm{d}T}{\mathrm{d}t}=P$解得

$$a=\frac{m_1\sin\theta-m_2}{2m_1+m_2}g$$

（2）研究滑轮 B 和物体 C，受力如图 9-30b 所示。对 O 轴利用动量矩定理有

$$\frac{1}{2}m_1R^2\left(\frac{a}{R}\right)+m_2Ra=FR-m_2gR$$

解得滚子 A 受到的张力为

$$F=\frac{3m_1m_2+m_1(2m_2+m_1)\sin\theta}{2(2m_1+m_2)}g$$

例 9-23　如图 9-31 所示重物 M 的质量为 m，用线悬于固定点 O，线长为 l。起初线与铅直线交成 θ 角，重物初速等于零。重物运动后，线 OM 碰到铁钉 O_1，其位置由 $h=OO_1$ 和 β 角确定。铁钉和重物的尺寸忽略不计。问 θ 角至少应多大，重物可绕铁钉划过一圆周轨迹，并求线 OM 在碰到铁钉后和碰前瞬时张力的变化。

分析：重物能划过最高位置，除了具有一定的速度外，还必须满足绳子拉力大于 0；具有碰撞的系统，一般情况碰撞时将有能量损失，所以利用动能定理或机械能守恒定律时，必须避开碰撞过程，即在碰撞前后分别建立动能定理。但本题质量没有直接碰撞，速度大小没有突变，绳子和铁钉的碰撞不引起能量损失，利用动能定理或机械能守恒定律时可以包含碰撞过程。

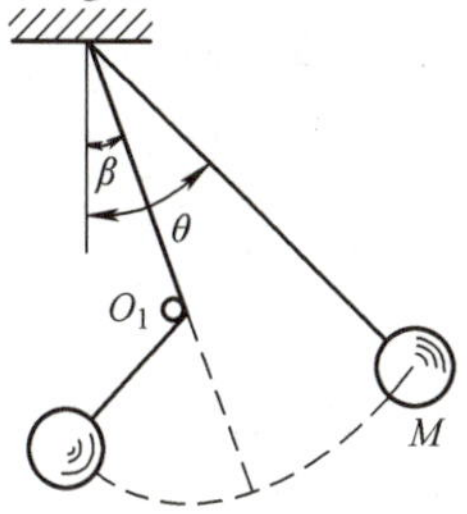

图　9-31

解：（1）设 M 在最高位置的速度为 v，绳子拉力为 F_T，在初始位置和最高点处应用动能定理（或机械能守恒定律）且在最高位置

应用质点运动微分方程（受力图略），有

$$\frac{1}{2}mv^2-0=mg[-l\cos\theta+h\cos\beta-(l-h)]$$

$$F_T+mg=m\frac{v^2}{l-h}$$

重物要能绕铁钉划过一周，必须 $F_T>0$，联立求得

$$\theta\geqslant\arccos\left[\frac{h}{l}\left(\frac{3}{2}+\cos\beta\right)-\frac{3}{2}\right]$$

（2）设在碰撞位置的速度为 v_1，碰撞前后绳子拉力分别为 F_1 和 F_2，在初始位置和碰撞位置应用动能定理（或机械能守恒定律）

$$\frac{1}{2}mv_1^2-0=mg(-l\cos\theta+l\cos\beta)$$

在碰撞前后应用质点运动微分方程

$$F_1-mg\cos\beta=m\frac{v_1^2}{l},\quad F_2-mg\cos\beta=m\frac{v_1^2}{l-h}$$

联立解得

$$F_2-F_1=\frac{2mgh(\cos\beta-\cos\theta)}{l-h}$$

9.6 小结与学习指导

1. 重点与难点

重点：动力学基本量（动量、动量矩、动能、功与功率、转动惯量等）的计算，动力学定理及其综合应用。

难点：质点运动微分方程的数学积分运算，动力学定理的综合应用。

2. 动力学问题做题步骤

动力学问题做题步骤：

（1）选择研究对象。

（2）运动分析。

（3）取分离体画出受力图。

（4）选择合适的定理，列方程求解。

3. 动力学定理的应用

（1）牛顿定律（质点运动微分方程）只能研究质点或平移刚体。

（2）动量定理和质心运动定理可用于求外力、约束力和加速度量，研究对象一般为整体系统。

（3）动量矩定理的矩心必须是固定点（轴）或刚体的质心（轴）。某些情况对刚体瞬心的动量矩定理也成立，但需要满足一定的条件，所以不要使用。刚体绕瞬心的转动，速度分布与定轴转动相同，因此对速度瞬心 P 的动量矩可表示为

$$L_P = J_P \omega \tag{9-51}$$

（4）定轴转动微分方程可用于求外力、外力偶和角加速度等，只能研究单个定轴转动刚体；平面运动微分方程可用于求外力和加速度量，只能研究单个平面运动刚体。

（5）动能定理可用于求速度量，功率方程可用于求加速度量。用动能定理或功率方程求解动力学问题时，可不画受力图。

4. 关于动力学中的二力构件

在静力学中给出了二力构件的概念，即在两个力作用下平衡的构件。二力构件的受力一定是沿受力点连线方向等值、反向、共线的一对力。在动力学中，所有的构件都不满足平衡关系，**但只要构件只受两个力作用，或只在两点受力，都是二力构件，**即两点受力满足等值、反向、共线的关系。下面给出简单分析。

如图9-32所示，假设做平面运动的构件 AB 在 A、B 两点所受力的合力为 $\boldsymbol{F}_A$、$\boldsymbol{F}_B$，不考虑 AB 的质量，则由平面运动微分方程得到

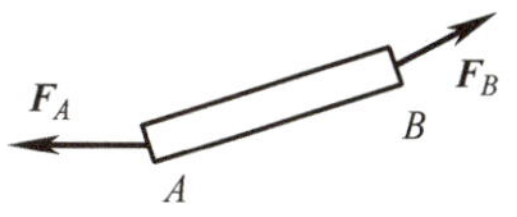

图　9-32

$$0 \cdot \boldsymbol{a}_C = \boldsymbol{F}_A + \boldsymbol{F}_B,\ 0 \cdot \alpha_C = M_C(\boldsymbol{F}_A) + M_C(\boldsymbol{F}_B)$$

即

$$\boldsymbol{F}_A + \boldsymbol{F}_B = \boldsymbol{0},\ M_C(\boldsymbol{F}_A) + M_C(\boldsymbol{F}_B) = 0 \tag{a}$$

或

$$a_C = \infty,\ \alpha_C = \infty \tag{b}$$

显然，对实际工程构件，式（b）不成立，只能满足条件（a），即 $\boldsymbol{F}_A$ 与 $\boldsymbol{F}_B$ 为等值、反向、共线的一对力。所以 AB 为二力构件。

由此还可以进一步推断，**不考虑构件质量的情况下，构件上不会只受到一个力偶作用，**否则构件将产生无穷大的角加速度。

需要注意的是，这里假设不考虑构件质量，如果考虑质量，上面的分析讨论均不成立。

习　题

9-1　题9-1图所示一汽车在半径为 R 的圆形道路上行驶，车道向圆心方向的倾斜角为 θ，车胎与道面间的静摩擦因数为 f_s。已知 $R=20\text{m}$，$\tan\theta = 2f_s = 0.5$。求汽车经过弯道时的最大速度。

（答案：12.96m/s）

9-2　题9-2图所示半圆形凸轮以等速 $v=0.1\text{m/s}$ 向右运动，通过 CD 杆使重物 M 上下运动，已知凸轮半径 $R=100\text{mm}$，重物质量为 $m=10\text{kg}$，C 轮半径不计。求当 $\varphi=45°$ 时重物 M 对 CD 杆的压力。

（提示：CD 平动的加速度可以以 C 为动点，凸轮为动系，用合成运动方法求；也可以写出 C 点的铅垂运动方程，求二阶导数得到。答案：$a_{CD} = 2\sqrt{2}v^2/R$，$F_N = 95.2\text{N}$）

9-3　题9-3图所示质量为10t的物体随同跑车以 $v_0 = 1\text{m/s}$ 的速度沿桥式吊车的桥架移动。今因故急刹车，物体由于惯性绕悬挂点 C 向前摆动。绳长 $l=5\text{m}$。求：

（1）刹车时绳子的张力。

（2）最大摆角 φ 的大小。

（答案：$F_T = 100\text{kN}$，$\cos\varphi_{max} = 1 - \dfrac{v_0^2}{2gl} = 0.9898$）

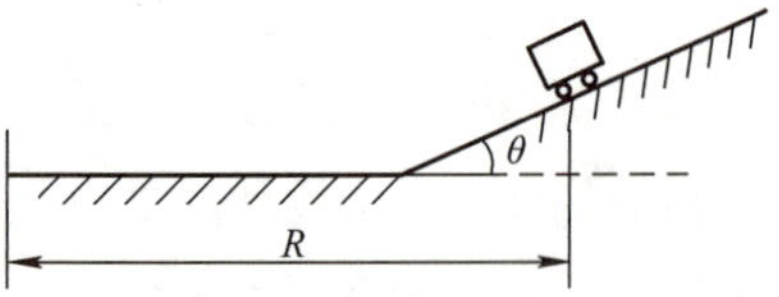

题 9-1 图

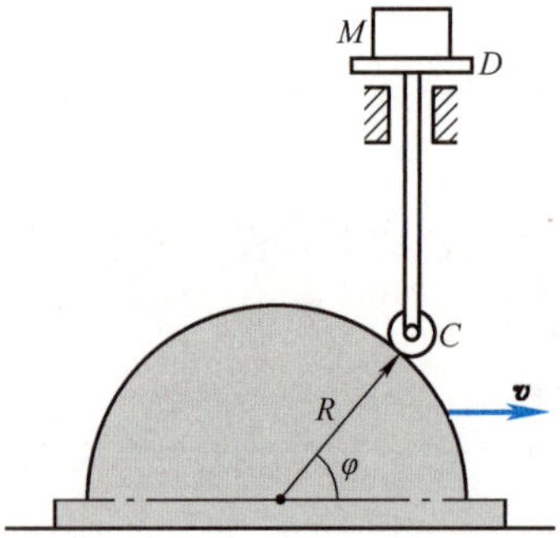

题 9-2 图

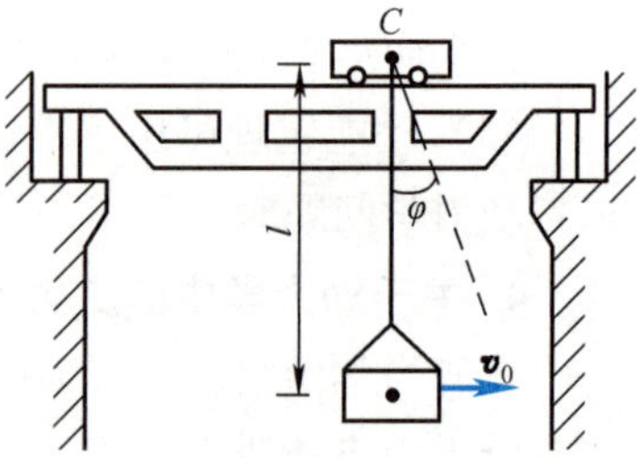

题 9-3 图

9-4　如题 9-4 图所示，滑块 A 的质量为 m，因绳子的牵引而沿水平导轨滑动，绳子的另一端缠在半径为 r 的鼓轮上，鼓轮以等角速度 ω 转动。若不计导轨摩擦，求绳子的拉力大小 F 和距离 x 之间的关系。

（提示：将 AB 段绳子视为刚体，则 $v_B=\omega r=v_A\cos\theta$，$v_A=-\dot{x}=\dfrac{v_B}{\cos\theta}=\dfrac{\omega rx}{\sqrt{x^2-r^2}}$。答案：$a_A=\ddot{x}=-\dfrac{\omega^2r^4x}{(x^2-r^2)^2}$，$F_{\mathrm{T}}=m\dfrac{\omega^2r^4x^2}{(x^2-r^2)^{5/2}}$）

9-5　铅垂发射的火箭由一雷达跟踪，如题 9-5 图所示。当 $r=10000\text{m}$，$\theta=60°$，$\dot{\theta}=0.02\text{rad/s}$，$\ddot{\theta}=0.003\text{rad/s}^2$ 时，火箭的质量为 5000kg。求此时的喷射反推力 F。

（提示：$x=r\cos\theta=5000\text{m}$，$y=x\tan\theta$，$\ddot{y}=5000\sec^2\theta\times(2\dot{\theta}^2\tan^2\theta+\ddot{\theta})=87.71\text{m/s}^2$。答案：$F=487.55\text{kN}$）

9-6　求题 9-6 图所示质量为 m 的均质物体的动量。

（答案：$\dfrac{1}{2}m\omega a$）

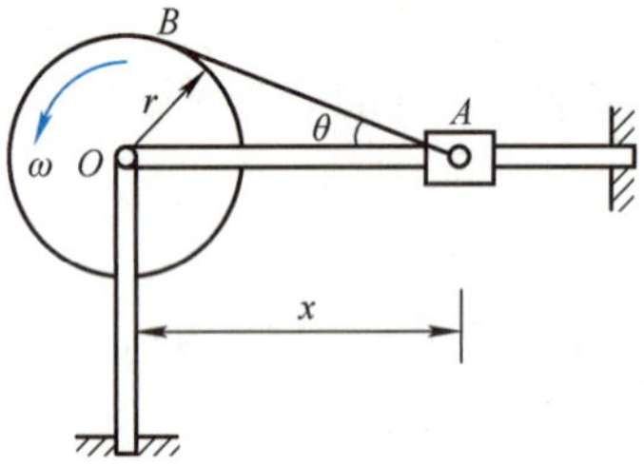

题 9-4 图

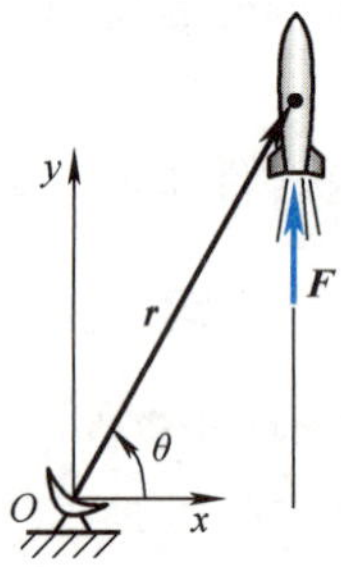

题 9-5 图

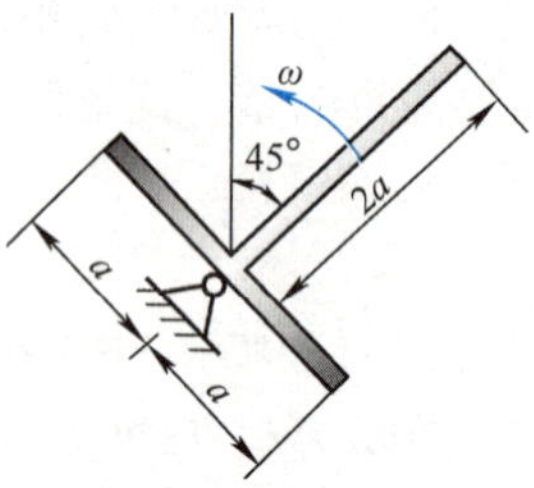

题 9-6 图

9-7　带传动轮Ⅰ、Ⅱ皆为均质圆盘（参考图 6-13b），质量分别为 m_1、m_2，半径分别为 R_1、R_2，胶带为均质，总质量为 m。如轮Ⅰ角速度为 ω_1，求此系统的动量。

（答案：整体质心位置不动，总动量等于 0）

9-8　两种不同材料的均质细杆焊接成一直杆 AB，以角速度 ω 绕 A 轴转动，如题 9-8 图所示。若两段质量分别为 m_1、m_2，长度分别为 l_1、l_2，则 AB 杆的动量为多少。

（答案：$m_1\omega\dfrac{l_1}{2}+m_2\omega\left(l_1+\dfrac{l_2}{2}\right)$）

9-9　题 9-9 图所示坦克的履带质量为 m_1，两个车轮的质量均为 m_2，车轮被看成均质圆盘，半径为 R。设坦克前进速度为 $\boldsymbol{v}$，试计算此质点系的动量。

（提示：分别计算系统各部分动量，然后叠加。或求出质心速度。答案：$(2m_2+m_1)v$）

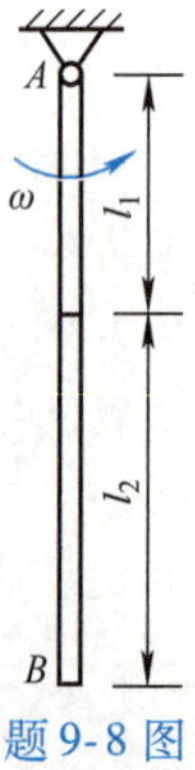

题 9-8 图

9-10　如题 9-10 图所示，均质杆 AB 长 l，直立在光滑的水平面上。求它从铅直位置无初速地倒下时，端点 A 相对图示坐标系的轨迹。

（答案：$4x^2+y^2=l^2$）

9-11　如题 9-11 图所示，重量为 P 的电动机放在光滑的水平地基上，长为 $2l$、重量为 G 的均质杆的一端与电动机的轴垂直地固结，另一端则焊上一重量为 W 的重物。如果电动机转动的角速度为 ω，求：

（1）电动机的水平运动；

（2）如电动机外壳用螺栓固定在基础上，则作用于螺栓的水平力为多少？

（答案：$x=-\dfrac{G+2W}{P+G+W}l\sin\omega t$，$F_x=-\dfrac{G+2W}{g}\omega^2 l\sin\omega t$）

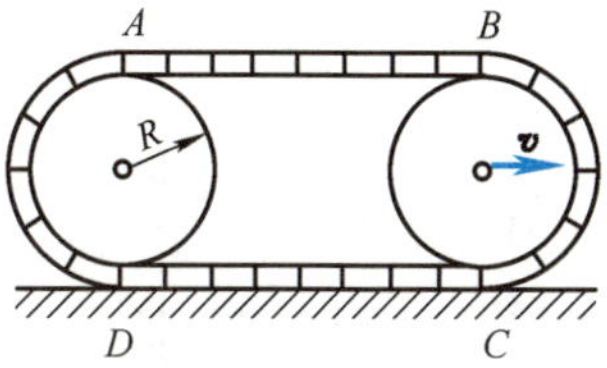

题 9-9 图

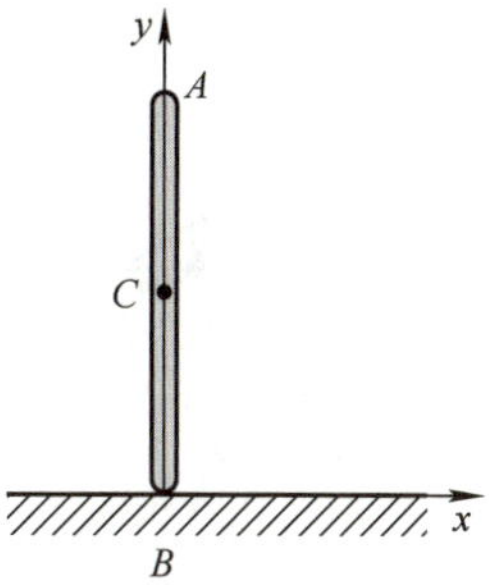

题 9-10 图

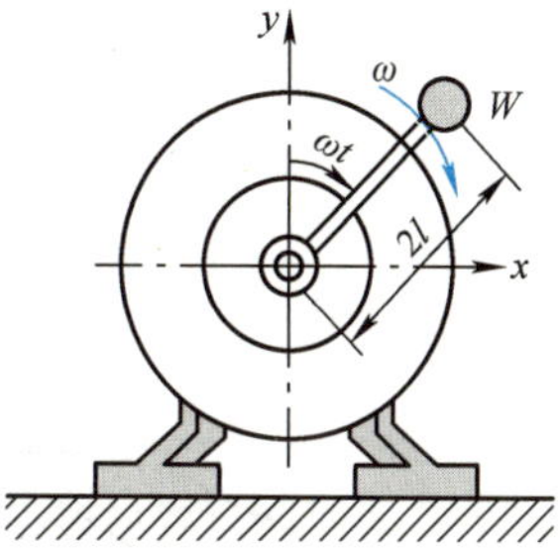

题 9-11 图

9-12　均质曲柄 AB 长为 r，质量为 m_1，假设受力偶作用以不变的角速度 ω 转动，并带动滑槽连杆以及与它固连的活塞 D，如题 9-12 图所示。滑槽、连杆、活塞总质量为 m_2，质心在点 C。在活塞上作用一恒力 $\boldsymbol{F}$，不计摩擦及滑块 B 的质量，求作用在曲柄轴 A 处的水平约束力 $\boldsymbol{F}_x$。

（答案：$F_x=F-r\omega^2\left(\dfrac{m_1}{2}+m_2\right)\cos\omega t$）

9-13　已知：水的体积流量为 q_V（m^2/s），密度为 ρ（kg/m^3）；水冲击叶片的速度为 v_1（m/s），方向沿水平向左；水流出叶片的速度为 v_2（m/s），与水平线成 θ 角。求题 9-13 图所示水柱对涡轮固定叶片作用力的水平分力。

（答案：$F_x=q_V\rho(v_2\cos\theta+v_1)$）

9-14　题 9-14 图所示传送带的运煤量为 20kg/s，带速 1.5m/s。求匀速传动时带作用于煤的水平推力。（答案：30N）

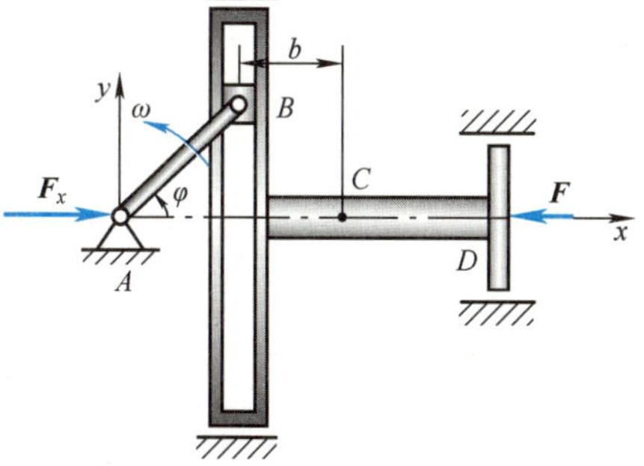

题 9-12 图

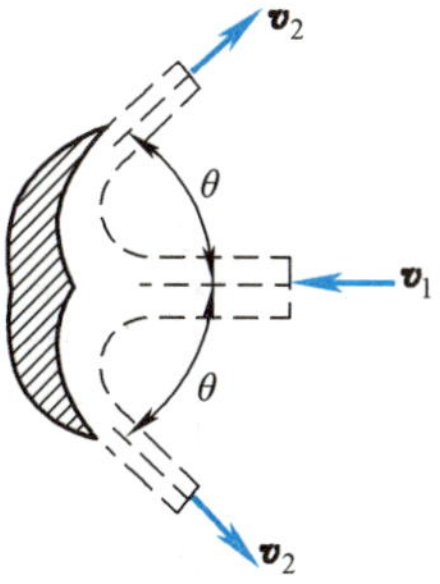

题 9-13 图

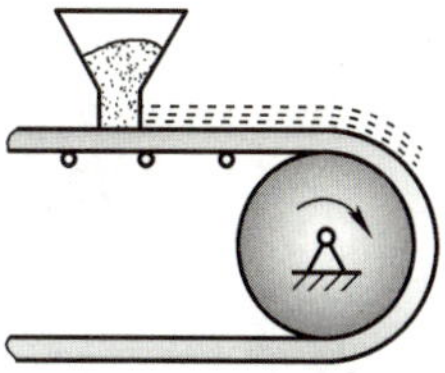

题 9-14 图

9-15　如题 9-15 图所示，水流入固定水管。进口流速 $v_1=2$m/s，方向垂直于水平面，进口截面积为 $0.02m^2$。出口流速 $v_2=4$m/s，与水平成 30°角。求水对管壁的动压力。

（答案：$F_{Dx}=80\sqrt{3}$N，$F_{Dy}=0$）

9-16　题9-16图所示离心式空气压缩机的转速 $n=8600$r/min，体积流量为 $q_V=370\text{m}^3/\text{min}$，空气密度 $\rho=1.16\text{kg/m}^3$，第一级叶轮气道进口直径为 $D_1=0.335$m，出口直径为 $D_2=0.6$m。气流进口绝对速度 $v_1=109$m/s，与切线成角度 $\theta_1=90°$；气流出口绝对速度 $v_2=183$m/s，与切线成角度 $\theta_2=21°30'$。试求该级叶轮的转矩。

（答案：365.39N·m）

9-17　小球 A 的质量为 m，连接在长为 l 的杆 AB 上，并被放在盛有液体的容器内，如题9-17图所示。杆以初角速度 ω_0 绕铅垂轴 O_1O_2 转动，液体的阻力与小球质量和角速度的乘积成正比，即 $F=km\omega$，其中 k 是比例常数。问经过多少时间，角速度减为初角速度的一半？

（答案：$\dfrac{l}{k}\ln 2=0.693\dfrac{l}{k}$）

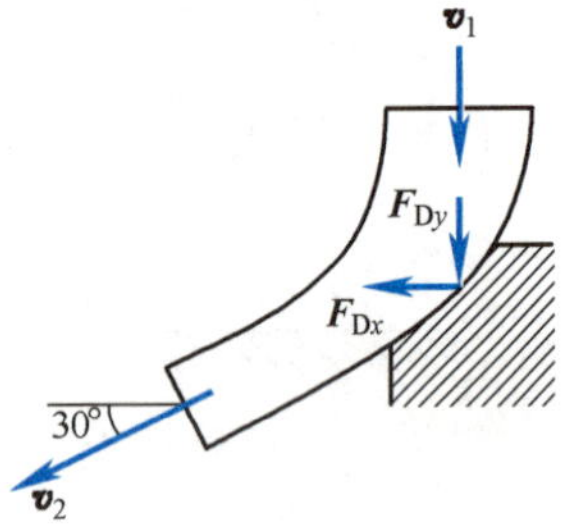

题9-15图

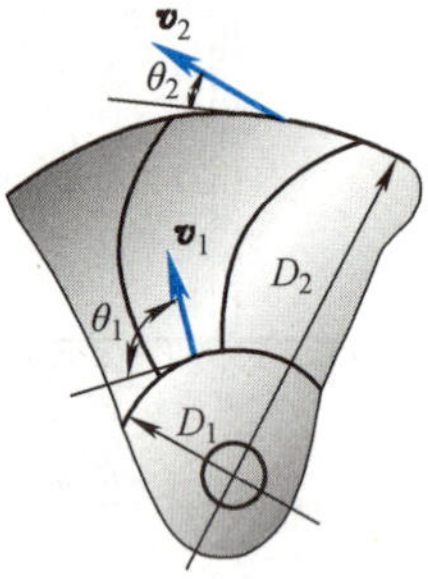

题9-16图

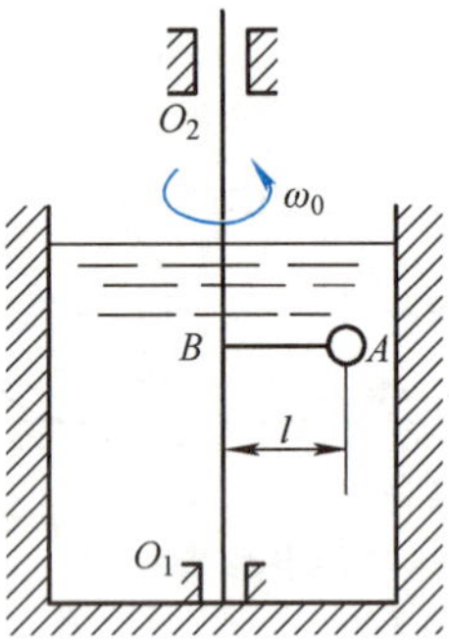

题9-17图

9-18　如题9-18图所示，均质圆柱体的质量为4kg，半径为0.5m，置于两光滑的斜面上。设有与圆柱轴线垂直，且沿圆柱面的切线方向的力 $F=20$N 作用，求圆柱的角加速度及斜面的约束力。

（答案：$\alpha=20\text{rad/s}$，$F_A=13.6$N，$F_B=41.9$N）

9-19　质量为100kg、半径为1m的均质圆轮，以转速 $n=120$r/min 绕 O 轴转动，如题9-19图所示。设有一常力 F 作用于闸杆，轮经10s后停止转动。已知摩擦因数 $f=0.1$，求力 $\boldsymbol{F}$ 的大小。

（答案：$F=\dfrac{3J\omega}{7fRt}=269.3$N）

9-20　题9-20图所示 A 为离合器，开始时轮2静止，轮1具有角速度 ω_0。当离合器接合后，依靠摩擦使轮2起动。已知轮1和2的转动惯量分别为 J_1 和 J_2。求：

（1）当离合器接合后，两轮共同转动的角速度。

（2）若经过 t 时间两轮的转速相同，求离合器应有多大的摩擦力矩。

（答案：$\omega=\dfrac{J_1}{J_1+J_2}\omega_0$，$M_f=\dfrac{J_1J_2\omega_0}{(J_1+J_2)t}$）

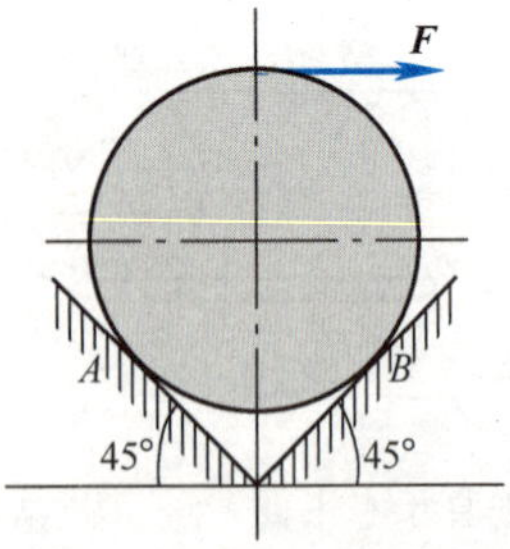

题9-18图

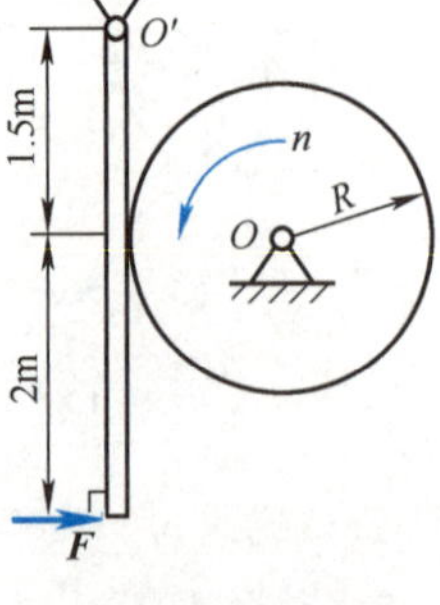

题9-19图

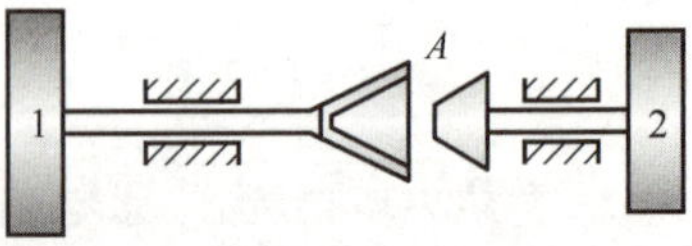

题9-20图

9-21　均质杆 AB 和 BD 长均为 l、质量均为 m，A 和 B 点铰接，在题 9-21 图所示铅垂位置平衡，现在 D 端作用一水平力 $\boldsymbol{F}$，求此瞬时两杆的角加速度。

（提示：研究 AB，用定轴转动微分方程；研究 BD，用平面运动微分方程；运动学加速度分析。答案：$\alpha_1=-\dfrac{6F}{7ml}$（顺时针），$\alpha_2=\dfrac{30F}{7ml}$（逆时针））

9-22　题 9-22 图所示鼓轮 A 放在齿条 B 上，齿条放在光滑地面上，绳索水平。已知鼓轮外径 $R=1\text{m}$，内径 $r=0.6\text{m}$，质量 $m_A=200\text{kg}$，轮对质心 C 的回转半径 $\rho=0.8\text{m}$，齿条质量 $m_B=100\text{kg}$，$F=1500\text{N}$，初始静止。求绳子拉力。

（答案：$F_\text{T}=\dfrac{m_A(\rho^2+Rr)F}{m_A(\rho^2+r^2)+m_B(R+r)^2}=1722\text{N}$）

9-23　重物 A 质量为 m_1，系在绳子上，绳子跨过不计质量的固定滑轮 D，并绕在鼓轮 B 上，如题 9-23 图所示。由于重物下降，带动了轮 C，使它沿水平轨道滚动而不滑动。设鼓轮半径为 r，轮 C 的半径为 R，两者固连在一起，总质量为 m_2，对于其水平轴 O 的回转半径为 ρ。求重物 A 的加速度。

（答案：用功率方程。$a=\dfrac{m_1(R+r)^2}{m_2(R^2+\rho^2)+m_1(R+r)^2}g$）

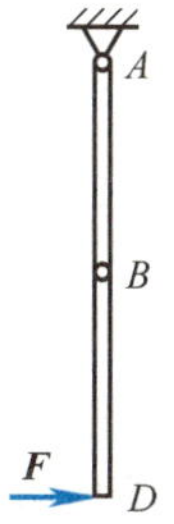

题 9-21 图

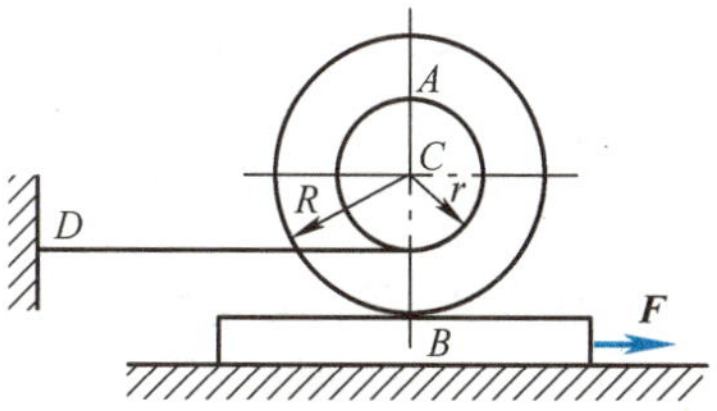

题 9-22 图

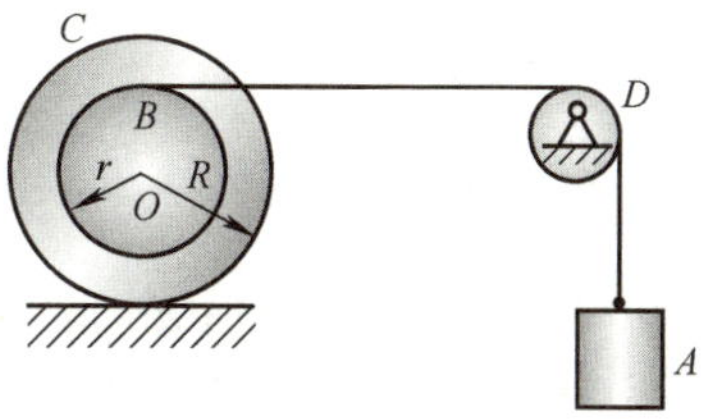

题 9-23 图

9-24　如题 9-24 图所示，板的质量为 m_1，受水平力 $\boldsymbol{F}$ 作用，沿水平面运动，板与平面间的动摩擦因数为 f，在板上放一质量为 m_2 的均质实心圆柱，此圆柱对板只滚动而不滑动。求板的加速度。

（提示：分别研究板和圆柱，用平面运动微分方程；补充摩擦和运动学方程。答案：$a=\dfrac{F-f(m_1+m_2)g}{m_1+(m_2/3)}$）

9-25　均质实心圆柱体 A 和薄铁环 B 的质量均为 m，半径都等于 r，两者用杆 AB 铰接，无滑动地沿斜面滚下，斜面与水平面的夹角为 θ，如题 9-25 图所示。如杆的质量忽略不计，求杆 AB 的加速度和杆的内力。

（提示：用功率方程求加速度；研究 A 或 B 用平面运动微分方程求力。也可以分别研究 A 和 B，用平面运动微分方程。答案：$a=\dfrac{4}{7}g\sin\theta$，$F=-\dfrac{1}{7}mg\sin\theta$（压力））

9-26　题 9-26 图所示均质圆柱体 C 自桌角 O 滚离桌面。当 $\theta=0°$时其初速度为 0；当 $\theta=30°$时发生滑动现象。试求圆柱体与桌面之间的摩擦因数。

（提示：用动能定理和质心运动定理。答案：0.242）

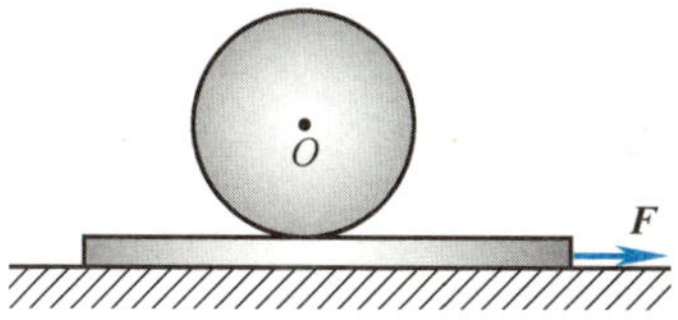

题 9-24 图

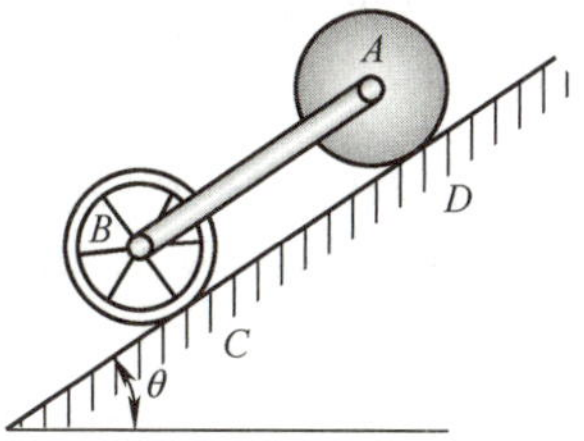

题 9-25 图

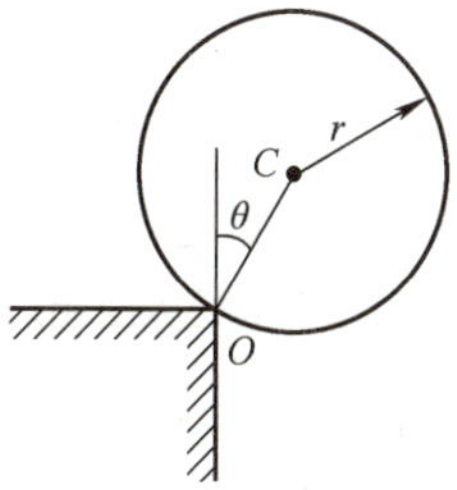

题 9-26 图

9-27　如题9-27图所示，轮 A 和轮 B 可视为均质圆盘，半径均为 R，质量均为 m_1。绕在两轮上的绳索中间连着物块 C，设物块 C 的质量为 m_2，且放在理想光滑的水平面上。今在轮 A 上作用一不变的力偶 M，求轮 A 与物块之间那段绳索的张力。

（提示：研究整体，用功率方程求角加速度；研究轮 A，对 O 用定轴转动微分方程。答案：$\alpha=\dfrac{M}{(m_1+m_2)R^2}$，$F=\dfrac{M(m_1+2m_2)}{2R(m_1+m_2)}$）

9-28　题9-28图所示均质杆长为 $2l$，质量为 m，初始时位于水平位置。如 A 端脱落，杆可绕通过 B 端的轴转动，当杆转到铅垂位置时，B 端也脱落了。不计各种阻力，求该杆在 B 端脱落后的角速度、下落高度 h 后杆转了多少圈及其质心的轨迹。

（提示：动能定理求角速度；B 点脱落后，质心做水平匀速运动与零初速自由落体运动的平抛运动；B 点脱落后，杆只受重力作用，利用平面运动微分方程。答案：$\omega=\sqrt{\dfrac{3g}{2l}}$，圈数 $\dfrac{1}{2\pi}\sqrt{\dfrac{h}{l}}$，轨迹 $x_C^2+3ly_C+3l^2=0$）

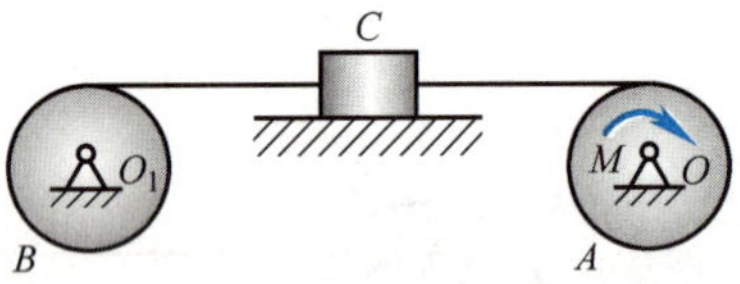

题9-27图

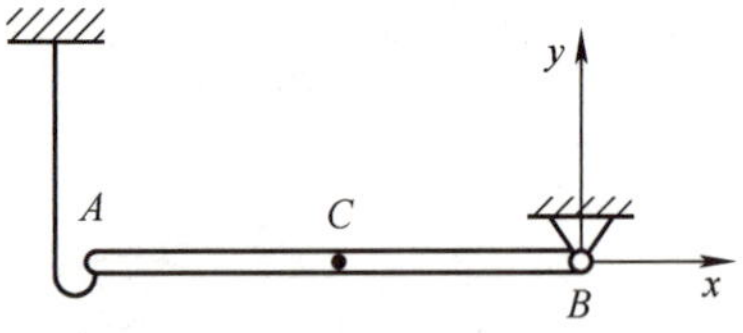

题9-28图

9-29　题9-29图所示为曲柄滑槽机构，均质曲柄 OA 绕水平轴 O 以匀角速度 ω 转动。已知曲柄 OA 的质量为 m_1，$OA=r$，滑槽 BC 的质量为 m_2（重心在点 D）。滑块 A 的重量和各处摩擦不计。求当曲柄转至图示位置时，滑槽 BC 的加速度、轴承 O 的约束力以及作用在曲柄上的力偶矩 M。

（提示：运动学求加速度；质心运动定理研究 BCD 求出 A 处受力；研究 OA，定轴转动微分方程求 M，质心运动定理求约束力。答案：$a_{BC}=\omega^2 r\cos\omega t$，$F_{Ox}=-r\omega^2\left(\dfrac{1}{2}m_1+m_2\right)\cos\omega t$，$F_{Oy}=m_1 g-0.5m_1 r\omega^2\sin\omega t$，$M=\left(\dfrac{1}{2}m_1 g+m_2 r\omega^2\sin\omega t\right)r\cos\omega t$。）

9-30　在题9-30图所示机构中，沿斜面纯滚动的圆柱体 O' 和鼓轮 O 为均质物体，质量均为 m，半径均为 R。绳子不能伸缩，其质量略去不计。粗糙斜面的倾角为 θ，不计滚动摩擦。如在鼓轮上作用一常力偶 M。求鼓轮的角加速度以及轴承 O 的水平约束力。

（提示：功率方程求角加速度；研究鼓轮 O，用定轴转动微分方程和质心运动定理求力。答案：$\alpha=\dfrac{M-mgR\sin\theta}{2mR^2}$，$F_{Ox}=\dfrac{1}{8R}(6M\cos\theta+mgR\sin2\theta)$）

9-31　在题9-31图所示系统中，半径为 r 的纯滚动均质圆轮与物块 A 的质量均为 m，与倾角为 θ 的斜面之间的摩擦因数为 f，不计 OA 的质量。求 O 点的加速度以及 OA 杆的内力。

（提示：功率方程求角加速度；研究 A，用牛顿运动定律求力。答案：$a=\dfrac{2}{5}(2\sin\theta-f\cos\theta)g$，$F_{OA}=\dfrac{1}{5}(3f\cos\theta-\sin\theta)mg$）

9-32　将长 l 的均质细杆的一段平放在水平桌面上，使其质心 C 与桌缘的距离为 a，如题9-32图所示。若当杆与水平面的夹角超过 θ_0 时杆开始相对桌缘移动，试求动摩擦因数 f。

（答案：$f=\dfrac{l^2+36a^2}{l^2}\tan\theta_0$）

9-33　如题9-33图所示，重量为 P_1、长为 l 的均质杆 AB 与重量为 P 的楔块用光滑铰链 B 相连，楔块置于光滑水平面上。初始时杆 AB 处于铅垂位置，系统静止，在微小扰动下，杆 AB 绕铰链 B 摆动，楔块水平运动。当 AB 摆至水平位置时，求 AB 杆的角加速度以及铰链 B 对 AB 杆的约束力。

（答案：$\alpha_{AB}=\dfrac{3g}{2l}$，$F_{Bx}=\dfrac{3PP_1}{2(P+P_1)}$，$F_{By}=\dfrac{P_1}{4}$）

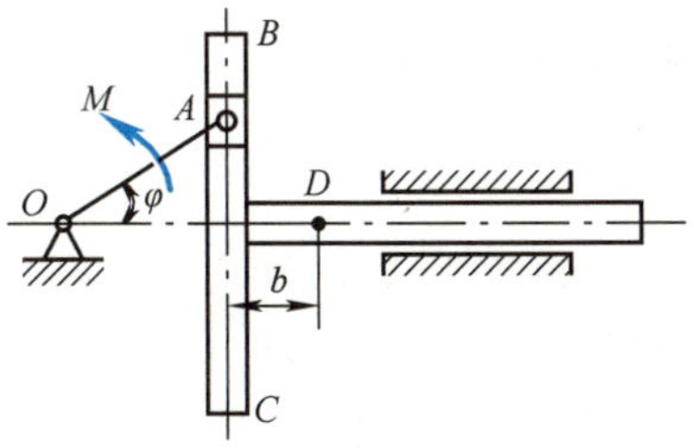

题 9-29 图

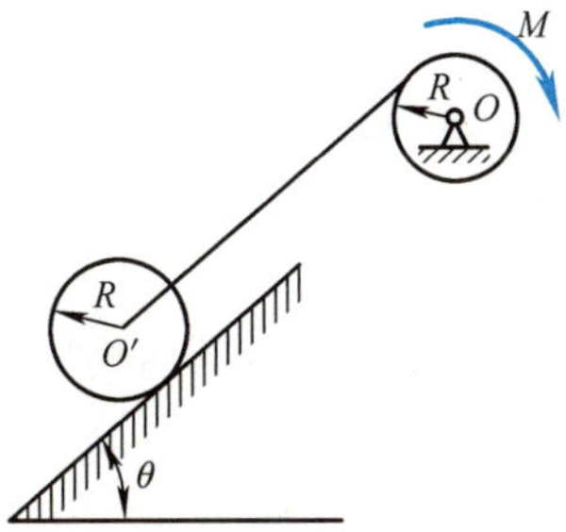

题 9-30 图

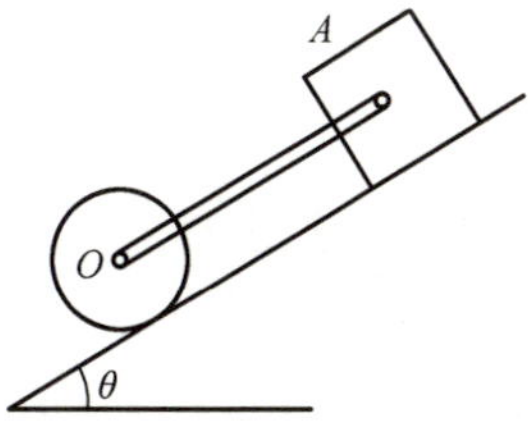

题 9-31 图

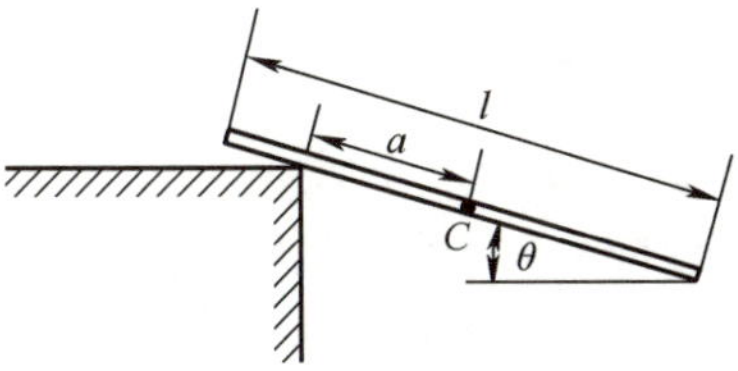

题 9-32 图

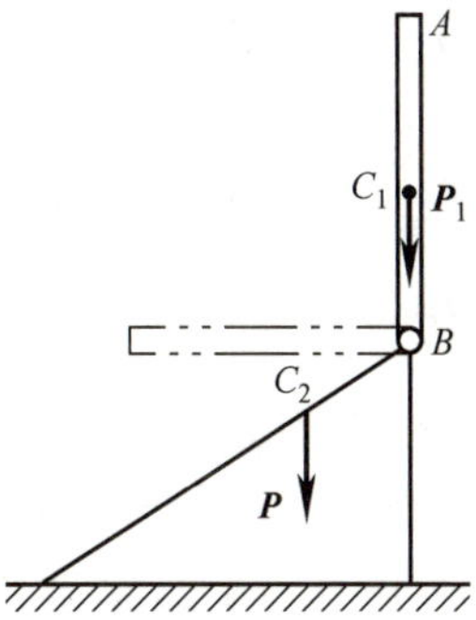

题 9-33 图

第 10 章

动力学专题与应用

本章将给出动力学的一些应用专题，包括达朗贝尔原理、虚位移原理、动力学普遍方程与拉格朗日方程、非惯性系中的质点动力学以及简单的碰撞问题等。其中达朗贝尔原理、虚位移原理和动力学普遍方程与拉格朗日方程属于分析力学的基础，本章仅介绍它们的基础应用，不涉及分析力学中更多的概念和知识。

10.1　达朗贝尔原理

达朗贝尔原理的基本思想是用静力学力系平衡的概念和方法解决动力学问题。

10.1.1　惯性力

1. 惯性力的概念

以人推小车为例引入惯性力的概念。设有质量为 m 的小车，在推力 $\boldsymbol{F}$ 的作用下产生加速度 $\boldsymbol{a}$，如图 10-1 所示。根据作用与反作用定律，车对施力体（人）的反作用力为 $\boldsymbol{F}' = -m\boldsymbol{a}$，$\boldsymbol{F}'$是由于车的惯性（小车要保持原来的运动状态）而引起的对于施力物体产生的反抗力，这种反抗力称为**惯性力**，用 $\boldsymbol{F}_{\mathrm{I}}$表示。对于质量为 m、加速度为 $\boldsymbol{a}$ 的任意质点，惯性力为

$$\boldsymbol{F}_{\mathrm{I}} = -m\boldsymbol{a} \tag{10-1}$$

惯性力的大小 $F_{\mathrm{I}} = ma$，方向与加速度 $\boldsymbol{a}$ 反向，作用于施力体。

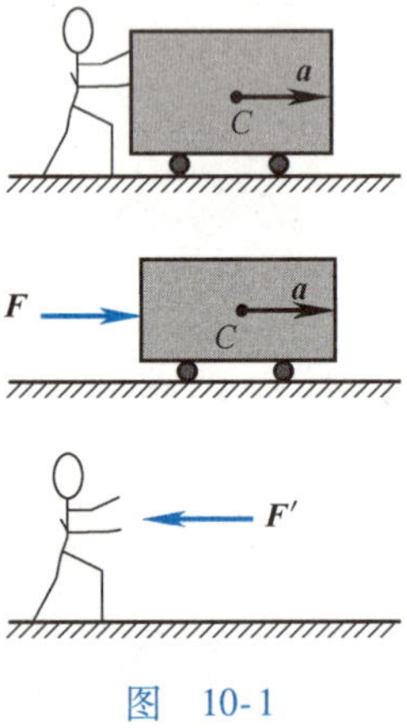

图　10-1

2. 惯性力系的简化

质点系内每个质点都有各自的惯性力，这些惯性力形成的力系，称为**惯性力系**。由于质点系中每个质点 m_i的加速度 $\boldsymbol{a}_i$在空间可以是任意方向，因此所有质点的惯性力 $\boldsymbol{F}_{\mathrm{I}i}$组合起来形成的惯性力系是空间任意力系。根据力系简化理论，将惯性力系向简化中心 O 简化，可得到惯性力主矢 $\boldsymbol{F}_{\mathrm{IR}}$和惯性力主矩 $\boldsymbol{M}_{\mathrm{I}O}$。

如图 10-2 所示，设质点 m_i相对简化中心 O 的矢径为 $\boldsymbol{r}_i$，质点系质心 C 的矢径为 $\boldsymbol{r}_C$。则**惯性力主矢**为

$$\boxed{\boldsymbol{F}_{\mathrm{IR}} = \sum \boldsymbol{F}_{\mathrm{I}i} = -\sum m_i\boldsymbol{a}_i = -m\boldsymbol{a}_C} \tag{10-2}$$

这里 m 为质点系的总质量。式（10-2）通过质心公式（9-5）求二阶导数很容易得到。和静力学概念一样，主矢与简化中心无关。即惯性力系无论向任何点简化，惯性力主矢都等于质点系的总质量与质心加速度的乘积，与质心加速度方向相反，作用在简化中心。

惯性力主矩为

$$\boldsymbol{M}_{\mathrm{I}O}=\sum\boldsymbol{M}_O(\boldsymbol{F}_{\mathrm{I}i})=\sum(\boldsymbol{r}_i\times\boldsymbol{F}_{\mathrm{I}i}) \tag{10-3}$$

对于不同运动状况的质点系，惯性力主矩不同。下面给出平移刚体、定轴转动刚体和平面运动刚体的惯性力主矩。

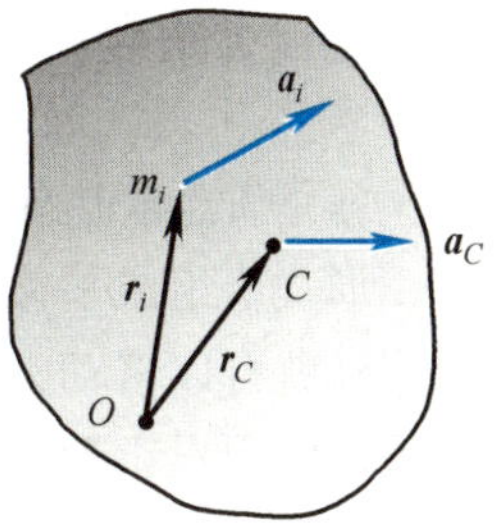

图　10-2

（1）平移刚体

平动刚体各点的加速度都一样，惯性力系向任意点 O 简化，有

$$\boldsymbol{M}_{\mathrm{I}O}=\sum\boldsymbol{r}_i\times\boldsymbol{F}_{\mathrm{I}i}=\sum\boldsymbol{r}_i\times(-m_i\boldsymbol{a}_i)$$
$$=-(\sum m_i\boldsymbol{r}_i)\times\boldsymbol{a}_C=-m\boldsymbol{r}_C\times\boldsymbol{a}_C$$

若向质心 C 简化，则 $M_{\mathrm{I}C}=0$。因此平移刚体向质心简化，只有作用于质心的惯性力主矢，主矩为零。

（2）定轴转动刚体

只研究特例：刚体质量（惯性力）具有垂直于转轴（设为 z 轴）的对称面，先将惯性力简化到对称面内，再向对称面与转轴的交点 O 简化，如图 10-3 所示。显然只有切向惯性力有矩

$$M_{\mathrm{I}O}=M_{\mathrm{I}z}=\sum r_i\times(-m_ir_i\alpha)=-J_z\alpha$$

这里 r_i 为质点 m_i 到转轴 z 的距离，负号只表示与角加速度方向相反，计算时去掉负号。主矢 $\boldsymbol{F}_{\mathrm{IR}}$ 加在转轴上。

若刚体匀速转动，转轴过质心 C，则 $M_{\mathrm{I}}=0$，$F_{\mathrm{IR}}=0$；若匀速转动，转轴不过质心 C，则 $F_{\mathrm{IR}}\neq0$，$M_{\mathrm{I}}=0$；若变速转动，转轴过质心 C，则 $F_{\mathrm{IR}}=0$，$M_{\mathrm{I}}\neq0$；若变速转动，转轴不过质心 C，则主矢、主矩均不为 0。

（3）平面运动刚体

只研究特例：刚体质量（惯性力）具有对称面，且做平行于此对称面的平面运动。将惯性力向对称面内的质心 C 简化，如图 10-4 所示。与定轴转动类似，

$$M_{\mathrm{I}C}=-J_C\alpha$$

主矢 $\boldsymbol{F}_{\mathrm{IR}}$ 加在质心 C 上。

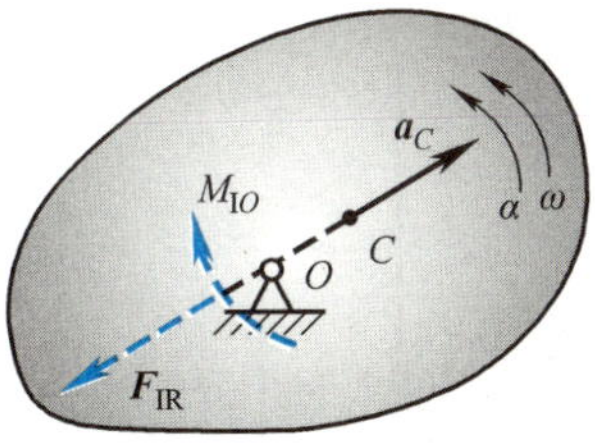

图　10-3

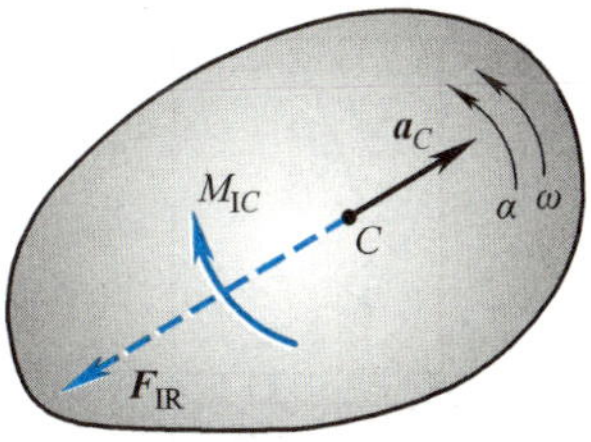

图　10-4

对于不具有对称面的定轴转动刚体和平面运动刚体，惯性力主矩简化的过程和结果，读者可参阅其他教材。

10.1.2　达朗贝尔原理

1. 质点的达朗贝尔原理

设质量为 m 的质点受主动力 $\boldsymbol{F}$ 和约束力 $\boldsymbol{F}_{\mathrm{N}}$ 作用，如图 10-5 所示。由牛顿运动定律有

$\boldsymbol{F}+\boldsymbol{F}_{\mathrm{N}}=m\boldsymbol{a}$，写为

$$\boldsymbol{F}+\boldsymbol{F}_{\mathrm{N}}+\boldsymbol{F}_{\mathrm{I}}=\boldsymbol{0} \tag{10-4}$$

这就是**质点的达朗贝尔原理**：质点上的主动力、约束力和附加惯性力，形式上组成平衡力系。

这样就可以将动力学问题，形式上像静力学一样通过平衡方程求解。通常使用投影形式，将力在直角坐标或自然坐标轴上投影。显然质点的达朗贝尔原理构成汇交力系。

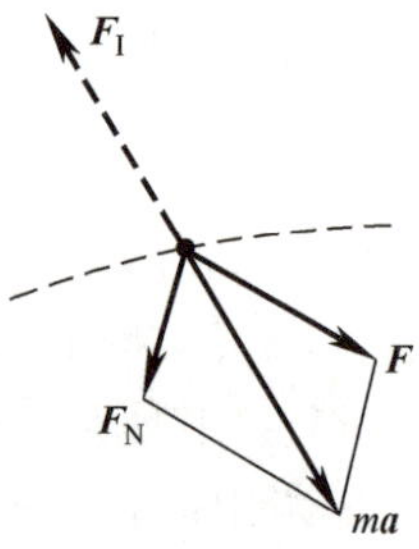

图 10-5

2. 质点系的达朗贝尔原理

质点系中任意质点 m_i上所有的主动力和约束力分为内力$\boldsymbol{F}_i^{(\mathrm{i})}$ 和外力$\boldsymbol{F}_i^{(\mathrm{e})}$，则质点 m_i的达朗贝尔原理可写成

$$\boldsymbol{F}_i^{(\mathrm{e})}+\boldsymbol{F}_i^{(\mathrm{i})}+\boldsymbol{F}_{\mathrm{I}i}=\boldsymbol{0}$$

对于整个质点系，每个质点的内力$\boldsymbol{F}_i^{(\mathrm{i})}$、外力$\boldsymbol{F}_i^{(\mathrm{e})}$ 和惯性力 $\boldsymbol{F}_{\mathrm{I}i}$组合起来形成空间任意力系，根据空间力系的平衡理论，力系的主矢和主矩都等于零。而内力成对出现，且等值、反向、共线，因此内力的主矢和主矩均为0，所以质点系的平衡条件为

$$\left.\begin{aligned}&\sum\boldsymbol{F}_i^{(\mathrm{e})}+\sum\boldsymbol{F}_{\mathrm{I}i}=\boldsymbol{0}\\&\sum\boldsymbol{M}_O(\boldsymbol{F}_i^{(\mathrm{e})})+\sum\boldsymbol{M}_O(\boldsymbol{F}_{\mathrm{I}i})=\boldsymbol{0}\end{aligned}\right\} \tag{10-5}$$

这就是**质点系的达朗贝尔原理**，投影后即可得到像静力学一样的“平衡方程”。为了区别于静力学中的平衡方程，达朗贝尔原理的平衡方程一般称为**动静法方程**。实际应用时，同静力学一样可任意选取研究对象，列动静法方程求解。

达朗贝尔原理做题步骤：选择研究对象→受力分析→附加惯性力→列动静法方程（达朗贝尔原理）求解。

对于不同运动刚体的惯性力系，可以利用前面的简化结果将惯性力主矢和惯性力主矩直接附加在简化中心上。

例 10-1 图 10-6a 所示车中单摆，已知 m、l。求车的加速度 a 与摆角 θ 的关系。

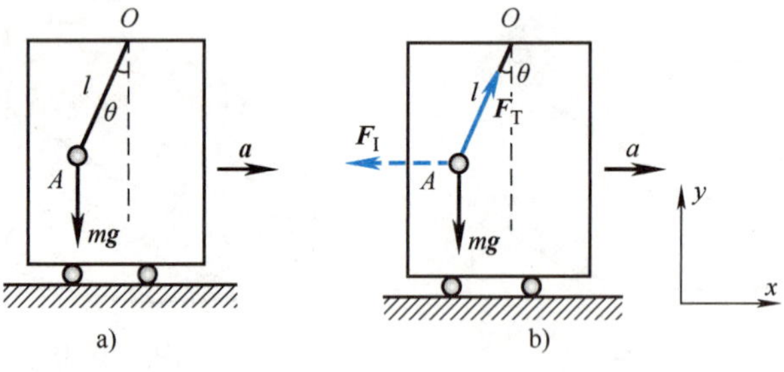

图 10-6

分析：质点动力学问题，可直接用牛顿运动定律求解。在水平和铅垂方向写出牛顿运动定律，得

$$ma=F_{\mathrm{T}}\sin\theta,\ 0=F_{\mathrm{T}}\cos\theta-mg$$

联立解得

$$a = g\tan\theta$$

下面用达朗贝尔原理求解。

解：研究 A，受力如图 10-6b 所示，附加惯性力 $F_{\mathrm{I}} = ma$，由动静法方程得

$$\sum F_x = 0,\ F_{\mathrm{T}}\sin\theta - F_{\mathrm{I}} = 0$$

$$\sum F_y = 0,\ F_{\mathrm{T}}\cos\theta - mg = 0$$

联立解得

$$a = g\tan\theta$$

例 10-2　图 10-7a 所示复摆受主动力偶 M 作用。已知均质杆的质量 m、长度 l、角速度 ω 和角加速度 α。求 O 点的约束力。

分析：(1) 可用动量定理求解。

(2) 定轴转动刚体惯性力既可以向转轴简化，也可以向质心简化。

解法 1：惯性力向转轴简化。受力及附加惯性力如图 10-7b 所示，附加惯性力

$$F_{\mathrm{I}}^{\mathrm{n}} = m\omega^2\frac{l}{2},\ F_{\mathrm{I}}^{\mathrm{t}} = m\alpha\frac{l}{2},\ M_{\mathrm{I}} = \frac{1}{3}ml^2\alpha$$

在法向和切向上列动静法方程

$$\sum F_{\mathrm{n}} = 0,\ F_O^{\mathrm{n}} - mg\cos\theta - F_{\mathrm{I}}^{\mathrm{n}} = 0$$

$$\sum F_{\mathrm{t}} = 0,\ F_O^{\mathrm{t}} - mg\sin\theta - F_{\mathrm{I}}^{\mathrm{t}} = 0$$

解得

$$F_O^{\mathrm{n}} = mg\cos\theta + \frac{1}{2}m\omega^2 l,\ F_O^{\mathrm{t}} = mg\sin\theta + \frac{1}{2}m\alpha l$$

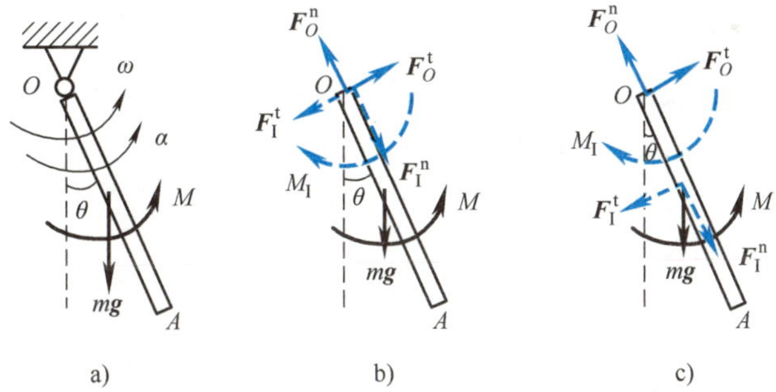

图　10-7

解法 2：惯性力向质心简化。受力及附加惯性力如图 10-7c 所示，附加惯性力

$$F_{\mathrm{I}}^{\mathrm{n}} = m\omega^2\frac{l}{2},\ F_{\mathrm{I}}^{\mathrm{t}} = m\alpha\frac{l}{2},\ M_{\mathrm{I}} = \frac{1}{12}ml^2\alpha$$

在法向和切向上列动静法方程以及结果，同解法 1 完全相同。

例 10-3　图 10-8a 所示系统，均质矩形块质量 $m_1 = 100\mathrm{kg}$，车质量为 $m_2 = 50\mathrm{kg}$。车和矩形块在一起由质量为 m_3 的物体牵引做加速运动。设物块与车之间的摩擦力足够阻止相互滑动，求能够使车加速运动的质量 m_3 的最大值，以及此时车的加速度大小。

分析：(1) 物块不能翻倒（m_3不能太大）。

(2) 物块不翻倒时，车的加速度对 m_3 没有限制。

(3) 可用上一章的动力学定理求解，与下面的达朗贝尔原理求解过程进行对比。

解：设车的加速度为 a。

(1) 研究 m_3，受力及附加惯性力 F_{I3} 如图 10-8b 所示，$F_{I3}=m_3a$。动静法方程为

$$F+F_{I3}-m_3g=0$$

(2) 研究 m_1 和 m_2，受力及附加惯性力 F_{I1} 和 F_{I2} 如图 10-8c 所示，$F_{I1}=m_1a$，$F_{I2}=m_2a$。动静法方程为

$$-F+F_{I1}+F_{I2}=0$$

(3) 研究 m_1，受力如图 10-8d 所示，动静法方程为

$$\sum M_A=0,\ F\times 1\text{m}-F_{I1}\times 0.5\text{m}-m_1g\times 0.25\text{m}+F_{N}x=0$$

代入数据，联立解得

$$F_Nx=25g-100a$$

$$(m_3+150)F_Nx=3750g-75m_3g$$

矩形物块不翻倒的条件为 $F_Nx\geqslant 0$，代入解得

$$m_3\leqslant 50\text{kg},\ a\leqslant 2.45\text{m/s}^2$$

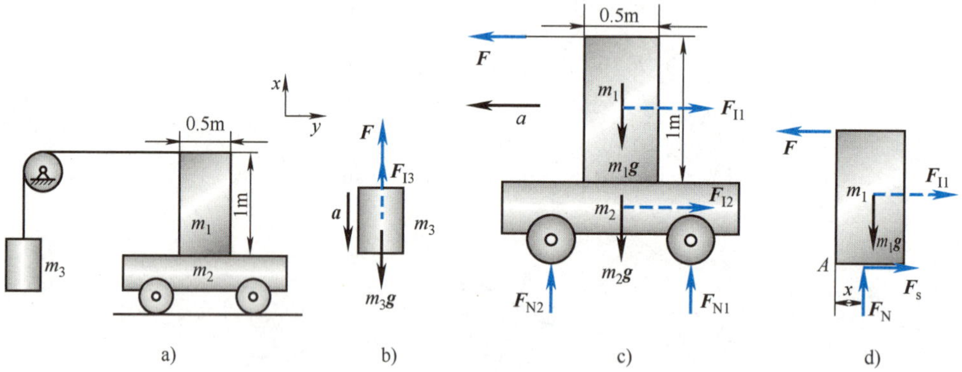

图 10-8

10.2 虚位移原理

虚位移原理的基本思想是用动力学中功的概念和运动学中位移与速度的概念求解静力学平衡问题。

10.2.1 约束与约束方程

在静力学中我们已经知道，**约束**是限制质点或质点系的位置或运动的条件。由于静力学中研究的对象都处于平衡状态，所以静力学中的约束一般是限制被约束对象位置的条件，称为**几何约束**。而对于运动的系统（动力学），约束不仅限制了位移，而且还可能限制运动，称为**运动约束**。

约束限制质点或质点系的位置或运动的条件，可以用数学方程来描述，这种方程称为**约束方程**。一般情况下，约束方程可表示为广义坐标、广义速度和时间 t 的函数。

若约束方程中不显含时间 t，称为**定常（稳定）约束**，否则为**非定常（非稳定）约束**；若约束方程为不等式形式，称为**单侧（单面、非固执）约束**，否则为**双侧（双面、固执）约束**；若约束方程中包含坐标对时间的导数项，且不可积分为有限形式时，称为**非完整约束**，否则为**完整约束**。

这里只研究最简单的几何、定常、完整的双侧约束。

例如，图 10-9 所示复摆的约束方程可写为

$$x_A^2 + y_A^2 = l^2 \quad 或 \quad x_A = l\sin\theta,\ y_A = l\cos\theta$$

显然约束方程就是 A 点的运动方程或轨迹方程。还可以写出 $x_O = y_O = 0$。

图 10-10 所示的纯滚动圆盘约束方程可写为

$$y_C = R,\ \dot{x}_C = \omega R = \dot{\varphi} R \quad 或 \quad x_C = \varphi R$$

图 10-11a 所示滑块在滑道内滑动为双面约束，图 10-11b 所示滑块在平面上滑动为单面约束。

根据前面的概念知道，图 10-9 所示为几何、定常约束，图 10-10 所示为运动、定常约束。

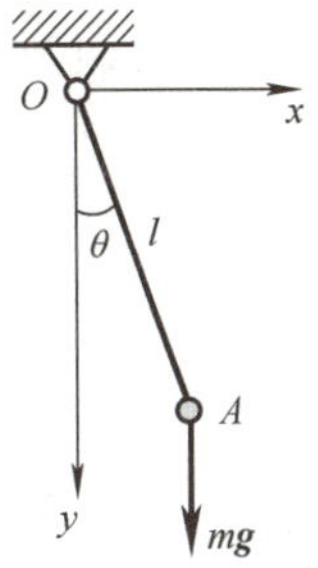

图　10-9

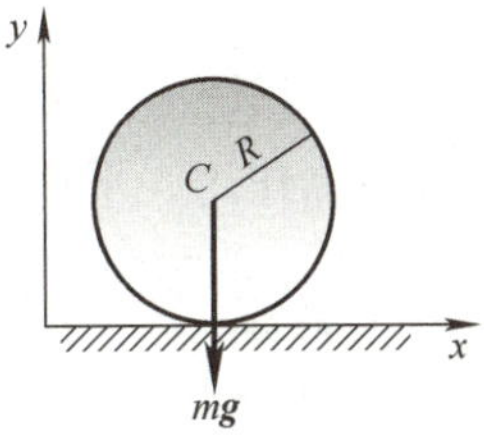

图　10-10

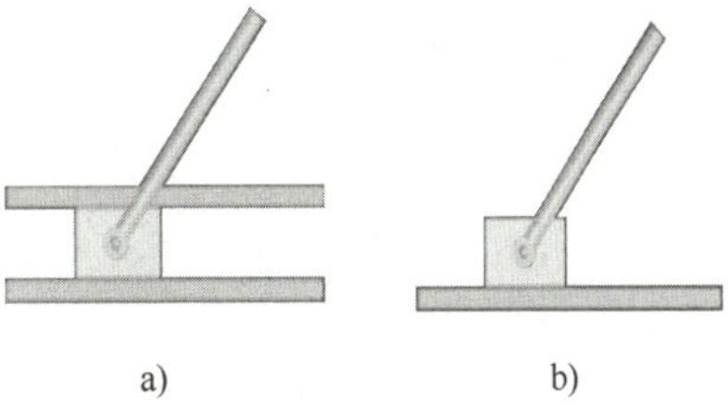

图　10-11

10.2.2　虚位移与虚功

1. 虚位移

在系统约束允许的条件下，某瞬时质点系可能发生的任何无限小位移，称为**虚位移**。

虚位移是无限小量，用广义坐标的变分表示，如 δx、δy、$\delta\theta$ 等。如图 10-12 所示的曲柄连杆机构，在约束允许的情况下，系统可能运动到虚线的位置（虚位移），并用 δs_A、δs_B、$\delta\varphi$ 标注了不同位置的虚位移。此虚线位置可能是真实的位移，也可能不是。因此虚位移只与约束有关，只是可能的位移。

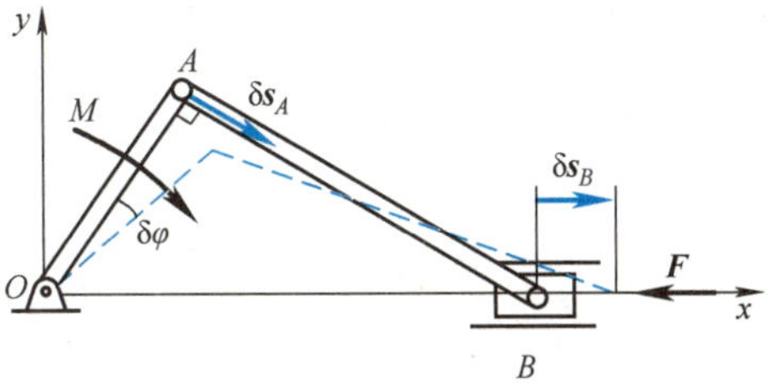

图　10-12

为更好地理解虚位移，表 10-1 给出了虚位移与实位移的比较。对于几何定常约束系统，无限小实位移是虚位移中的一个（非定常约束不一定）。

表 10-1　虚位移与实位移的比较

	虚位移	实位移
大小	微小	可大可小
方向	不确定	确定
与约束	有关	有关
与时间	无关	有关
与受力	无关	有关

由图 10-12 中标注的虚位移可看出，各虚位移 δs_A、δs_B、$\delta\varphi$ 中只有一个是独立的，任何一个虚位移，都可以用另外两个来表示。一般情况下，建立各虚位移之间关系的方法包括利用约束方程对各变量求变分方法和虚速度法。

约束方程求变分方法：写出需要的约束方程，对约束方程求变分（过程和方法与求微分相同）。变分的正向与坐标的正向相同，一般无须在结构中标出。

虚速度法：速度与虚位移成正比，通过速度分析，在结构的相关位置假设虚位移，虚位移方向与速度方向相同，各点的速度方向必须与运动情况协调一致。

2. 虚功

虚功即力 $\boldsymbol{F}$ 在虚位移 $\delta\boldsymbol{r}$ 上做的功，表示为

$$\delta W = \boldsymbol{F} \cdot \delta\boldsymbol{r} \tag{10-6}$$

10.2.3　虚位移原理

设质点系中任一质点 m_i受到主动力 $\boldsymbol{F}_i$和约束力 $\boldsymbol{F}_{Ni}$作用，平衡时$\boldsymbol{F}_i+\boldsymbol{F}_{Ni}=\boldsymbol{0}$，对质点的任意虚位移 $\delta\boldsymbol{r}_i$，有$\boldsymbol{F}_i\cdot\delta\boldsymbol{r}_i+\boldsymbol{F}_{Ni}\cdot\delta\boldsymbol{r}_i=0$，于是对整个质点系而言，有

$$\boxed{\sum(\boldsymbol{F}_i \cdot \delta\boldsymbol{r}_i + \boldsymbol{F}_{Ni} \cdot \delta\boldsymbol{r}_i) = 0} \tag{10-7}$$

这就是**虚位移原理**：受约束质点系平衡的充要条件是所有主动力和约束力虚功之和为零。也称**虚功原理**。

和动能定理中实功的计算类似，静力学中遇到的大部分约束的约束力都不做功（虚功），包括光滑接触面、不可伸长的柔索、光滑铰链、二力杆等。

虚位移原理解题步骤：分析系统约束→分析系统受力→假设各力相应的虚位移，建立虚位移之间的关系→建立虚功方程，求解。

例 10-4　求图 10-13a 所示系统平衡时 F_A 和 F_B 的关系。

分析：本题是几何可变结构的平衡问题。利用约束方程求变分和虚速度法两种方法建立虚位移之间的关系。

解法 1：利用约束方程求变分建立虚位移之间的关系。建立坐标系如图 10-13a 所示，约束方程为

$$x_B = l\cos\varphi,\ y_A = l\sin\varphi$$

求变分得到

$$\delta x_B = -l\sin\varphi\delta\varphi$$

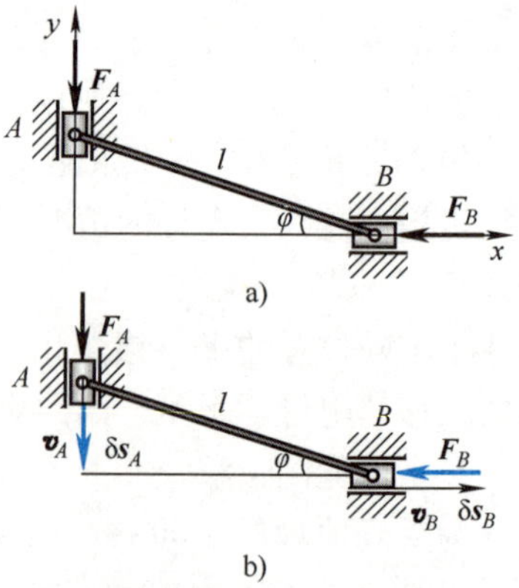

图　10-13

$$\delta y_A = l\cos\varphi\delta\varphi$$

虚功方程

$$-F_B\delta x_B - F_A\delta y_A = 0$$

代入变分关系，解得

$$F_A = F_B\tan\varphi$$

解法 2：虚速度法。假设虚位移如图 10-13b 所示，虚功方程

$$-F_B\delta s_B + F_A\delta s_A = 0$$

而

$$\frac{\delta s_B}{\delta s_A} = \frac{v_B}{v_A} = \tan\varphi$$

代入虚功方程，解得

$$F_A = F_B\tan\varphi$$

例 10-5　图 10-14a 所示系统，$AB = BC = l$，求 AB 杆在水平位置平衡时 M 和 F 的关系。

分析：本题无法写出与力对应位置位移相关的约束方程，只能用虚速度法。

解：假设虚位移（速度）如图 10-14b 所示。虚功方程

$$M\frac{\delta s_B}{l} - F\delta s_C = 0$$

而

$$\frac{\delta s_C}{\delta s_B} = \frac{v_C}{v_B} = \tan\theta$$

代入虚功方程，解得

$$M = Fl\tan\theta$$

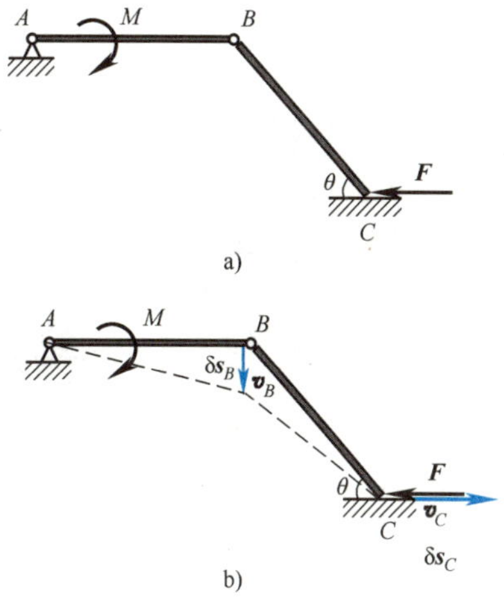

图　10-14

例 10-6　图 10-15 所示机构是由 8 根连杆铰接成 3 个相同的菱形。菱形的边长为 b，铰 O 固定，铰 A、B 与 C 限定在铅垂线上运动。不计各杆的重量，求机构在如图所示位置处于平衡时，力 F_A 与 F_C 的比。

分析：本题适合用约束方程求变分的方法。若用静力学取分离体建立平衡方程的方法比较麻烦。

解：对图 10-15 所示坐标系，写出约束方程为

$$y_C = 6b\sin\theta,\quad y_A = 2b\sin\theta$$

求变分

$$\delta y_C = 6b\cos\theta\delta\theta,\quad \delta y_A = 2b\cos\theta\delta\theta$$

虚功方程

$$-F_A\delta y_A + F_C\delta y_C = 0$$

代入变分关系，解得

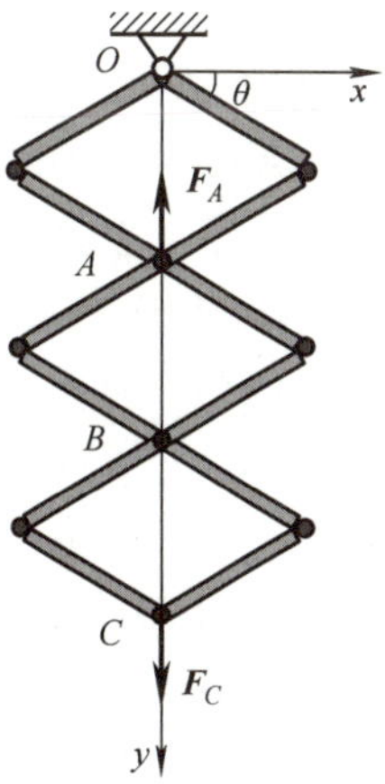

图　10-15

$$F_A = 3F_C$$

例 10-7 如图 10-16a 所示，半径为 R 的滚子在水平面上纯滚动，连杆 AB 的两端分别与轮缘上的点 A 和滑块 B 铰接。现在滚子上施加力矩为 M 的力偶，使系统在图示位置处于平衡，D、A、B 共线。忽略滚动摩阻和各构件的重量，弹簧刚度系数为 k，不计滑块和各铰接处的摩擦。求平衡时弹簧变形量 Δ。

分析：本题适合用虚速度法。若用静力学取分离体建立平衡方程的方法比较麻烦。

解：假设虚位移如图 10-16b 所示，虚功方程

$$M\delta\varphi - F_k\delta s_B = 0$$

P 为滚子的瞬心，设滚子的角速度为 ω，则 A 点的速度为 $v_A = \sqrt{2}R\omega$，根据速度投影定理得到 A、B 点速度的关系 $v_A = v_B\cos\varphi$，而 $\varphi = 45°$，则有 $v_B = 2R\omega$，根据虚速度法有 $\delta s_B = 2R\delta\varphi$，代入虚功方程，并且 $F_k = k\Delta$，得到

$$\Delta = \frac{M}{2Rk}$$

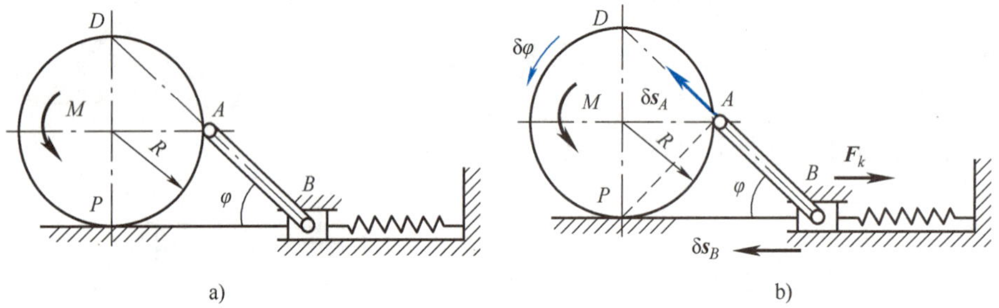

图 10-16

10.2.4 约束力的求解

从前面的例题可以看出，虚位移原理可求解几何可变结构平衡时主动力之间的关系以及系统在主动力作用下平衡的位置或条件等。而对于求解几何不变结构的约束力或内力问题，由于结构不可变形，不存在虚位移，因此，要想用虚位移原理，必须解除约束，转化为几何可变体系。因为动静法方程只有一个，所以一次只能去掉一个约束，转化为一个自由度的可变体系。下面以简支梁和固定端约束为例说明约束的解除方法。

对于图 10-17a 所示的简支梁，若要求 A 点的水平和铅垂方向约束力，需解除其相应的约束，以约束力 $\boldsymbol{F}_{Ax}$ 和 $\boldsymbol{F}_{Ay}$ 代替，同时将原来的固定铰链支座约束，变为活动铰链支座，如图 10-17b、c 所示；若要求 B 点的约束力，只需解除其相应的活动铰链支座，以约束力 $\boldsymbol{F}_B$ 代替即可，如图 10-17d 所示。

对于图 10-18a 所示的固定端约束也是一样，求约束力偶的时候，将原来的固定端约束变为固定铰链支座，加上约束力偶，如图 10-18b 所示；若求水平和铅垂方向约束力，则将原固定端约束变为类似滑道的约束，加上相应的约束力，如图 10-18c、d 所示。

虚位移原理求内力或约束力解题步骤：解除所求内力或约束力的约束，用相应的内力或约束力代替→假设各力相应的虚位移，建立虚位移之间的关系→建立虚功方程，求解。

例 10-8 曲柄式压榨机如图 10-19 所示，销钉 B 上的作用力位于平面 ABC 内。设 $AB =$

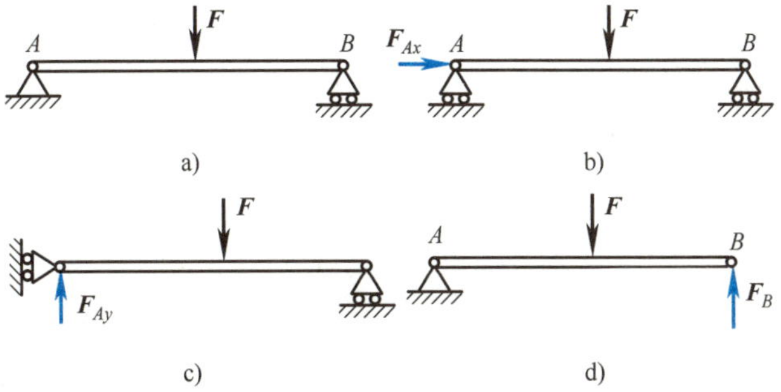

图　10-17

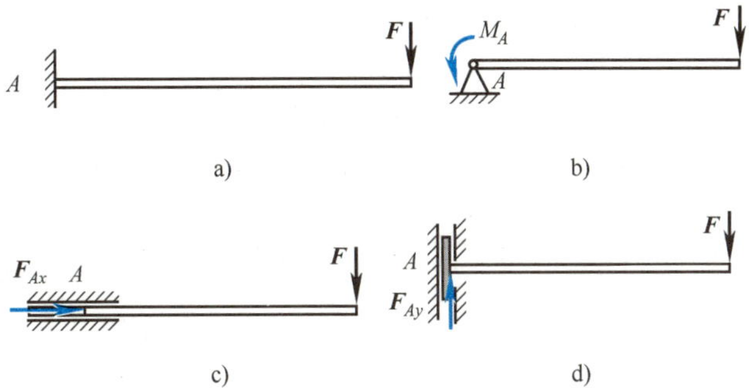

图　10-18

BC，各处摩擦及杆重不计，求对上部物体的压缩力。

分析：本题可以用虚速度法和约束方程求变分的方法建立虚位移之间的关系，但用约束方程求变分的方法更加方便。

解：解除 C 点约束，用力 F_N（向下）代替。建立坐标系，写出约束方程并求变分得

$$x_B = -AB\cos\theta,\ y_C = 2AB\sin\theta$$

$$\delta x_B = AB\sin\theta\delta\theta,\ \delta y_C = 2AB\cos\theta\delta\theta$$

虚功方程

$$F\delta x_B - F_N\delta y_C = 0$$

代入变分关系，解得

$$F_N = \frac{1}{2}F\tan\theta$$

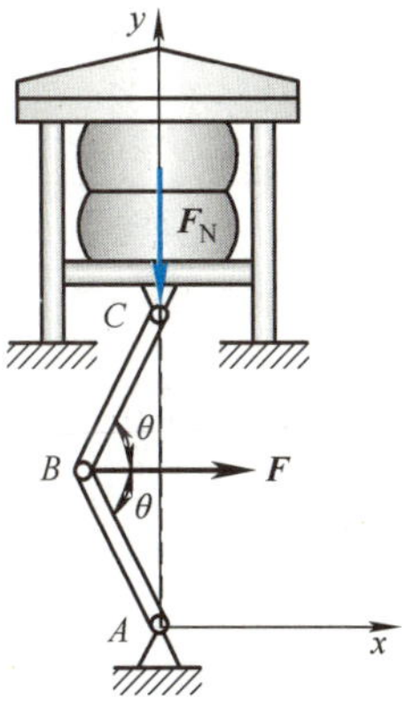

图　10-19

例 10-9　求图 10-20a 所示梁 A 和 E 处的约束力。

分析：对于梁这类结构，适合根据约束情况假设虚位移，然后按照几何比例关系（类似虚速度法）建立虚位移之间的关系。

解：（1）求 A 点水平方向的约束力。解除 A 点水平方向的约束，假设虚位移如图 10-20b 所示。虚功方程

$$F_{Ax}\delta A_x = 0$$

则 $F_{Ax} = 0$。

（2）求 A 点铅垂方向的约束力。解除 A 点铅垂方向的约束，假设虚位移如图 10-20c 所示。虚功方程

$$\left(F_{Ay}-F-q\frac{l}{4}\right)\delta\theta\frac{l}{2}+M\delta\theta-\int_{\frac{l}{4}}^{\frac{l}{2}}\delta\theta xq\mathrm{d}x=0$$

求得

$$F_{Ay}=\frac{7ql}{16}-\frac{2M}{l}+F$$

（3）求 A 点约束力偶。解除 A 点的转动约束，假设虚位移如图 10-20d 所示。虚功方程

$$M_A\delta\theta-F\delta\theta\frac{l}{8}-2\int_{\frac{l}{4}}^{\frac{l}{2}}\delta\theta xq\mathrm{d}x+M\delta\theta=0$$

求得

$$M_A=\frac{3ql^2}{16}+\frac{Fl}{8}-M$$

（4）求 E 点约束力。解除 E 点约束，假设虚位移如图 10-20e 所示。虚功方程

$$-\int_0^{\frac{l}{4}}\delta\theta xq\mathrm{d}x-M\delta\theta+F_{NE}\delta\theta\frac{l}{2}=0$$

求得

$$F_{NE}=\frac{2M}{l}+\frac{ql}{16}$$

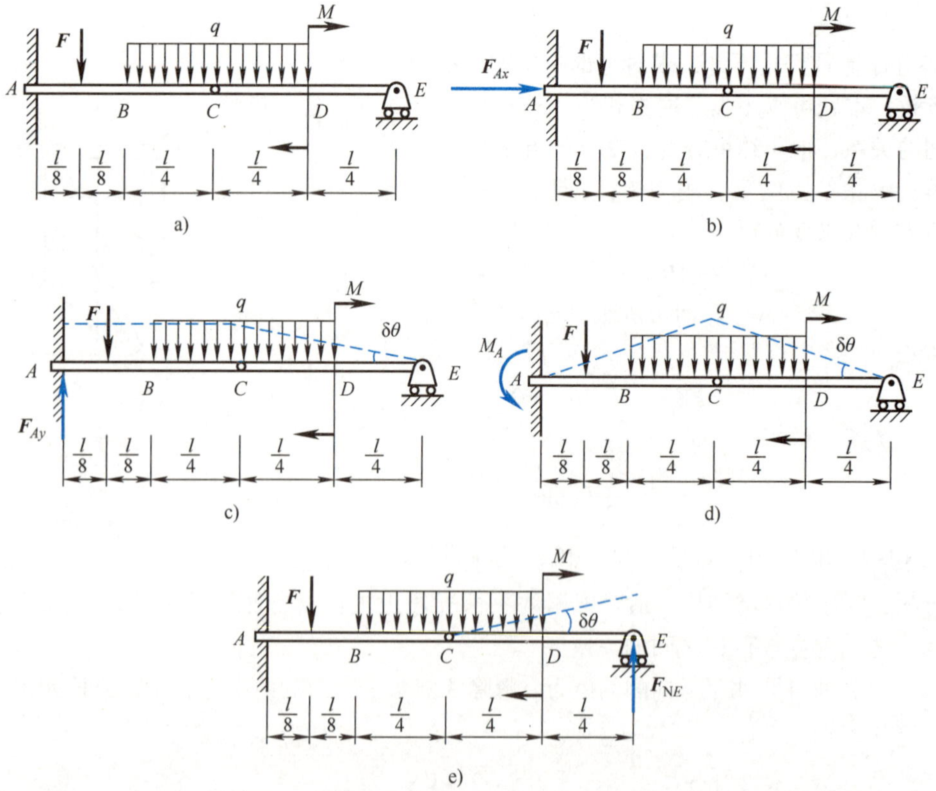

图 10-20

说明：本题固定端 A 的约束解除其约束力后未画成图 10-18b、c、d 的形式。

例 10-10　图 10-21a 所示桁架中，已知 $AD=DB=6\text{m}$，$CD=3\text{m}$，节点 D 处荷载为 F。试求杆 3 的内力。

解：解除 3 杆约束，受力如图 10-21b 所示。假设虚位移，设 1、2 杆夹角为 φ，则 $\cos\varphi=\dfrac{2}{\sqrt{5}}$，$\sin\varphi=\dfrac{1}{\sqrt{5}}$，用虚速度（投影）法建立虚位移的关系

$$\delta s_D=\delta s_C\cos\varphi,\ \delta s_B\cos\varphi=\delta s_C\cos(90°-2\varphi)$$

即 $\delta B=2\delta s_D\tan\varphi=\delta s_D$，虚功方程

$$-F\delta s_D+F_3'\delta s_B=0$$

解得 $F_3=F$。

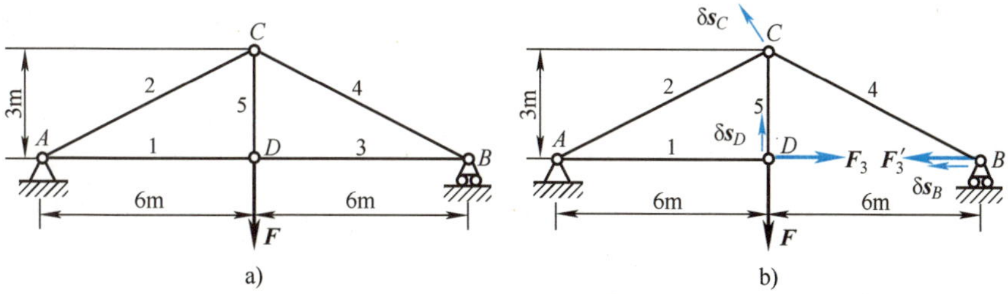

图　10-21

10.3　动力学普遍方程与拉格朗日方程

由达朗贝尔原理知道，一个动力学系统假想地添加惯性力后就可以按静力学理论来求解了。对于一个复杂的静力学（系统）问题，用虚位移原理可以过滤掉几乎所有的理想约束力，建立简单的虚功方程。

把达朗贝尔原理和虚位移原理结合起来，就形成了动力学普遍方程和拉格朗日方程。首先利用达朗贝尔原理把动力学问题转化为静力学问题（对系统中各构件添加相应的惯性力），再借助于虚位移原理列虚功方程。

另外，我们知道虚位移原理只有一个方程，只能解决一个自由度的可变体系结构。而拉格朗日方程可以解决多自由度的动力学问题。

所谓**自由度**，就是在完整约束的条件下，确定质点系位置的独立参数的数目。而描述质点系在空间中位置的独立参数，称为**广义坐标**。

10.3.1　动力学普遍方程

设质点系中任一质点 m_i，矢径为 $\boldsymbol{r}_i$，受到主动力 $\boldsymbol{F}_i$ 和约束力 $\boldsymbol{F}_{\mathrm{N}i}$ 作用，附加惯性力 $\boldsymbol{F}_{\mathrm{I}i}=-m_i\ddot{\boldsymbol{r}}_i$，根据达朗贝尔原理，作用在整个质点系上的主动力、约束力和附加惯性力系组成形式上的平衡力系。若质点 m_i 可产生虚位移 $\delta\boldsymbol{r}_i$，则由虚位移原理有

$$\sum(\boldsymbol{F}_i+\boldsymbol{F}_{\mathrm{N}i}+\boldsymbol{F}_{\mathrm{I}i})\cdot\delta\boldsymbol{r}_i=0 \tag{10-8}$$

这就是**动力学普遍方程**：受约束质点系在任意瞬时的主动力系、约束力系和附加惯性力系的虚功之和为零。方程（10-8）可写成投影形式。

例 10-11 如图 10-22a 所示，纯滚动均质圆柱 A 的半径为 r，质量为 M，均质杆 AB 的长度为 $4r$，质量为 m。铰 A 和 AB 的 B 端光滑，墙面与水平地面垂直。初始时系统静止，且 $\theta=60°$，然后释放，求开始运动时点 A 的加速度。

分析：此题和例 9-18 类似，注意求解方法过程的对比。由于需要计算惯性力和虚位移，则需要加速度和速度分析。

解：（1）加速度分析。

设 A 的加速度为 $\boldsymbol{a}_A$（向左），则圆柱的角加速度 $\alpha_1=\dfrac{a_A}{r}$（逆时针转向）；以 A 为基点研究 B 可求得 AB 的角加速度 $\alpha_2=\dfrac{a_A}{2r}$（顺时针转向）；以 A 为基点研究 C 可求得质心 C 的加速度 $a_C=a_A$（与水平方向成 60°指向左下）。

（2）惯性力分析，如图 10-22b 所示。

$$F_{IA}=Ma_A,\ M_{IA}=J_A\alpha_1=\frac{Mra_A}{2},\ F_{IC}=ma_C=ma_A,\ M_{IC}=J_C\alpha_2=\frac{2mra_A}{3}$$

（3）虚位移分析（虚速度法），如图 10-22c 所示。

设 A 的速度 $\boldsymbol{v}_A$ 向左，则圆柱的角速度 $\omega_1=\dfrac{v_A}{r}$（逆时针转向）；AB 的速度瞬心在 P，则角速度 $\omega_2=\dfrac{v_A}{AP}=\dfrac{v_A}{2r}$（顺时针转向），$C$ 点的速度 $v_C=\omega_2\cdot CP=v_A$。各个虚位移与速度成正比关系。

（4）由动力学普遍方程得

$$mg\delta s_C\cos 30°-F_{IA}\delta s_A-M_{IA}\delta\varphi_1-F_{IC}\delta s_C-M_{IC}\delta\varphi_2=0$$

利用上面的速度关系，速度与虚位移成正比，代入虚位移解得

$$a_A=\frac{3\sqrt{3}mg}{9M+8m}$$

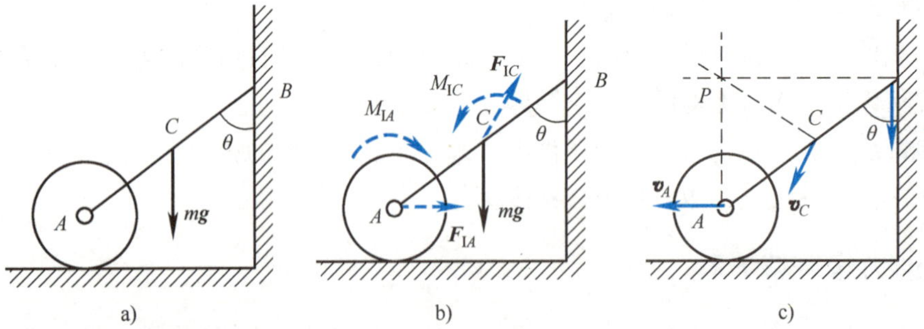

图 10-22

例 10-12 图 10-23a 中，两相同均质圆轮半径皆为 r，质量皆为 m。轮Ⅰ可绕轴 O 转动，轮Ⅱ绕有细绳并跨于轮Ⅰ上。当细绳直线部分为铅垂时，求轮Ⅱ中心 B 的加速度。

分析：（1）本题有两个自由度，分析过程与上例有区别。另外，加速度参数有两轮的角加速度和轮Ⅱ的加速度，需要补充运动学关系。

（2）本题用动力学基本定理求解过程为，研究轮 A，用定轴转动微分方程；研究轮 B，用平面运动微分方程；运动学加速度分析。

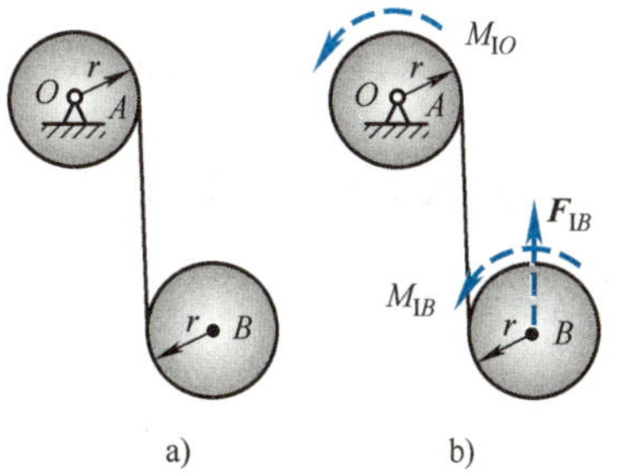

图 10-23

解：研究整个系统。设轮Ⅰ、Ⅱ的角加速度分别为 α_1 和 α_2（均为顺时针转向），轮Ⅱ质心 B 的加速度为 a，则系统的惯性力系为

$$F_{IB}=ma,\quad M_{IO}=J_O\alpha_1=\frac{1}{2}mr^2\alpha_1,\quad M_{IB}=J_B\alpha_2=\frac{1}{2}mr^2\alpha_2$$

方向如图 10-23b 所示。此系统具有两个自由度，取轮Ⅰ、轮Ⅱ的转角 φ_1 和 φ_2 为广义坐标。写出动力学普遍方程

$$-M_{IO}\delta\varphi_1-M_{IB}\delta\varphi_2-F_{IB}(\delta\varphi_1+\delta\varphi_2)r+mg(\delta\varphi_1+\delta\varphi_2)r=0$$

分别令 $\delta\varphi_1=0$ 和 $\delta\varphi_2=0$ 分别得到

$$2g-2a-r\alpha_2=0,\quad 2g-2a-r\alpha_1=0$$

利用运动学关系 $a=\alpha_2 r+\alpha_1 r$（基点法研究轮Ⅱ），联立解得

$$a=\frac{4}{5}g$$

从上面两个例题的求解过程可以看出，与动力学普遍定理相比，动力学普遍方程从惯性力和虚功这个思路分析求解动力学问题，但优势并不明显。

10.3.2 拉格朗日方程

将约束方程引入动力学普遍方程，表示成带有拉格朗日乘子的质点系动力学方程，称为第一类拉格朗日方程，这里不再介绍。

第二类拉格朗日方程，因推导较为烦琐，这里只给出公式。设有 n 个自由度的质点系，其广义坐标用 $q_i(i=1,2,\cdots,n)$ 表示，则**第二类拉格朗日方程**为

$$\boxed{\frac{\mathrm{d}}{\mathrm{d}t}\left(\frac{\partial T}{\partial \dot{q}_i}\right)-\frac{\partial T}{\partial q_i}=Q_i\qquad(i=1,2,\cdots,n)}\tag{10-9}$$

式中，T 为质点系的总动能；Q_i为质点系所受的所有力对广义坐标的广义力，等于力在广义位移上做功之和除以第 i 个广义位移，即

$$\boxed{Q_i=\sum\frac{\boldsymbol{F}_i\cdot\delta\boldsymbol{r}_i}{\delta q_i}\qquad(i=1,2,\cdots,n)}\tag{10-10}$$

具体计算广义力 Q_i时，通常假设只有第 i 个广义位移 $\delta q_i\neq0$，其他都为零。下面举例说明。

例 10-13 图 10-24 所示的系统中，轮 A 沿水平面纯滚动，轮心以水平弹簧连于墙上，质量为 m_1 的物块 C 以细绳跨过定滑轮 B 连于点 A。A、B 两轮皆为均质圆盘，半径为 R，质量为 m_2。弹簧刚度系数为 k，质量不计。当弹簧较软，在细绳能始终保持张紧的条件下，求此系统的运动微分方程。

分析：系统有一个自由度。

解：以物块平衡位置为原点，取 x 为广义坐标如图所示。系统的动能为

$$T=\frac{1}{2}m_1\dot{x}^2+\frac{1}{2}\cdot\frac{1}{2}m_2R^2\left(\frac{\dot{x}}{R}\right)^2+\frac{1}{2}m_2R^2\dot{x}^2+\frac{1}{2}\cdot\frac{1}{2}m_2R^2\left(\frac{\dot{x}}{R}\right)^2=\frac{1}{2}(m_1+2m_2)\dot{x}^2$$

由平衡方程求出 $x=0$ 时弹簧的伸长量 $\delta_0=\frac{m_1g}{k}$。设广义位移 δx 方向与 x 方向相同，则广义力为

$$Q=\frac{m_1g\cdot\delta x-k(x+\delta_0)\delta x}{\delta x}=m_1g-k(x+\delta_0)=-kx$$

代入拉格朗日方程 $\frac{\mathrm{d}}{\mathrm{d}t}\left(\frac{\partial T}{\partial\dot{x}}\right)-\frac{\partial T}{\partial x}=Q$ 得到系统的运动微分方程为

$$(m_1+2m_2)\ddot{x}+kx=0$$

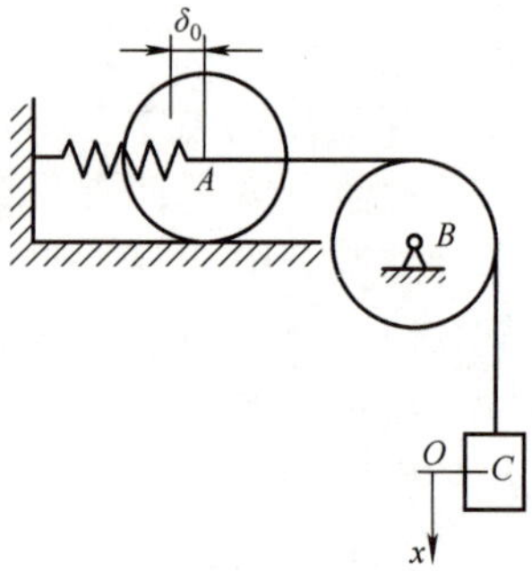

图 10-24

例 10-14 如图 10-25 所示的系统，三角滑块 A 的质量为 m_1，放在光滑水平面上；圆柱 C 的质量为 m_2、半径为 r，圆柱在三角滑块的斜面上做无滑动的滚动。以图示 x、y 为广义坐标，用拉格朗日方程建立系统的运动微分方程，并求出三角块的加速度 a。

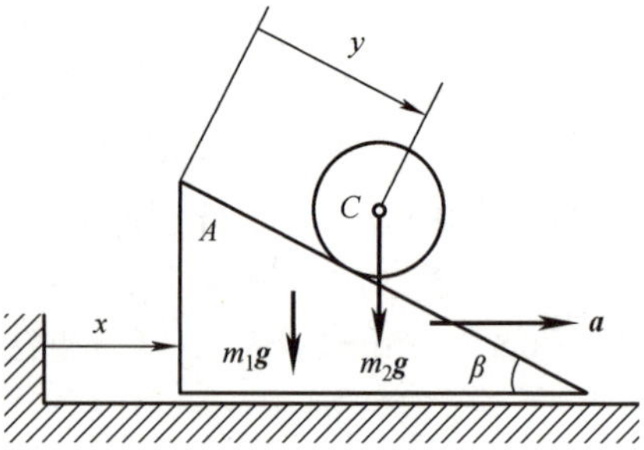

图 10-25

分析：系统有两个自由度。

解：系统动能为

$$T=\frac{1}{2}m_1\dot{x}^2+\frac{1}{2}m_2[(\dot{x}+\dot{y}\cos\beta)^2+(\dot{y}\sin\beta)^2]+\frac{1}{2}\cdot\frac{1}{2}m_2r^2\left(\frac{\dot{y}}{r}\right)^2$$

$$=\frac{1}{2}(m_1+m_2)\dot{x}^2+\frac{3}{4}m_2\dot{y}^2+m_2\dot{x}\dot{y}\cos\beta$$

$$\frac{\partial T}{\partial\dot{x}}=(m_1+m_2)\dot{x}+m_2\dot{y}\cos\beta,\ \frac{\partial T}{\partial x}=0,\ Q_x=0\quad（设\ \delta x\neq0，\delta y=0，则\ \delta W=0）$$

$$\frac{\partial T}{\partial\dot{y}}=\frac{3}{2}m_2\dot{y}+m_2\dot{x}\cos\beta,\ \frac{\partial T}{\partial y}=0,\ Q_y=m_2g\sin\beta\quad（设\ \delta x=0，\delta y\neq0，则\ \delta W=m_2g\sin\beta\cdot\delta y）$$

代入拉格朗日方程 $\frac{\mathrm{d}}{\mathrm{d}t}\left(\frac{\partial T}{\partial\dot{x}}\right)-\frac{\partial T}{\partial x}=Q_x$ 和 $\frac{\mathrm{d}}{\mathrm{d}t}\left(\frac{\partial T}{\partial\dot{y}}\right)-\frac{\partial T}{\partial y}=Q_y$ 得到系统的运动微分方程

$$(m_1+m_2)\ddot{x}+m_2\ddot{y}\cos\beta=0$$

$$\frac{3}{2}m_2\ddot{y}+m_2\ddot{x}\cos\beta=m_2g\sin\beta$$

由此解得三角块的加速度

$$a=\ddot{x}=\frac{m_2g\sin2\beta}{2m_2\cos^2\beta-3(m_1+m_2)}$$

10.4 非惯性系中的质点动力学

本节将牛顿运动定律用于非惯性系中，得到非惯性系中的质点动力学方程及动能定理。

10.4.1 非惯性系中的质点动力学基本方程

设有一质量为 m 的质点 M，相对于非惯性参考系 $O'x'y'z'$ 运动。现选取一惯性参考系

$Oxyz$ 作为定参考系，动参考系相对于定参考系的运动为牵连运动，质点 M 相对于定参考系的运动是绝对运动，如图 10-26 所示。从运动学中点的加速度合成定理知

$$\boldsymbol{a}_a = \boldsymbol{a}_r + \boldsymbol{a}_e + \boldsymbol{a}_C$$

其中 $\boldsymbol{a}_a$ 为质点的绝对加速度，$\boldsymbol{a}_r$ 为相对加速度，$\boldsymbol{a}_e$ 为牵连加速度，$\boldsymbol{a}_C$ 为科氏加速度。设 $\boldsymbol{F}$ 为作用在质点 M 上的合力，根据牛顿第二定律，有

$$m\boldsymbol{a}_a = m(\boldsymbol{a}_r + \boldsymbol{a}_e + \boldsymbol{a}_C) = \boldsymbol{F}$$

令

$$\boldsymbol{F}_{Ie} = -m\boldsymbol{a}_e,\ \boldsymbol{F}_{IC} = -m\boldsymbol{a}_C \tag{10-11}$$

分别称为**牵连惯性力**和**科氏惯性力**。则有

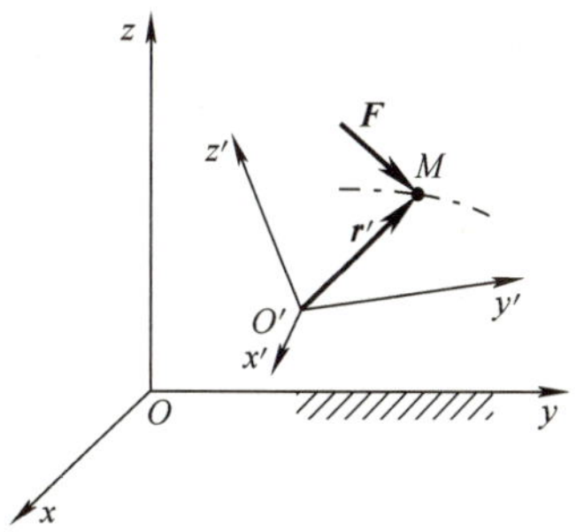

图　10-26

$$\boxed{m\boldsymbol{a}_r = \boldsymbol{F} + \boldsymbol{F}_{Ie} + \boldsymbol{F}_{IC}} \tag{10-12}$$

式（10-12）称为**非惯性系中的质点动力学基本方程**，或称**质点相对运动动力学基本方程**。也可以写成微分形式

$$\boxed{m\frac{\mathrm{d}\boldsymbol{v}_r}{\mathrm{d}t} = m\frac{\mathrm{d}^2\boldsymbol{r}'}{\mathrm{d}t^2} = \boldsymbol{F} + \boldsymbol{F}_{Ie} + \boldsymbol{F}_{IC}} \tag{10-13}$$

式（10-13）称为**非惯性系中的质点运动微分方程**，或称**质点相对运动微分方程**。

和牛顿运动定律一样，在应用方程（10-12）或方程（10-13）解题时，应取在直角坐标轴上的投影或自然坐标轴上的投影形式。

当动参考系相对于定参考系做匀速直线平移时，因为有 $\boldsymbol{a}_C = \boldsymbol{0}$ 和 $\boldsymbol{a}_e = \boldsymbol{0}$，则有 $F_{Ie} = F_{IC} = 0$，于是相对运动动力学基本方程与相对于惯性参考系的基本方程形式一样。这说明，对这样的参考系，牛顿运动定律也是适用的。因此**所有相对于惯性参考系做匀速直线平移的参考系都是惯性参考系**。

10.4.2　非惯性系中质点的动能定理

对式（10-13）两端点乘相对位移 $\mathrm{d}\boldsymbol{r}'$，有

$$m\frac{\mathrm{d}\boldsymbol{v}_r}{\mathrm{d}t}\cdot \mathrm{d}\boldsymbol{r}' = m\boldsymbol{v}_r\cdot \mathrm{d}\boldsymbol{v}_r = \boldsymbol{F}\cdot \mathrm{d}\boldsymbol{r}' + \boldsymbol{F}_{Ie}\cdot \mathrm{d}\boldsymbol{r}' + \boldsymbol{F}_{IC}\cdot \mathrm{d}\boldsymbol{r}'$$

因科氏惯性力与相对速度垂直，有 $\boldsymbol{F}_{IC}\cdot \mathrm{d}\boldsymbol{r}' = 0$，则

$$\mathrm{d}\left(\frac{1}{2}mv_r^2\right) = \boldsymbol{F}\cdot \mathrm{d}\boldsymbol{r}' + \boldsymbol{F}_{Ie}\cdot \mathrm{d}\boldsymbol{r}' = \delta W'_F + \delta W'_{Ie} \tag{10-14}$$

这就是微分形式的**质点相对运动动能定理**，两边进行积分得到定理的积分形式为

$$\boxed{\frac{1}{2}mv_{r2}^2 - \frac{1}{2}mv_{r1}^2 = W'_F + W'_{Ie}} \tag{10-15}$$

方程（10-15）表明：质点在非惯性参考系中相对动能的变化，等于作用在质点上的力与牵连惯性力在相对路程上所做的功之和。

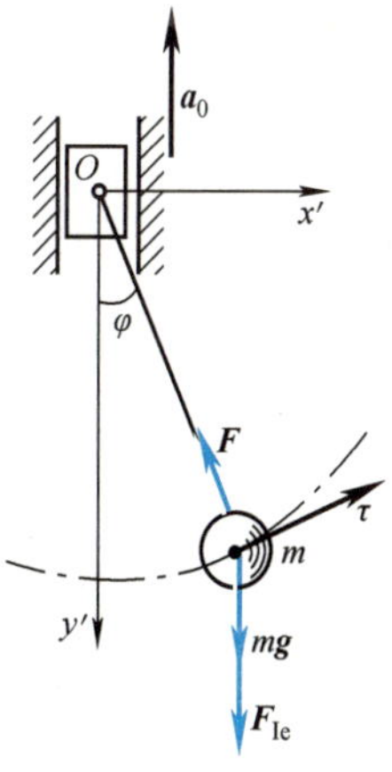

图　10-27

例 10-15　图 10-27 所示单摆，摆长为 l，小球质量为 m，其悬挂点 O 以加速度 $\boldsymbol{a}_0$ 向上运动，求此单摆微幅振动的方程。

分析：动系随 O 向上平移，科氏加速度为零。小球相对动系的运动相当于悬挂点固定的单摆振动。

解：在悬挂点 O 上固结一平移参考系 $Ox'y'$，小球受力如图所示，附加惯性力 $F_{Ie}=ma_0$，$F_{IC}=0$。在相对切线 τ 方向建立相对运动动力学方程

$$m\frac{d^2s}{dt^2}=-(mg+F_{Ie})\sin\varphi=-m(g+a_0)\sin\varphi$$

微幅摆动时，

$$m\frac{d^2s}{dt^2}=ml\ddot{\varphi}=-m(g+a_0)\varphi$$

即

$$l\ddot{\varphi}+(g+a_0)\varphi=0$$

例 10-16 一直杆 OA，长 $l=0.5\text{m}$，可绕过端点 O 的 z 轴在水平面内做匀速转动，如图 10-28 所示。其转动角速度 $\omega=2\pi\text{rad/s}$，在杆 OA 上有一质量为 $m=0.1\text{kg}$ 的套筒 B。设开始运动时套筒在杆的中点处于相对静止。忽略摩擦，求套筒运动到端点 A 所需要的时间及此时对杆的水平压力。

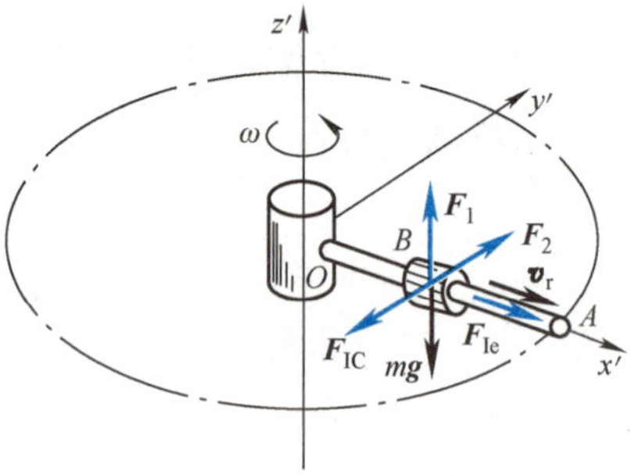

图 10-28

分析：动系随 OA 一起做定轴转动，科氏加速度不为零。适合用直角坐标形式的动力学方程。

解：研究套筒 B，选取杆 OA 为动系。套筒 B 受力及惯性力如图所示，包括重力 $m\boldsymbol{g}$、铅直约束力 $\boldsymbol{F}_1$、水平约束力 $\boldsymbol{F}_2$、附加牵连惯性力 $\boldsymbol{F}_{Ie}=m\omega^2x'$ 和科氏惯性力 $\boldsymbol{F}_{IC}=2m\omega\dot{x}'$。

在 x' 方向建立相对运动微分方程

$$m\ddot{x}'=F_{Ie}=m\omega^2x'$$

分离变量积分

$$\int_0^{v_r}v_r\mathrm{d}v_r=\int_{l/2}^{l}\omega^2x'\mathrm{d}x'$$

得到

$$v_r=\omega\sqrt{x'^2-(l^2/4)}$$

再次分离变量积分

$$\int_{l/2}^{l}\frac{\mathrm{d}x'}{\sqrt{x'^2-(l^2/4)}}=\int_0^t\omega\mathrm{d}t$$

求得套筒运动到端点 A 所需要的时间

$$t=\frac{1}{\omega}\ln(2+\sqrt{3})=0.21\text{s}$$

在 y' 方向建立相对运动微分方程

$$0=F_2-F_{IC}$$

则

$$F_2=F_{IC}=2m\omega\dot{x}'=2m\omega^2\sqrt{x'^2-(l^2/4)}=\sqrt{3}m\omega^2l=3.42\text{N}$$

对于惯性系，在 y' 方向建立运动微分方程为

$$ma_{ay'} = m(a_{ry'} + a_{ey'} + a_{Cy'}) = ma_{Cy'} = F_2$$

因此 F_2 就是需要求解的使套筒得到绝对加速度的力。

例 10-17　一平板与水平面成 θ 角，板上有一质量为 m 的小球，如图 10-29 所示。若不计摩擦等阻力，问平板以多大加速度向右平移时，小球能保持相对静止？若平板又以这个加速度的两倍向右平移时，小球应沿板向上运动。问小球沿板走了 l 距离后，它的相对速度是多少？

分析：（1）小球保持相对静止，则相对平衡。

（2）求小球沿板走了一段距离后的相对速度，适合用相对运动动能定理。

解：动系为平板，研究小球。受力及附加惯性力如图所示，包括重力 $m\boldsymbol{g}$、平板的约束力 $\boldsymbol{F}_N$ 和牵连惯性力 $F_{Ie} = ma_e$。建立相对运动微分方程（相对平衡）

$$0 = F_N - mg\cos\theta - F_{Ie}\sin\theta$$

$$0 = -mg\sin\theta + F_{Ie}\cos\theta$$

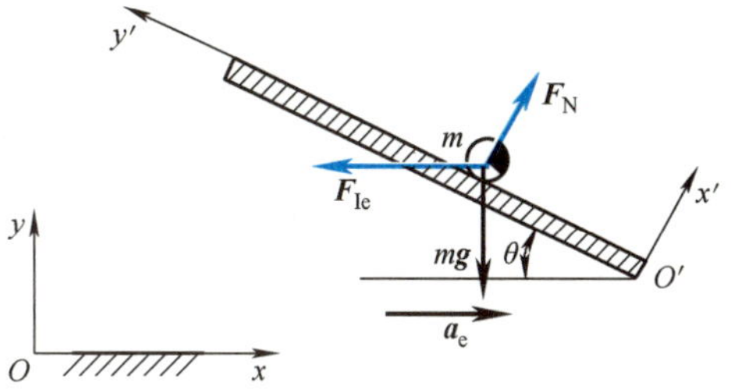

图　10-29

解得

$$a_e = g\tan\theta$$

当 $a_e = 2g\tan\theta$ 时，应用相对运动动能定理，有

$$\frac{1}{2}mv_r^2 - 0 = (-mg\sin\theta + F_{Ie}\cos\theta)l$$

得到

$$v_r = \sqrt{2gl\sin\theta}$$

例 10-18　半径为 R 的环形管，绕铅垂轴 z 以匀角速度 ω 转动，如图 10-30 所示。管内有一质量为 m 的小球，原在最低处平衡。小球受微小扰动时可能会沿圆管上升。忽略管壁摩擦，求小球能达到的最大偏角 φ_{max}。

分析：和惯性系的动力学问题分析类似，系统给出两个明显的位置，适合用相对运动动能定理。

解：以环形管为动参考系，小球在任一角度 φ 时，牵连惯性力为 $F_{Ie} = ma_e = m\omega^2 R\sin\varphi$，在两位置间利用相对运动的动能定理得

$$0 - 0 = -mgR(1 - \cos\varphi_{max}) + \int_0^{\varphi_{max}} m\omega^2 R\sin\varphi \cdot R\cos\varphi \mathrm{d}\varphi$$

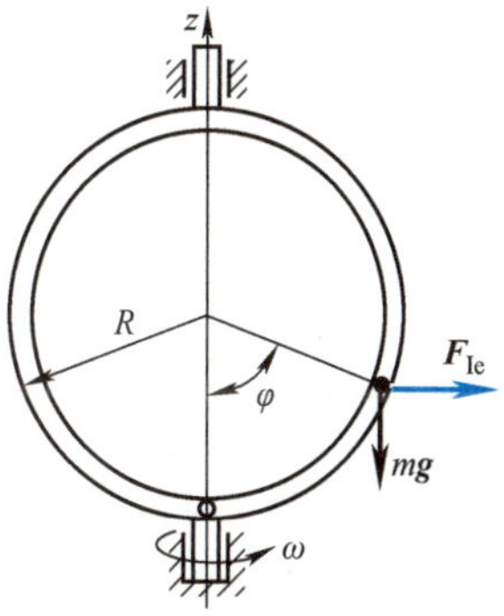

图　10-30

解得

$$\cos\varphi_{max} = \frac{g \pm (\omega^2 R - g)}{\omega^2 R}$$

其中一个解为最低处位置 $\cos\varphi_{max} = 1$；另一解为 $\cos\varphi_{max} = \frac{2g - \omega^2 R}{\omega^2 R}$，显然只有在 $\omega^2 R \geqslant g$ 时才有意义。

10.5　简单的碰撞问题

两个或两个以上相对运动的物体在瞬间发生接触，速度发生突然改变，这种力学现象称为**碰撞**。碰撞是工程与日常生活中一种常见而又非常复杂的动力学问题。锤锻、打桩、各种

球类活动中球的弹射与反跳、火车车厢挂钩的连接、飞机着陆等都是碰撞的实例。

10.5.1 碰撞的分类及对碰撞问题的简化

碰撞时两物体间的相互作用力，称为**碰撞力**。若碰撞力的作用线通过两物体的质心，称为**对心碰撞**，否则称为**偏心碰撞**。如图 10-31 所示，*AA* 表示两物体在接触处的公切面，*BB* 为其在接触处的公法线，若碰撞时各自质心的速度均沿着公法线，则称为**正碰撞**，否则称为**斜碰撞**。按此分类还有对心正碰撞、偏心正碰撞等，图 10-31a 所示为对心正碰撞，图 10-31b 所示为偏心斜碰撞。

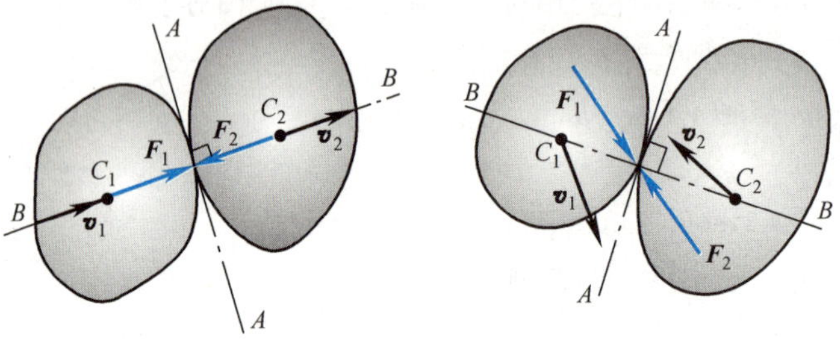

图 10-31

两物体相碰时，按其接触处有无摩擦，还可分为**光滑碰撞**与**非光滑碰撞**；按物体碰撞后变形的恢复程度（或能量有无损失），可分为**完全弹性碰撞**、**弹性碰撞**与**塑性碰撞**（后面详细讨论）。

碰撞现象的特点是，碰撞时间极短（一般为 $10^{-4}\sim10^{-3}$s），速度变化为有限值，加速度变化相当巨大，碰撞力极大。在研究一般的碰撞问题时，通常做如下两点简化：

（1）**在碰撞过程中**，由于碰撞力非常大，重力、弹性力等普通力远远不能与之相比，因此这些**普通力的冲量忽略不计**。

（2）由于碰撞过程非常短促，碰撞过程中速度变化为有限值，物体在碰撞开始和碰撞结束时的位置变化很小，因此**在碰撞过程中物体的位移忽略不计**。

碰撞实例 1：一锤头重 30N，以速度 $v_1=3\text{m/s}$ 打在钉子上，测得碰撞时间为 0.002s，锤头反弹速度为 $v_2=0.5\text{m/s}$，设碰撞过程为匀减速运动，可求得碰撞力为 3856.53N，碰撞力约为锤头重量的 129 倍。此为平均值，若测得其最大峰值，碰撞力会更大。

碰撞实例 2：鸟与飞行中的飞机相撞，形成所谓的“鸟祸”，碰撞力可达鸟重的 2 万倍。

10.5.2 用于碰撞过程的基本定理

由于碰撞过程时间短而碰撞力的变化规律很复杂，因此不宜直接用力来量度碰撞的作用，也不宜用运动微分方程描述每一瞬时力与运动变化的关系，同时，碰撞过程中都有机械能的损失。机械能损失的程度取决于碰撞物体的材料性质以及其他复杂的因素，难以用力的功来计算其机械能的消耗，因而，碰撞过程中一般不便于应用动能定理，而是采用动量定理和动量矩定理来确定力的作用与运动变化的关系。

1. 冲量定理

对于碰撞的质点系，作用在第 i 个质点上的碰撞冲量可分为外碰撞冲量$\boldsymbol{I}_i^{(e)}$ 和内碰撞冲

量$\boldsymbol{I}_i^{(\mathrm{i})}$，由式（9-10）可给出动量定理

$$m_i\boldsymbol{v}' - m_i\boldsymbol{v} = \boldsymbol{I}_i^{(\mathrm{e})} + \boldsymbol{I}_i^{(\mathrm{i})}$$

这里$\boldsymbol{v}$和$\boldsymbol{v}'$为碰撞前、后质点的速度。对整个质点系有

$$\sum m_i\boldsymbol{v}' - \sum m_i\boldsymbol{v} = \sum \boldsymbol{I}_i^{(\mathrm{e})} + \sum \boldsymbol{I}_i^{(\mathrm{i})}$$

由于内碰撞冲量 $\boldsymbol{I}_i^{(\mathrm{i})}$ 成对出现，因此 $\sum \boldsymbol{I}_i^{(\mathrm{i})} = \boldsymbol{0}$，为书写方便，去掉上标“(e)”，于是得

$$\boxed{\sum m_i\boldsymbol{v}' - \sum m_i\boldsymbol{v} = \sum \boldsymbol{I}_i} \tag{10-16}$$

式（10-16）可表示成

$$\boxed{m\boldsymbol{v}'_C - m\boldsymbol{v}_C = \sum \boldsymbol{I}_i} \tag{10-17}$$

式中，m 为质点系总质量；C 为质点系质心。

由于用于碰撞过程的质点系动量定理表达式（10-16）、式（10-17）中不计普通力的冲量，因此称为**冲量定理**。解题时使用投影形式。

2. 冲量矩定理

将质点系对定点 O 的动量矩定理 $\dfrac{\mathrm{d}\boldsymbol{L}_O}{\mathrm{d}t} = \sum \boldsymbol{M}_O(\boldsymbol{F}_i) = \sum \boldsymbol{r}_i \times \boldsymbol{F}_i$ 写成

$$\mathrm{d}\boldsymbol{L}_O = \sum \boldsymbol{r}_i \times \boldsymbol{F}_i\mathrm{d}t = \sum \boldsymbol{r}_i \times \mathrm{d}\boldsymbol{I}_i$$

对上式进行积分，注意到碰撞过程中各质点的位置不变的假设，得到

$$\boxed{\boldsymbol{L}_{O2} - \boldsymbol{L}_{O1} = \sum \boldsymbol{r}_i \times \boldsymbol{I}_i = \sum \boldsymbol{M}_O(\boldsymbol{I}_i)} \tag{10-18}$$

式中，$\boldsymbol{L}_{O1}$和$\boldsymbol{L}_{O2}$分别是碰撞开始和结束时质点系对点 O 的动量矩；$\boldsymbol{M}_O(\boldsymbol{I}_i)$称为**外冲量矩**（不计普通力）。式（10-18）是用于碰撞过程的动量矩定理，又称为**冲量矩定理**。

同理可得到用于碰撞过程的质点系相对于质心 C 的冲量矩定理

$$\boxed{\boldsymbol{L}_{C2} - \boldsymbol{L}_{C1} = \sum \boldsymbol{M}_C(\boldsymbol{I}_i)} \tag{10-19}$$

对于平行于其对称面的平面运动刚体，相对于质心的动量矩在其平行平面内可视为代数量，且有 $L_C = J_C\omega$，则式（10-19）可写为

$$\boxed{J_C(\omega_2 - \omega_1) = \sum M_C(\boldsymbol{I}_i)} \tag{10-20}$$

式中，ω_1、ω_2 分别为平面运动刚体碰撞前后的角速度。式（10-20）中同样不计普通力的冲量矩。

式（10-20）与式（10-17）结合起来，可用来分析平面运动刚体的碰撞问题，称为**刚体平面运动的碰撞方程**。

10.5.3　质点对固定面的碰撞

设一小球铅直地落到固定的平面上，如图 10-32 所示，此为正碰撞。碰撞开始时，质心速度为 v，由于受到固定面的碰撞冲量的作用，质心速度逐渐减小，物体变形逐渐增大，直至速度等于零为止。此后弹性变形逐渐恢复，物体质心获得反向的速度。当小球离开固定面的瞬时，质心速度为$\boldsymbol{v}'$，这时碰撞结束。

上述碰撞过程分为两个阶段，在第一阶段中，物体的动能减小到零，变形增加，设在此阶段的碰撞冲量为 $\boldsymbol{I}_1$；在第二阶段中，弹性变形逐渐恢复，动能逐渐增大，设在此阶段的

碰撞冲量为 $\boldsymbol{I}_2$，则在两个阶段应用冲量定理在 y 轴上的投影式，有

$$0-(-mv)=I_1,\ mv'-0=I_2$$

于是得

$$\boxed{\frac{v'}{v}=\frac{I_2}{I_1}} \tag{10-21}$$

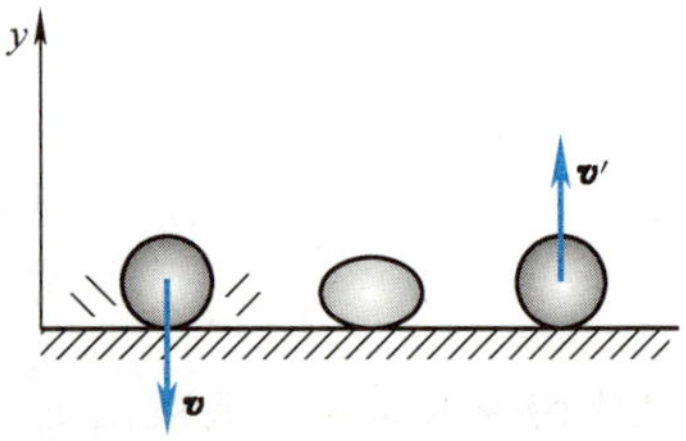

图 10-32

牛顿在研究正碰撞的规律时发现，对于材料确定的物体，碰撞结束与碰撞开始的速度大小的比值几乎是不变的。由此定义

$$\boxed{\frac{v'}{v}=k} \tag{10-22}$$

常数 k 恒取正值，称为**恢复因数**。恢复因数由实验测定。

测定恢复因数最简便的方法是，用待测恢复因数的材料做成小球和质量很大的平板。将平板固定，令小球自高 h_1 处自由落下，与固定平板碰撞后，小球返跳，记下达到最高点的高度 h_2，如图 10-33 所示。由 $v=\sqrt{2gh_1}$、$v'=\sqrt{2gh_2}$ 得到

$$k=\frac{v'}{v}=\sqrt{\frac{h_2}{h_1}}$$

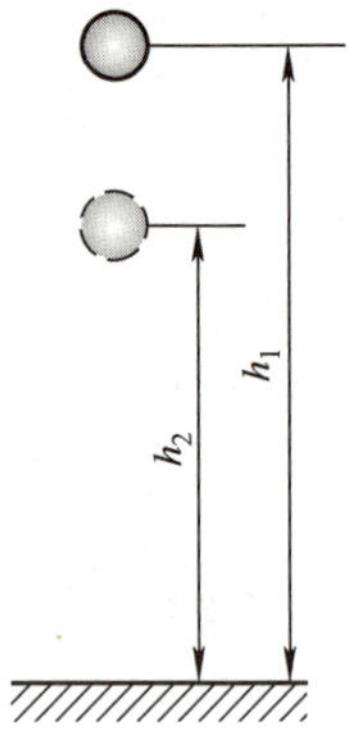

图 10-33

几种材料的恢复因数见表 10-2。

表 10-2 几种材料的恢复因数

碰撞物体的材料	铁对铅	木对胶木	木对木	钢对钢	象牙对象牙	玻璃对玻璃
恢复因数	0.14	0.26	0.50	0.56	0.89	0.94

恢复因数表示物体在碰撞后速度恢复的程度，也表示物体变形恢复的程度，并且反映出碰撞过程中机械能损失的程度。对于各种实际的材料，均有 $0<k<1$，由这些材料做成的物体发生碰撞，称为**弹性碰撞**。物体在弹性碰撞结束时，变形不能完全恢复，动能有损失。$k=1$ 为理想情况，物体在碰撞结束时，变形完全恢复，动能没有损失，称为**完全弹性碰撞**。$k=0$ 是极限情况，在碰撞结束时，物体的变形丝毫没有恢复，称为**非弹性碰撞**或**塑性碰撞**。

对于图 10-34 所示的斜碰撞，如果小球与固定面碰撞开始瞬时的速度 $\boldsymbol{v}$ 与接触点法线的夹角为 θ，碰撞结束时返跳速度 $\boldsymbol{v}'$ 与法线的夹角为 β。设不计摩擦，两物体只在法线方向发生碰撞，此时定义恢复因数为 $k=\left|\dfrac{v'_n}{v_n}\right|$，即法向速度的比值。

由于不计摩擦，则有 $|v'_n|\tan\beta=|v_n|\tan\theta$，于是

$$k=\left|\frac{v'_n}{v_n}\right|=\frac{\tan\theta}{\tan\beta}$$

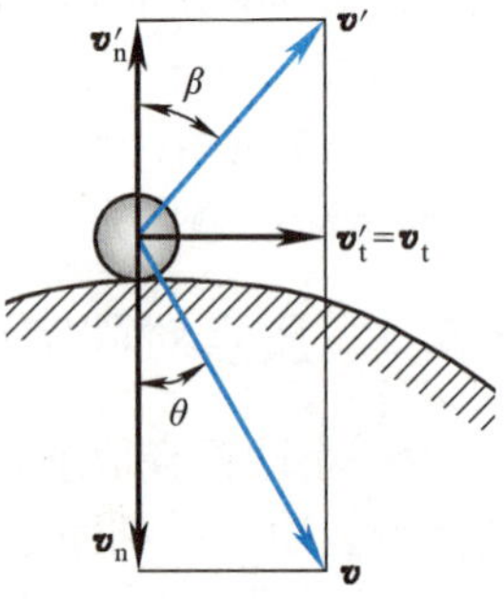

图 10-34

对于实际材料有 $k<1$，由上式可见，当碰撞物体表面光滑时，应有 $\beta>\theta$。在不考虑摩擦的一般情况下，若碰撞前后的两个物体都在运动，此时恢复因数定义为

$$k=\left|\frac{v_r'^n}{v_r^n}\right| \tag{10-23}$$

式中，$v_r'^n$ 和 v_r^n 分别为碰撞后和碰撞前两物体接触点沿接触面法线方向的相对速度。

10.5.4　碰撞冲量对定轴转动刚体的作用

1. 定轴转动刚体受碰撞时角速度的变化

设绕定轴转动的刚体受到外碰撞冲量的作用，如图 10-35 所示。将冲量矩定理（10-18）在 z 轴上的投影式，有

$$L_{z2}-L_{z1}=\sum M_z(\boldsymbol{I}_i)$$

式中，L_{z1} 和 L_{z2} 是刚体在碰撞开始和结束时对 z 轴的动量矩。设 ω_1 和 ω_2 分别是这两个瞬时的角速度，J_z 是刚体对于转轴的转动惯量，则上式成为

$$J_z(\omega_2-\omega_1)=\sum M_z(\boldsymbol{I}_i) \tag{10-24}$$

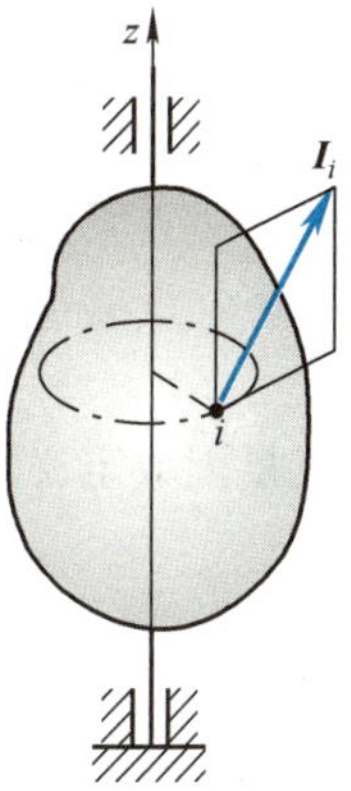

图　10-35

2. 支座的反碰撞冲量　撞击中心

如图 10-36 所示，绕定轴转动的刚体受到外碰撞冲量 $\boldsymbol{I}$ 的作用时，轴承与轴之间将发生碰撞。

设刚体有质量对称平面，且绕垂直于此对称面的轴转动，并设图示平面图形是刚体的质量对称面，则刚体的质心 C 必在图面内，外碰撞冲量 $\boldsymbol{I}$ 作用在此对称面内。求轴承 O 的反碰撞冲量 I_{Ox} 和 I_{Oy}。

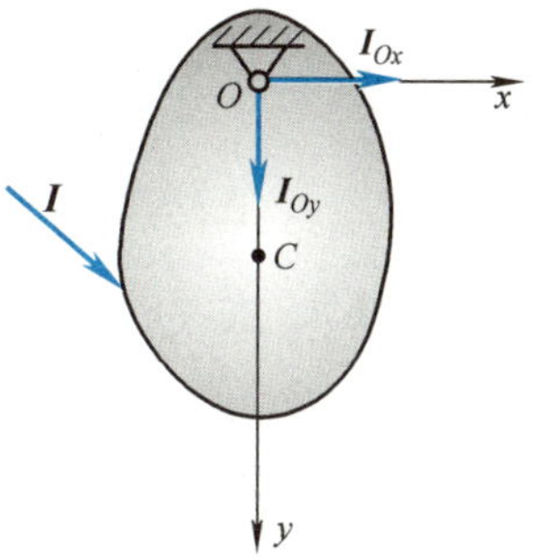

图　10-36

取 Oy 轴通过质心 C，x 轴与 y 轴垂直。应用冲量定理有

$$mv_{Cx}'-mv_{Cx}=I_x+I_{Ox},\quad mv_{Cy}'-mv_{Cy}=I_y+I_{Oy}$$

式中，m 为刚体质量；v_{Cx}、v_{Cx}' 和 v_{Cy}、v_{Cy}' 分别为碰撞前后质心速度沿 x、y 轴的投影。

由于 $v_{Cy}=v_{Cy}'=0$，于是

$$I_{Ox}=m(v_{Cx}'-v_{Cx})-I_x,\ I_{Oy}=-I_y \tag{10-25}$$

由此可见，一般情况下，在轴承处将引起碰撞冲量。

分析式（10-25）可见，轴承处不引起碰撞冲量（$I_{Ox}=I_{Oy}=0$）的条件是 $I_y=0$ 和 $I_x=m(v_{Cx}'-v_{Cx})$。

$I_y=0$，要求外碰撞冲量与 y 轴垂直，即 $\boldsymbol{I}$ 必须垂直于支点 O 与质心 C 的连线，如图 10-37 所示。

设质心 C 到轴 O 的距离为 a，则

$$I_x=I=m(v_{Cx}'-v_{Cx})=ma(\omega_2-\omega_1)$$

将式（10-24）代入，并且 $\sum M_z(\boldsymbol{I}_i)=Il$，则

$$l=\frac{J_z}{ma} \tag{10-26}$$

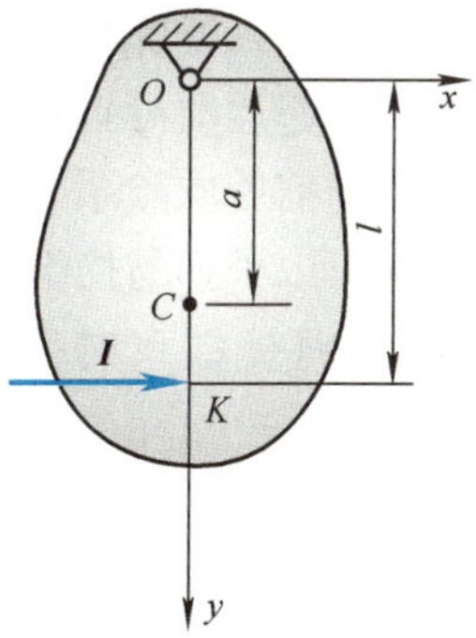

图　10-37

满足式（10-26）的点 K 称为**撞击中心**。于是得结论：当外碰撞冲量作用于物体质量对

称平面内的撞击中心，且垂直于轴承中心与质心的连线时，在轴承处不引起碰撞冲量。

根据上述结论，设计材料试验中用的摆式撞击机，使撞击点正好位于摆的撞击中心，这样撞击时就不致在轴承处引起碰撞力。生活中，在使用各种锤子锤打东西或打垒球时，若打击的地方正好是锤杆或棒杆的撞击中心，则打击时手上不会感到有冲击，否则手会感到强烈的冲击。

例 10-19 两物体的质量分别为 m_1 和 m_2，恢复因数为 k，产生对心正碰撞，如图 10-31a 所示。求碰撞结束时各自质心的速度和碰撞过程中动能的损失。

分析：对于图 10-31a 所示的对心正碰撞，两物体能碰撞的条件是 $v_1 > v_2$，因无外碰撞冲量，质点系动量守恒。

解：设碰撞结束时，两物体质心的速度分别为v_1'和v_2'，由冲量定理，有

$$m_1v_1 + m_2v_2 = m_1v_1' + m_2v_2' \tag{a}$$

由恢复因数定义式（10-23）有

$$k = \left|\frac{v_r'^{n}}{v_r^{n}}\right| = \frac{v_2' - v_1'}{v_1 - v_2} \tag{b}$$

联立式（a）和式（b）解得

$$v_1' = v_1 - (1+k)\frac{m_2}{m_1+m_2}(v_1 - v_2),\ v_2' = v_2 + (1+k)\frac{m_1}{m_1+m_2}(v_1 - v_2) \tag{c}$$

碰撞前后的动能及能量损失为

$$T_1 = \frac{1}{2}m_1v_1^2 + \frac{1}{2}m_2v_2^2,\ T_2 = \frac{1}{2}m_1v_1'^2 + \frac{1}{2}m_2v_2'^2$$

$$\Delta T = T_1 - T_2 = \frac{1}{2}m_1(v_1 - v_1')(v_1 + v_1') + \frac{1}{2}m_2(v_2 - v_2')(v_2 + v_2')$$

利用式（b）、式（c）得

$$\Delta T = \frac{m_1m_2}{2(m_1+m_2)}(1-k)^2\ (v_1 - v_2)^2$$

例 10-20 图 10-38 所示为一测量子弹速度的装置，一个悬挂于水平轴 O 的砂筒。当子弹水平射入砂筒后，使筒绕轴 O 转过一偏角 φ。已知摆的质量为 m_1，对于轴 O 的转动惯量为 J，摆的重心 C 到轴 O 的距离为 h。子弹的质量为 m_2，子弹射入砂筒时子弹到轴 O 的距离为 d。悬挂索的重量不计，求子弹的速度。

分析：以子弹与摆组成的质点系为研究对象，子弹射入砂筒直到与砂筒一起运动可近似为碰撞过程。外碰撞冲量对轴 O 的矩等于零，因此碰撞前后质点系的动量矩守恒。

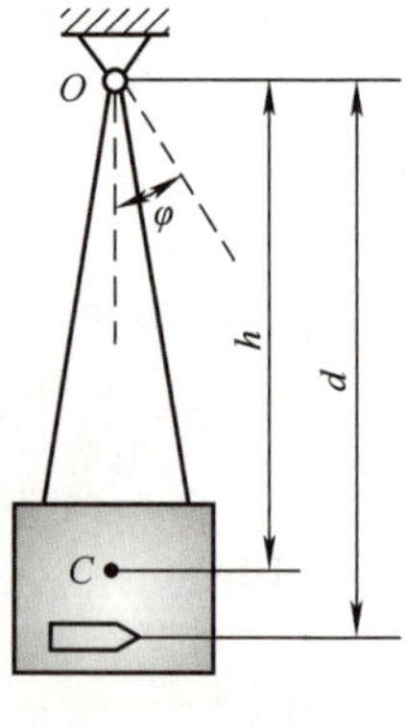

图 10-38

解：以子弹与摆组成的质点系为研究对象。设碰撞开始时子弹速度为 v，碰撞结束时摆的角速度为 ω，碰撞前后质点系的动量矩守恒，则

$$m_2vd = J\omega + m_2\omega d^2$$

解得

$$v = \frac{J + m_2d^2}{m_2d}\omega$$

碰撞结束后直到砂筒转过角度 φ，应用动能定理有

$$0-\frac{1}{2}J\omega^2-\frac{1}{2}m_2d^2\omega^2=-m_1gh(1-\cos\varphi)-m_2gd(1-\cos\varphi)$$

解得

$$\omega=2\sqrt{\frac{m_1h+m_2d}{J+m_2d^2}g}\sin\frac{\varphi}{2}$$

于是得到子弹射入砂筒前的速度

$$v=\frac{J+m_2d^2}{m_2d}\omega=\frac{2}{m_2d}\sqrt{(m_1h+m_2d)(J+m_2d^2)g}\sin\frac{\varphi}{2}$$

例 10-21　均质细杆长 l，质量为 m，速度 $\boldsymbol{v}$ 平行于杆轴线，杆与地面成 θ 角，斜撞于光滑地面，如图 10-39 所示。如为完全弹性碰撞，求撞后杆的角速度。

分析：地面光滑，杆只有铅垂方向的碰撞冲量，水平方向动量守恒。

解：杆在碰撞过程中做平面运动，设碰撞前、后杆的角速度分别为 ω_1 和 ω_2，$\omega_1=0$，碰撞后的速度加上标“′”表示。写出刚体平面运动碰撞方程

$$mv'_{Cx}-mv_{Cx}=\sum I_x=0$$

$$mv'_{Cy}-mv_{Cy}=\sum I_y=I$$

$$J_C\omega_2-J_C\omega_1=J_C\omega_2=\sum M_C(\boldsymbol{I})=I\frac{l}{2}\cos\theta$$

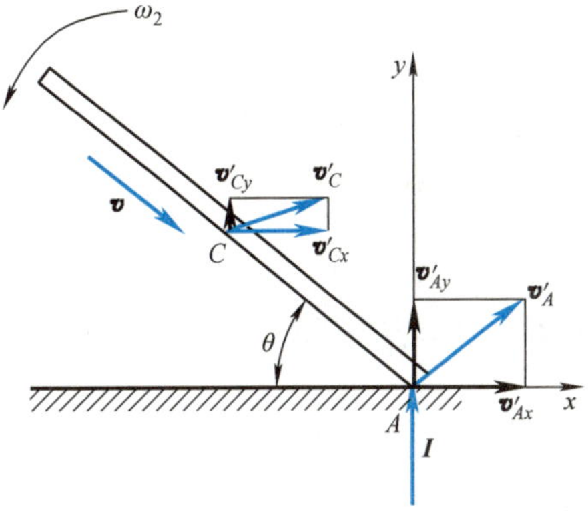

图　10-39

以 C 为基点，研究 A，有 $\boldsymbol{v}'_A=\boldsymbol{v}'_C+\boldsymbol{v}'_{AC}$，沿 y 轴投影得

$$v'_{Ay}=v'_{Cy}+\omega_2\frac{l}{2}\cos\theta$$

由于完全弹性碰撞，恢复因数

$$k=\left|\frac{v'_{Ay}}{v_{Ay}}\right|=\frac{v'_{Ay}}{v\sin\theta}=1$$

则

$$v\sin\theta=v'_{Cy}+\omega_2\frac{l}{2}\cos\theta$$

将 $v_{Cy}=-v\sin\theta$、$J_C=\frac{1}{12}ml^2$ 代入碰撞方程，与上式联立解得

$$\omega_2=\frac{6v\sin2\theta}{(1+3\cos^2\theta)l}$$

例 10-22　均质杆质量为 m，长为 $2a$，其上端由圆柱铰链固定，如图 10-40 所示。杆由水平位置无初速地落下，撞上一固定的物块。设恢复因数为 k，求轴承的碰撞冲量及撞击中心的位置。

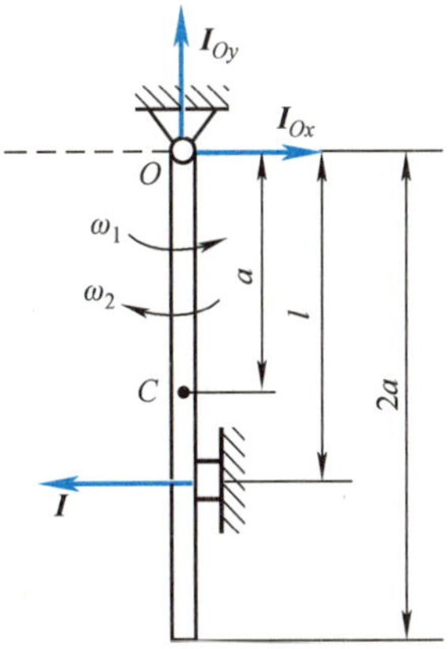

图　10-40

解：设碰撞开始和结束时杆的角速度分别为 ω_1 和 ω_2。

(1) 碰撞前，杆自水平位置自由落下，应用动能定理

$$\frac{1}{2}J_O\omega_1^2-0=mga$$

求得

$$\omega_1=\sqrt{\frac{2mga}{J_O}}=\sqrt{\frac{3g}{2a}}$$

由恢复因数 $k=\frac{v'}{v}=\frac{\omega_2 l}{\omega_1 l}=\frac{\omega_2}{\omega_1}$求得 $\omega_2=k\omega_1$。

（2）对点 O 应用冲量矩定理

$$J_O\omega_2+J_O\omega_1=Il$$

得到

$$I=\frac{J_O}{l}(\omega_2+\omega_1)=\frac{4ma^2}{3l}(1+k)\omega_1=\frac{2ma\ \sqrt{6ag}}{3l}(1+k)$$

（3）应用冲量定理

$$m(-\omega_2 a-\omega_1 a)=I_{Ox}-I,\ I_{Oy}=0$$

得到

$$I_{Ox}=-ma(\omega_2+\omega_1)+I=(1+k)m\ \sqrt{6ag}\left(\frac{2a}{3l}-\frac{1}{2}\right)$$

由 $I_{Ox}=0$ 求得撞击中心的位置

$$l=\frac{4}{3}a$$

10.6　小结与学习指导

1. 关于达朗贝尔原理

（1）惯性力不是真正意义上的力，是为研究问题方便而引入的概念。惯性力作用在施力体上，所以在受力图上的惯性力通常称为附加惯性力。惯性力有与一般真实力一样的作用效应。

（2）惯性力（主矢）$\boldsymbol{F}_{IR}=-m\boldsymbol{a}_C$加在简化中心上。惯性力主矢与简化中心无关，主矩与简化中心有关。但惯性力向任意点 O 简化时，不能将主矩表示为 $M_{IO}=-J_O\alpha$，此结果不成立。

（3）达朗贝尔原理即动静法方程只是形式上的平衡方程，并非质点或质点系真正平衡。

（4）达朗贝尔原理能求解的大部分题目均可以应用动力学基本定理求解。

（5）利用达朗贝尔原理可以很方便地分析工程中绕定轴转动的轴承动反力问题，有兴趣的读者可参阅其他教材。

2. 关于虚位移原理

（1）虚位移概念的理解：不能破坏约束（在约束允许的条件下）；微小位移（必须是无限小量）；所有可能发生的位移（不唯一，具有无穷多个，例如，假设 δr 是某点的虚位移，则 $\delta r/2$、$\delta r/3$、$\delta r/10$、$10\delta r$ 等都是虚位移）；对几何可变结构，要在特定时刻（位置）分析虚位移。

（2）虚位移用坐标的变分“δ”表示和运算，与微分“d”不同，但都是微量，基本运算规则和方法相同。

（3）利用约束方程求变分的方法建立虚位移之间的关系：各处的虚位移正负号和相应坐标的正向一致，一般无须假设。由于要进行变分运算，一般不能在某特殊位置建立约束方程。物体系统的约束方程有很多，只需写出与计算虚功相关的虚位移对应的广义位移的方程。

（4）虚速度法建立虚位移之间的关系：对定常约束，广义速度与相应的广义位移成正比。利用这种方法时，各点的虚位移假设必须互相一致即变形协调。这和按约束方程求解时的虚位移方向一般不一致，务必注意；由于速度关系建立后，不再进行变分（或微分）运算，因此对某些特殊位置的虚位移关系的建立非常方便。

（5）虚位移原理虽然只有一个方程，只能求解一个未知量，但对某些系统，特别是多刚体结构，系统越复杂，越能显示其优越性。避免了多次取分离体解联立方程的烦琐运算。

3. 关于动力学普遍方程和拉格朗日方程

这两个方程的共同特点是无须根据不同的动力学问题选择不同的动力学定理，避免了复杂动力学问题多个动力学方程的联立求解，并且可以求解多自由度的动力学问题。

（1）动力学普遍方程的解题步骤一般为：确定系统的自由度，选择合适的广义坐标→加速度分析→惯性力系分析→虚位移分析→建立动力学普遍方程，求解。

（2）第二类拉格朗日方程的解题步骤一般为：确定系统的自由度，选择合适的广义坐标→速度分析，计算动能→计算各广义坐标对应的广义力→建立各个广义坐标的拉格朗日方程→联立求解。

4. 关于非惯性系中的质点动力学

本部分的研究对象是质点。难点是地球自转引起的科氏惯性力对地球上运动物体的影响（书中没有讨论，有兴趣的读者可参阅其他教材）。

质点相对运动动力学基本方程的解题步骤一般为：选择研究对象（质点）→建立质点相对运动的坐标系（动系）→画出受力图，包括附加牵连惯性力和科氏惯性力→建立直角坐标形式或自然坐标形式的动力学方程→求解得出结果。

质点相对运动动能定理的解题步骤一般为：建立质点相对运动的坐标系（动系）→分析牵连惯性力→计算各种力的功，给出相对运动动能定理→求解得出结果。

5. 关于碰撞

（1）碰撞现象：物体受到冲击而使其运动状态在极短时间内发生显著变化。

（2）碰撞特点：碰撞时间极短；碰撞力极大。

（3）碰撞过程的假设：碰撞过程中普通力的冲量忽略不计，物体的位移忽略不计。

（4）碰撞过程中有能量损失，不能用动能定理求解碰撞问题，只能用动量定理（冲量定理）和动量矩定理（冲量矩定理）。

（5）解题时首先分析是不是碰撞问题，对于碰撞问题通常对碰撞过程和非碰撞过程都要分析，选用合适的动力学定理。

（6）对碰撞过程分析求解时，受力图上一般只画碰撞力（或冲量），不画非碰撞力。

习　　题

【用达朗贝尔原理解习题10-1～10-9。】

10-1　如题10-1图所示，边长为 $L=0.5\text{m}$ 的均质立方体 A，重为 $P=1\text{kN}$，放在水平运输车 B 上，接触面间的摩擦因数 $f=0.2$。试问车的加速度取何值时，才能保证重物安全运输（既不翻转，也不滑动）？

（答案：$a\leqslant 0.2g$）

10-2　均质长方形平板 $ABCD$，其质量 $m=27\text{kg}$，尺寸如题10-2图所示，于点 A 用光滑铰链悬挂起来，自 AB 边水平时静止释放，求释放瞬时板绕 A 转动的角加速度和 A 点的约束力。

（答案：$\alpha=47.04\text{rad/s}^2$，$F_{Ax}=-95.3\text{kN}$，$F_{Ay}=137.6\text{kN}$）

10-3　如题10-3图所示，均质杆 AB 长为 $2L$，重量为 P，沿光滑的圆弧轨道运动，杆的质心 C 与圆弧中心 O 的距离为 L。开始运动时，杆与水平直径成 $\theta=45°$，初速度为零。求此时轨道对杆的约束力。

（答案：$F_A=5P/8$，$F_B=3P/8$）

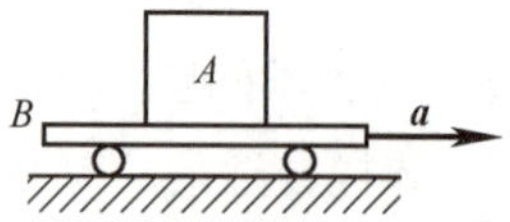

题10-1图

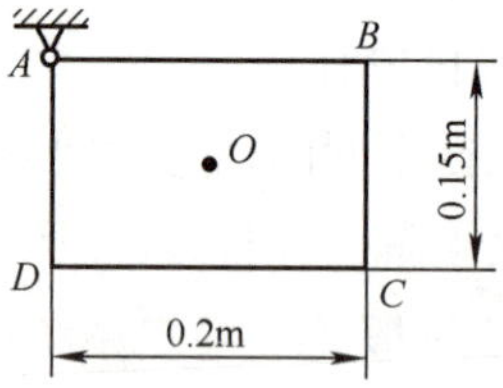

题10-2图

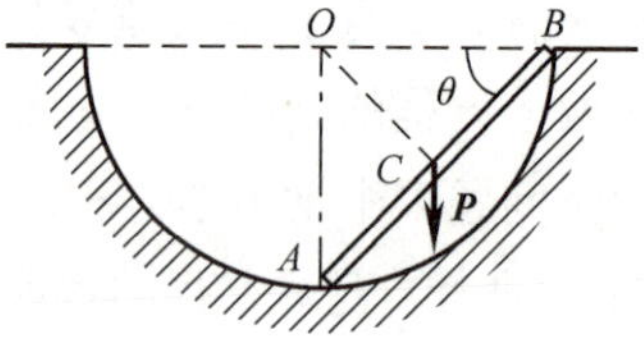

题10-3图

10-4　如题10-4图所示，嵌入墙内的水平悬臂梁 AB 的 B 端装有重为 G、半径为 R 的均质鼓轮（可视为均质圆盘），有主动转矩 M 作用于鼓轮以提升重量为 P 的重物 C。设 $AB=L$，梁和绳的重量都略去不计，求固定端支座 A 处的约束力。

（答案：$F_{Ay}=P+G+\dfrac{2P(M-PR)}{(2P+G)R}$，$M_A=(P+G)L+\dfrac{2P(M-PR)L}{(2P+G)R}$）

10-5　水平的均质杆重量为 P，长为 L，用两根等长的绳索悬挂，如题10-5图所示。求一根绳突然断开时，杆的质心加速度 a_C 及另一根绳的拉力 T。

（答案：$a_C=3g/7$，$T=4P/7$）

10-6　如题10-6图所示，长为 L、质量为 m 的两个相同的水平均质杆 AB 和 CD 以软绳 AC 与 BD 相连，并在 AB 的中点用铰链 O 固定。求当绳 BD 被剪断的瞬间 B 与 D 两点的加速度。

（答案：$a_B=3g/7$，$a_D=9g/7$）

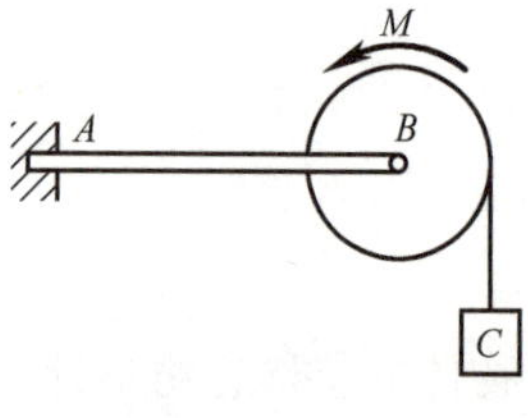

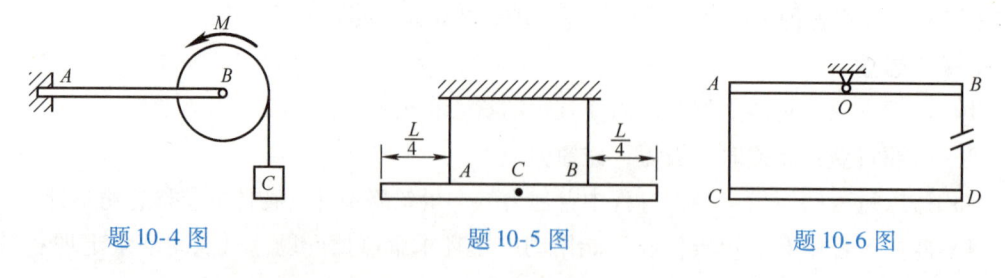

题10-4图

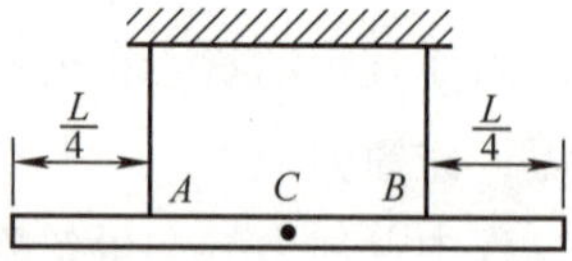

题10-5图

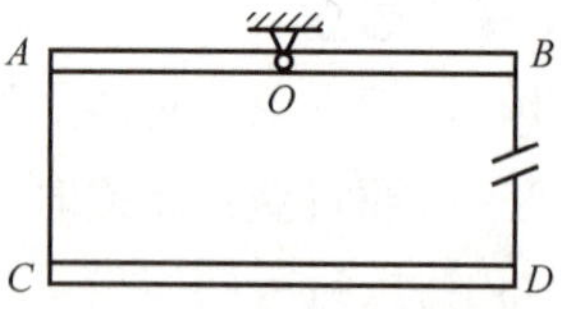

题10-6图

10-7　在半径为 R 的鼓轮内圆上缠有绳子，内圆半径为 r，用水平力 $F_T=200\text{N}$ 拉绳子，如题10-7图所示。已知轮的质量 $m=50\text{kg}$，$R=0.1\text{m}$，$r=0.06\text{m}$，回转半径 $\rho=70\text{mm}$。轮与水平面的静摩擦因数 $f_s=0.2$，动摩擦因数 $f=0.15$。求轮心 C 的加速度和轮的角加速度。

（提示：先假设纯滚动，利用运动学关系 $a=\alpha R$，求得摩擦力 $F_s=186\text{N}$，大于最大静摩擦力 $F_{s\max}=$

98N，则鼓轮不会纯滚动，既滚又滑时摩擦力 $F_s = mgf$。答案：$a = \dfrac{F_T - mgf}{m} = 2.53\text{m/s}^2$，$\alpha = \dfrac{mgRf - F_T r}{m\rho^2} =$ -18.98rad/s^2（逆时针转向））

10-8　均质细杆 AB 的质量 $m = 45.4\text{kg}$，A 端搁在光滑的水平面上，B 端用不计质量的细绳 DB 固定，如题 10-8 图所示。杆长 $l = 3.05\text{m}$，绳长 $h = 1.22\text{m}$。当绳子铅垂时杆与水平面的倾斜角度 $\theta = 30°$时，点 A 以匀速度 $v_A = 2.44\text{m/s}$ 向左运动。求在该瞬时：

（1）杆的角加速度。

（2）在 A 端的水平力大小 F。

（3）绳中的拉力大小 F_T。

（答案：（1）$\alpha_{AB} = \dfrac{v_A^2}{hl\cos30°} = 1.85\text{rad/s}^2$；（2）$F = 63.75\text{N}$；（3）$F_T = 320.9\text{N}$）

10-9　题 10-9 图所示均质板质量为 m，放在两个均质圆柱滚子上，滚子质量均为$\dfrac{m}{2}$，半径均为 r。如在板上作用水平力 F，并设滚子无滑动，求板的加速度。

（答案：$a = \dfrac{8}{11}\dfrac{F}{m}$）

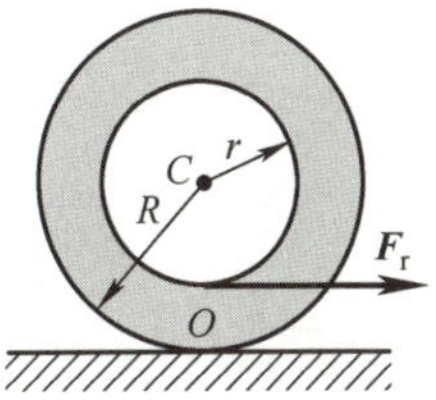

题 10-7 图

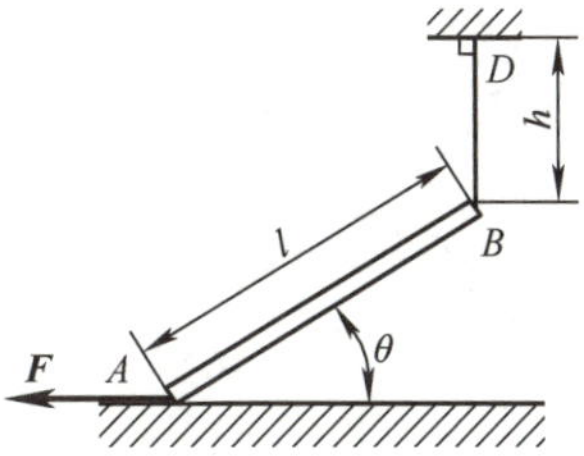

题 10-8 图

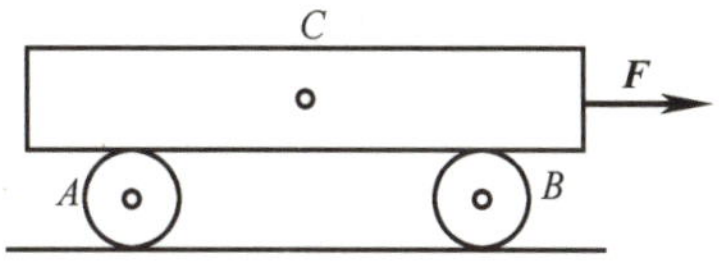

题 10-9 图

【用虚位移原理解习题 10-10 ~ 10-20。】

10-10　题 10-10 图所示机构，在力 $\boldsymbol{F}_1$、$\boldsymbol{F}_2$ 作用下于图示位置平衡，不计各杆自重和摩擦，$OD = BD = l_1$，$AD = l_2$。求 F_l和 F_2 的比值。

（提示：用约束方程求变分方法。答案：$\dfrac{F_1}{F_2} = \dfrac{2l_1\sin\theta}{l_2 + l_1\cos2\theta}$）

10-11　如题 10-11 图所示机构，不计各构件自重与各处摩擦。求机构在图示位置平衡时，主动力偶矩 M 与主动力 F 之间的关系。

（提示：用虚速度法。答案：$M = \dfrac{Fh}{\sin^2\theta}$）

10-12　如题 10-12 图所示，平面机构中，$AC = CE = BC = CD = DF = EF$，在点 F 上作用一力 $\boldsymbol{P}$，其方向如图所示，同时于 B 处作用一水平力 $\boldsymbol{Q}$。试问系统平衡时，角 φ 应等于多大？各处光滑，不计各构件自重。

（提示：用约束方程求变分方法。答案：$\varphi = \arctan\dfrac{3P\cos\alpha}{2Q - P\sin\alpha}$）

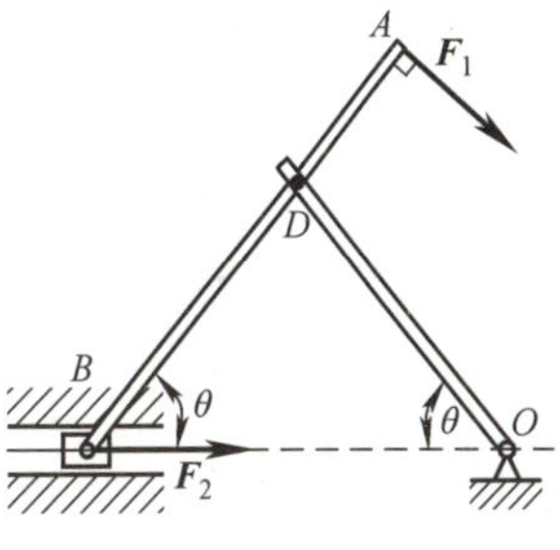

题 10-10 图

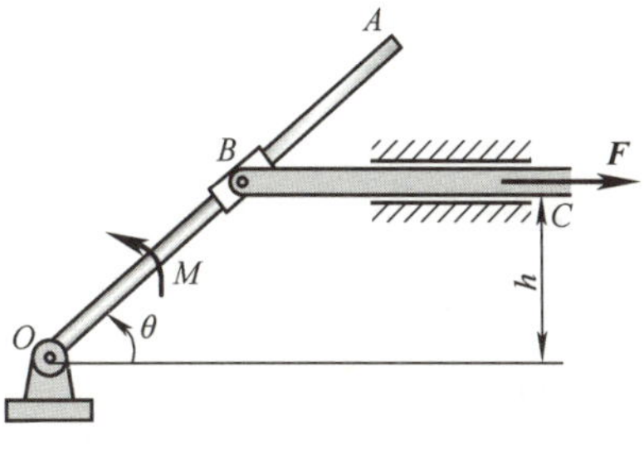

题 10-11 图

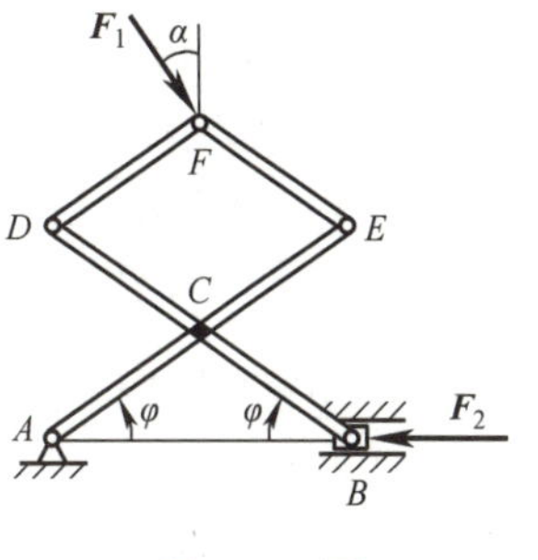

题 10-12 图

10-13　题10-13图所示机构中，杆长 $AB=BC=L$，弹簧原长为 h，刚度系数为 k，不计两杆及小轮 C 的重量，各处光滑。求平衡时角 φ 和弹簧张力 F_T 的表达式。

（提示：用约束方程求变分方法。答案：$\varphi=\arcsin\dfrac{2kh+P}{4kL}$，$F_T=\dfrac{P}{2}$）

10-14　题10-14图所示结构，各杆自重不计，$AC=CE=CD=CB=DG=GE=l$，在 G 点作用一铅直向上的力 $\boldsymbol{F}$。求支座 B 的水平约束力。

（提示：用约束方程求变分方法。答案：$F_{Bx}=\dfrac{3}{2}F\cot\theta$）

10-15　编号1、2、3和4的四根杆组成平面结构如题10-15图所示，其中 A、C 和 E 为光滑铰链，B 和 D 为光滑接触，E 为 AD 和 BC 的中点。各杆自重不计，在水平杆2上作用力 $\boldsymbol{F}$。试求杆1的内力。

（提示：用约束方程求变分方法。答案：$F_1=-F$）

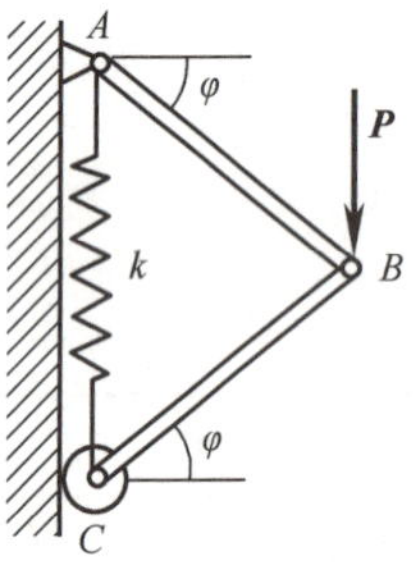

题10-13图

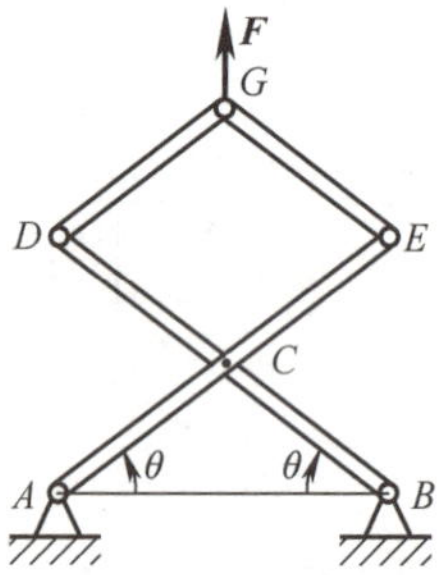

题10-14图

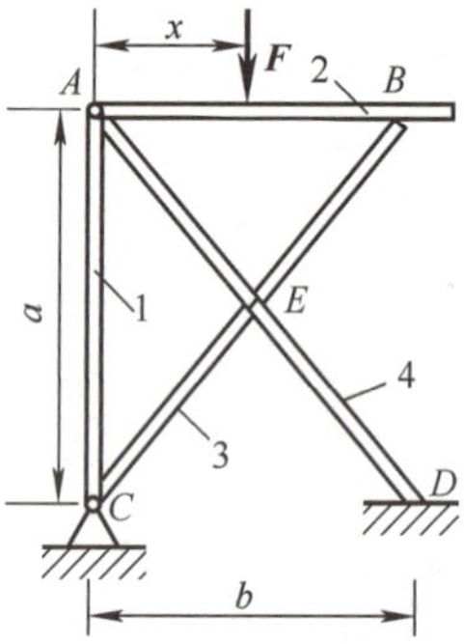

题10-15图

10-16　求如题10-16图所示组合梁支座 A 处的垂直约束力。各处光滑，不计各构件自重。

（提示：用虚速度法。答案：$F_{Ay}=\dfrac{3}{8}F_1-\dfrac{11}{14}F_2$）

10-17　求题10-17图所示无重组合梁支座 A 的约束力。

（提示：用虚速度法。答案：$F_A=\dfrac{3}{8}F_1-\dfrac{11}{14}F_2-\dfrac{1}{8}M$）

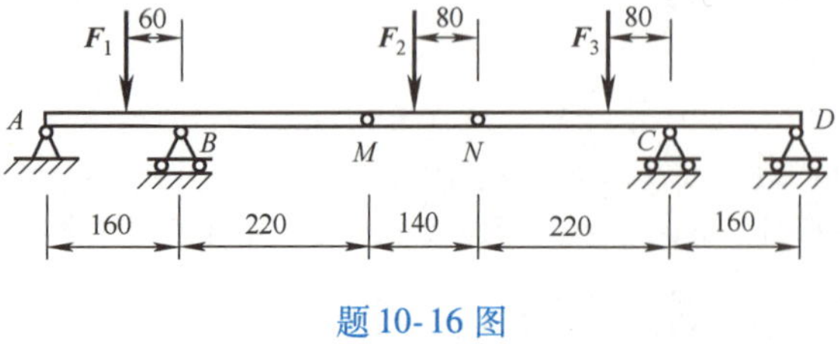

题10-16图

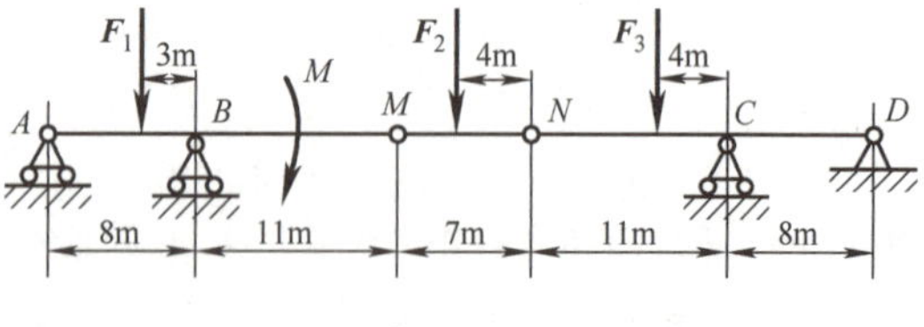

题10-17图

10-18　如题10-18图所示三孔拱桥，本身重量不计，各处光滑。已知拱的尺寸 a 和作用的两力 $\boldsymbol{F}_1$ 和 $\boldsymbol{F}_2$，用虚位移原理求支座 C 的约束力。

（提示：用虚速度法。答案：$F_C=-(F_1+F_2)$）

10-19　求题10-19图所示桁架中支座 A 的约束力及杆 AD 的内力。节点 C 处作用有水平力 $\boldsymbol{F}$。

（提示：用虚速度法。答案：$F_{Ax}=-F$，$F_{Ay}=-\dfrac{\sqrt{3}}{6}F$，$F_{AD}=\dfrac{F}{2}$）

10-20　构架 ABC 由三杆 AB、AC 和 DF 组成，杆 DF 上的销子 E 可在杆 AB 的光滑槽内滑动，构架尺寸和荷载如题10-20图所示，已知 $M=2400\text{N}\cdot\text{m}$，$P=200\text{N}$，试求固定支座 B 的水平约束力。不计各构件自重。

（提示：用虚速度法。答案：$F_{Bx}=-325\text{N}$）

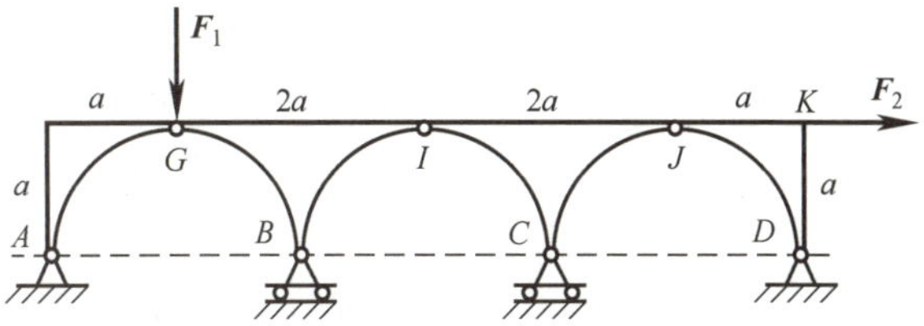

题 10-18 图

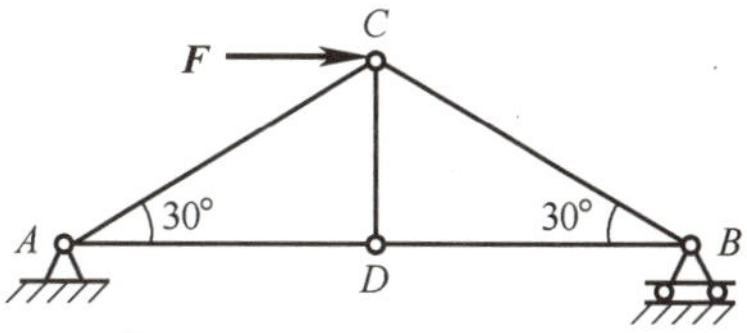

题 10-19 图

【用动力学普遍方程或拉格朗日方程解习题 10-21 ~ 10-28。】

10-21　在如题 10-21 图所示的系统中，已知物块 A、B、C 的质量均为 m，光滑斜面的倾角分别为 α 和 β，滑轮质量均忽略不计。试以动力学普遍方程求：

（1）系统的运动微分方程。

（2）物块 A 和 B 的加速度 a_A 和 a_B。

（答案：（1）$\frac{5}{4}\ddot{x}_A+\frac{1}{4}\ddot{x}_B+\left(\frac{1}{2}-\sin\alpha\right)g=0$，$\frac{1}{4}\ddot{x}_A+\frac{5}{4}\ddot{x}_B+\left(\frac{1}{2}-\sin\beta\right)g=0$

（2）$a_A=\ddot{x}_A=\frac{5\sin\alpha-\sin\beta-2}{6}g$，$a_B=\ddot{x}_B=\frac{5\sin\beta-\sin\alpha-2}{6}g$）

10-22　如题 10-22 图所示，一质量为 m_1、长为 L 的单摆，其上端连在圆轮的中心 O 上。圆轮的质量为 m_2，半径为 r，可视为均质圆盘。圆轮放在水平面上，圆轮与平面间有足够的摩擦力阻止滑动。用拉格朗日方程求轮心 O 的加速度。

（答案：$a_O=-\frac{m_1g\sin2\theta}{3m_2+2m_1\sin^2\theta}$）

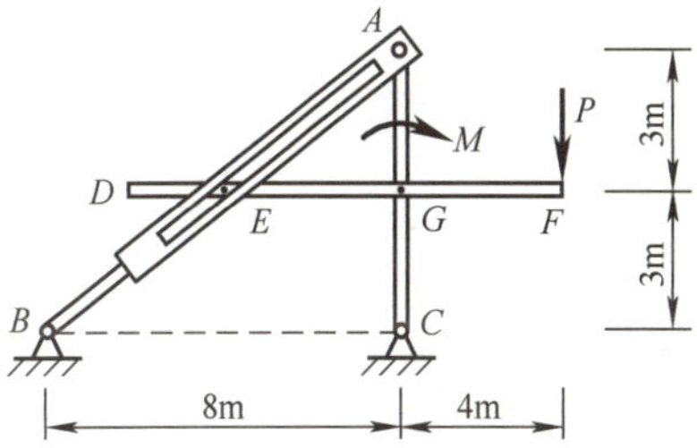

题 10-20 图

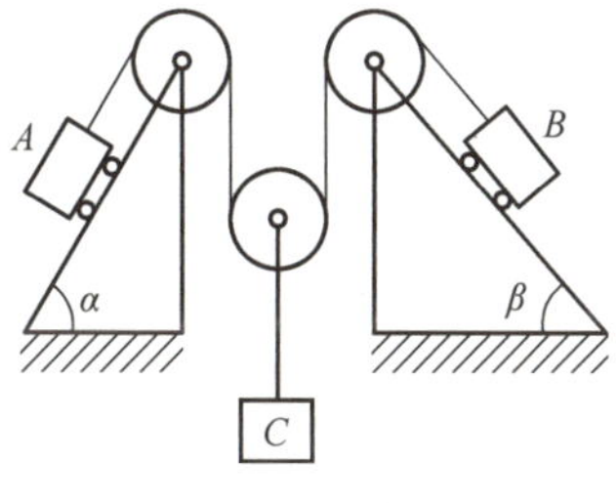

题 10-21 图

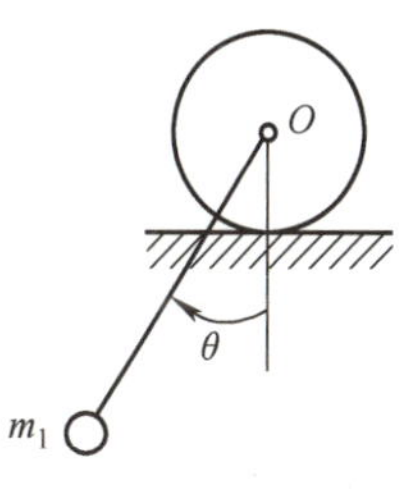

题 10-22 图

10-23　实心均质圆柱 A 和质量分布在边缘的空心圆柱 B 的质量分别为 m_A 和 m_B，半径均为 R，如题 10-23 图所示，两者由绕在 B 上的细绳并通过不计质量的定滑轮相连。设圆柱 A 沿水平面做纯滚动（滚阻不计），圆柱 B 垂直下降。试用拉格朗日方程求两圆柱的圆心的加速度 a_A 和 a_B。

（答案：$a_A=-\frac{m_Bg}{3m_A+m_B}$，$a_B=-\frac{3m_A+2m_B}{2(3m_A+m_B)}g$）

10-24　如题 10-24 图所示，质量为 m 的物体 A 挂在绳子上，绳子跨过不计质量的定滑轮 D 而绕在鼓轮 B 上，由重物下降带动轮 C 沿水平轨道做纯滚动。已知鼓轮半径 r，轮 C 半径 R，二者固连在一起，总质量为 m_0，对质心轴 O 的回转半径为 ρ，用拉格朗日方程求重物 A 的加速度。

（答案：$a=-\frac{mg(R+r)^2}{m_0(\rho^2+R^2)+m(R+r)^2}$）

10-25　如题10-25图所示，均质圆柱 B 的质量 $m_1=2\text{kg}$，半径 $R=0.1\text{m}$，通过绳和弹簧与质量为 $m_2=1\text{kg}$ 的物体 D 相连，弹簧的刚度系数为 $k=0.2\text{kN/m}$，斜面倾角 $\alpha=30°$，如圆柱 B 沿斜面滚而不滑，定滑轮 A 的质量不计。试用拉格朗日方程写出系统的运动微分方程。

（答案：取柱心 B 的绝对位移 x、物块 D 的绝对位移 y 为广义坐标，则方程为 $3\ddot{x}+200(x-y)=0$，$\ddot{y}+200(y-x)=0$）

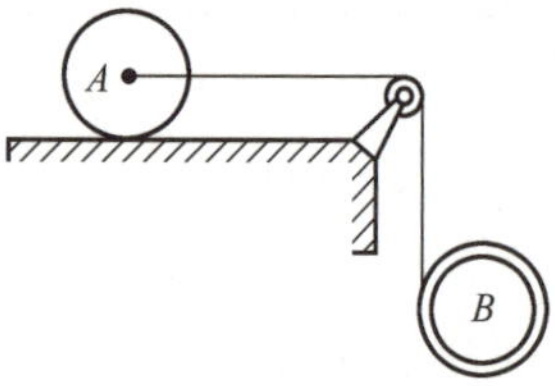

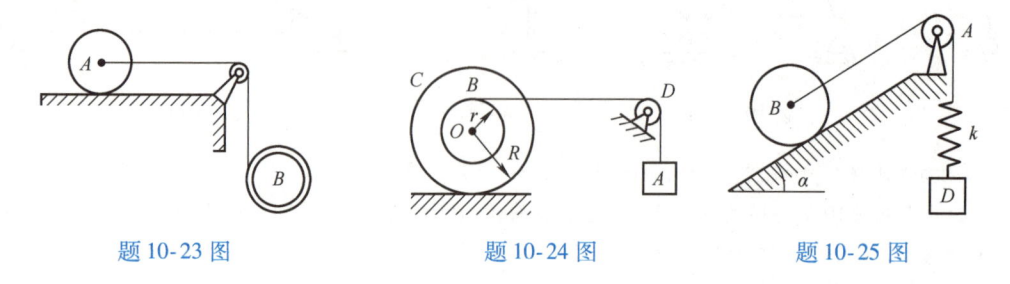

题10-23图

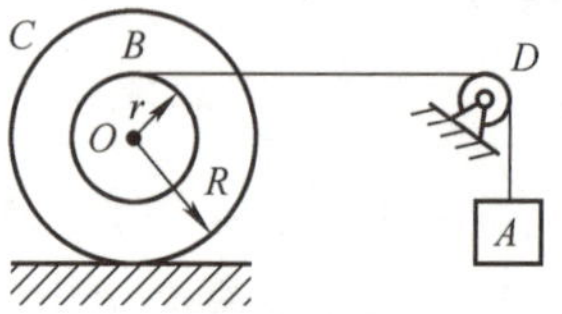

题10-24图

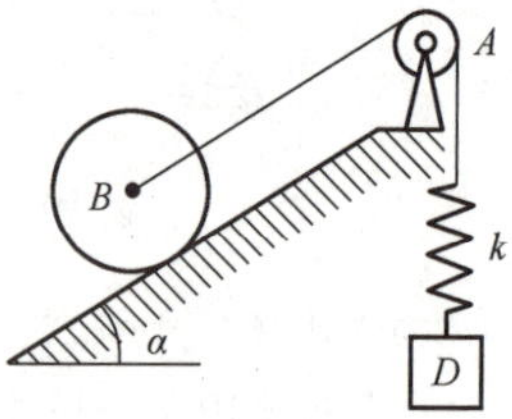

题10-25图

10-26　如题10-26图所示，质量为 m 的均质杆 OA 在变化力偶矩作用下，在垂直面内匀速转动，并带动均质连杆 AB 和半径为 r 的均质圆盘在半径为 $5r$ 的固定圆上做纯滚动。$AB=4r$，$OA=2r$。杆 OA 以匀角速度 3ω 转动，试用动力学普遍方程求图示瞬时固定圆对圆盘 B 的支持力。圆盘 B 和连杆 AB 的质量均为 m。

（答案：$F=\dfrac{3}{2}mg-\dfrac{11}{3}m\omega^2 r$）

10-27　如图10-27所示，质量为 M 的滑块放在光滑水平面上，其上有半径为 R 的圆弧形凹槽，一质量为 m、半径为 r 的均质圆柱 C 在凹槽内做纯滚动，滑块侧面通过刚度系数为 k 的弹簧与基础连接。取图示 x、θ 为广义坐标，坐标原点为系统的静平衡位置。试用拉格朗日方程求系统的运动微分方程。

（答案：$(M+m)\ddot{x}+m(R-r)\cos\theta\,\ddot{\theta}-m(R-r)\sin\theta\,\dot{\theta}^2+kx=0$，$m(R-r)\cos\theta\,\ddot{x}+\dfrac{3}{2}m(R-r)^2\ddot{\theta}+mg(R-r)\sin\theta=0$）

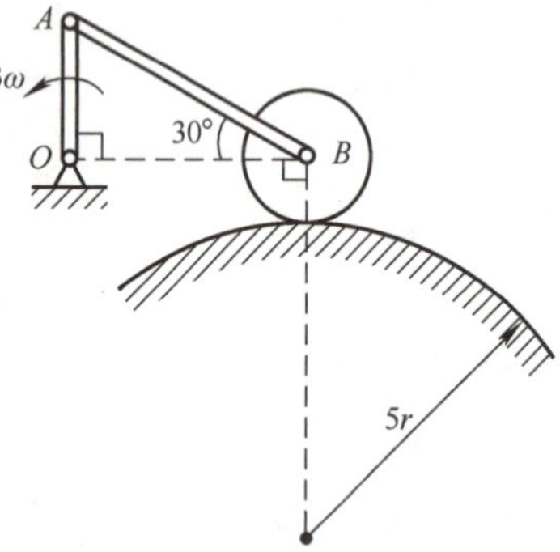

题10-26图

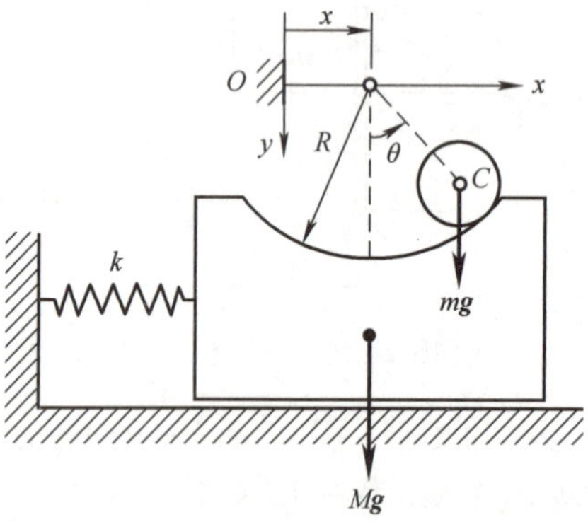

题10-27图

10-28　如题10-28图所示，半径为 R 的半圆柱 O 固定，其上有一质量为 m、长为 l 的均质杆 AB 做无滑动摆动，静平衡时，杆的中心与半圆柱顶点 C 重合。试以 θ 为广义坐标，用拉格朗日方程建立系统的运动微分方程。

（答案：$\left(\dfrac{1}{12}l^2+R^2\theta^2\right)\ddot{\theta}+R^2\theta\dot{\theta}^2+gR\theta\cos\theta=0$）

【用质点相对运动动力学理论解习题10-29～10-41。】

10-29　如题 10-29 图所示，管 OA 内有一小球 M，管壁光滑，初始时小球静止。当管 OA 在水平面内绕轴 O 转动时，小球为什么向管口运动？如 ω 为常数，管壁水平侧压力 F_N 等于多少？如用细绳连接 OM 以拉住小球，F_N 又等于多少？

（分析：牵连惯性力和科氏惯性力方向如图所示。答案：$F_N=2mr\omega^2$；$F_N=0$）

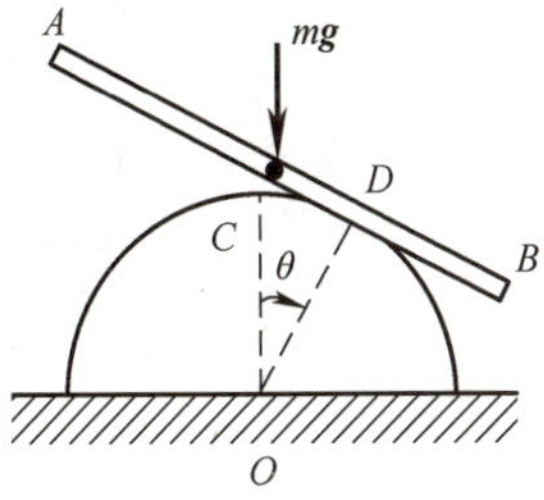

题 10-28 图

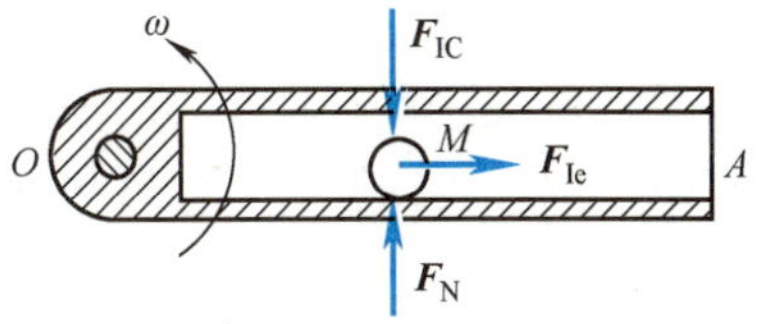

题 10-29 图

10-30　如题 10-30 图所示，质量为 2kg 的滑块在力 $\boldsymbol{F}$ 作用下沿杆 AB 运动，杆 AB 在铅直平面内绕 A 转动。已知 $s=0.4t$，$\varphi=0.5t$（s 的单位为 m，φ 的单位为 rad，t 的单位为 s），滑块与杆 AB 的摩擦因数为 0.1。求 $t=2$s 时力 $\boldsymbol{F}$ 的大小。

（**分析**：牵连惯性力和科氏惯性力方向如图所示。答案：17.23N）

10-31　销钉 M 的质量为 0.2kg，由水平槽杆带动，使其在半径为 $r=200$mm 的固定半圆槽内运动。设水平槽杆以匀速 $v=400$mm/s 向上运动，不计摩擦。求在题 10-31 图所示位置时圆槽对销钉 M 的作用力。

（**分析**：运动分析如图所示，惯性力为零。答案：$F_{N1}=-0.284$N）

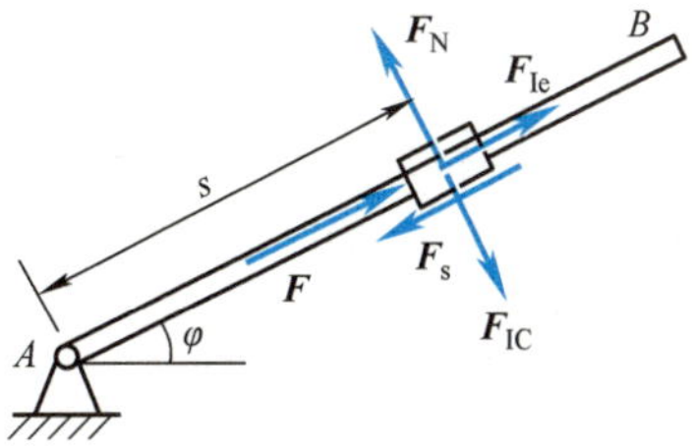

题 10-30 图

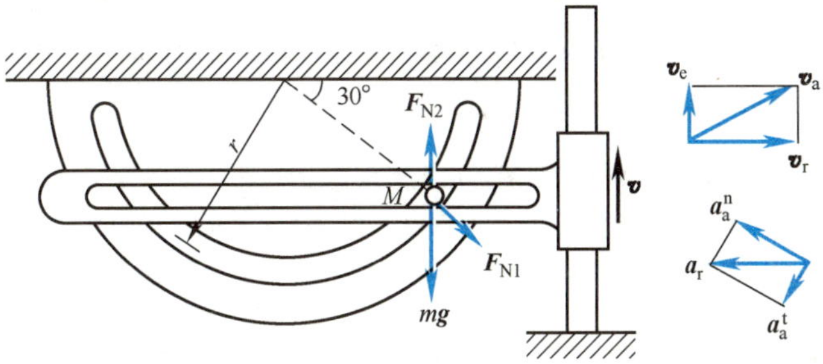

题 10-31 图

10-32　题 10-32 图所示单摆 AB 长 l，已知点 A 在固定点 O 的附近沿水平方向做谐振动：$x=OO_1=a\sin pt$，其中 a 与 p 为常数。设初瞬时摆静止于铅垂位置，求摆的相对运动微分方程。

（答案：$l\ddot{\varphi}+g\sin\varphi=ap^2\sin pt\cos\varphi$）

10-33　如题 10-33 图所示，一质量为 m 的小球 M 套在半径为 R 的光滑大圆环上，并可沿大圆环滑动，如大圆环在水平面内以匀角速 ω 绕通过 O 的铅直轴转动，求小球 M 相对于大圆环运动的运动微分方程。

（**分析**：牵连惯性力和科氏惯性力方向如图所示。答案：$\ddot{\theta}+\omega^2\sin\theta=0$）

10-34　如题 10-34 图所示，球 M 质量为 m，在一光滑斜管中下滑。已知斜管 AB 长为 $2l$，它与铅直轴的夹角为 θ，斜管的角速度为 ω，不计摩擦。求小球沿管道的运动微分方程。

（**分析**：牵连惯性力和科氏惯性力方向如图所示。答案：$\ddot{x}+g\cos\theta-\omega^2x\sin^2\theta=0$）

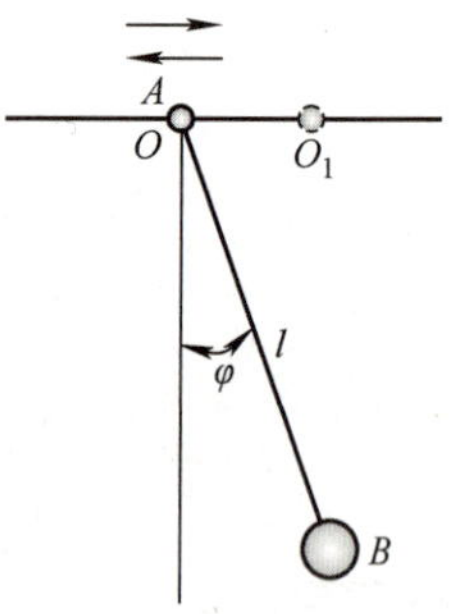

题 10-32 图

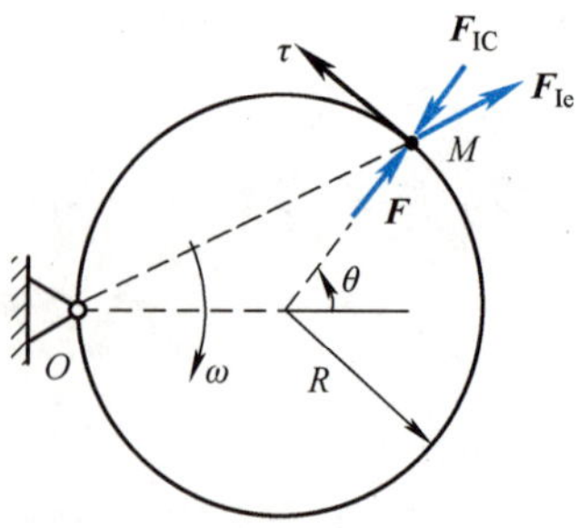

题 10-33 图

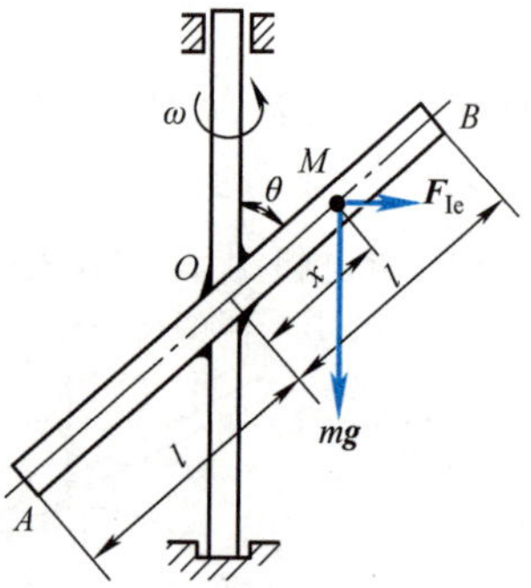

题 10-34 图

10-35 三棱柱 A 沿三棱柱 B 的光滑斜面滑动，如题 10-35 图所示。A 和 B 的质量分别为 m_1 与 m_2，三棱柱 B 的斜面与水平面成 θ 角，如开始时物系静止，摩擦略去不计。求运动时三棱柱 B 的加速度。

（提示：研究 B，在水平方向建立质点运动微分方程；研究 A，以 A 为动点，B 为动系，在垂直于斜面方向建立相对运动微分方程。答案：$a_B=\dfrac{m_1\sin 2\theta}{2(m_2+m_1\sin^2\theta)}g$）

10-36 如题 10-36 图所示一离心分离机，鼓室半径为 R、高 H，以匀角速 ω 绕 Oy 轴转动。当鼓室无盖时，为使被分离的液体不致溢出。试求：

（1）当鼓室旋转时，在 xOy 平面内液面所形成的曲线形状。

（2）注入液体的最大高度 H'。

（答案：液面所形成的曲线形状为 $2gy-\omega^2x^2=0$；液体的最大高度 $H'=H-\dfrac{\omega^2R^4}{4g}$）

10-37 质点 M 质量为 m，被限制在旋转容器内沿光滑的经线 AOB 运动，如题 10-37 图所示。旋转容器绕其几何轴 Oz 以角速度 ω 匀速转动。求质点 M 相对静止时的位置。

（提示：以 M 为动点，容器为动系，在相对静止时刻，受力如图所示，在 AOB 的切线方向建立相对运动微分方程。答案：$\tan\theta=\dfrac{\omega^2 r}{g}$）

10-38 如题 10-38 图所示光滑直管 AB，长 l，在水平面内以匀角速 ω 绕铅直轴 Oz 转动，另有一小球在管内做相对运动。初瞬时，小球在 B 端，相对速度为 v_{r0}，指向固定端 A。问 v_{r0} 应为多大，小球恰能达到 A 端?

（提示：以小球为动点，AB 为动系。建立相对运动微分方程。答案：$v_{r0}=\omega l$）

10-39 如题 10-39 图所示一重物 M 放在粗糙的水平平台上，平台绕铅垂轴以匀角速度 ω 转动，重物与平台间的摩擦因数为 f，求重物能在平台上保持静止时的位置。

（答案：$R\leqslant\dfrac{fg}{\omega^2}$）

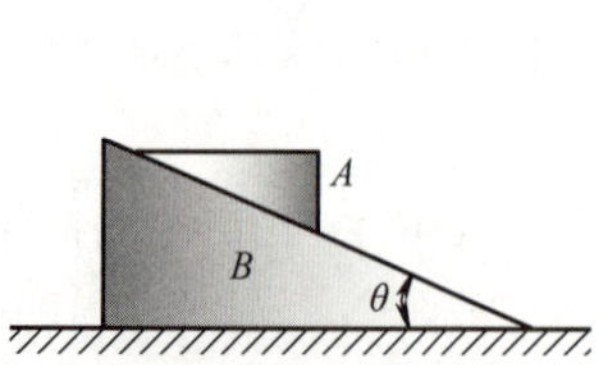

题 10-35 图

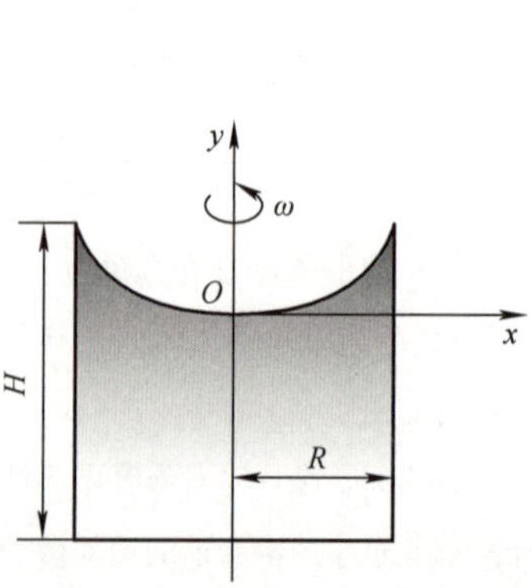

题 10-36 图

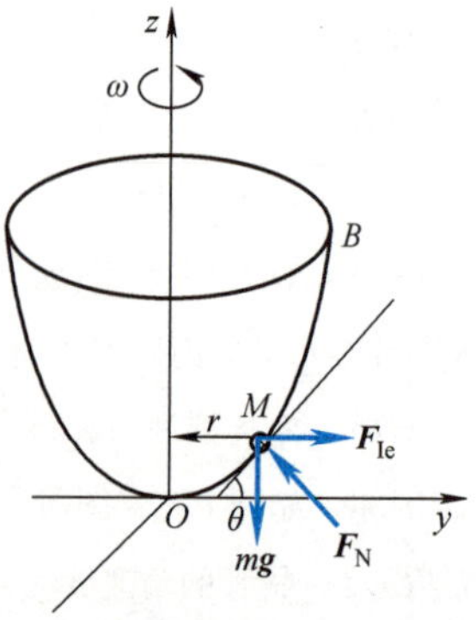

题 10-37 图

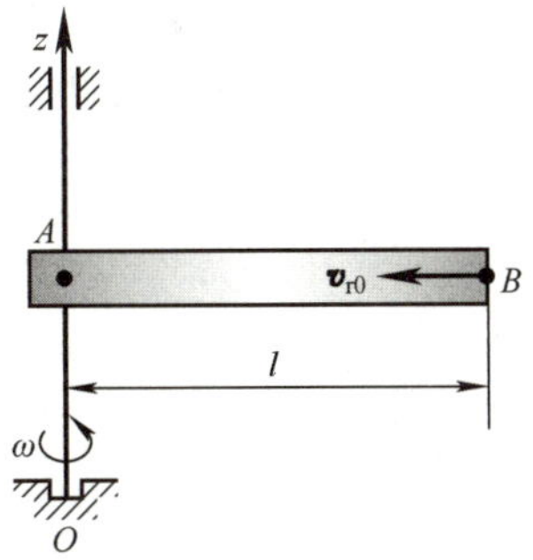

题 10-38 图

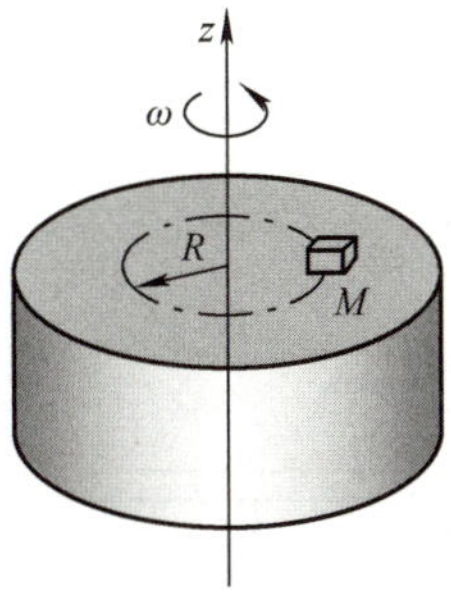

题 10-39 图

10-40　质点 M 质量为 m，在光滑的水平圆盘面上沿弦 AB 滑动，圆盘以等角速度 ω 绕铅直轴 C 转动，如题 10-40 图所示。如质点被两个弹簧系住，弹簧的刚性系数各为$\frac{k}{2}$，设点 O 为质点相对平衡的位置。求质点的自由振动周期。

（答案：相对运动方程 $m\ddot{\xi}+(k-m\omega^2)\xi=0$，$T=2\pi\sqrt{\frac{m}{k-m\omega^2}}$）

10-41　如题 10-41 图所示水平圆盘绕 O 轴转动，转动角速度 ω 为常量。在圆盘沿某直径有滑槽，一质量为 m 的质点 M 在光滑槽内运动。如质点在开始离轴心的距离为 a，且无初速度。求质点的相对运动方程和槽的水平约束力。

（答案：相对运动方程 $\xi=a\cosh(\omega t)$；约束力 $F_N=2m\omega^2 a\sinh(\omega t)$）

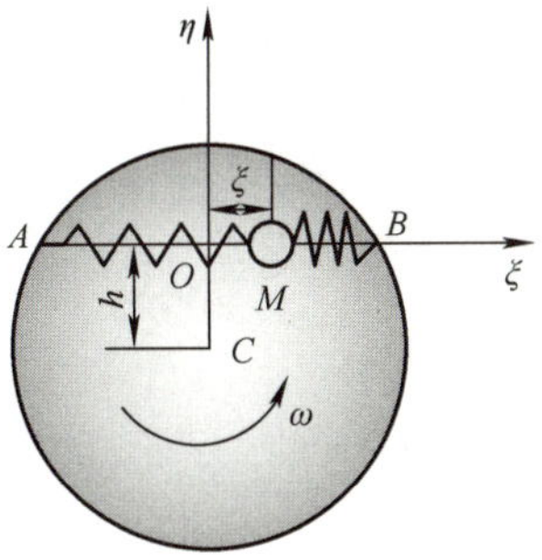

题 10-40 图

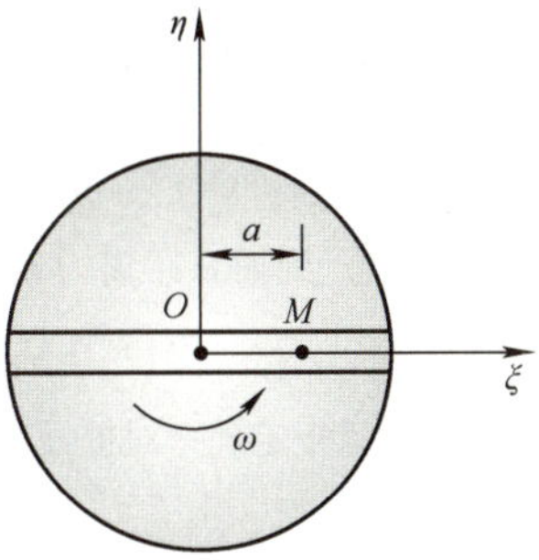

题 10-41 图

【用碰撞理论解习题 10-42 ~ 10-60。】

10-42　如题 10-42 图所示均质细杆质量为 m，长为 l，静止放于光滑水平面上，如杆端 B 受有水平并垂直于细杆的碰撞冲量 $\boldsymbol{I}$，求碰撞后杆中心的速度和杆的角速度。欲使此杆某一端点碰撞结束瞬时的速度为零，碰撞冲量 $\boldsymbol{I}$ 应作用于杆的什么位置？

（提示：利用动量定理和对质心 C 的动量矩定理。答案：碰撞后杆中心的速度 I/m，杆的角速度 $6I/(ml)$；当 $v_A=0$ 时 $\boldsymbol{I}$ 应作用于 $d=mlv_C/(6I)$ 处。）

10-43　已知棒球质量 $m=0.14\text{kg}$，初速度 $v_0=50\text{m/s}$，被棒击后速度 $v=40\text{m/s}$，方向如题 10-43 图所示，$\theta=135°$，击球时间 $t=0.02\text{s}$。求球受到的碰撞冲量和碰撞力的平均值。

（答案：$I_x=-10.96\text{N}\cdot\text{s}$，$I_y=3.96\text{N}\cdot\text{s}$，碰撞力的平均值 $F_{av}=\frac{\sqrt{I_x^2+I_y^2}}{\tau}=582.7\text{N}$。）

10-44　如题 10-44 图所示，已知两球的半径、质量都相等，恢复系数 $k=0.6$。球 2 静止，球 1 速度 $v_{10}=6\text{m/s}$，其方向与球 2 相切，不计摩擦；求碰撞后两球的速度。

（提示：画出碰撞位置图形，帮助分析理解碰撞过程；系统动量守恒；碰撞的切线方向动量守恒。答案：$v_1^n=(1-k)\dfrac{\sqrt{3}}{4}v_{10}=1.039\text{m/s}$，$v_2^n=(1+k)\dfrac{\sqrt{3}}{4}v_{10}=4.157\text{m/s}$，$v_1^t=\dfrac{1}{2}v_{10}=3\text{m/s}$，$v_2^t=0$；$v_1=\sqrt{(v_1^t)^2+(v_1^n)^2}=3.175\text{m/s}$，$\theta=\langle \boldsymbol{v}_1,\boldsymbol{\tau}\rangle=\arctan\dfrac{v_1^n}{v_1^t}=19.1°$，球2的速度沿法线方向，$v_2=v_2^n=4.157\text{m/s}$。）

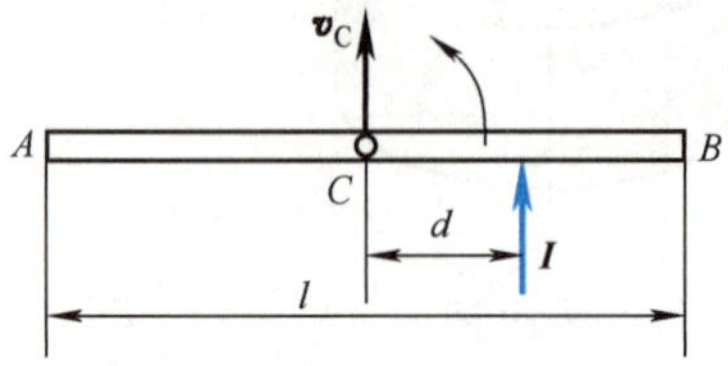

题 10-42 图

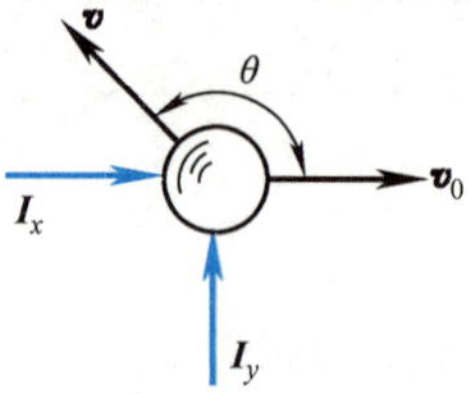

题 10-43 图

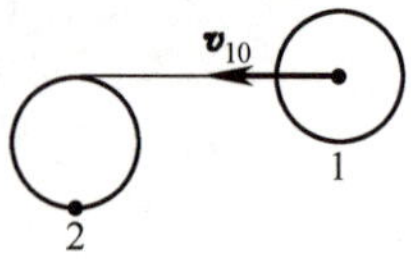

题 10-44 图

10-45　已知转盘半径为 r，对轴 O_1 的转动惯量为 J_{O1}，初始静止；均质杆质量为 m，长为 l，角速度为 ω_O，在题 10-45 图所示位置，其 A 端销钉冲入转盘的光滑槽口。求 A 点的碰撞冲量及碰撞结束时转盘的角速度 ω。又问，角 θ 为多大不发生冲击？

（提示：对转盘和杆应用冲量矩定理；A 为动点、转盘为动系速度分析。答案：$\omega=\dfrac{mlr\omega_O\cos\theta}{mr^2+3J_{O1}\cos^2\theta}$，$I_A=\dfrac{J_{O1}ml\omega_O\cos\theta}{mr^2+3J_{O1}\cos^2\theta}$；当 $\theta=90°$ 时，$I_A=0$，不发生冲击）

10-46　如题 10-46 图所示，已知锤质量 $m_1=450\text{kg}$，桩质量 $m_2=50\text{kg}$，锤从 $h=2\text{m}$ 处自由落下，恢复系数 $k=0$，击后桩下沉 $\Delta s=0.01\text{m}$。求土壤对桩的平均阻力 F_m。

（提示：击桩阶段，不计重力、阻力等非碰撞力，桩锤系统动量守恒；击桩后，重力、阻力做功，应用动能定理。答案：800 kN）

10-47　已知凸轮对轴 O 转动惯量 J_O，以角速度 ω 在题 10-47 图所示位置撞上静止的桩锤，桩锤质量为 m，碰撞为非弹性的，撞击点到轴 O 距离为 r。求碰撞后凸轮的角速度 ω_1、桩锤的速度 v 及撞击点处的碰撞冲量 I。

（提示：对于凸轮应用冲量矩定理；对桩锤应用冲量定理。答案：$\omega_1=\dfrac{J_O}{J_O+mr^2}\omega$，$v=\dfrac{J_O}{J_O+mr^2}\omega r$，$I=\dfrac{J_O}{J_O+mr^2}\omega rm$）

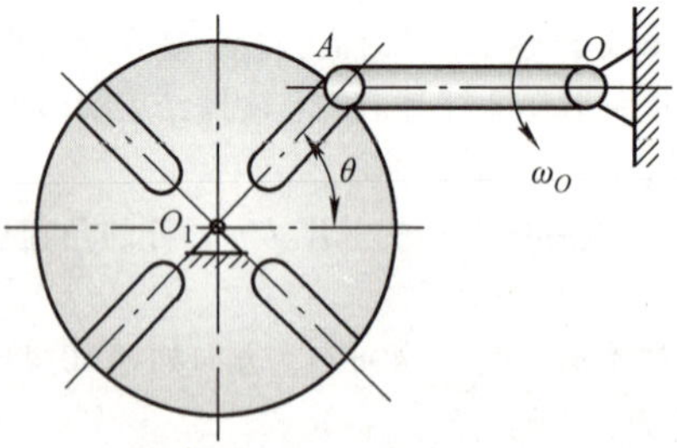

题 10-45 图

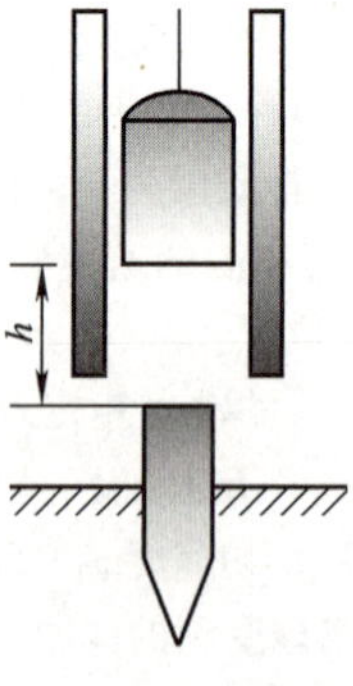

题 10-46 图

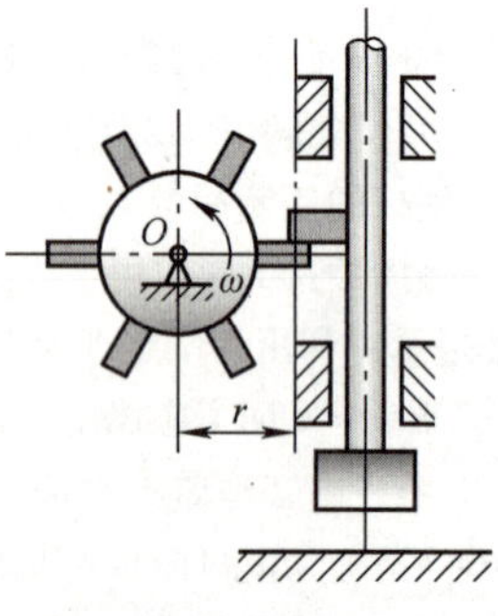

题 10-47 图

10-48　如题 10-48 图所示，已知均质杆长为 l，质量为 m_1，由水平位置自由下落，在铅垂位置击中质量为 m_2 的物块，为非弹性碰撞，物块与支承面间的摩擦因数为 f。求碰撞后物块行程 s。

（答案：行程 $s=\dfrac{3l}{2f}\dfrac{m_1^2}{(m_1+3m_2)^2}$）

10-49　如题 10-49 图所示，已知物 A 边长为 a，质量为 m，随车以速度 $\boldsymbol{v}$ 前进；求当车突然停止时，物 A 绕障碍物 B 转动的角速度 ω。

（答案：$\omega=\dfrac{3}{4}\dfrac{v}{a}$）

10-50　如题 10-50 图所示，已知均质杆长为 l 质量为 m_1，带有质量为 m_2 的试件 A，从水平位置自由下摆，到铅垂位置碰撞后反弹角为 φ。求恢复因数 k 以及使 O 处无附加压力的 x 值。

（答案：$x=\dfrac{2}{3}l$）

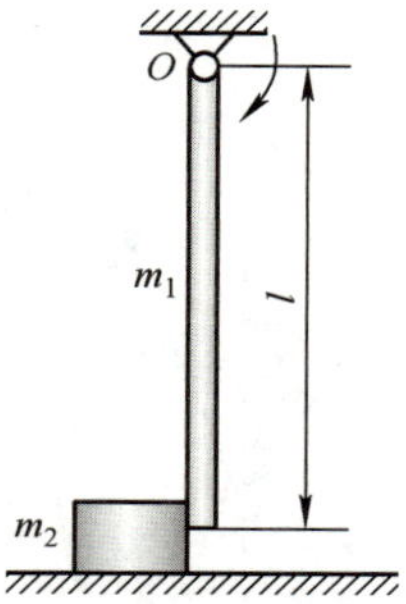

题 10-48 图

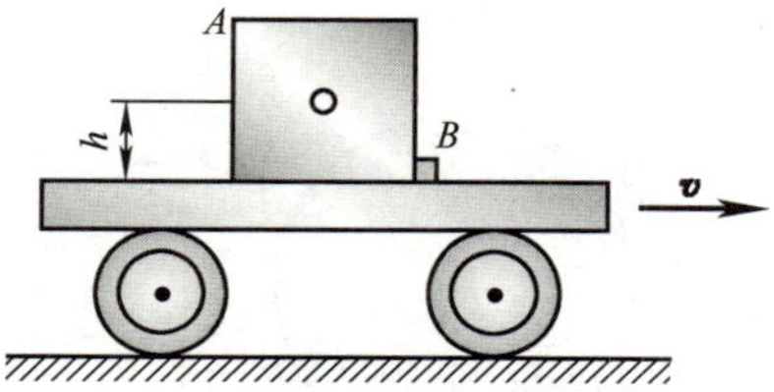

题 10-49 图

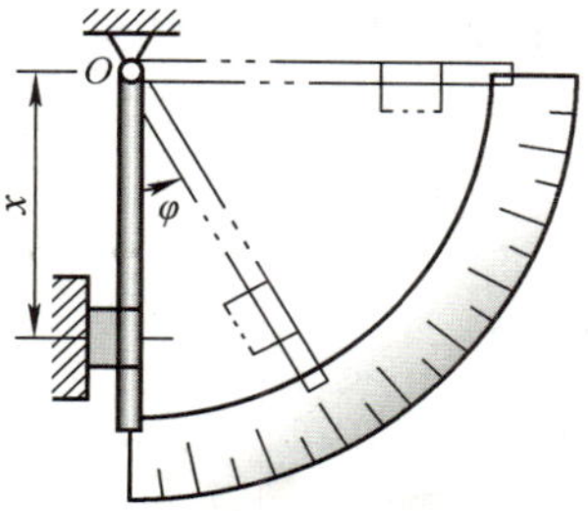

题 10-50 图

10-51　如题 10-51 图所示，已知均质杆长为 l，质量为 m，从 h 高处自由下落，撞于点 D，为塑性碰撞。求碰撞后杆的角速度 ω 和碰撞冲量 I。

（答案：$\omega=\dfrac{12}{7l}\sqrt{2gh}$，$I=I_y=\dfrac{4}{7}m\sqrt{2gh}$）

10-52　已知三均质杆长均为 l，质量均为 m，在题 10-52 图所示静止位置，A 处受水平冲量 I 作用。求碰撞后 OA 杆的最大偏角 φ。

（提示：分别研究三均质杆，利用冲量定理和冲量矩定理；碰撞后利用动能定理。答案：$\sin\dfrac{\varphi}{2}=\dfrac{1}{2}\sqrt{\dfrac{3}{10gl}}\dfrac{I}{m}$）

10-53　如题 10-53 图所示，已知半径为 r、质量为 m 的均质圆柱沿水平面滚而不滑，质心速度为 $\boldsymbol{v}_C$，撞上高为 h 的凸台（$h<r$），碰撞为塑性。求碰撞后圆柱的角速度 ω、质心的速度大小 v'_C 以及碰撞冲量。

（提示：碰撞过程中，圆柱对 A 点的动量矩守恒；应用冲量定理向 τ、n 轴投影。答案：$v'_C=\dfrac{1+2\cos\theta}{3}v_C$，$I_t=\dfrac{1-\cos\theta}{3}mv_C$，$I_n=mv_C\sin\theta$）

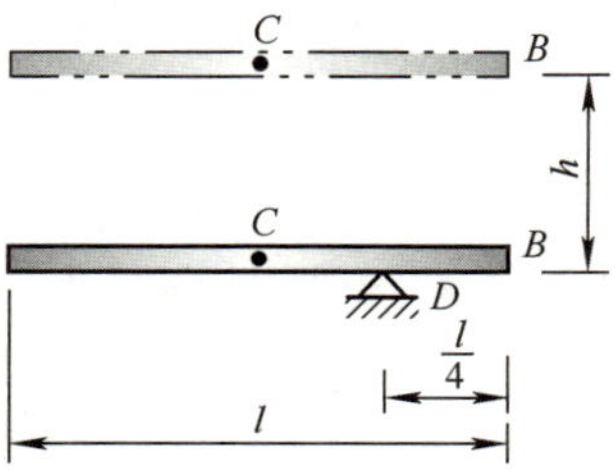

题 10-51 图

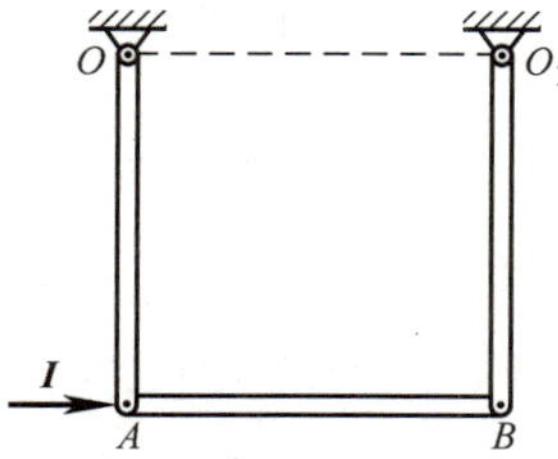

题 10-52 图

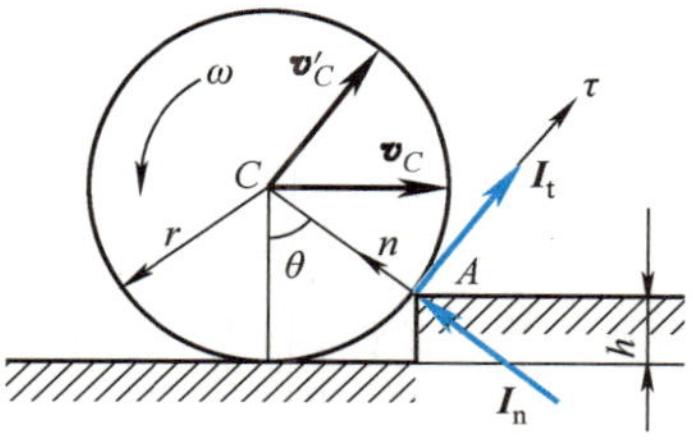

题 10-53 图

10-54　如题 10-54 图所示，已知均质杆 AB 在光滑水平面内绕其质心转动的角速度为 ω_0，若突然将 B 点固定。求杆绕 B 点转动的角速度 ω。

（提示：对 B 点采用动量矩守恒。答案：$\omega=\frac{1}{4}\omega_0$）

10-55　如题 10-55 图所示，已知半径为 r 的均质球受水平冲量 $\boldsymbol{I}$ 的作用。求 h 为多大，球与地面接触点 A 无滑动。

（提示：点 A 无滑动，意即 A 处无附加动反力，冲量 I 的作用线应通过撞击中心 B。答案：$h=\frac{7}{5}r$）

10-56　如题 10-56 图所示，已知乒乓球半径为 r，击前球心速度为 $\boldsymbol{v}$，转动角速度为 ω_0，入射角为 θ；撞后接触点水平速度突变为零，设恢复因数为 k。求反射角 β。

（提示：利用冲量矩及冲量定理；A 点不打滑。答案：$\tan\beta=\frac{1}{5k}(3\tan\theta-\frac{2\omega_0 r}{v\cos\theta})$）

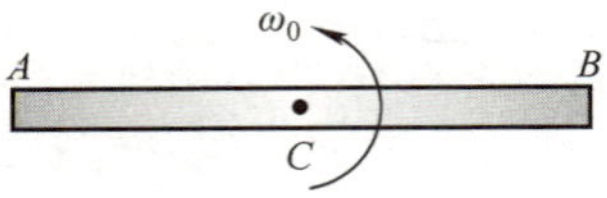

题 10-54 图

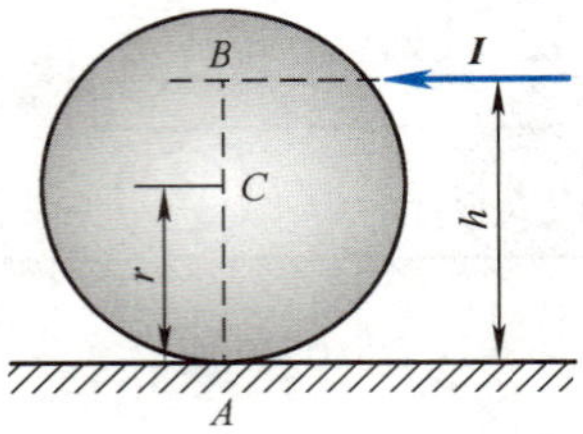

题 10-55 图

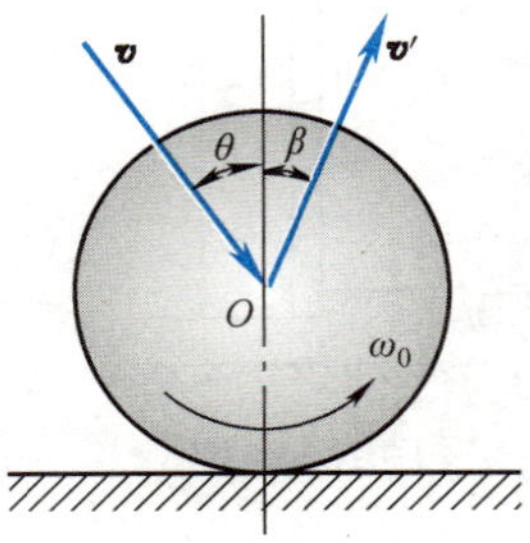

题 10-56 图

10-57　如题 10-57 图所示，已知两个相同钢球由长 $l=600\text{mm}$ 的无重杆相连，由 $h=150\text{mm}$ 高处水平自由落下，B、D 间和 A、C 间的恢复因数分别为 $k_1=0.6$，$k_2=0.4$；求撞后杆的角速度。

（提示：直接利用恢复因数的概念。答案：$\omega=\frac{v_1-v_2}{l}=\frac{\sqrt{2gh}(k_1-k_2)}{l}=0.572\text{rad/s}$）

10-58　已知均质杆长为 l，质量为 m_2，滑块质量为 $m_1=2m_2$，在题 10-58 图所示静止位置，杆 B 端受水平冲量 $\boldsymbol{I}$ 作用，不计摩擦。求碰撞结束时，滑块 A 的速度 $\boldsymbol{v}_A$。

（提示：对系统利用动量定理；对杆利用冲量矩定理和冲量定理。答案：$v_A=-\frac{2I}{4m_1+m_2}=-\frac{2I}{9m_2}$，负号表示 $\boldsymbol{v}_A$ 向左）

10-59　如题 10-59 图所示，已知锤头质量 $m_1=3000\text{kg}$，砧座和被锻压的铁块总质量 $m_2=24000\text{kg}$，打击速度 $v_1=5\text{m/s}$，为塑性碰撞。求铁块吸收的功 W_1、消耗于振动的功 W_2 和汽锤的效率 η。

（提示：系统动量守恒；求得碰撞后 $v=\frac{m_1}{m_1+m_2}v_1$，消耗于振动的功 $W_2=\frac{1}{2}(m_1+m_2)v^2=4.17\ \text{kJ}$，被铁块吸收的功 $W_1=\frac{1}{2}m_1v_1^2-W_2=33.33\text{kJ}$，汽锤效率 $\eta=\frac{W_1}{W_1+W_2}=89\%$）

10-60　如题 10-60 图所示，已知两相同均质杆，长为 $l=1.2\text{m}$，质量为 $m=4\text{kg}$，在铅垂位置静止，其下端 A 处受一水平冲量 $I=14\text{N}\cdot\text{s}$。求冲击结束时 BC 杆的角速度 ω_{BC}。

（提示：分别研究两杆，利用冲量定理和冲量矩定理。答案：顺时针 $\omega_{BC}=-\frac{6I}{7ml}=-2.5\text{rad/s}$）

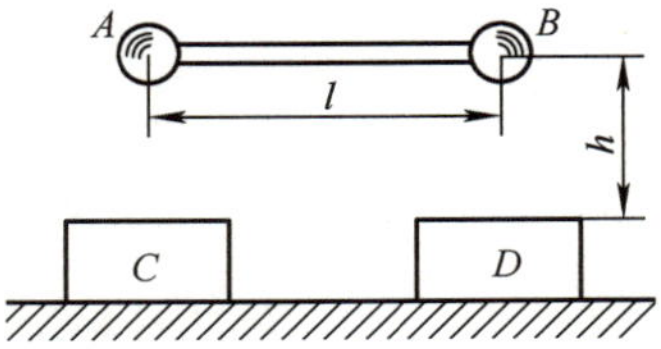

题 10-57 图

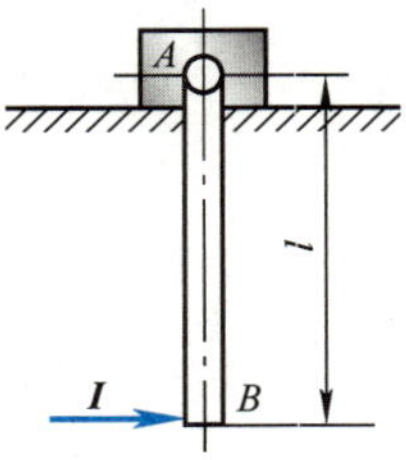

题 10-58 图

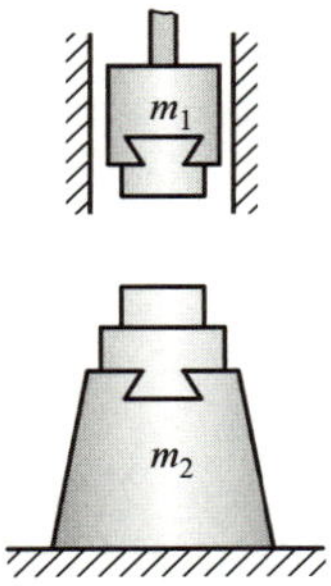

题 10-59 图

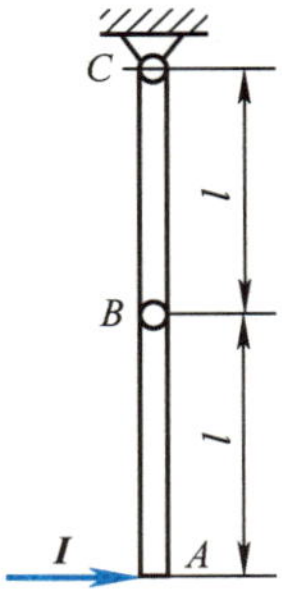

题 10-60 图

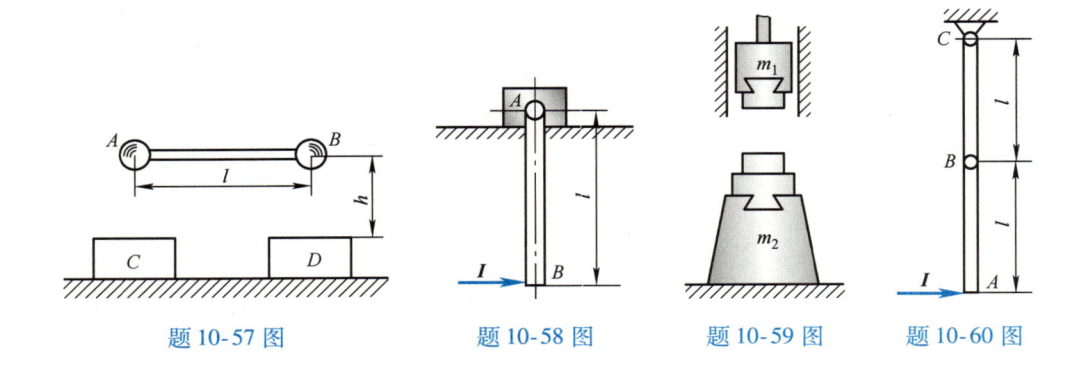

附　　录

附录 A　几种简单形状物体的重心（形心）

图形	重心位置	图形	重心位置
三角形 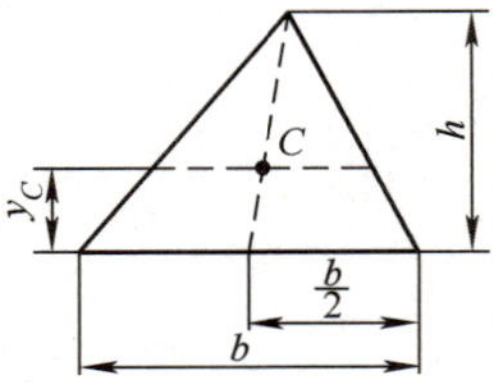	在中线的交点 $y_C=\frac{1}{3}h$	正圆锥体 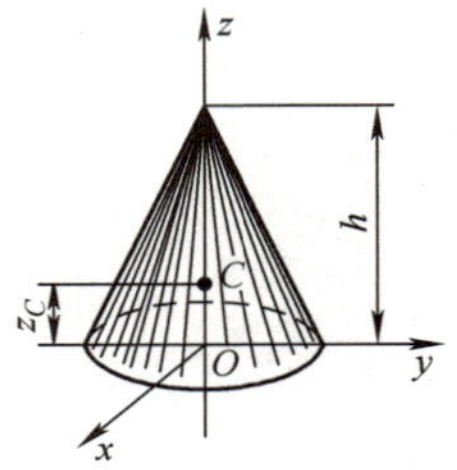	$z_C=\frac{1}{4}h$
圆弧 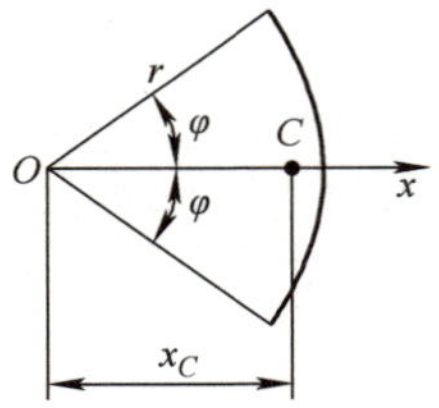	$x_C=\frac{r\sin\varphi}{\varphi}$ 对于半圆弧， $x_C=\frac{2r}{\pi}$	半圆球 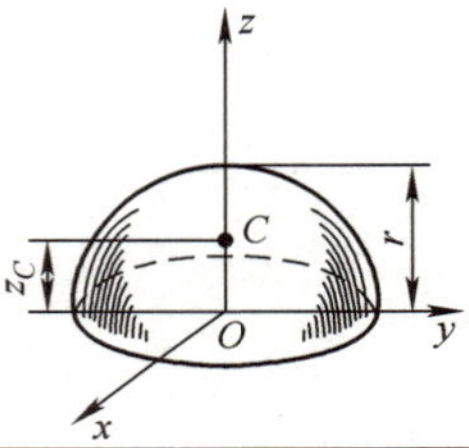	$z_C=\frac{3}{8}r$
扇形 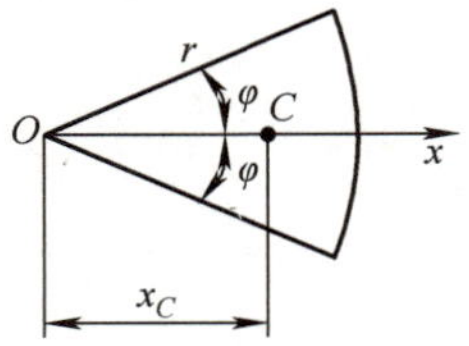	$x_C=\frac{2}{3}\frac{r\sin\varphi}{\varphi}$ 对于半圆扇形， $x_C=\frac{4r}{3\pi}$	梯形 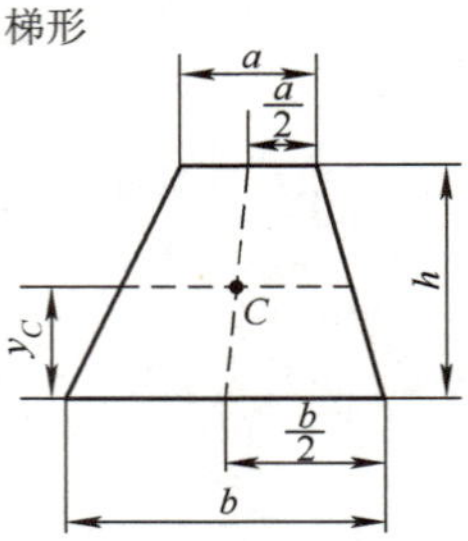	$y_C=\frac{h(2a+b)}{3(a+b)}$
二次抛物线面 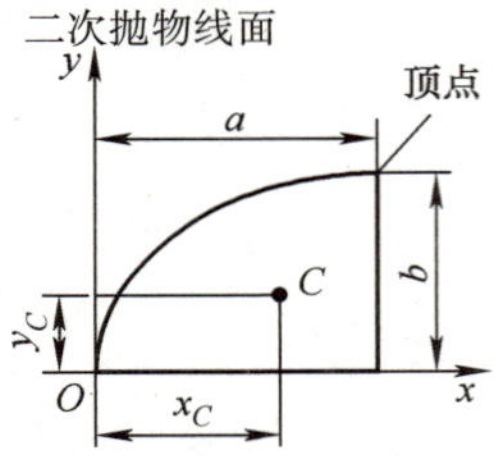	$x_C=\frac{5}{8}a$ $y_C=\frac{2}{5}b$	弓形 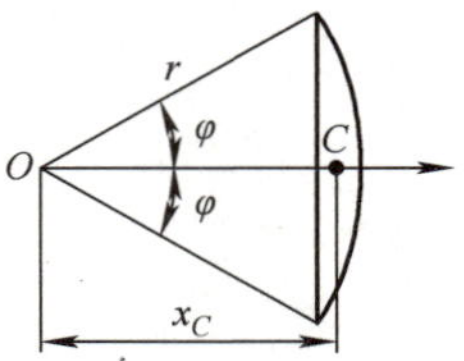	$x_C=\frac{2}{3}\frac{r^3\sin^3\varphi}{A}$ 面积 $A=\frac{r^2(2\varphi-\sin2\varphi)}{2}$

（续）

图形	重心位置	图形	重心位置
部分圆形 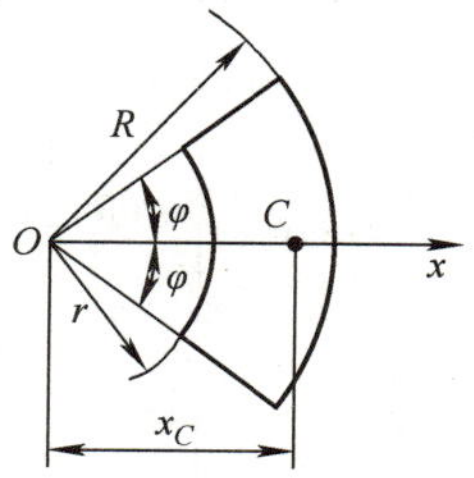	$x_C=\frac{2}{3}\frac{R^3-r^3}{R^3+r^3}\frac{\sin\varphi}{\varphi}$	正角锥体 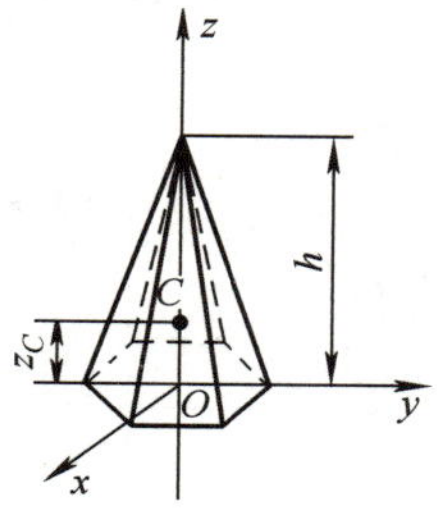	$z_C=\frac{1}{4}h$
二次抛物线面 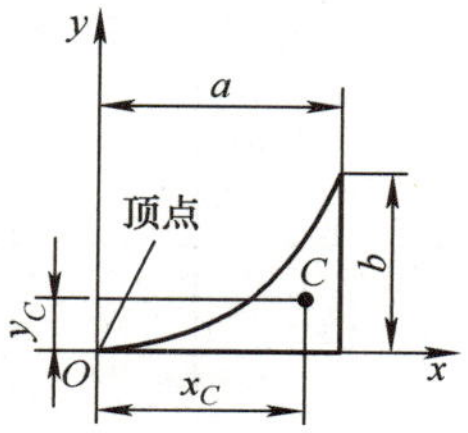	$x_C=\frac{3}{4}a$ $y_C=\frac{3}{10}b$	锥形筒体 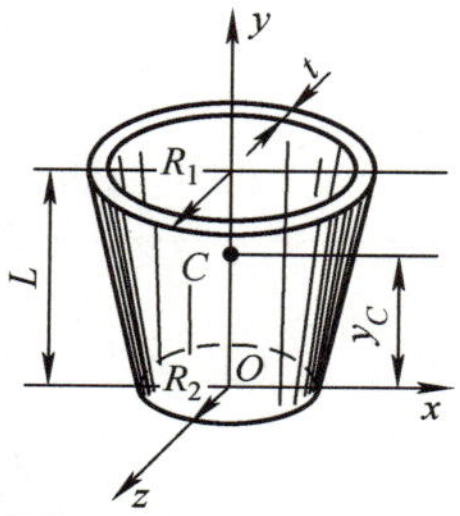	$y_C=\frac{4R_1+2R_2-3t}{6(R_1+R_2-t)}L$

附录 B　常见均质物体的转动惯量和回转半径

物体的形状	简　图	转动惯量	回转半径	体积
细直杆	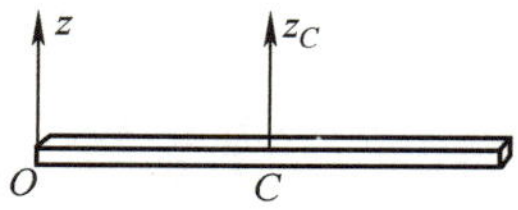	$J_{zC}=\frac{m}{12}l^2$ $J_z=\frac{m}{3}l^2$	$\rho_{zC}=\frac{l}{2\sqrt{3}}$ $\rho_z=\frac{l}{\sqrt{3}}$	—
薄壁圆筒	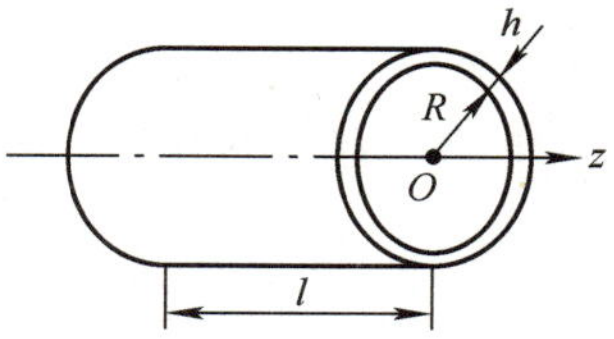	$J_z=mR^2$	$\rho_z=R$	$2\pi Rlh$
圆柱	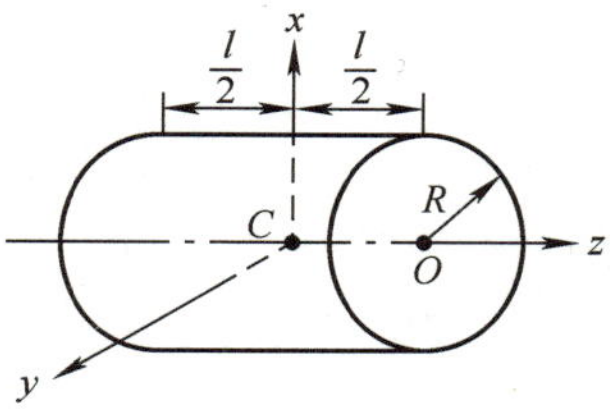	$J_z=\frac{1}{2}mR^2$ $J_x=J_y=\frac{m}{12}(3R^2+l^2)$	$\rho_z=\frac{R}{\sqrt{2}}$ $\rho_x=\rho_y=\sqrt{\frac{1}{12}(3R^2+l^2)}$	πR^2l

（续）

物体的形状	简　图	转动惯量	回转半径	体积
空心圆柱	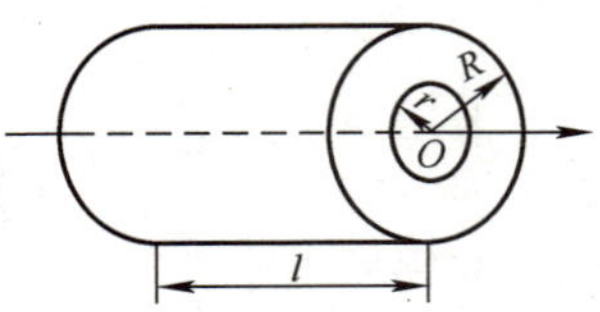	$J_z=\frac{m}{2}(R^2+r^2)$	$\rho_z=\sqrt{\frac{1}{2}(R^2+r^2)}$	$\pi l(R^2-r^2)$
薄壁空心球	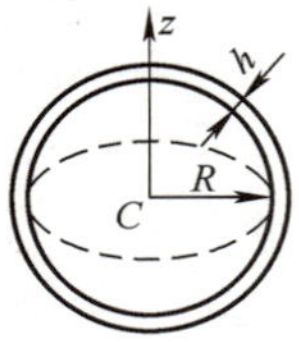	$J_z=\frac{2}{3}mR^2$	$\rho_z=\sqrt{\frac{2}{3}}R$	$\frac{3}{2}\pi Rh$
实心球	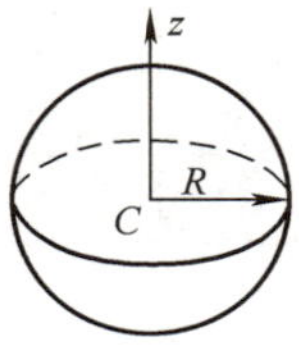	$J_z=\frac{2}{5}mR^2$	$\rho_z=\sqrt{\frac{2}{5}}R$	$\frac{4}{3}\pi R^3$
圆锥体	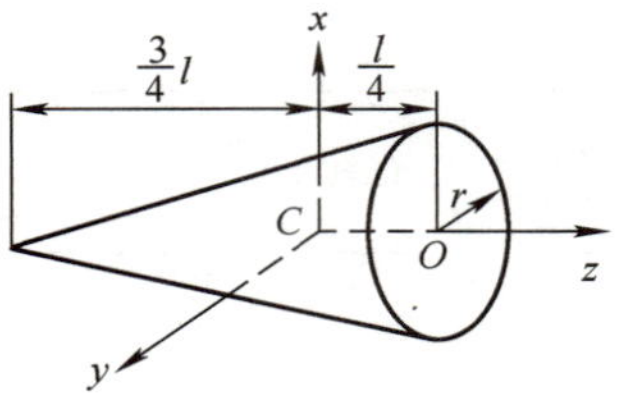	$J_z=\frac{3}{10}mr^2$ $J_x=J_y$ $=\frac{3}{80}m(4r^2+l^2)$	$\rho_z=\sqrt{\frac{3}{10}}r$ $\rho_x=\rho_y$ $=\sqrt{\frac{3}{80}(4r^2+l^2)}$	$\frac{\pi}{3}r^2l$
圆环	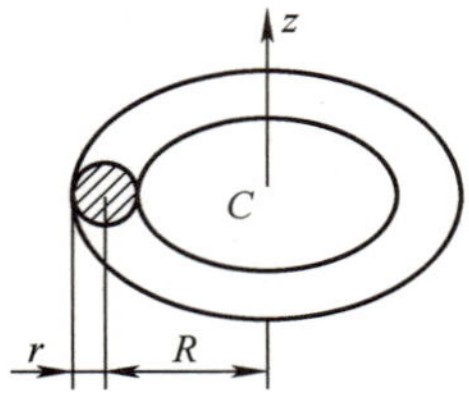	$J_z=m\left(R^2+\frac{3}{4}r^2\right)$	$\rho_z=\sqrt{R^2+\frac{3}{4}r^2}$	$2\pi^2r^2R$
椭圆形薄板	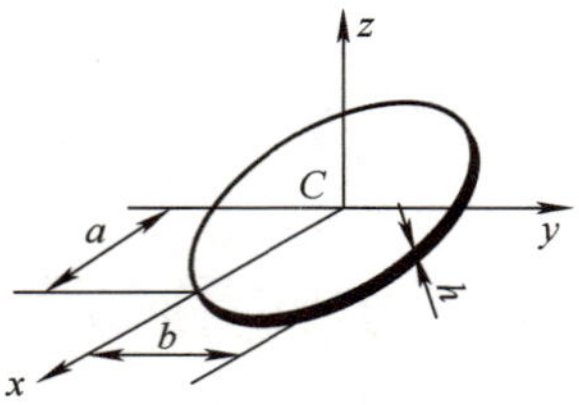	$J_z=\frac{m}{4}(a^2+b^2)$ $J_y=\frac{m}{4}a^2$ $J_x=\frac{m}{4}b^2$	$\rho_z=\frac{1}{2}\sqrt{a^2+b^2}$ $\rho_y=\frac{a}{2}$ $\rho_x=\frac{b}{2}$	πabh

（续）

物体的形状	简 图	转动惯量	回转半径	体积
长方体	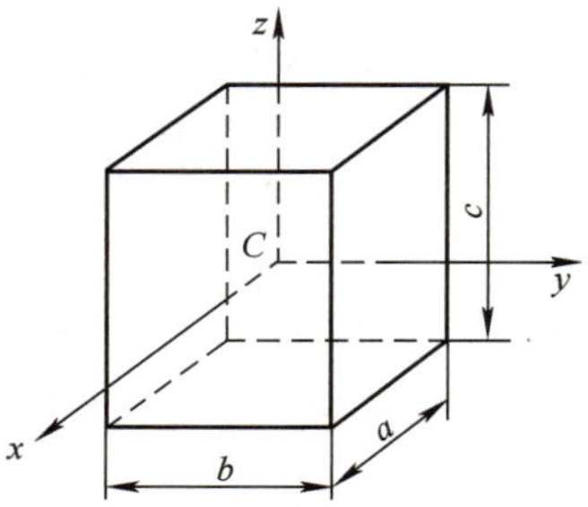	$J_z=\frac{m}{12}(a^2+b^2)$ $J_y=\frac{m}{12}(a^2+c^2)$ $J_x=\frac{m}{12}(b^2+c^2)$	$\rho_z=\sqrt{\frac{1}{12}(a^2+b^2)}$ $\rho_y=\sqrt{\frac{1}{12}(a^2+c^2)}$ $\rho_x=\sqrt{\frac{1}{12}(b^2+c^2)}$	abc
矩形薄板	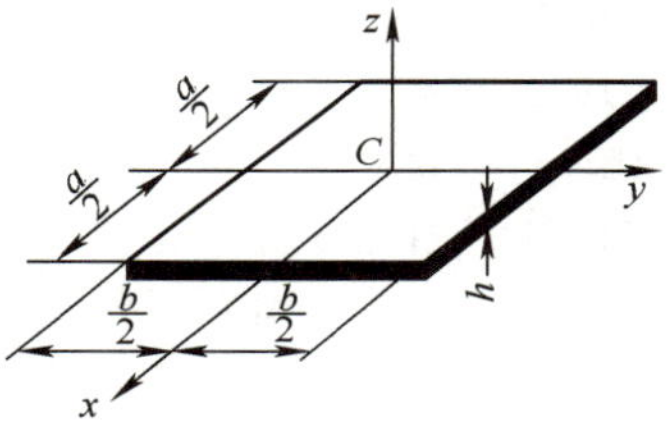	$J_z=\frac{m}{12}(a^2+b^2)$ $J_y=\frac{m}{12}a^2$ $J_x=\frac{m}{12}b^2$	$\rho_z=\sqrt{\frac{1}{12}(a^2+b^2)}$ $\rho_y=0.289a$ $\rho_x=0.289b$	abh

参 考 文 献

[1] 哈尔滨工业大学理论力学教研室. 理论力学Ⅰ [M]. 7版. 北京：高等教育出版社，2009.

[2] 哈尔滨工业大学理论力学教研室. 理论力学Ⅰ [M]. 8版. 北京：高等教育出版社，2016.

[3] 哈尔滨工业大学理论力学教研室. 理论力学Ⅰ [M]. 9版. 北京：高等教育出版社，2023.

[4] 哈尔滨工业大学理论力学教研室. 理论力学Ⅱ [M]. 9版. 北京：高等教育出版社，2023.

[5] 周又和. 理论力学 [M]. 北京：高等教育出版社，2015.

[6] 郝桐生. 理论力学 [M]. 5版. 北京：高等教育出版社，2023.

[7] 苗同臣，张智慧，徐文涛. 理论力学学习指导 [M]. 郑州：郑州大学出版社，2021.

[8] 华中科技大学理论力学教研室. 理论力学 [M]. 2版. 武汉：华中科技大学出版社，2019.

[9] 范钦珊. 理论力学 [M]. 北京：高等教育出版社，2000.

[10] 王立峰，范钦珊. 理论力学 [M]. 2版. 北京：机械工业出版社，2021.

[11] 朱照宣，周起钊，殷金生. 理论力学 [M]. 北京：北京大学出版社，1982.

[12] 刘延柱，杨海兴. 理论力学 [M]. 北京：高等教育出版社，1991.

[13] 洪嘉振，杨长俊. 理论力学 [M]. 3版. 北京：高等教育出版社，2008.

[14] 梅凤翔，刘桂林. 分析力学基础 [M]. 西安：西安交通大学出版社，1987.

[15] 中国大百科全书总编辑委员会力学编辑委员会. 中国大百科全书：力学卷 [M]. 北京：中国大百科全书出版社，1985.

[16] 罗远祥，官飞. 理论力学 [M]. 3版. 北京：高等教育出版社，1981.

[17] 马尔契夫. 理论力学 [M]. 李俊峰，译. 北京：高等教育出版社，2006.

作者简介

苗同臣，1963 年生，郑州大学教授。从事与力学相关的教学与科研工作 40 余年。获得郑州大学本科（力学）专业先进负责人、郑州大学教学优秀奖、中国力学学会优秀力学教师等教学荣誉称号。主持或参与多项国家基金、河南省基金（攻关）及横向课题，在专业学术期刊上发表学术论文 40 余篇，荣获河南省、原化工部科技进步二、三等奖 4 项，主持起草国家标准（机械振动方面）4 项，出版力学相关学术著作和教材 7 部。

徐文涛，1980 年生，郑州大学教授，工学博士，博士生导师。主要从事力学课程教学以及前沿数字技术、结构动力学、装备服役可靠性等方向的研究工作。兼任教育部基础力学课程虚拟教研室理论力学课程组副组长，全国振动标准委员会委员，河南省力学学会理事等。主持国家基金、重大专项及横向课题 30 余项，发表包含 Top、SCI 在内热点论文 40 多篇。出版力学相关学术著作和教材 4 部。

张建伟，1989 年生，工学博士，副教授，博士生导师，河南省优秀青年科学基金项目获得者。研究方向为抗疲劳制造和高分子材料力学性能。主持包含国家自然科学基金面上项目和河南省优秀青年科学基金项目在内的各类项目十余项。参研国家自然科学基金联合重点基金和河南省重大科技专项在内的多项国家级和省部级科研项目。在 *International Journal of Solids and Structures*、*Mechanics of Materials* 和 *Tribology International* 等期刊发表论文 40 余篇。